高等学校信息技术
人才能力培养系列教材

数据库
系统教程 ^{第3版}

Database System Tutorial
(3rd Edition)

何玉洁 刘乃嘉 ◉ 主编

人民邮电出版社
北 京

图书在版编目（ＣＩＰ）数据

数据库系统教程 / 何玉洁，刘乃嘉主编. -- 3版
. -- 北京：人民邮电出版社，2023.4
高等学校信息技术人才能力培养系列教材
ISBN 978-7-115-56556-3

Ⅰ. ①数… Ⅱ. ①何… ②刘… Ⅲ. ①数据库系统—
高等学校—教材 Ⅳ. ①TP311.13

中国版本图书馆CIP数据核字(2021)第093717号

内 容 提 要

本教材主要由五部分组成。第一部分"基础篇"由第1～7章组成，内容包括数据库概述、数据模型与数据库结构、关系数据库、SQL语言基础及数据定义功能、数据操作语句、索引和视图、触发器和存储过程，这一部分讲解了数据库的基础知识。第二部分"设计篇"由第8～10章组成，内容包括关系规范化理论、实体–联系模型以及数据库设计。第三部分"系统篇"由第11～14章组成，内容包括安全管理、事务与并发控制、数据库恢复技术、查询处理与优化。第四部分"发展篇"由第15章组成，介绍了大规模数据库架构。第五部分"附录"由附录A、B、C组成：附录A介绍了SQL Server 2019的安装、配置，以及如何在该平台下创建和维护数据库；附录B介绍了系统提供的常用函数；附录C为上机实验。

本书适合作为高等院校计算机专业的数据库教材，也可作为相关人员学习数据库知识的参考书。

◆ 主　编　何玉洁　刘乃嘉
　　责任编辑　李　召
　　责任印制　王　郁　陈　犇
◆ 人民邮电出版社出版发行　　北京市丰台区成寿寺路11号
　　邮编　100164　电子邮件　315@ptpress.com.cn
　　网址　https://www.ptpress.com.cn
　　三河市君旺印务有限公司印刷
◆ 开本：787×1092　1/16
　　印张：19　　　　　　　　　2023年4月第3版
　　字数：538千字　　　　　　2024年12月河北第4次印刷

定价：69.80元

读者服务热线：(010)81055256　印装质量热线：(010)81055316
反盗版热线：(010)81055315
广告经营许可证：京东市监广登字20170147号

　　数据库技术起源于20世纪60年代末，经过几十年的迅猛发展，已经建立起一套较完整的理论体系，产生了一大批商用软件产品。随着数据库技术的推广使用，计算机应用已深入国民经济和社会生活的各个领域，这些应用一般都以数据库技术及其应用为基础和核心。在计算机应用中，数据存储和数据处理是计算机最基本的功能，数据库技术为人们提供了科学、高效的管理数据的方法。从某种意义上讲，数据库技术的教学成为了计算机专业教学的重中之重，数据库课程也成为很多高校计算机专业的重点核心课程。目前市场上数据库类的教科书非常之多，每本书各有其特色，本书博采众家之所长，在完整包括数据库基础理论知识的同时，加入了将数据库知识与具体数据库管理系统相结合的内容，以方便学生在实践中更好地掌握所学知识。

　　本书具有如下特色。

　　● 内容安排求全、求新。本书从数据库基础理论、数据库设计、数据库发展、数据库实践等几个方面全面阐述了数据库技术的应用体系，全书内容分为基础篇、设计篇、系统篇、发展篇和附录五个部分。这种安排最大程度满足了教学和实践的需要，相信无论是学习数据库知识的学生还是从事数据库实践的人员，都能够从中找到自己所需的内容。本书在选择实践平台时，充分考虑了软件的流行性和易获得性。后台数据库管理系统选用的是SQL Server 2019，该系统操作界面友好、功能完善、易于获得。

　　● 理论阐述求精、求易。数据库基础理论较为抽象，但又是实践的基础。没有扎实的基本功是无法灵活运用理论并付诸实践的。因而基础理论的教学历来是重点和难点。本书在理论阐释方面力求深入浅出，突出概念和技术的直观意义，并用大量图表和示例帮助读者理解，启发思维，使读者不仅能深刻理解相关理论的来源、思路、适用范围和条件，更能灵活运用，举一反三。

● 理论实践环环相扣。以行而求知，因知以进行。理论和技术的学习是为了更好地指导实践。本书每部分内容都根据相关理论和应用需求进行了精当的选取，不以全面取胜，但求精而实用，不但以图例的形式细致描述了实践步骤，还给出了执行结果，使读者能够以行验知，以行证知，为进一步的学习和实践打下良好的基础。本书还配有大量的习题供读者了解自己对知识的掌握程度，除概念题外，还附有丰富的上机练习题，以方便读者上机实践。

相较于第2版，第3版在内容安排上没有变化，但将实践平台升级为 SQL Server 2019，并在查询语句部分，作为与 SQL Server 或 ISO 标准的对比，增加了一些 MySQL 语句的介绍，此外在第9章还增加了构建实体-联系模型的示例，以帮助读者更好地理解 E-R 模型的应用。

本书是很多老师多年数据库教学和实践工作的总结。非常感谢我们数据库课程组的同人岳清、谷葆春、梁琦、张鸿斌、韩麦燕，他们对本书的修订提出了积极的意见和建议，是他们的积极参与和帮助，使本书得以顺利完成。最后也是最重要的，由衷地感谢我们的学生们，是他们对知识的渴求、对教师的尊重让我们感到了自己的责任和价值，也是他们的勤奋努力为我们的工作精进提供了取之不竭的源泉。师者之尊，在于"用心"。

真诚地希望读者和同行对本书提出宝贵的意见，因为我们知道教学探索的道路是没有止境的。

编者

2023 年 1 月

目 录

第1篇 基础篇

本篇主要介绍数据库的基本概念和基础知识，它是读者进一步学习后续章节的基础。本篇由下列 7 章组成。

第 1 章，数据库概述。主要介绍了文件管理数据与数据库管理数据的本质区别，数据独立性的含义以及数据库系统的组成。

第 2 章，数据模型与数据库结构。介绍了数据库技术发展过程中所使用过的数据模型。本章介绍的知识是读者进一步学习后边的关系数据库及相关知识的基础。

第 3 章，关系数据库。首先介绍了关系数据库采用的数据模型的特点，然后介绍了关系数据库的理论基础——关系代数和关系演算。读者在学完本章和第 5 章的数据操作语句之后，可以对关系代数、关系演算、SQL 查询语句之间的功能及表达方法进行比较。本章介绍的关系代数也是学习第 14 章查询优化的基础。

第 4 章，SQL 语言基础及数据定义功能。在 SQL 语言部分介绍了常用的数据类型，由于不同的数据库管理系统提供的数据类型不完全相同，因此本章主要介绍的是 SQL Server 数据库管理系统提供的数据类型，这部分内容是定义关系表的基础。在数据定义功能部分则主要介绍了架构和基本表的概念和定义语句。

第 5 章，数据操作语句。主要介绍了查询、添加、删除和更改数据的 SQL 语句，还介绍了一些高级查询功能，包括多表连接查询、单表查询、CASE 表达式和子查询等。本章使用第 4 章建立的数据表，运用实际的数据，通过描述问题的分析思路以及用图示的方法展示查询语句的执行结果，使读者能够准确理解和掌握查询语句的功能。

第 6 章，索引和视图。在索引部分，除了介绍索引的概念和定义语句外，还用图示的方法详细讲述了索引的存储结构及分类，使读者能够从系统内部了解索引的作用。在视图部分，介绍了视图的概念和定义语句以及物化视图的概念和作用。

第 7 章，触发器和存储过程。本章首先介绍了触发器的概念和使用方法，然后介绍了存储过程的概念和创建方法。触发器用于实现复杂的完整性约束和业务规则。存储过程是一段封装好的代码块，这个代码块可供应用程序调用，此外，存储过程还提供了代码共享的功能。

第 1 章　数据库概述

　　数据库是管理数据的一种技术，现在数据库技术已经被广泛应用到人们日常生活中的方方面面。本章将介绍数据库的基本概念、数据管理技术的发展过程以及数据库系统的组成等。读者可从本章了解为什么要学习数据库技术，并为后续章节的学习做好准备。

1.1　概述

　　随着信息管理水平的不断提高，应用范围的日益扩大，信息已成为企业的重要财富和资源，同时，作为管理信息的数据库技术也得到了很大的发展，其应用领域也越来越广泛。人们在不知不觉中扩展着对数据库的使用，比如网上购物系统、飞机及火车订票系统、商场的进销存系统、图书借阅管理系统等，无一不使用了数据库技术。从小型事务处理到大型信息系统，从联机事务处理到联机分析处理，从一般企业管理到计算机辅助设计与制造（CAD/CAM）等，数据库技术已经渗透到人们日常生活中的方方面面，数据库中信息量的大小以及使用的程度已经成为衡量企业信息化程度的重要标志。

　　数据库是数据管理的最新技术，其主要研究内容是如何对数据进行科学的管理，以提供可共享、安全、可靠的数据。数据库技术一般包含数据管理和数据处理两部分。

　　数据库系统本质上是一个用计算机存储数据的系统，数据库本身可以看作是一个电子文件柜，但它的功能不仅仅只是保存数据，它还提供了对数据进行各种管理和处理的功能，比如安全管理、数据共享的管理、数据查询处理等。

1.2　数据库的基本概念

　　在系统地介绍数据库技术之前，首先介绍数据库中常用的一些术语和概念。

1.2.1　数据

　　数据（Data）是数据库中存储的基本对象。早期的计算机系统主要应用于科学计算领域，处理的数据基本都是数值型数据，因此数据在人们头脑中的直觉反应就是数字，但数字只是数据最简单的一种形式，是对数据的传统和狭义的理解。目前计算机的应用范围已十分广泛，因此数据的种类也更加丰富，例如，文本、图形、图像、音频、视频、商品销售情况等都是数据。

　　可以将数据定义为描述事物的符号记录。描述事物的符号可以是数字，也可以是文字、图形、图像、声音、语言等，数据有多种表现形式，它们都可以经过数字化后保存在计算机中。

数据的表现形式并不一定能完全表达其内容，有些还需要经过解释才能明确其表达的含义。例如 20，当解释其代表人的年龄时就是 20 岁，当解释其代表商品价格时就是 20 元。因此，数据和数据的解释是不可分的。

在日常生活中，人们一般直接用自然语言来描述事物，例如，描述一门课程的信息——数据库系统基础，4 个学分，第 5 学期开设。但在计算机中经常按如下形式描述：

（数据库系统基础，4，5）

即把课程名、学分、开课学期信息组织在一起，形成一个记录，这个记录就是描述课程的数据。这样的数据是有结构的。记录是计算机表示和存储数据的一种格式或方法。

1.2.2　数据库

数据库（Data Base，DB），顾名思义，就是存放数据的仓库，只是这个仓库是存储在计算机存储设备上的，而且是按一定的格式存储的。

人们在收集并抽取出一个应用所需要的大量数据之后，就希望将这些数据保存起来，以供进一步从中得到有价值的信息，并进行相应的加工和处理。在科学技术飞速发展的今天，人们对数据的需求越来越多，所需的数据量也越来越大。最早人们把数据存放在文件柜里，现在人们可以借助计算机和数据库技术来科学地保存和管理大量复杂的数据，以便能方便而充分地利用宝贵的数据资源。

严格地讲，数据库是长期存储在计算机中有组织的、可共享的大量数据的集合。数据库中的数据按一定的数据模型组织、描述和存储，具有较小的数据冗余、较高的数据独立性和易扩展性，并可为多种用户共享。

概括起来，数据库中的数据具有永久存储、有组织和可共享 3 个基本特点。

1.2.3　数据库管理系统

在了解了数据和数据库的基本概念之后，下一个需要了解的就是如何科学有效地组织和存储数据，如何从大量的数据中快速获得所需的数据以及如何对数据进行维护，这些都是数据库管理系统（DataBase Management System，DBMS）要完成的任务。数据库管理系统是一个专门用于实现对数据进行管理和维护的系统软件。

数据库管理系统位于应用程序与操作系统软件之间，如图 1-1 所示。数据库管理系统与操作系统一样都是计算机的系统软件，其主要功能包括如下几个方面。

1. 数据库的建立与维护功能

该功能可以创建数据库及对数据库空间进行维护。数据库的建立与维护功能一般是通过数据库管理系统中提供的一些实用工具实现的。

2. 数据定义功能

该功能可以定义数据库中的对象，比如表、视图等。数据定义功能的实现一般是通过数据库管理系统提供的数据定义语言（Data Definition Language，DDL）实现的。

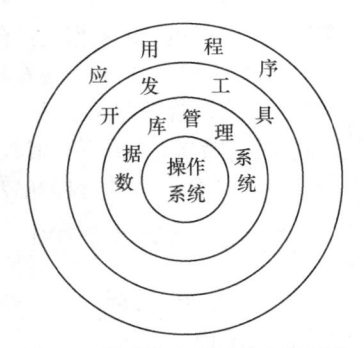

图 1-1　数据库管理系统在计算机
系统中的位置

3. 数据组织、存储和管理功能

为提高数据的存取效率，数据库管理系统需要对数据进行分类存储和管理。数据库中的数据包括数据字典、用户数据和存取路径数据等。数据库管理系统要确定这些数据的存储结构、存取方式、存储位置，以及如何实现数据之间的关联。确定数据的组织和存储的主要目的是提高存储空间的利用率和存取效率。一般的数据库管理系统都会根据数据的具体组织和存储方式提供多种数据存取方法，比如索引查找、Hash 查找、顺序查找等。

4. 数据操作功能

该功能可以对数据库中的数据进行查询、插入、删除和更改操作，这些操作一般是通过数据库管理系统提供的数据操作语言（Data Manipulation Language，DML）实现的。

5. 事务的管理和运行功能

数据库中的数据是可供多个用户同时使用的共享数据，为保证数据能够安全、可靠地运行，数据库管理系统提供了事务管理功能，该功能不仅保证了数据能够并发使用，不产生相互干扰的情况，而且在数据库发生故障时能够对数据库进行正确的恢复。

6. 其他功能

数据库的其他功能主要有与其他软件的网络通信功能、不同数据库管理系统间的数据传输以及互访功能等。

1.2.4 数据库系统

数据库系统（DataBase System，DBS）是指在计算机中引入数据库后的系统，一般由数据库、数据库管理系统（及相关的实用工具）、应用程序、数据库管理员组成。为保证数据库中的数据能够正常、高效地运行，除了数据库管理系统软件外，还需要专门的人员对数据库进行维护，这个专门的人员被称为数据库管理员（DataBase Administrator，DBA）。我们将在 1.5 节详细介绍数据库系统的组成。

一般在不引起混淆的情况下，可把数据库系统简称为数据库。

1.3 数据管理技术的发展

数据库技术是应数据管理任务的需要产生和发展的。数据管理是指对数据进行分类、组织、编码、存储、检索和维护，它是数据处理的核心，而数据处理则是指对各种数据的收集、存储、加工和传播等一系列活动的总和。

自计算机产生之后，人们就希望用它来帮助我们对数据进行存储和管理。最初对数据的管理是以文件方式进行的，即数据文件存储在磁盘上，用户通过编写直接操作数据文件的应用程序来实现对数据的存储和管理。后来，随着数据量越来越大，人们对数据的要求越来越多，希望达到的目的也越来越复杂，文件管理方式已经很难满足人们对数据的需求，由此产生了数据库技术，也就是用数据库来存储和管理数据。数据管理技术的发展因此也就经历了文件管理和数据库管理两个阶段。

本节将介绍文件管理和数据库管理在管理数据上的主要差异。

1.3.1 文件管理

理解数据库特征的最好办法是了解在数据库技术产生之前，人们是如何通过文件的方式对数据进行管理的。

20 世纪 50 年代后期到 60 年代中期，计算机的硬件方面已经有了磁盘等直接存取的存储设备，软件方面，操作系统中已经有了专门的数据管理软件，一般称为文件管理系统。文件管理系统把数据组织成相互独立的数据文件，利用"按文件名访问，按记录进行存取"的管理技术，可以对文件中的数据进行插入、删除、修改和查询等操作。

在出现程序设计语言之后，开发人员不但可以创建自己的文件并将数据保存在自己定义的文件中，而且可以编写应用程序来处理文件中的数据，即编写应用程序来定义文件的结构，实现对文件内容的插入、删除、修改和查询操作。当然，真正实现磁盘文件的物理存取操作的还是操作系统中的文件管理系统，应用程序只是告诉文件管理系统要对哪个文件的哪些数据进行哪些操作。我们将由开发人员定义存储数据的文件及文件结构，并借助文件管理系统的功能编写访问这些文件的应用程序，以实现对用户数据的处理的方式称为**文件管理**。在后面的章节中，为描述简单我们将忽略操作系统中的文件管理系统，假定应用程序是直接对磁盘文件进行操作的。

用户通过编写应用程序来管理存储在自定义文件中的数据的操作模式，如图 1-2 所示。

假设某学校要用文件的方式保存学生及其选课的数据，并针对这些数据文件构建对学生及选课情况进行管理的系统。此系统要实现两部分功能：学生基本信息管理和学生选课情况管理。假设教务部门管理学生选课情况，各系管理自己的学生基本信息。学生基本信息管理只涉及学生的基本信息数据，假设这些数据保存在 F1 文件中；学生选课情况管理涉及学生的部分基本信息、课程基本信息和学生选课信息，假设 F2 和 F3 文件分别保存课程基本信息和学生选课信息的数据。

设 A1 为实现"学生基本信息管理"功能的应用程序，A2 为实现"学生选课情况管理"功能的应用程序。图 1-3 所示为用文件存储并管理数据的两个系统的实现示例（图中省略了操作系统部分）。

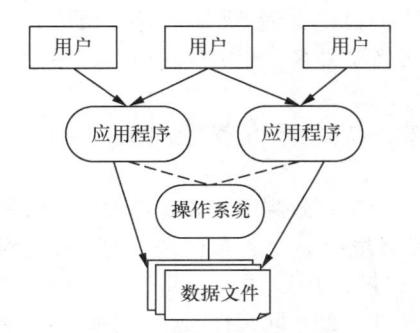

图 1-2　用文件存储数据的操作模式

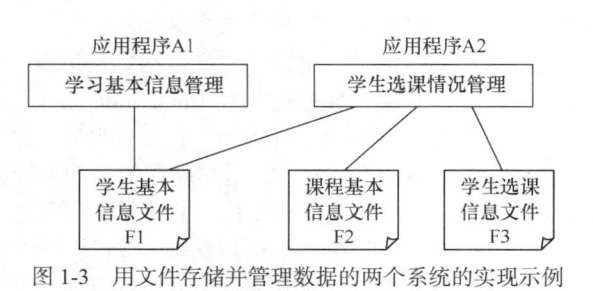

图 1-3　用文件存储并管理数据的两个系统的实现示例

假设文件 F1、F2 和 F3 分别包含如下信息。

F1 文件：学号、姓名、性别、出生日期、联系电话、所在系、专业、班号。

F2 文件：课程号、课程名、授课学期、学分、课程性质。

F3 文件：学号、姓名、所在系、专业、课程号、课程名、修课类型、修课时间、考试成绩。

我们将文件中所包含的每一个子项称为文件结构中的"字段"或"列"，将每一行数据称为一个"记录"。

"学生选课情况管理"的处理过程大致为：在学生选课情况管理中，若有学生选课，则先查 F1 文件，判断有无此学生；若有则再访问 F2 文件，判断其所选的课程是否存在；若一切符合规则，就将学生选课信息写到 F3 文件中。

分析上述处理过程，可以发现使用文件方式管理数据有如下缺点。

（1）编写应用程序不方便。应用程序编写者必须了解所用文件的逻辑结构及物理结构，如文件中包含多少个字段，每个字段的数据类型，采用何种逻辑结构和物理存储结构。操作系统只提供了打开、关闭、读、写等几个底层的文件操作命令，而对文件的查询、修改等操作都必须在应用程序中编程实现。这样就容易造成各应用程序在功能上的重复，比如图 1-3 中的"学生基本信息管理"和"学生选课情况管理"都要对 F1 文件进行操作，而共享这两个功能相同的操作却很难。

（2）数据冗余不可避免。由于 A2 应用程序需要在学生选课信息文件（F3 文件）中包含学生的一些基本信息，比如学号、姓名、所在系、专业等，而这些信息同样包含在学生基本信息文件（F1 文件）中，因此 F3 文件和 F1 文件中存在重复数据，从而造成了数据的重复，即数据冗余。

数据冗余所带来的问题不仅仅是存储空间的浪费（其实，随着计算机硬件技术的飞速发展，存储容量不断扩大，空间问题已经不是我们关注的主要问题），更为严重的是造成了数据的不一致。例如，某个学生所学的专业发生了变化，我们一般只会想到在 F1 文件中进行修改，而往往忘记在 F3 文件中应做同样的修改。由此就造成了同一名学生在 F1 文件和 F3 文件中的"专业"不一样，也就是数据不一致。当发生数据不一致时，人们不能判定哪个数据是正确的，尤其是当系统中存在多处数据冗余时，更是如此。这样数据就失去了其可信性。

文件本身并不具备维护数据一致性的功能，这些功能完全要由用户（应用程序开发者）负责维护。这在简单的应用系统中还可以勉强应对，但在复杂的系统中，若让应用程序开发者来保证数据的一致性，几乎是不可能的。

（3）应用程序依赖性强。就文件管理而言，应用程序对数据的操作依赖于存储数据的文件的结构。定义文件和记录的结构通常是应用程序代码的一部分，如 C 程序的 struct。文件结构的每一次修改，比如添加字段、删除字段，甚至修改字段的长度（如电话号码从 7 位扩到 8 位），都将导致应用程序的修改，因为在打开文件进行数据读取时，必须将文件记录中不同字段的值对应到应用程序的变量中。随着应用环境和需求的变化，修改文件的结构不可避免，这些都需要在应用程序中做相应的修改，而频繁修改应用程序是很麻烦的。人们首先要熟悉原有程序，修改后还需要对程序进行测试、安装等；甚至修改了文件的存储位置或者文件名，也需要对应用程序进行修改，这显然给程序的维护带来了很多麻烦。

所有这些都是由于应用程序对文件的结构以及文件的物理特性过分依赖造成的，换句话说，用文件管理数据时，其数据独立性（data independence）很差。

（4）不支持对文件的并发访问。在现代计算机系统中，为了有效利用计算机资源，一般都允许同时运行多个应用程序（尤其是在现在的多任务操作系统环境中）。文件最初是作为程序的附属数据出现的，它一般不支持多个应用程序同时对同一个文件进行访问。回忆一下，某个用户打开了一个 Word 文件，当第二个用户在第一个用户未关闭此文件前打开此文件时，会得到什么信息呢？他只能以只读方式打开此文件，而不能在第一个用户打开的同时对此文件进行修改。再回忆一下，如果用某种程序设计语言编写一个对某文件中内容进行修改的程序，其过程是先以写的方式打开文件，然后修改其内容，最后再关闭文件。在关闭文件之前，不管是在其他的程序中，还是在同一个程序中都不允许再次打开此文件，这就是文件管理方式不支持并发访问的含义。

对于以数据为中心的系统来说，必须要支持多个用户对数据的并发访问，否则就不会有现在这么多的火车或飞机的订票点，也不会有这么多的银行营业网点。

（5）数据间联系弱。当用文件管理数据时，文件与文件之间是彼此独立、毫不相干的，文件之间的联系必须通过程序来实现。比如对上述的 F1 文件和 F3 文件，F3 文件中的学号、姓名等学生的基本信息必须是 F1 文件中已经存在的（即选课的学生必须是已经存在的学生）；同样，F3 文件中的课程号等与课程有关的基本信息也必须存在于 F2 文件中（即学生选的课程也必须是已经存在的课程）。这些数据之间的联系是实际应用当中所要求的很自然的联系，但文件本身不具备自动实现这些联系的功能，我们必须通过编写应用程序，即手工地建立这些联系。这不但增加了编写代码的工作量和复杂度，而且当联系很复杂时，也难以保证其正确性。因此，用文件管理数据时很难反映现实世界事物间客观存在的联系。

（6）难以满足不同用户（数据使用者）对数据的需求。不同的用户关注的数据往往不同，例如，对于学生基本信息，负责分配学生宿舍的部门可能只关心学生的学号、姓名、性别和班号，而教务部门可能关心的是学号、姓名、所在系和专业。

若多个不同用户希望看到的是学生的不同基本信息，那么就需要为每个用户建立一个文件，这势必会造成很多的数据冗余。我们希望的是，用户关心哪些信息就为他生成哪些信息，对于用户不关心的数据就将其屏蔽，使用户感觉不到其他信息的存在。

可能还会有一些用户，其所需要的信息来自多个不同的文件。例如，假设各班班主任关心的是班号、学号、姓名、课程名、学分、考试成绩等。这些信息就涉及了 3 个文件：从 F1 文件中得到"班号"，从 F2 文件中得到"学分"，从 F3 文件中得到"考试成绩"；而"学号""姓名"可以从 F1 文件或 F3 文件中得到，"课程名"可以从 F2 文件或 F3 文件中得到。在生成结果数据时，必须对从 3 个文件中读取的数据进行比较，然后组合成一行有意义的数据。比如，将从 F1 文件中读取的"学号"与从 F3 文件中读取的"学号"进行比较，"学号"相同时，才可以将 F1 文件中的"班号"与 F3 文件中的当前记录所对应的"学号"和"姓名"组合起来，之后还需要将组合结果与 F2 文件中的内容进行比较，找出"课程号"相同的课程的"学分"，再与已有的结果组合起来，并从组合后的数据中提取出用户需要的信息。如果数据量很大，涉及的文件比较多，可以想象这个过程有多复杂。因此，这种复杂信息的查询，在按文件管理数据的方式中是很难处理的。

（7）无安全控制功能。在文件管理方式中，很难控制某个人对文件能够进行的操作，比如只允许某个人查询和修改数据，但不能删除数据，或者对文件中的某个或者某些字段不能修改等。而在实际应用中，数据的安全性是非常重要且不容忽视的。比如，在学生选课管理中，我们不允许学生修改其考试成绩，但允许他们查询自己的考试成绩。在银行系统中，更是不允许一般用户修改其存款数额。

人们对数据需求的增加，迫切需要对数据进行有效、科学、正确、方便的管理。针对文件管理方式的这些缺陷，人们逐步开发出了以统一管理和共享数据为主要特征的数据库管理系统。

1.3.2　数据库管理

自 20 世纪 60 年代后期以来，计算机管理数据的规模越来越大，应用范围越来越广泛，数据量急剧增加，同时多种应用同时共享数据集合的要求也越来越强烈。

随着大容量磁盘的出现，硬件价格的不断下降，软件价格的不断上升，编制和维护系统软件和应用程序的成本相应的不断增加。在数据处理方式上，对联机实时处理的需求越来越多，同时开始提出和考虑分布式处理技术。在这种背景下，以文件方式管理数据已经不能满足应用的需求，于是出现了新的管理数据的技术——数据库技术，同时出现了统一管理数据的专门软件——数据库管理系统。

从 1.3.1 节的介绍我们可以看出，在数据库管理系统出现之前，人们对数据的操作是通过直接针对数据文件编写应用程序实现的，这种模式会产生很多问题。在有了数据库管理系统之后，人们对数据的操作全部是通过数据库管理系统实现的，而且应用程序的编写也不再直接针对存放数据的文件。有了数据库技术和数据库管理系统之后，人们对数据的操作模式发生了根本性的变化，如图 1-4 所示。

比较图 1-4 和图 1-2，可以看到有两个主要区别：第一个是在操作系统和用户应用程序之间增加了一个系统软件——数据库管理系统，使得用户对数据的操作都要通过数据库管理系统实现；第二个是有了数据库管理系统之后，用户不再需要有数据文件的概念，即不再需要知道数据文件的逻辑和物理结构及物理存储位置，而只需要知道存放数据的场所——数据库即可。

从本质上讲，即使在有了数据库技术之后，数据最终还是以文件的形式存储在磁盘上的，只是这时对物理数据文件的存取和管理是由数据库管理系统统一实现的，而不再是每个用户通过编写应用程序实现的。数据库和数据文件既有区别又有联系，它们之间的关系类似于单位的名称和地址之间的关系。单位地址代表了单位的实际存在位置，单位名称是单位的逻辑代表。而且一个数据库可以包含多个数据文件，就像一个单位可以有多个不同地址一样，每个数据文件存储数据库的部分数据。不管一个数据库包含多少个数据文件，对用户来说他只针对数据库进行操作，而不用对数据文件进行操作。这种模式极大地简化了用户对数据的访问。

在有了数据库技术之后，用户只需要知道存放所需数据的数据库名，就可以对数据库对应的数据文件中的数据进行操作。将对数据库的操作转换为对物理数据文件的操作是由数据库管理系统自动实现的，用户不需要知道，也不需要干预。

对于 1.3.1 节中列举的学生基本信息管理和学生选课情况管理两个子系统，如果使用数据库技术来实现，其实现方式如图 1-5 所示。

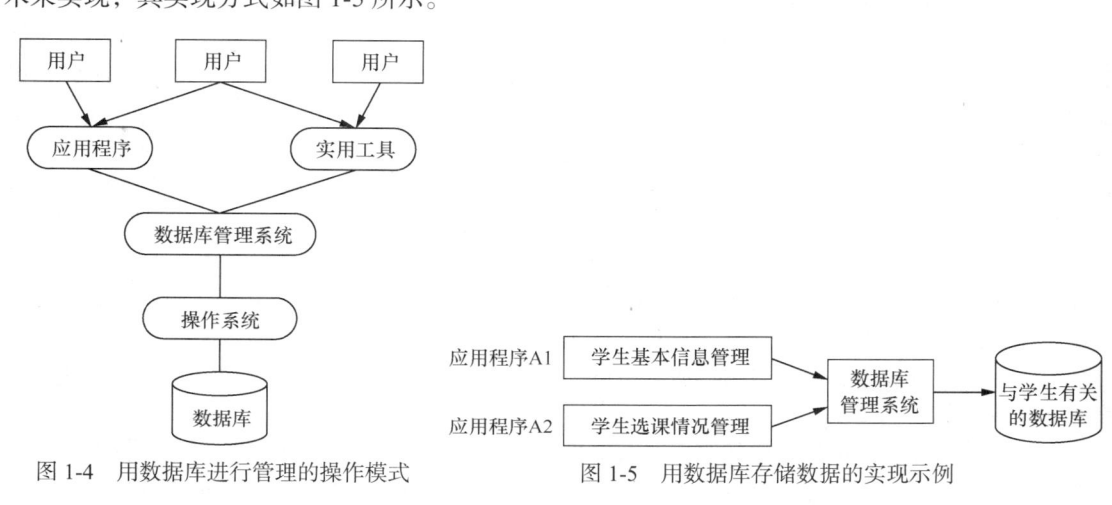

图 1-4　用数据库进行管理的操作模式　　　　图 1-5　用数据库存储数据的实现示例

与用文件管理数据相比，用数据库技术管理数据具有以下特点。

（1）相互关联的数据集合。在用数据库技术管理数据时，所有相关的数据都被存储在一个数据库中，它们作为一个整体定义，因此可以很方便地表达数据之间的关联关系。比如学生基本信息中的"学号"与学生选课情况管理中的"学号"，这两个学号之间是有关联关系的，即学生选课情况中的"学号"的取值范围在学生基本信息的"学号"取值范围内。在关系数据库中，数据之间的关联关系是通过参照完整性实现的。

（2）较少的数据冗余。由于数据是被统一管理的，因此可以从全局着眼，对数据进行最合理的组织。例如，将 1.3.1 节中 F1、F2 和 F3 文件的重复数据挑选出来，进行合理的管理，这样就可以形成如下所示的几部分信息。

学生基本信息：学号、姓名、性别、出生日期、联系电话、所在系、专业、班号。

课程基本信息：课程号、课程名、授课学期、学分、课程性质。

学生选课信息：学号、课程号、修课类型、修课时间、考试成绩。

在关系数据库中，可以将每一类信息存储在一个表中（关系数据库的概念将在后边介绍），重复的信息只存储一份，当在学生选课需要学生的姓名等其他信息时，根据学生选课信息中的学号，可以很容易地在学生基本信息中找到此学号对应的姓名等信息。因此，消除数据的重复存储不影响我们对信息的提取，还可以避免由于数据重复存储而造成的数据不一致问题。比如，当某个学生所学的专业发生变化时，只需在"学生基本信息"一个地方进行修改即可。

同 1.3.1 节中的问题一样，当所需的信息来自不同地方，比如（班号，学号，姓名，课程名，学分，考试成绩）信息，这些信息需要从 3 个地方（关系数据库为 3 张表）得到，这种情况下，也需要对信息进行适当的组合，即学生选课信息中的学号只能与学生基本信息中学号相同的信息组合在一起，同样，学生选课信息中的课程号也必须与课程基本信息中课程号相同的信息组合在一起。过去在文件管理方式中，这个工作是由开发者编程实现的，而在有了数据库管理系统后，这些烦琐的工作就完全交给了数据库管理系统来完成。

因此，在用数据库技术管理数据的系统中，避免数据冗余不会增加开发者的负担。在关系数据库中，避免数据冗余是通过关系规范化理论实现的。

（3）程序与数据相互独立。在数据库中，组成数据的数据项以及数据的存储格式等信息都与数据存储在一起，它们通过 DBMS 而不是应用程序来操作和管理，应用程序不再需要处理文件和记录的格式。

程序与数据相互独立有两方面的含义：一方面是当数据的存储方式发生变化时（这里包括逻辑存储方式和物理存储方式），比如从链表结构改为散列结构，或者是顺序存储和非顺序存储之间的转换，应用程序不必做任何修改；另一方面是当数据所包含的数据项发生变化时，比如增加或减少了一些数据项，如果应用程序与这些修改的数据项无关，则不用修改应用程序。这些变化都将由 DBMS 负责维护。大多数情况下，应用程序并不知道也不需要知道数据存储方式或数据项已经发生了变化。

在关系数据库中，数据库管理系统通过将数据划分为 3 个层次来自动保证程序与数据相互独立。第 2 章将详细介绍数据的 3 个层次，也称为三级模式结构。

（4）保证数据的安全和可靠。数据库技术能够保证数据库中的数据是安全的和可靠的。它的安全控制机制可以有效地防止数据库中的数据被非法使用和非法修改；其完整的备份和恢复机制可以保证当数据遭到破坏时（由软件或硬件故障引起的）能够很快地将数据库恢复到正确的状态，并使数据不丢失或只有很少的丢失，从而保证系统能够连续、可靠地运行。保证数据的安全是通过数据库管理系统的安全控制机制实现的，保证数据的可靠是通过数据库管理系统的备份和恢复机制实现的。

（5）最大限度地保证数据的正确性。数据的正确性也称为数据的完整性，它是指存储到数据库中的数据必须符合现实世界的实际情况，比如人的性别只能是"男"或"女"，人的年龄应该是 0 岁到 150 岁（假设没有年龄超过 150 岁的人）。如果在性别中输入了其他值，或者将一个负数输入年龄中，这在现实世界中显然是不正确的输入。数据的正确性是通过在数据库中建立完整性约束来实现的。建立好保证数据正确的约束之后，如果有不符合约束的数据要存储到数据库中，数据库管理系统能主动拒绝这些数据。

（6）数据可以共享并能保证数据的一致性。数据库中的数据可以被多个用户共享，即允许多个用户同时操作相同的数据。当然，这个特点是针对支持多用户的大型数据库管理系统而言的，对于只支持单用户的小型数据库管理系统（比如 Access），在任何时候最多只允许一个用户访问数据库，因此不存在共享的问题。

多用户共享问题是数据库管理系统内部解决的问题，它对用户是不可见的。这就要求数据库管理系统能够对多个用户进行协调，保证多个用户之间对相同数据的操作不会产生矛盾和冲突，即在多个用户同时操作相同数据时，能够保证数据的一致性和正确性。设想一下火车订票系统，如果多个订票点同时对某一天的同一车次火车进行订票，那么必须保证不同订票点订出票的座位不能重复。

数据可共享并能保证共享数据的一致性是由数据库管理系统的并发控制机制实现的。

数据库技术已发展成为一门比较成熟的技术，通过上述讨论，可以概括出数据库具备如下特征：数据库是相互关联的数据的集合，它用综合的方法组织数据，具有较小的数据冗余，可供多个用户共享，具有较高的数据独立性，能够保证数据的安全、可靠，具有安全控制机制，此外，它允许并发地使用数据库，能有效、及时地处理数据，并能保证数据的一致性和正确性。

需要强调的是，上述特征并不是数据库中的数据所固有的，而是靠数据库管理系统提供和保证的。

1.4　数据独立性

数据独立性是指应用程序不会因数据的物理表示方式和访问技术的改变而改变，即应用程序不依赖于任何特定的物理表示方式和访问技术，它包含两个方面：物理独立性和逻辑独立性。物理独立性是指当数据的存储位置或存储结构发生变化时，不影响应用程序的特性；逻辑独立性是指当表达现实世界的信息内容发生变化时，比如增加一些列、删除无用列等，也不影响应用程序的特性。要准确理解数据独立性的含义，可先了解下什么是非数据独立性。在数据库技术出现之前，也就是在使用文件管理数据的时候，实现的应用程序常常是有数据依赖性的，也就是说数据的物理存储方式和有关的存取技术都要在应用程序中考虑，而且，有关物理存储的知识和访问技术会直接体现在应用程序的代码中。例如，如果数据文件使用了索引，那么应用程序必须知道有索引存在，也要知道数据是按索引排序的，这样应用程序的内部结构就是基于这些知识而设计的。一旦数据的物理存储方式改变了，就会对应用程序产生很大的影响。例如，如果改变了数据的排序方式，则应用程序不得不做很大的修改。而且在这种情况下，应用程序修改的部分恰恰是与数据管理密切联系的部分，而与应用程序最初要解决的问题毫不相干。

在用数据库技术管理数据的方式中，可以尽量避免应用程序对数据的依赖，这有如下两种情况。

（1）不同的用户关心的数据并不完全相同，即使对同样的数据不同用户的需求也不尽相同。比如前边的学生基本信息数据，包括学号、姓名、性别、出生日期、联系电话、所在系、专业、班号，分配宿舍的部门可能只需要：学号、姓名、班号、性别，教务部门可能只需要：学号、姓名、所在系、专业和班号。好的实现方法应根据全体用户对数据的需求存储一套完整的数据，而且只编写一个针对全体用户的公共数据的应用程序，但能够按每个用户的具体要求只展示其需要的数据，而且当公共数据发生变化时（比如增加新数据），可以不修改应用程序，每个不需要这些变化数据的用户也不需要知道有这些变化。这种独立性（逻辑独立性）在文件管理方式下是很难实现的。

（2）随着科学技术的进步以及应用业务的变化，有时必须要改变数据的物理存储方式和存取方法以适应技术发展及需求变化。比如改变数据的存储位置或存储结构（就像一个单位可以搬到新的地址，或者是调整单位各科室的布局）以提高数据的访问效率。理想情况下，这些变化不应该影响应用程序（物理独立性）。这在文件管理方式下也是很难实现的。

因此，数据独立性的提出是一种客观应用的要求。数据库技术的出现正好克服了应用程序对数据的物理表示和访问技术的依赖。

1.5 数据库系统的组成

我们在前面简单介绍了数据库系统的组成，数据库系统是基于数据库的计算机应用系统，它一般包括数据库、数据库管理系统（及相应的实用工具）、应用程序和数据库管理员 4 个部分，如图 1-6 所示。数据库是数据的汇集场所，它以一定的组织形式保存在存储介质上；数据库管理系统是管理数据库的系统软件，它可以实现数据库系统的各种功能；应用程序专指访问数据库数据的程序；数据库管理员负责整个数据库系统的正常运行。

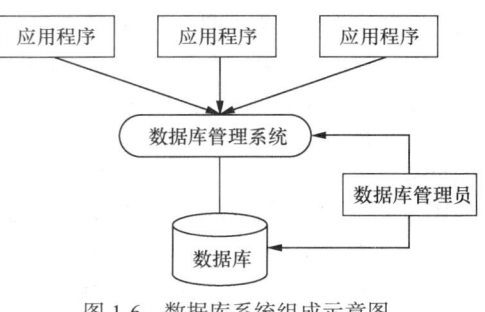

图 1-6　数据库系统组成示意图

任何程序的运行和存储都需要占用硬件资源，下面就从硬件、软件和人员几个方面简要介绍数据库系统包含的主要内容。

1. 硬件

由于数据库中的数据量一般都比较大，DBMS 具有丰富的功能，使得 DBMS 自身的规模也很大，因此整个数据库系统对硬件资源的要求很高。不仅要有足够大的内存来运行操作系统、数据库管理系统和应用程序，而且还要有足够大的硬盘空间来存放数据库数据以及相应的系统软件和应用程序。

2. 软件

数据库系统的软件主要包括以下内容。

（1）数据库管理系统。它是整个数据库系统的核心，是建立、使用和维护数据库的系统软件。

（2）支持数据库管理系统运行的操作系统。数据库管理系统中的很多底层操作是靠操作系统完成的，数据库中的安全控制等功能通常也是与操作系统共同实现的。因此，数据库管理系统要和操作系统协同工作来完成很多功能。不同的数据库管理系统需要的操作系统平台不尽相同，比如 SQL Server 只能在 Windows 平台上运行，而 Oracle 可以在 Windows 平台和 Linux 平台上运行。

（3）以数据库管理系统为核心的实用工具。这些实用工具一般是数据库厂商提供的，它是随数据库管理系统软件一起发行的。

3. 人员

数据库系统中包含的人员主要有数据库管理员、系统分析人员、数据库设计人员、应用程序编程人员和最终用户。

（1）数据库管理员负责维护整个系统的正常运行，负责保证数据库的安全和可靠。

（2）系统分析人员主要负责应用系统的需求分析和规范说明，这些人员要和最终用户以及数据库管理员相配合，以确定系统的软、硬件配置，并参与数据库应用系统的概要设计。

（3）数据库设计人员主要负责确定数据库数据，设计数据库结构等。数据库设计人员也必须参与用户需求调查和系统分析。在很多情况下，数据库设计人员由数据库管理员担任。

（4）应用程序编程人员负责设计和编写访问数据库的应用系统的程序，并对程序进行调试和安装。

（5）最终用户是数据库应用程序的使用者，他们是通过应用程序提供的人机交互界面来操作数据库中数据的人员。

习　　题

一、选择题

1. 下列关于用文件管理数据的说法，错误的是（　　　）。
   A. 用文件管理数据，难以提供应用程序与数据的独立性
   B. 当存储数据的文件名发生变化时，必须修改访问数据文件的应用程序
   C. 用文件管理数据的方式难以实现数据访问的安全控制
   D. 将相关的数据存储在一个文件中，有利于用户对数据进行分类，因此也可以加快用户操作数据的效率

2. 下列说法中，不属于数据库管理系统特征的是（　　　）。
   A. 提供了应用程序和数据的独立性
   B. 所有的数据作为一个整体考虑，因此是相互关联的数据的集合
   C. 用户访问数据时，需要知道存储数据的文件的物理信息
   D. 能保证数据库数据的可靠性，即使在存储数据的硬盘出现故障时，也能防止数据丢失

3. 数据库管理系统是数据库系统的核心，它位于用户和操作系统之间，属于（　　　）。
   A. 系统软件　　　　　　　　　　B. 工具软件
   C. 应用软件　　　　　　　　　　D. 数据软件

4. 下列不属于数据库系统组成部分的是（　　　）。
   A. 数据库　　　　　　　　　　　B. 操作系统

C. 应用程序　　　　　　　　　　　D. 数据库管理系统

5. 下列关于数据库技术的描述，错误的是（　　　）。

A. 数据库中不但要保存数据，而且还要保存数据之间的关联关系

B. 数据库中的数据具有较小的数据冗余

C. 数据库中数据存储结构的变化不会影响到应用程序

D. 由于数据库是存储在磁盘上的，因此用户在访问数据库时需要知道其存储位置

二、简答题

1. 试说明数据、数据库、数据库管理系统和数据库系统的概念。

2. 数据管理技术的发展主要经历了哪几个阶段？

3. 文件管理方式在管理数据方面有哪些不足？

4. 与文件管理数据相比，用数据库管理数据有哪些优点？

5. 在数据库管理数据的方式中，应用程序是否需要关心数据的存储位置和存储结构？为什么？

6. 数据库系统由哪几部分组成，每一部分在数据库系统中的作用大致是什么？

第**2**章 数据模型与数据库结构

本章将介绍数据库技术实现应用程序和数据相互独立的基本原理，即数据库体系结构。在介绍数据库结构之前，会先介绍数据模型的一些基本概念。本章的内容是理解数据库技术特色的基础。

2.1 数据和数据模型

现实世界的数据是散乱无章的，散乱的数据不利于人们对其进行有效的管理和处理，特别是海量数据。因此，必须把现实世界的数据按照一定的格式组织起来，以方便对其进行操作和使用。数据库技术也不例外，在用数据库技术管理数据时，数据会按照一定的格式组织起来，比如二维表结构或者是层次结构，以便数据能够被高效地管理和处理。本节就对数据和数据模型进行简单介绍。

2.1.1 数据与信息

在介绍数据模型之前，我们先来了解数据与信息的关系。1.2 节已经介绍了数据的概念，说明了数据是数据库中存储的基本对象。为了了解世界、研究世界和交流信息，人们需要描述各种事物。用自然语言来描述虽然很直接，但过于烦琐，不便于形式化，而且也不利于用计算机来表达。为此，人们常常只抽取那些感兴趣的事物特征或属性来描述事物。例如，一名学生可以用一行数据（张三，202012101，男，河北，计 2001，软件工程）来描述，这样的一行数据就称为一条记录。单看这行数据我们不一定能准确知道其含义，但对其进行如下解释：张三的学号是 202012101，他是计 2001 班的男生，河北生源，软件工程专业，其内容就是确定的。我们将描述事物的符号记录称为数据，将从数据中获得的有意义的内容称为信息。数据有一定的格式，例如，姓名是若干个汉字组成的字符串，性别是一个汉字的字符。这些格式的规定是数据的语法，而数据的含义是数据的语义。因此，数据是信息存在的一种形式，只有通过解释或处理才能成为有用的信息。

一般来说，数据库中的数据具有静态特征和动态特征两个方面。

1. 静态特征

数据的静态特征包括数据的基本结构、数据间的联系以及对数据取值范围的约束。比如 1.3.1 节中给出的例子。学生基本信息包含学号、姓名、性别、出生日期、联系电话、所在系、专业、班号，这些都是学生所具有的基本性质，是学生数据的基本结构。学生选课信息包括学号、课程号和考试成绩等，这些是学生选课的基本性质。但学生选课信息中的学号与学生基本信息中的学号是有一定关联的，即学生选课信息中的"学号"所能取的值应在学生基本信息中的"学号"取值范围之内，因为只有这样，学生选课信息中所描述的学生选课情况才是有意义的（我们不会记录不存在的学生的选课情况），这就是数据之间的联系。最后来看数据取值范围的约束。我们知道人的性别的取值是"男"或"女"、课程的学分一般是大于 0 的整数值、学生的考试成绩一般为 0～100分等，这些都是对某列的数据取值范围进行的限制，目的是在数据库中存储正确、有意义的数据。

2. 动态特征

数据的动态特征是指对数据可以进行的操作。对数据库数据的操作主要有查询和更改，更改操作又包括插入、删除和更新数据。

我们一般将对数据的静态特征和动态特征的描述称为**数据模型三要素**，即在描述数据时要包括数据的基本结构、数据的约束条件（这两个属于静态特征）和定义在数据上的操作（属于数据的动态特征）3 个方面。

2.1.2 数据模型

对于模型，特别是具体的模型，人们并不陌生。一张地图、一组建筑设计沙盘、一架飞机模型等都是具体的模型。人们可以从模型联想到现实生活中的事物。计算机中的模型是对事物、对象、过程等客观系统中感兴趣的内容的模拟和抽象表达，是理解系统的思维工具。数据模型（data model）也是一种模型，它是对现实世界数据特征的抽象。

数据库是企业或部门相关数据的集合，数据库不仅要反映数据本身的内容，而且要反映数据之间的联系。由于计算机不可能直接处理现实世界中的具体事物，因此，我们需要把现实世界中的具体事物转换成计算机能够处理的对象。在数据库中可用数据模型这个工具来抽象、表示和处理现实世界中的数据和信息。

数据库管理系统是基于某种数据模型对数据进行组织的，因此，了解数据模型的基本概念是学习数据库知识的基础。

在数据库领域，数据模型可用来表现现实世界中的对象，即将现实世界中杂乱的信息用一种规范的、易于处理的方式表达出来。而且这种数据模型既要面向现实世界（表达现实世界的信息），同时又要面向机器世界（因为要在机器上实现），因此一般要求数据模型满足 3 个方面的要求。

第一，能够真实地模拟现实世界。因为数据模型是抽象现实世界对象信息，经过整理、加工，成为一种规范的模型。但构建模型的目的是为了真实、形象地表现现实世界的情况。

第二，容易被人们理解。因为构建数据模型一般是数据库设计人员做的事情，而数据库设计人员往往不是所构建的业务领域的专家，因此，数据库设计人员所构建的模型是否正确，是否与现实情况相符，需要由精通业务的用户来评判，而精通业务的人员往往又不是计算机领域的专家。因此要求所构建的数据模型要形象化，要容易被业务人员理解，以便于他们对模型进行评判。

第三，能够方便地在计算机上实现。因为对现实世界业务进行设计的最终目的是能够在计算机上实现出来，用计算机来表达和处理现实世界的业务。因此所构建的模型必须能够方便地在计算机上实现，否则就没有任何意义。

用一种模型来同时满足这 3 个方面的要求在目前是比较困难的，因此在数据库领域，不同的使用对象和应用目的应采用不同的数据模型来实现。

数据模型实际上是模型化数据和信息的工具。根据模型应用的不同目的，可以将模型分为两大类，它们分别属于两个不同的层次。

一类是概念层数据模型，也称为概念模型或信息模型，它从数据的应用语义视角来抽取现实世界中有价值的数据并按用户的观点来对数据进行建模。这类模型主要用在数据库的设计阶段，它与具体的数据库管理系统无关，也与具体的实现方式无关。另一类是组织层数据模型，也称为组织模型（有时也直接简称为数据模型，本书后边凡是称数据模型的都指的是组织层数据模型），它从数据的组织方式来描述数据。所谓组织层就是指用什么样的逻辑结构来组织数据。数据库发展到现在主要采用了如下几种组织方式（组织模型）：层次模型（用树状结构组织数据）、网状模型（用图形结构组织数据）、关系模型（用简单二维表结构组织数据）以及对象-关系模型（用复杂的表格以及其他结构组织数据）。组织层数据模型主要是从计算机系统的观点对数据进行建模，它与所使用的数据库管理系统的种类有关，因为不同的数据库管理系统支持的数据模型可以不同。

为了把现实世界中的具体事物抽象、组织为某一具体 DBMS 支持的数据模型，人们通常首先将现实世界抽象为信息世界，然后将信息世界转换为机器世界。即首先把现实世界中的客观对象抽象为某种描述信息的模型，这种模型并不依赖于具体的计算机系统，也不与具体的 DBMS 有关，只是概念意义上的模型，也就是我们前边所说的概念层数据模型；然后把概念层数据模型转换为具体的 DBMS 支持的数据模型，也就是组织层数据模型（比如关系数据库的二维表）。注意，从现实世界到概念层数据模型使用的是"抽象"技术，从概念层数据模型到组织层数据模型使用的是"转换"技术，也就是说先有概念模型，后有组织模型。从概念模型到组织模型的转换是比较直接和简单的，我们将在第 9 章中详细介绍具体的模型转换方法。从现实世界到机器世界的过程如图 2-1 所示。

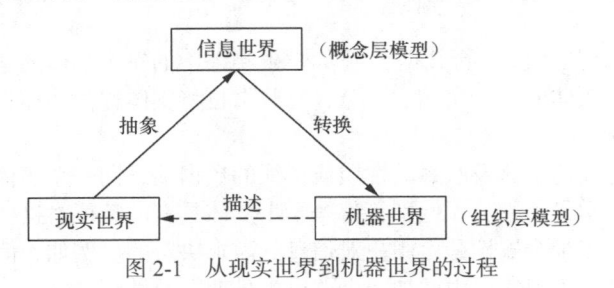

图 2-1 从现实世界到机器世界的过程

2.2 概念层数据模型

从图 2-1 可以看出，概念层数据模型是现实世界到机器世界的一个中间层，机器世界实现的最终目的是反映和描述现实世界。本节主要介绍概念层数据模型的基本概念及基本构建方法。

2.2.1 概念层数据模型的基本概念

概念层数据模型是指抽象现实系统中有应用价值的元素及其关联关系，反映现实系统中有应用价值的信息结构，并且不依赖于数据的组织层数据模型。

概念层数据模型用于对信息世界进行建模，是现实世界到信息世界的第一层抽象，是数据库设计人员进行数据库设计的工具，也是数据库设计人员和业务领域的用户之间进行交流的工具，因此，该模型一方面应该具有较强的语义表达能力，能够方便、直接地表达应用中的各种语义知识；另一方面它还应该简单、清晰和易于被用户理解。因为概念模型设计的正确与否，即所设计的概念模型是否合理、是否正确地表达了现实世界的业务情况，是由业务人员来判定的。

概念层数据模型是面向用户、面向现实世界的数据模型，它与具体的 DBMS 无关。采用概念层数据模型，设计人员可以在数据库设计的开始把主要精力放在了解现实世界上，而把涉及 DBMS 的一些技术性问题推迟到后面去考虑。

常用的概念层数据模型有实体-联系（Entity-Relationship，E-R）模型、语义对象模型等。本章只介绍实体-联系模型，这也是最常使用的一种概念模型。

2.2.2 实体-联系模型

如果直接将现实世界数据按某种具体的组织模型进行组织，必须同时考虑很多因素，设计工作也比较复杂，并且效果不一定理想，因此需要一种方法能够对现实世界的信息结构进行描述。

事实上这方面已经有了一些方法，我们要介绍的是 P.P.S.Chen 于 1976 年提出的实体-联系方法，即通常所说的 E-R 方法。这种方法由于简单、实用，得到了广泛的应用，这也是目前描述信息结构最常用的方法。

实体-联系方法使用的工具称为 E-R 图，它所描述的现实世界的信息结构称为企业模式（Enterprise Schema），其描述结果称为 E-R 模型。

实体-联系方法试图定义很多数据分类对象，之后数据库设计人员就可以将数据项归类到已知的类别中。我们将在第 9 章更详细地介绍 E-R 模型。

在实体-联系模型中主要涉及 3 个方面的内容：实体、属性和联系。

（1）实体。实体是具有公共性质、并且可以相互区分的现实世界对象的集合，或者说是具有相同结构的对象的集合。实体是具体的，例如，职工、学生、教师、课程等就是实体。

在 E-R 图中用矩形框表示具体的实体，实体名写在框内，如图 2-2（a）中的"经理"和"部门"实体。

实体中每个具体的记录值（一行数据），比如学生实体中的每个具体的学生就是学生实体中的一个实例，我们称之为实体的一个实例。注意，有些书也将实体称为实体集或实体类型，而将每行具体的记录称为实体。

（2）属性。属性是描述实体及联系的性质或特征的数据项，同一个实体的所有实例都具有相同的属性。比如学生的学号、姓名、性别等都是学生实体具有的特征，这些特征就是"学生"实体的属性。实体应具有多少个属性是由用户对信息的需求决定的。例如，假设用户还需要学生的出生日期信息，则在"学生"实体中就加一个"出生日期"属性。

在实体的属性中，将能够唯一标识实体的一个属性或最小的一组属性（称为属性集或属性组）称为实体的标识属性，这个属性或属性组也称为实体的码。例如，"学号"就是学生实体的码。

在 E-R 图中可用圆角矩形框或椭圆形框表示属性，在框内写上属性的名字，并用连线将属性框与它所描述的实体联系起来，如图 2-2（c）所示。如果是标识属性通常会在属性名下加下画线标识。

（3）联系。在现实世界中，事物内部以及事物之间是有联系的，这些联系在信息世界反映为实体内部的联系和实体之间的联系。实体内部的联系通常是指一个实体内部属性之间的联系，实体之间的联系通常是指不同实体属性之间的联系。比如在"职工"实体中，假设有职工号、姓名，所在部门和部门经理号等属性，其中"部门经理号"描述的是这个职工所在部门的经理的职工号。一般来说，部门经理也属于单位的职工，而且通常与职工采用的是一套职工编码方式，因此"部门经理号"与"职工号"之间有一种关联的关系，即"部门经理号"的取值在"职工号"取值范围内。这就是实体内部的联系。而"学生"和"系"之间就是实体之间的联系，"学生"是一个实体，假设该实体中有学号、姓名、性别、所在系等属性，"系"也是一个实体，假设该实体中包含系名、系联系电话、系办公地点等属性，则"学生"实体中的"所在系"与"系"实体中的"系名"之间存在一种关联关系，即"学生"实体中"所在系"属性的取值范围必须在"系"实体中"系名"属性的取值范围内。因此"系"和"学生"间的联系就是实体之间的联系。通常情况下我们遇到的联系大多都是实体之间的联系。

联系是数据之间的关联关系，是客观存在的应用语义链。在 E-R 图中联系用菱形框表示，菱形框内写上联系名，并用连线将联系框与它所关联的实体连接起来，如图 2-2（a）中的"管理"联系。

联系也可以有自己的属性，比如图 2-2（c）所示的"选课"联系中有"成绩"属性。

两个实体之间的联系通常有如下 3 类。

（1）一对一联系（1∶1）。如果实体 A 中的每个实例在实体 B 中至多有一个（也可以没有）实例与之关联，反之亦然，则称实体 A 与实体 B 具有一对一联系，记作 1∶1。

例如，部门和经理（假设一个部门只允许有一个经理，一个人只允许担任一个部门的经理）、系和系主任（假设一个系只允许有一个系主任，一个人只允许担任一个系的主任）都是一对一的联系。一对一联系示例如图 2-2（a）所示。

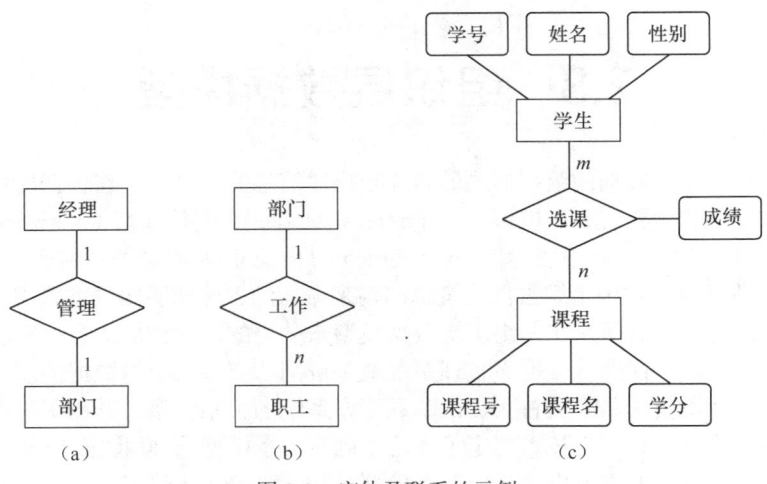

图 2-2　实体及联系的示例

（2）一对多联系（$1:n$）。如果实体 A 中的每个实例在实体 B 中有 n 个实例（$n \geq 0$）与之关联，而实体 B 中的每个实例在实体 A 中最多只有一个实例与之关联，则称实体 A 与实体 B 是一对多联系，记作 $1:n$。

例如，假设一个部门有若干职工，而一个职工只允许在一个部门工作，则部门和职工之间就是一对多联系。又如，假设一个系有多名教师，而一个教师只允许在一个系工作，则系和教师之间也是一对多联系。一对多联系示例如图 2-2（b）所示。

（3）多对多联系（$m:n$）。如果实体 A 中的每个实例在实体 B 中有 n 个实例（$n \geq 0$）与之关联，而实体 B 中的每个实例，在实体 A 中也有 m 个实例（$m \geq 0$）与之关联，则称实体 A 与实体 B 是多对多联系，记作 $m:n$。

例如，学生和课程，一个学生可以选修多门课程，一门课程也可以被多个学生选修，因此学生和课程之间是多对多的联系。多对多联系示例如图 2-2（c）所示。

实际上，一对一联系是一对多联系的特例，而一对多联系又是多对多联系的特例。

实体之间联系的种类是与语义直接相关的，也就是由客观实际情况决定的。例如，部门和经理，如果客观情况是一个部门只有一个经理，一个人只担任一个部门的经理，则部门和经理之间是一对一联系。但如果客观情况是一个部门可以有多个经理，而一个人只担任一个部门的经理，则部门和经理之间就是一对多联系。如果客观情况是一个部门可以有多个经理，而且一个人也可以担任多个部门的经理，则部门和经理之间就是多对多联系。

E-R 图不仅能描述两个实体之间的联系，而且还能描述两个以上实体之间的联系。比如有顾客、商品、售货员三个实体，并且有语义：每个顾客可以从多个售货员那里购买商品，并且可以购买多种商品；每个售货员可以向多名顾客销售商品，并且可以销售多种商品；每种商品可由多个售货员销售，并且可以销售给多个顾客。描述顾客、商品和售货员之间的联系的 E-R 图如图 2-3 所示，这里将联系命名为"销售"。

E-R 图广泛用于数据库设计的概念结构设计阶段。用 E-R 模型表示的数据库概念设计结果非常直观，易于用户理解，而且所设计的 E-R 图与具体的数据组织方式无关，并可以被直观地转换为关系数据库中的关系表。

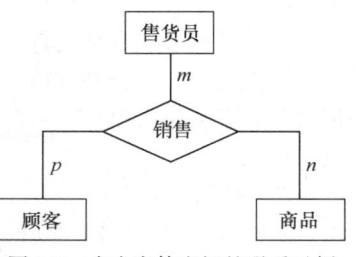

图 2-3　多个实体之间的联系示例

2.3　组织层数据模型

组织层数据模型是从数据的组织形式的角度来描述信息的，目前，在数据库技术发展过程中用到的组织层数据模型主要有层次模型（Hierarchical Model）、网状模型（Network Model）、关系模型（Relational Model）、面向对象模型（Object Oriented Model）和对象关系模型（Object Relational Model）。组织层数据模型是按组织数据的逻辑结构来命名的，比如层次模型采用树状结构。而且各数据库管理系统也是按其所采用的组织层数据模型来分类的，比如层次数据库管理系统就是按层次模型来组织数据的，而网状数据库管理系统就是按网状模型来组织数据的。

1970 年美国 IBM 公司研究员首次提出了数据库系统的关系模型，开创了关系数据库和关系数据理论的研究，为关系数据库技术奠定了理论基础。关系模型从 20 世纪 70 年代开始到现在已经发展得非常成熟，本书的重点也是介绍关系模型。20 世纪 80 年代以来，计算机厂商推出的数据库管理系统几乎都支持关系模型，非关系系统的产品也大都加上了关系接口。

我们一般将层次模型和网状模型统称为非关系模型。非关系模型的数据库管理系统在 20 世纪 70 年代至 80 年代初非常流行，一度在数据库管理系统的产品中占主导地位，但现在已逐步被采用关系模型的数据库管理系统所取代。20 世纪 80 年代以来，面向对象的方法和技术在计算机各个领域，包括程序设计语言、软件工程、信息系统设计、计算机硬件设计等领域都产生了深远的影响，也促进了数据库中面向对象数据模型的研究和发展。

2.3.1　层次数据模型

层次数据模型（简称层次模型）是数据库管理系统中最早出现的数据模型。层次数据库管理系统采用层次模型作为数据的组织方式。层次数据库管理系统的典型代表是 IBM 公司的信息管理系统（Information Management System，IMS），这是 IBM 公司于 1968 年推出的第一个大型的商用数据库管理系统。

层次数据模型用树形结构表示实体和实体之间的联系。现实世界中许多实体之间的联系本身就呈现出一种自然的层次关系，如行政机构、家族关系等。

构成层次模型的树由节点和连线组成，节点表示实体，节点中的项表示实体的属性，连线表示相连的两个实体间的联系，这种联系是一对多的。通常把表示"一"的实体放在上方，称为父节点；把表示"多"的实体放在下方，称为子节点，将不包含任何子节点的节点称为叶节点。层次数据模型如图 2-4 所示。

层次模型可以直接、方便地表示一对多的联系，但在层次模型中它有以下两点限制。

（1）有且仅有一个节点无父节点，这个节点即为树的根。

（2）其他节点有且仅有一个父节点。

层次模型的一个基本特点是，任何一个给定的记录值只有从层次模型的根部开始按路径查看时，才能明确其含义，任何子节点都不能脱离父节点而存在。

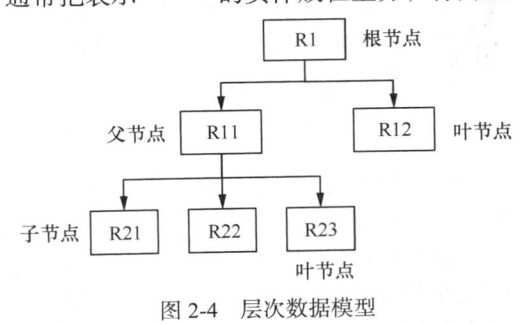

图 2-4　层次数据模型

图 2-5 所示为一个用层次结构组织的学院数据模型，该模型有 4 个节点，"学院"是根节点，由学院编号、学院名称和办公地点 3 项组成。"学院"节点下有 2 个子节点，分别为"教研室"和"学生"。"教研室"节点由"教研室名""室主任"和"室人数"3 项组成，"学生"节点由"学号"

"姓名""性别"和"年龄"4 项组成。"教研室"节点下又有一个子节点"教师",因此"教研室"是"教师"的父节点,"教师"是"教研室"的子节点。"教师"节点由"教师号""教师名"和"职称"4 项组成。

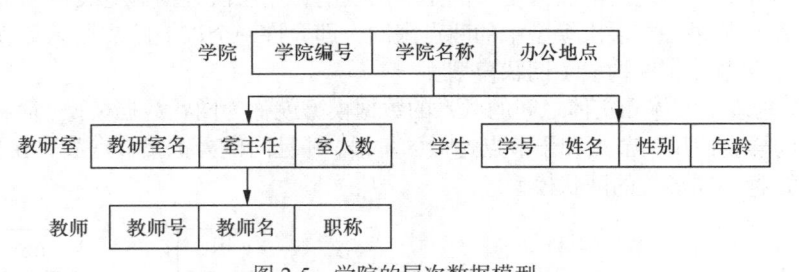

图 2-5 学院的层次数据模型

图 2-6 所示是图 2-5 数据模型对应的一些值。

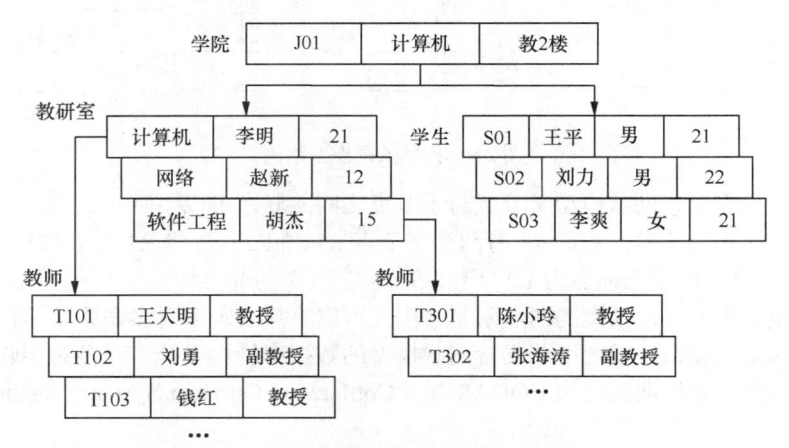

图 2-6 学院层次数据模型对应的一些值

层次数据模型只能表示一对多联系,不能直接表示多对多联系。但如果把多对多联系转换为一对多联系,又会出现一个子节点有多个父节点的情况(如图 2-7 所示,学生和课程原本是一个多对多联系,在这里将其转换为两个一对多联系),这显然不符合层次数据模型的要求。一般常用的解决办法是把一个层次模型分解为两个层次模型,如图 2-8 所示。

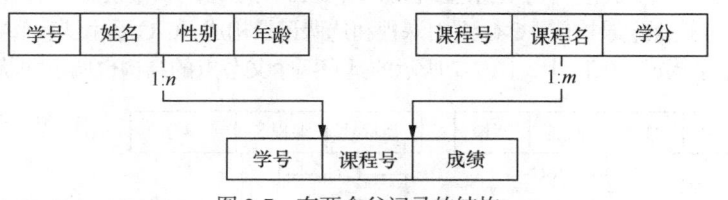

图 2-7 有两个父记录的结构

层次数据库是由若干个层次模型构成的,或者说它是一个层次模型的集合。

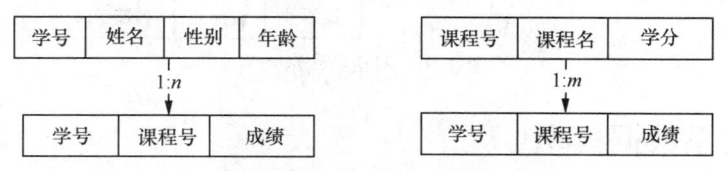

图 2-8 将图 2-7 分解为两个层次模型

2.3.2　网状数据模型

在现实世界中，事物之间的联系更多的是非层次的，用层次数据模型表达现实世界中存在的联系有很多限制。如果去掉层次模型中的两点限制，即允许一个以上的节点无父节点，并且每个节点可以有多个父节点，便构成了网状模型。

用图形结构表示实体和实体之间的联系的数据模型就称为网状数据模型，简称网状模型。在网状模型中，同样会使用父节点和子节点这样的术语，并且同样会把父节点放置在子节点的上方。图 2-9 所示为几种不同形式的网状模型。

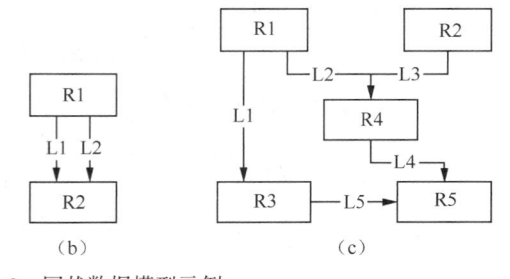

图 2-9　网状数据模型示例

从图 2-9 可以看出，网状模型父节点与子节点之间的联系可以不唯一，因此，就需要为每个联系命名。在图 2-9（a）中，节点 R3 有两个父节点 R1 和 R2，可将 R1 与 R3 之间的联系命名为 L1，将 R2 与 R3 之间的联系命名为 L2。图 2-9（b）、（c）与此类似。

由于网状模型没有层次模型的两点限制，因此可以直接表示多对多联系。但在网状模型中多对多联系实现起来太复杂，因此一些支持网状模型的数据库管理系统，对多对多联系还是进行了限制。例如，网状模型的典型代表 CODASYL（Conference On Data System Language）系统就只支持一对多联系。

网状模型和层次模型在本质上是一样的，从逻辑上看，它们都是用连线表示实体之间的联系，用节点表示实体；从物理上看，层次模型和网状模型都是用指针来实现文件以及记录之间的联系，其差别仅在于网状模型中的连线或指针更复杂、更纵横交错，从而使数据结构更复杂。

网状数据模型的典型代表是 CODASYL 系统，它是 CODASYL 组织的标准建议的具体实现。层次模型是按层次组织数据，而 CODASYL 是按系（set）组织数据。所谓"系"可以理解为命名了的联系，它由一个父记录型和一个或若干个子记录型组成。图 2-10 所示为网状模型的一个示例，其中包含 4 个系，S-G 系由学生和选课记录构成，C-G 系由课程和选课记录构成，C-C 系由课程和授课记录构成，T-C系由教师和授课记录构成。实际上，图 2-7 所示的具有两个父节点的结构也属于网状模型。

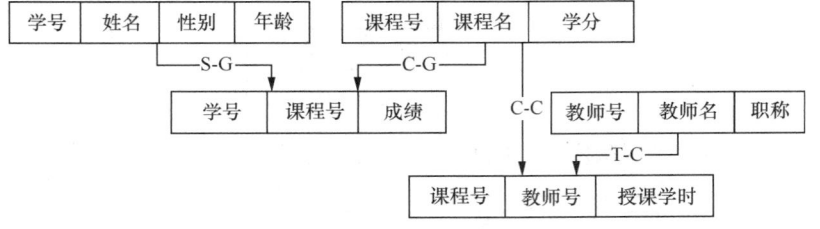

图 2-10　网状结构示意图

2.3.3　关系数据模型

关系数据模型是目前最重要的一种数据模型，关系数据库就是采用关系数据模型作为数据的组织方式。关系数据模型源于数学，它把数据看成是二维表中的元素，而这个二维表在关系数据库中就称为关系。关于关系的详细讨论将在第 3 章进行。

用关系（表格数据）表示实体和实体之间的联系的模型就称为关系数据模型。在关系数据模型中，实体本身以及实体和实体之间的联系都用关系来表示，实体之间的联系不再通过指针来实现。

表 2-1 和表 2-2 所示分别为"学生"和"选课"关系模型的数据结构，其中"学生"和"选课"间的联系是靠"学号"列实现的。

表 2-1　　　　　　　　　　　　　　学生

学号	姓名	年龄	性别	所在系
202011101	李勇	21	男	计算机系
202011102	刘晨	20	男	计算机系
202011103	王敏	20	女	计算机系
202021101	张立	20	男	信息管理系
202021102	吴宾	19	女	信息管理系

表 2-2　　　　　　　　　　　　　　选课

学号	课程号	成绩
202011101	C001	96
202011101	C002	80
202011101	C003	84
202011101	C005	62
202011102	C001	92
202011102	C002	90
202011102	C004	84
202021102	C001	76
202021102	C004	85
202021102	C005	73

在关系数据库中，记录值仅仅构成关系，关系之间的联系是靠语义相同的字段（称为连接字段）值表达的。理解关系和连接字段（即列）的思想在关系数据库中是非常重要的。例如，要查询"刘晨"的考试成绩，则首先要在"学生"关系中得到"刘晨"的学号值，然后根据这个学号值再在"选课"关系中找出该学生的所有考试成绩值。

对于用户来说，关系的操作应该是简单的，但关系数据库管理系统本身是很复杂的。关系操作之所以对用户很简单，是因为它把大量的工作交给了数据库管理系统来实现。尽管在层次数据库和网状数据库诞生之时，就有了关系模型数据库的设想，但研制和开发关系数据库管理系统却花费了比人们想象的要长得多的时间。关系数据库管理系统真正成为商品并投入使用要比层次数据库和网状数据库晚十几年。但关系数据库管理系统一经投入使用，便显示出了强大的活力和生命力，并逐步取代了层次数据库和网状数据库。现在我们耳熟能详的数据库管理系统，几乎都是关系数据库管理系统，比如 Microsoft SQL Server、Oracle、MySQL、Access 等都是关系型的数据库管理系统。

关系数据模型易于设计、实现、维护和使用，它与层次数据模型和网状数据模型的根本区别是，关系数据模型采用非导航式的数据访问方式，数据结构的变化不会影响对数据的访问。

2.4　面向对象数据模型

面向对象数据模型是捕获在面向对象程序设计中所支持的对象语义的逻辑数据模型，它是持久的和共享的对象集合，具有模拟整个解决方案的能力。面向对象数据模型把实体表示为类，一个类描述了对象属性和实体行为。例如，一个"学生"类中不仅包含学生的属性（如学号、姓名和性别等），还包含模仿学生行为（如选修课程）的方法。类-对象的实例对应于学生个体。在对象内部，类的属性可用特殊值来区分每个学生（对象），但所有对象都属于类，都能共享类的行为模式。面向对象数据库通过逻辑包含（logical containment）来维护联系。

面向对象数据库把数据和与对象相关的代码封装成单一组件，外面不能看到其里面的内容。因此，面向对象数据模型强调对象（由数据和代码组成）而不是单独的数据。这主要是从面向对象程序设计语言继承来的。在面向对象程序设计语言里，程序员可以定义包含它们自己的内部结构、特征和行为的新类型或对象类。这样，就不能认为数据是独立存在的，而是与代码（成员函数的方法）相关，代码（code）定义了对象能做什么（它们的行为或有用的服务）。面向对象数据模型的结构是非常容易变化的。与传统的数据库（如层次、网状或关系）不同，对象模型没有单一固定的数据库结构。编程人员可以给类或对象类型定义任何有用的结构，例如，链接列表、集合、数组等。此外，对象可以包含可变的复杂度，利用多重类型和多重结构。

面向对象数据库管理系统是数据库管理中比较新的方法，适用于多媒体应用以及复杂的、很难在关系数据库管理系统中模拟和处理的关系。

2.5　数据库体系结构

美国国家标准协会（American National Standard Institute，ANSI）的数据库管理系统研究小组于 1978 年提出了标准化的建议，将数据库结构分为 3 级：面向用户或应用程序员的用户级（外模式）、面向建立和维护数据库人员的概念级（概念模式）以及面向系统程序员的物理级（内模式）。3 级模式的数据库体系结构提高了数据库的逻辑独立性和物理独立性。

2.5.1　模式的基本概念

数据模型（准确说是组织层数据模型）可描述数据的组织形式，模式是用给定的数据模型对具体数据进行描述，类似于用某一种编程语言编写具体应用程序一样。

模式是数据库中全体数据的逻辑结构和特征的描述，它仅仅涉及"型"的描述，不涉及具体的值。关系模式是关系的"型"或元组的结构共性的描述，它实际上对应的是关系表的表头。

模式的一个具体值称为模式的一个实例，比如表 2-1 中的每一行数据就是其表头结构（模式）的一个具体实例。一个模式可以有多个实例。模式是相对稳定的（结构不会经常变动），而实例是相对变动的（具体的数据值可以经常变化）。数据模式描述一类事物的结构、属性、类型和约束，实质上是用数据模型对一类事物进行模拟，而实例是反映某类事物在某一时刻的当前状态。

虽然实际的数据库管理系统产品种类很多，支持的数据模型和数据库语言也不尽相同，数据的存储结构也各不相同，但它们在体系结构上通常都具有相同的特征，即采用 3 级模式结构并提供两级映像功能。

2.5.2　3 级模式结构

数据库的 3 级模式结构是指数据库的外模式、模式和内模式，如图 2-11 所示。

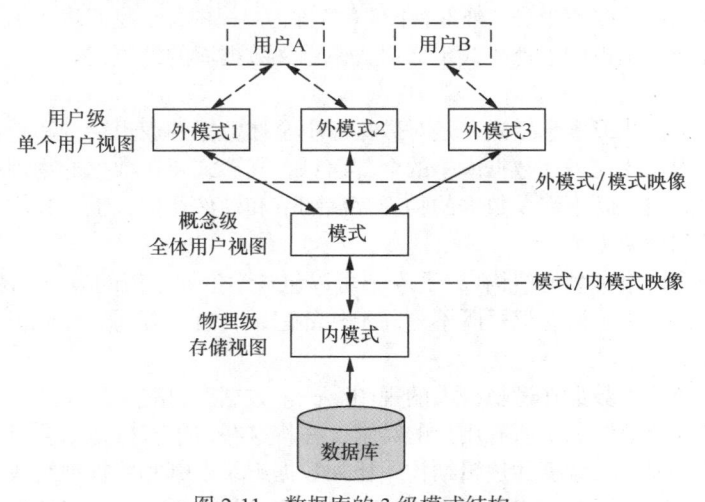

图 2-11　数据库的 3 级模式结构

（1）外模式：是最接近用户的，也就是用户所看到的数据视图。

（2）模式：是介于内模式和外模式之间的中间层，是数据的逻辑组织方式。

（3）内模式：是最接近物理存储的，也就是数据的物理存储方式，包括数据存储位置、存储方式等。

外模式是面向每类用户的数据需求的视图，而模式描述的是一个部门或公司的全体数据。换句话说，外模式可以有许多，每一个都或多或少地抽象表示了整个数据库的某一部分数据；而模式只有一个，它是对包含现实世界业务中的全体数据的抽象表示。注意，这里的抽象指的是记录和字段这些更加面向用户的概念，而不是位和字节那些面向机器的概念。内模式也只有一个，它表示数据库的物理存储。

1.　外模式

外模式也称为用户模式或子模式，它的内容来自模式。外模式是对现实系统中用户感兴趣的整体数据的局部描述，用于满足数据库不同用户对数据的需求。外模式是对数据库用户能够看见和使用的局部数据的逻辑结构和特征的描述，是数据库整体数据结构（即模式）的子集或局部重构。

外模式通常是模式的子集。一个数据库可以有多个外模式。由于它是各个用户的数据视图，如果不同的用户在应用需求、看待数据的方式、对数据保密要求等方面存在差异，则其外模式的描述就是不同的。即使对模式中同样的数据，在外模式中的结构、类型、长度等都可以不同。

例如，学生性别信息（学号，姓名，性别）视图就是表 2-1 所示关系的子集，它是宿舍分配部门所关心的信息，是学生基本信息的子集。又如，学生成绩（学号，姓名，课程号，成绩）外模式是任课教师所关心的信息，这个外模式的数据就是表 2-1 的学生表（模式）和表 2-2 的选课表（模式）所含信息的组合（或称为重构）。

外模式同时也是保证数据库安全的一个措施。每个用户只能看到和访问其所对应的外模式中的数据，并屏蔽其不需要的数据，因此保证不会出现由于用户的误操作和有意破坏而造成的数据损失。例如，假设有职工信息表，结构如下：

职工表（职工号，姓名，所在部门，基本工资，职务工资，奖励工资）

如果公司不希望一般职工看到每个职工的奖励工资，则可生成一个包含一般职工可以看的信息的外模式，结构如下：

　　职工信息（职工号，姓名，所在部门，基本工资，职务工资）

　　这样就可保证一般用户不会看到"奖励工资"项。

　　外模式对应到关系数据库中是"外部视图"（简称为"视图"）。我们将在第 6 章介绍视图的概念。关系数据库管理系统提供了外模式定义语言来定义数据库的外模式。

2. 模式

　　模式也称为逻辑模式或概念模式，是对数据库中全体数据的逻辑结构和特征的描述，是所有用户的公共数据视图。模式表示数据库中的全部信息，其形式要比数据的物理存储方式抽象。它是数据库结构的中间层，既不涉及数据的物理存储细节和硬件环境，也与具体的应用程序、所使用的应用开发工具和环境无关。

　　模式由许多概念记录类型的值构成。例如，可以包含学生记录值的集合，课程记录值的集合，选课记录值的集合，等等。概念记录既不等同于外部记录，也不等同于存储记录，它是数据的一种逻辑表达。

　　模式实际上是数据库数据在逻辑级上的视图。一个数据库只有一种模式。数据库模式以某种数据模型为基础，综合地考虑了所有用户的需求，并将这些需求有机地结合成一个逻辑整体。定义数据库模式时不仅要定义数据的逻辑结构，比如数据记录由哪些数据项组成，数据项的名字、类型、取值范围等，而且还要定义数据之间的联系，定义与数据有关的安全性、完整性要求。

　　关系数据库中的模式一定是关系的，关系数据库管理系统提供了模式定义语言来定义数据库的模式。

3. 内模式

　　内模式又称为存储模式，对应于物理级。它是数据库中全体数据的内部表示或底层描述，是数据库最低一级的逻辑描述，它描述了数据在存储介质上的存储方式和存储结构，对应着实际存储在存储介质上的数据库。内模式由内模式描述语言来定义。内模式反映了数据库系统的存储观。

　　在一个数据库系统中，每个数据库都是唯一的，因而作为定义、描述数据库存储结构的内模式和定义、描述数据库逻辑结构的模式，也是唯一的，但建立在数据库系统之上的应用则是非常广泛、多样的，因此对应的外模式不是唯一的。

2.5.3 模式映像与数据独立性

　　数据库的 3 级模式是对数据的 3 个抽象级别，它把数据的具体组织留给 DBMS，使用户能逻辑、抽象地处理数据，而不必关心数据在计算机中的具体表示方式与存储方式。为了能够在内部实现这 3 个抽象层的联系和转换，数据库管理系统在 3 个模式之间提供了以下两级映像（见图 2-12）。

　　（1）外模式/模式映像。

　　（2）模式/内模式映像。

　　正是这两级映像功能保证了数据库中的数据能够具有较高的逻辑独立性和物理独立性，数据库应用程序便不随数据库数据的逻辑结构或存储结构的变动而变动。

1. 外模式/模式映像

　　模式描述的是数据的全局逻辑结构，外模式描述的是数据的局部逻辑结构。对应于同一个模式可以有多个外模式。对于每个外模式，数据库管理系统都有一个外模式到模式的映像，它定义了该外模式与模式之间的对应关系，即如何从外模式找到其对应的模式。这些映像定义通常包含在各自的外模式描述中。

　　当模式改变时（比如增加新的关系、新的属性、改变属性的数据类型等），可由数据库管理员用外模式定义语句，调整外模式到模式的映像，从而保持外模式不变。由于应用程序一般是依据数据的外模式编写的，因此也不必修改应用程序，从而保证了程序与数据的逻辑独立性。

2. 模式/内模式映像

模式/内模式映像定义了数据库的逻辑结构与物理存储之间的对应关系，该映像关系通常被保存在数据库的系统表（由数据库管理系统自动创建和维护，用于存放维护系统正常运行的表）中。当数据库的物理存储改变了，比如选择了另一个存储位置，只需要对模式/内模式映像做相应的调整，就可以保持模式不变，从而也不必改变应用程序。因此，保证了数据与程序的物理独立性。

在数据库的 3 级模式结构中，模式（即全局逻辑结构）是数据库的中心与关键，它独立于数据库的其他层。设计数据库时也是要首先设计数据库的逻辑模式。

数据库的内模式依赖于数据库的全局逻辑结构，但它独立于数据库的用户视图（也就是外模式），也独立于具体的存储设备。内模式将全局逻辑结构中所定义的数据结构及其联系按照一定的物理存储策略进行组织，以达到较好的时间与空间效率。

数据库的外模式面向具体的用户需求，它定义在模式之上，但独立于内模式和存储设备。当应用需求发生变化，相应的外模式不能满足用户的要求时，就需要对外模式做相应的修改以适应这些变化。因此设计外模式时应充分考虑应用的扩充性。

原则上，应用程序都是在外模式描述的数据结构上编写的，而且它应该只依赖于数据库的外模式，并与数据库的模式和存储结构独立（目前很多应用程序都是直接针对模式进行编写的）。不同的应用程序有时可以共用同一个外模式。数据库管理系统提供的两级映像功能保证了数据库外模式的稳定性，从而从底层保证了应用程序的稳定性，除非应用需求本身发生变化，否则应用程序一般不需要修改。

数据与程序之间的独立性，使得数据的定义和描述可以从应用程序中分离出来。另外，由于数据的存取由 DBMS 负责管理和实施，因此，用户不必考虑存取路径等细节，从而简化了应用程序的编制，减少了对应用程序的维护和修改工作。

习　　题

一、选择题

1. 数据库 3 级模式结构的划分，有利于（　　　）。
   - A. 数据的独立性
   - B. 管理数据库文件
   - C. 建立数据库
   - D. 操作系统管理数据库

2. 在数据库的 3 级模式中，描述数据库中全体数据的逻辑结构和特征的是（　　　）。
   - A. 内模式
   - B. 模式
   - C. 外模式
   - D. 用户模式

3. 下列关于数据库中逻辑独立性的说法，正确的是（　　　）。
   - A. 当内模式发生变化时，模式可以不变
   - B. 当内模式发生变化时，应用程序可以不变
   - C. 当模式发生变化时，应用程序可以不变
   - D. 当模式发生变化时，内模式可以不变

4. 下列模式中，用于描述单个用户数据视图的是（　　　）。
   - A. 内模式
   - B. 模式
   - C. 外模式
   - D. 存储模式

5. 数据库中的数据模型三要素是指（　　　）。
   - A. 数据结构、数据对象和数据共享
   - B. 数据结构、数据操作和数据完整性约束
   - C. 数据结构、数据操作和数据的安全控制

    D. 数据结构、数据操作和数据的可靠性

6. 下列关于 E-R 模型中联系的说法，错误的是（　　　）。

    A. 一个联系最多只能关联两个实体

    B. 联系可以是一对一的

    C. 一个联系可以关联两个或两个以上的实体

    D. 联系的种类是由客观世界业务决定的

7. 数据库中的 3 级模式以及模式间的映像提供了数据的独立性。下列关于两级映像的说法，正确的是（　　　）。

    A. 外模式到模式的映像是由应用程序实现的，模式到内模式的映像是由 DBMS 实现的

    B. 外模式到模式的映像是由 DBMS 实现的，模式到内模式的映像是由应用程序实现的

    C. 外模式到模式的映像以及模式到内模式的映像都是由 DBMS 实现的

    D. 外模式到模式的映像以及模式到内模式的映像都是由应用程序实现的

8. 下列关于概念层数据模型的说法，错误的是（　　　）。

    A. 概念层数据模型应该采用易于用户理解的表达方式

    B. 概念层数据模型应该比较易于转换成组织层数据模型

    C. 在进行概念层数据模型设计时，需要考虑具体的 DBMS 的特点

    D. 在进行概念层数据模型设计时，重点考虑的内容是用户的业务逻辑

二、简答题

1. 解释数据模型的概念，为什么要将数据模型分为概念层数据模型和组织层数据模型两个层次？

2. 组织层数据模型有哪些？目前常用的是哪个？

3. 实体之间的联系有几种？请为每种联系举一个例子。

4. 说明 E-R 模型中的实体、属性和联系的概念。

5. 指明下列实体间联系的种类：

（1）教研室和教师（假设一个教师只属于一个教研室，一个教研室可有多名教师）；

（2）商店和顾客；

（3）飞机和乘客。

6. 数据库包含哪 3 级模式？试分别说明每一级模式的作用。

7. 数据库管理系统提供的两级映像的作用是什么？它带来了哪些功能？

第 **3** 章　关系数据库

关系数据库是用数学的方法来处理数据库中的数据，它支持关系数据模型，现在绝大多数数据库管理系统都是关系型数据库管理系统。本章将介绍关系数据模型的基本概念和术语、关系的完整性约束以及关系操作，并介绍关系数据库的数学基础——关系代数。

3.1　关系数据模型

关系数据库使用关系数据模型组织数据，这种思想源于数学，最早提出类似思想的是CODASYL 于 1962 年发表的"信息代数"一文。1968 年大卫·柴尔德（David Child）在计算机上实现了集合论数据结构。而真正系统、严格地提出关系数据模型的是 IBM 的研究员埃德加·考特（Edgar Codd），他于 1970 年在美国计算机学会会刊（*Communication of the ACM*）上发表了名为 "*A Relational Model of Data for Shared Data Banks*" 的论文，开创了数据库系统的新纪元。之后，他又连续发表了多篇论文，奠定了关系数据库的理论基础。

关系模型由关系模型的数据结构、关系模型的操作集合和关系模型的完整性约束三部分组成，这三部分也称为关系模型的三要素。

3.1.1　数据结构

关系数据模型源于数学，它用二维表来组织数据，而这个二维表在关系数据库中就称为关系。关系数据库就是表或者说是关系的集合。

关系系统要求让用户所感觉的数据就是一张张表。在关系系统中，表是逻辑结构而不是物理结构。实际上，系统在物理层可以使用任何有效的存储结构来存储数据，比如有序文件、索引、哈希表、指针等。因此，表是对物理存储数据的一种抽象表示——对很多存储细节的抽象，如存储记录的位置、记录的顺序、数据值的表示以及记录的访问结构，如索引等，对用户来说都是不可见的。

3.1.2　数据操作

关系数据模型给出了关系操作的能力。关系数据模型中的操作如下。

（1）传统的关系运算：并（Union）、交（Intersection）、差（Difference）、广义笛卡儿乘积（Extended Cartesian Product）。

（2）专门的关系运算：选择（Select）、投影（Project）、连接（Join）、除（Divide）。

（3）有关的数据操作：查询（Query）、插入（Insert）、删除（Delete）和更改（Update）。

　　关系模型的操作对象是集合（或表），而不是单个的数据行，也就是说，关系模型中操作的数据以及操作的结果（查询操作的结果）都是完整的集合（或表），这些集合可以是只包含一行数据的集合，也可以是不包含任何数据的空集合。而在非关系模型数据库中典型的操作是一次一行或一次一个记录。因此，集合处理能力是关系数据库区别于非关系型数据库的一个重要特征。

　　在非关系模型中，各个数据记录之间是通过指针等方式连接的，当要定位到某条记录时，需要用户自己按指针的链接方向遍历查找，我们称这种查找方式为用户"导航"。而在关系数据模型中，由于是按集合进行操作的，因此，用户只需要指定数据的定位条件，数据库管理系统就可以自动定位到该数据记录，而不需要用户来"导航"。这也是关系数据模型在数据操作上与非关系模型的本质区别。

　　例如，若采用层次数据模型，对第 2 章图 2-7 所示的层次结构，若要查找"计算机学院软件工程教研室的张海涛老师的信息"，则首先需要从根节点的"学院"开始，根据"计算机"学院指向的"教研室"节点的指针，找到"教研室"层次，然后在"教研室"层次中逐个查找（这个查找过程也许是通过各节点间的指针实现的），直到找到"软件工程"节点，然后根据"软件工程"节点指向"教师"节点的指针，找到"教师"层次，最后再在"教师"层次中逐个查找教师名为"张海涛"的节点，此时该节点包含的信息即所要查找的信息。这个查找过程的示意图如图 3-1 所示，其中的虚线表示了沿指针的逐层查找过程。

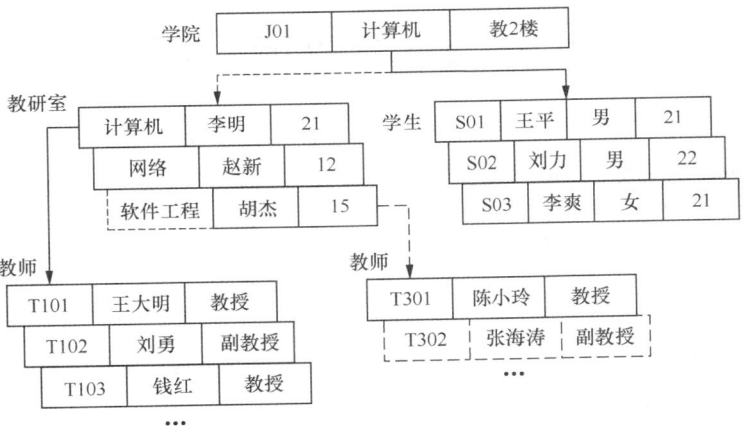

图 3-1　层次模型的查找过程示意图

　　而如果是在关系模型中查找信息，比如在表 3-1 所示的"学生"关系中查找"信息管理系学号为 202021101 的学生的详细信息"，用户只需提出这个要求即可，其余的工作就可交给关系数据库管理系统来实现。对用户来说，这显然比在层次模型中查找数据要简单得多。

　　数据库数据的操作主要包括 4 种：查询、插入、删除和更改数据。关系数据库中的信息只有一种表示方式，就是表中的行列位置有明确的值。关系数据库中没有连接一个表到另一个表的指针。在表 3-1 和表 3-2 所示关系中，表 3-1 所示的"学生"表的第一行数据与表 3-2 所示的"选课"表中的第 1 行有联系（当然也与第 2、3、4 行有联系），因为学生 202011101 选了课程。但在关系数据库中这种联系不是通过指针来实现的，而是通过"学生"表中"学号"列的值与"选课"表中"学号"列的值相关联的（学号值相同）。但在非关系系统中，这些信息一般由指针来表示，这种指针对用户来说是可见的。因此，在非关系模型中，用户需要知道数据之间的指针链接关系。

表 3-1　　　　　　　　　　　　　　　　　　　学生

学号	姓名	年龄	性别	所在系
202011101	李勇	21	男	计算机系
202011102	刘晨	20	男	计算机系

续表

学号	姓名	年龄	性别	所在系
202011103	王敏	20	女	计算机系
202021101	张立	20	男	信息管理系
202021102	吴宾	19	女	信息管理系

表 3-2 选课

学号	课程号	成绩
202011101	C001	96
202011101	C002	80
202011101	C003	84
202011101	C005	62
202011102	C001	92
202011102	C002	90
202011102	C004	84
202021102	C001	76
202021102	C004	85
202021102	C005	73

需要注意的是，当我们说关系数据库中没有指针时，并不是指在物理层没有指针，实际上，在关系数据库的物理层也使用指针，但所有这些物理层的存储细节对用户来说都是不可见的，用户所看到的物理层就是存放数据的数据库文件，他们能够看到的就是这些文件的文件名、存放位置等上层信息，而没有指针这样的底层信息。

关系操作是通过关系语言实现的，关系语言的特点是高度非过程化的。

3.1.3 数据完整性约束

在数据库中数据的完整性是指保证数据正确性的特征。数据完整性是一种语义概念，它包括两个方面。

（1）与现实世界中应用需求的数据的相容性和正确性。

（2）数据库内数据之间的相容性和正确性。

例如，每个学生的学号必须是唯一的，性别只能是"男"或"女"，学生所选的课程必须是已经开设的课程等。因此，数据库是否具有数据完整性特征关系到数据库系统能否真实反映现实世界的情况，数据完整性是数据库的一个非常重要的内容。

数据完整性由一组完整性规则定义，而关系模型的完整性规则是对关系的某种约束条件。在关系数据模型中一般将数据完整性分为三类，即实体完整性、参照完整性和用户定义的完整性。其中实体完整性和参照完整性（也称为引用完整性）是关系模型必须满足的完整性约束，是系统级的约束。用户定义的完整性主要是限制属性的取值在有意义的范围内，比如限制性别的取值范围为"男"或"女"。这个完整性约束也称为域的完整性，它属于应用级的约束。数据库管理系统应该提供对这些数据完整性的支持。

3.2 关系模型的基本术语与形式化定义

在关系模型中，将现实世界中的实体、实体与实体之间的联系都用关系来表示，关系模型源于数学，它有着自己严格的定义和一些固有的术语。

3.2.1 关系模型的基本术语

关系模型采用单一的数据结构——关系来表示实体以及实体之间的联系，用直观的观点来看，关系就是二维表。

下面介绍关系模型中的基本术语。

（1）关系

通俗地讲，关系（relation）就是二维表，二维表的名字就是关系的名字，表 3-1 所示的关系名是"学生"。

（2）属性

二维表中的每一列称为一个**属性**（attribute）或一个字段，每个属性都有一个名字，称为属性名。二维表中对应某一列的值称为属性值；二维表中列的个数称为关系的元数。如果一个二维表有 n 个列，则称其为 n 元关系。表 3-1 所示的学生关系有学号、姓名、年龄、性别、所在系 5 个属性，是一个 5 元关系。

（3）值域

二维表中属性的取值范围称为**值域**（domain）。例如在表 3-1 所示关系中，"年龄"列的取值为大于 0 的整数，"性别"列的取值为"男"或"女"两个值，这些都是列的值域。

（4）元组

二维表中的一行数据称为一个**元组**（tuple）。表 3-1 所示学生关系中的元组有：

（202011101，李勇，21，男，计算机系）

（202011102，刘晨，20，男，计算机系）

（202011103，王敏，20，女，计算机系）

（202021101，张立，20，男，信息管理系）

（202021102，吴宾，19，女，信息管理系）

（5）分量

元组中的每一个属性值称为元组的一个**分量**（component），n 元关系的每个元组有 n 个分量。例如，对于元组（202011101，李勇，21，男，计算机系），有 5 个分量，对应"学号"属性的分量是"202011101"，对应"姓名"属性的分量是"李勇"，对应"年龄"属性的分量是"21"，对应"性别"属性的分量是"男"，对应"所在系"属性的分量是"计算机系"。

（6）关系模式

二维表的结构称为**关系模式**（relation schema），或者说，关系模式就是二维表的表头结构。设有关系名为 R，属性分别为 A_1，A_2，…，A_n，则关系模式可以表示为：

R（A_1，A_2，…，A_n）

表 3-1 所示关系的关系模式为：学生（学号，姓名，性别，年龄，所在系）。

如果将关系模式理解为数据类型，则关系就是该数据类型的一个具体值。

（7）关系数据库

对应于一个关系模型的所有关系的集合称为关系数据库（relation database）。

（8）候选键

如果一个属性或属性集（也叫属性组）的值能够唯一标识一个关系的元组而又不包含多余的属性，则称该属性或属性集为**候选键**（candidate key）。例如，学生（学号，姓名，性别，年龄，所在系）的候选键是学号。

候选键又称为候选关键字或候选码。一个关系中可以有多个候选键。例如，假设为学生关系增加"身份证号"属性，则学生（学号，姓名，性别，年龄，所在系，身份证号）的候选键就有两个——学号、身份证号。

（9）主键

当一个关系中有多个候选键时，可以从中选择一个作为主键（Primary key）。每个关系只能有一个主键。

主键又称为主码或主关键字，是表中的属性或属性集，用于唯一地确定一个元组。主键可以由一个属性组成，也可以由多个属性共同组成。例如，表 3-1 所示的"学生"表中，学号是主键，因为学号的每个值都可以唯一地确定一个学生。而表 3-2 所示的"选课"表中，主键就是由学号和课程号共同组成的。因为一个学生可以选修多门课程，而一门课程也可以有多个学生选修，因此，只有将学号和课程号组合起来才能共同确定一行记录。我们称由多个属性共同组成的主键为复合主键。当某个表由多个属性共同作主键时，我们就用括号将这些属性括起来，表示共同作为主键。例如，表 3-2 所示的"选课"表中的主键是（学号，课程号）。

注意，我们不能根据关系在某个时刻所存储的内容来决定其主键，关系的主键与实际的应用语义有关。例如，表 3-2 所示的"选课"表，用（学号，课程号）作为主键在一个学生选修一门课程且只经历了一次考试的情况下是成立的，但如果情况是一个学生选修一门课程且经历了多次考试，再用（学号，课程号）作主键就不行了，因为一个学生选修一门课程且经历了多少次考试，其（学号，课程号）的值就会重复多少遍。如果是这种情况，就应该为这个关系添加新的列，比如"考试次数"，并用（学号，课程号，考试次数）作为主键，来明确标识一个学生对一门课的多次考试。

（10）主属性和非主属性

包含在任一候选键中的属性称为**主属性**（primary attribute）。不包含在任一候选键中的属性称为**非主属性**（nonprimary attribute）。例如，选课（学号，课程号，考试次数，成绩），主属性为：学号、课程号、考试次数；非主属性为：成绩。

关系中的术语很多可以与现实生活中的表格所使用的术语相对应，如表 3-3 所示。

表 3-3　　　　　　　　　　　　　　　　术语对应

关系术语	一般的表格术语
关系名	表名
关系模式	表头（表所含列的描述）
关系	（一张）二维表
元组	记录或行
属性	列
分量	一条记录中某个列的值

3.2.2　形式化定义

在关系模型中，无论是实体还是实体之间的联系均由单一的结构类型表示关系。关系模型是建立在集合论的基础上的，本节将从集合论的角度给出关系数据结构的形式化定义。

1. 关系的形式化定义

为了给出关系的形式化定义，首先来定义笛卡儿积。

设 $D_1, D_2, \cdots, D_n$ 为任意集合，定义笛卡儿积 $D_1, D_2, \cdots, D_n$ 为：

$D_1 \times D_2 \times \cdots \times D_n = \{(d_1, d_2, \cdots, d_n) \mid d_i \in D_i, i = 1, 2, \cdots, n\}$

其中每一个元素（$d_1, d_2, \cdots, d_n$）称为一个 n 元组（n-tuple），简称元组。元组中每一个 d_i 称为一个分量。

假设：

D_1 = {计算机系，信息管理系}

D_2 = {李勇，刘晨，吴宾}

D_3 = {男，女}

则 $D_1 \times D_2 \times D_3$ 笛卡儿积为：

$D_1 \times D_2 \times D_3$ = {（计算机系，李勇，男），（计算机系，李勇，女），
（计算机系，刘晨，男），（计算机系，刘晨，女），
（计算机系，吴宾，男），（计算机系，吴宾，女），
（信息管理系，李勇，男），（信息管理系，李勇，女），
（信息管理系，刘晨，男），（信息管理系，刘晨，女），
（信息管理系，吴宾，男），（信息管理系，吴宾，女）}

其中的（计算机系，李勇，男）、（计算机系，刘晨，男）等都是元组。“计算机系”“李勇”“男”等都是分量。

笛卡儿积实际上就是一个二维表，上述笛卡儿积的运算如图 3-2 所示。

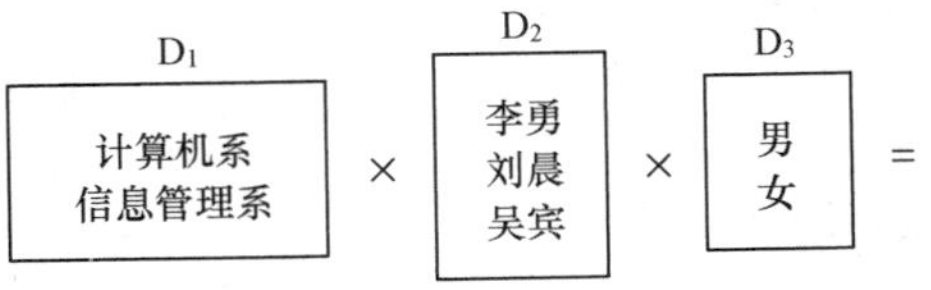

D_1	D_2	D_3
计算机系	李勇	男
计算机系	李勇	女
计算机系	刘晨	男
计算机系	刘晨	女
计算机系	吴宾	男
计算机系	吴宾	女
信息管理系	李勇	男
信息管理系	李勇	女
信息管理系	刘晨	男
信息管理系	刘晨	女
信息管理系	吴宾	男
信息管理系	吴宾	女

图 3-2　笛卡儿积示意图

图 3-2 中，笛卡儿积的任意一行数据就是一个元组，它的第 1 个分量来自 D_1，第 2 个分量来自 D_2，第 3 个分量来自 D_3。笛卡儿积就是所有这样的元组的集合。

根据笛卡儿积的定义可以给出关系的形式化定义：笛卡儿积 $D_1, D_2, \cdots, D_n$ 的任意一个子集称为 $D_1, D_2, \cdots, D_n$ 上的一个 n 元关系。

形式化的关系定义同样可以把关系看成二维表，给表中的每个列取一个名字，就称为属性。n 元关系有 n 个属性，一个关系中的属性的名字必须是唯一的。属性 D_i（i=1, 2, $\cdots$, n）的取值范围称为该属性的**值域**。

例如，在上述例子中，取子集：R = {（计算机系，李勇，男），（计算机系，刘晨，男），（信

息管理系，吴宾，女）}

就构成了一个关系，其二维表的形式如表 3-4 所示，把第 1 个属性命名为 "所在系"，第 2 个属性命名为 "姓名"，第 3 个属性命名为 "性别"。

表 3-4　　　　　　　　　　　　　　　　　　　　一个关系

所在系	姓名	性别
计算机系	李勇	男
计算机系	刘晨	男
信息管理系	吴宾	女

从集合论的观点也可以将关系定义为：关系是一个有 K 个属性的元组的集合。

2. 对关系的限定

关系可以看成是二维表，但并不是所有的二维表都是关系。关系数据库对关系有一些限定，归纳起来有如下几个方面。

（1）关系中的每个分量必须是不可再分的最小属性。即每个属性都不能被分解为更小的属性，这是关系数据库对关系的最基本的限定。例如，表 3-5 就不满足这个限定，因为在这个表中，"高级职称人数" 不是最小的属性，它是由两个属性组成的一个复合属性。对于这种情况只需要将 "高级职称人数" 属性分解为 "教授人数" 和 "副教授人数" 两个属性即可，如表 3-6 所示，这时这个表就是一个关系。

表 3-5　　　　　　　　　　　　　　　　包含复合属性的表

系名	人数	高级职称人数 （不是最小属性）	
		教授人数	副教授人数
计算机系	51	8	20
信息管理系	40	6	18
通信工程系	43	8	22

表 3-6　　　　　　　　　　　　　　　不包含复合属性的表

系名	人数	教授人数	副教授人数
计算机系	51	8	20
信息管理系	40	6	18
通信工程系	43	8	22

（2）表中列的数据类型是固定的，即列中的每个分量都是同类型的数据，来自相同的值域。

（3）不同列的数据可以取自相同的值域，每个列称为一个属性，每个属性都有不同的属性名。

（4）关系表中列的顺序不重要，即列的次序可以任意交换，不影响其表达的语义。

（5）关系表中行的顺序也不重要，交换行数据的顺序不影响关系的内容。其实在关系数据库中并没有第 1 行、第 2 行这样的概念，而且数据的存储顺序也与数据的输入顺序无关，数据的输入顺序不影响对数据库数据的操作过程，也不影响其操作效率。

（6）同一个关系中的元组不能重复，即在一个关系中任意两个元组的值不能完全相同。

3.3　完整性约束

数据完整性是指数据库中存储的数据是有意义的或正确的，也就是说和现实世界相符。关系模型中的数据完整性规则是对关系的某种约束条件。它的数据完整性约束主要包括实体完整性、参照完整性和用户定义的完整性。

3.3.1 实体完整性

实体完整性是保证关系中的每个元组都是可识别和唯一的。

实体完整性是指关系数据库中所有的表都必须有主键，而且表中不允许存在如下记录。

（1）无主键值的记录。

（2）主键值相同的记录。

若某记录没有主键值，则此记录在表中一定是无意义的。因为关系模型中的每一行记录都对应客观存在的一个实例或一个事实。比如，表 3-1 中的第一行数据描述的是"李勇"这个学生。如果将表 3-1 中的数据改为表 3-7 所示的数据，可以看到，第 1 行和第 4 行数据学号没有值，即主键没有值，查看其他列的值发现这两行数据的其他各列的值均相同，于是会产生这样的疑问：到底是存在名字、年龄、性别完全相同的两个学生？还是重复存储了李勇的信息？这就是缺少主键值而造成的问题。如果为其添加主键值为表 3-8 所示的数据，则可以判定在计算机系有两个姓名、年龄、性别完全相同的学生。如果为其添加主键值为表 3-9 所示的数据，则可以判定在这个表中存在重复存储的记录，但在数据库中存储重复的数据是没有意义的。

表 3-7　　　　　　　　　　　　　　　　缺少主键值的学生表

学号	姓名	年龄	性别	所在系
	李勇	21	男	计算机系
202011102	刘晨	20	男	计算机系
202011103	王敏	20	女	计算机系
	李勇	21	男	计算机系
202021101	张立	20	男	信息管理系
202021102	吴宾	19	女	信息管理系

表 3-8　　　　　　　　　　　　　　　　主键值均不同的学生表

学号	姓名	年龄	性别	所在系
202011101	李勇	21	男	计算机系
202011102	刘晨	20	男	计算机系
202011103	王敏	20	女	计算机系
202011104	李勇	21	男	计算机系
202021101	张立	20	男	信息管理系
202021102	吴宾	19	女	信息管理系

表 3-9　　　　　　　　　　　　　　　　主键值有重复的学生表

学号	姓名	年龄	性别	所在系
202011101	李勇	21	男	计算机系
202011102	刘晨	20	男	计算机系
202011103	王敏	20	女	计算机系
202011101	李勇	21	男	计算机系
202021101	张立	20	男	信息管理系
202021102	吴宾	19	女	信息管理系

当为表定义了主键时，数据库管理系统会自动保证数据的实体完整性，即保证不允许存在主键值为空的记录以及主键值重复的记录。

关系数据库中主属性不能取空值。在关系数据库中空值是特殊的标量常数，它代表未定义或者有意义但目前还处于未知状态的值。比如当向表 3-2 所示的"选课"表中插入一行记录时，在学生还没有考试之前，其成绩是不确定的，因此此列的值就为空（空值可用"NULL"表示）。

3.3.2　参照完整性

1. 什么是参照完整性

参照完整性也称为引用完整性。现实世界中的实体之间往往存在着某种联系，在关系模型中，实体及实体之间的联系都是用关系来表示的，这样就自然存在着关系与关系之间的引用。参照完整性就是描述实体之间的联系的，这里的实体可以是不同的实体，也可以是同一个实体。

例 3-1　"学生"实体和"班"实体可以用下面的关系模式表示，其中主键用下画线标识。

学生（<u>学号</u>, 姓名，性别，班号，年龄）

班（<u>班号</u>, 所属专业，人数）

这两个关系模式之间存在着属性的引用关系："学生"关系中的"班号"引用或者是参照了"班"关系的主键"班号"。即"学生"关系中的"班号"的值必须是在"班"关系中确实存在的班号值。这种限制一个关系中某列的取值受另一个关系中某列的取值范围约束的特点就称为参照完整性。

例 3-2　学生、课程以及学生与课程之间的选课关系可以用如下 3 个关系模式表示，其中主键用下画线标识。

学生（<u>学号</u>, 姓名，性别，专业，年龄）

课程（<u>课程号</u>, 课程名，学分）

选课（<u>学号，课程号</u>, 成绩）

这 3 个关系模式间也存在着属性的引用。"选课"关系中的"学号"引用了"学生"关系中的主键"学号"，即"选课"关系中的"学号"的值必须是在"学生"关系中确实存在的学号值。同样，"选课"关系中的"课程号"引用了"课程"关系中的主键"课程号"，即"选课"中的"课程号"也必须是"课程"中存在的"课程号"。

与实体间的联系类似，不仅两个或两个以上的关系间可以存在引用关系，同一个关系的内部属性之间也可以存在引用关系。

例 3-3　有关系模式：职工（<u>职工号</u>, 姓名，性别，直接领导职工号）。

在这个关系模式中，"职工号"是主键，"直接领导职工号"属性表示该职工的直接领导的职工号，这个属性的取值就参照了该关系中"职工号"属性的取值，即"直接领导职工号"必须是确实存在的一个职工。

2. 进一步定义外键

设 F 是关系 R 的一个或一组属性，如果 F 与关系 S 的主键相对应，则称 F 是关系 R 的**外键**（Foreign Key），并称关系 R 为参照关系（Referencing Relation），关系 S 为被参照关系（Referenced Relation）。关系 R 和关系 S 不一定是不同的关系。

显然，目标关系 S 的主键 K_s 和参照关系 R 的外键 F 必须定义在同一个域上。

在例 3-1 中，"学生"关系中的"班号"属性与"班"关系中的主键"班号"对应，因此，"学生"关系中的"班号"是外键，引用了"班"关系中的"班号"（主键）。这里，"班"关系是被参照关系，"学生"关系是参照关系。

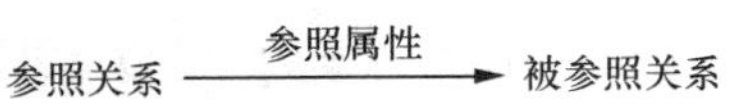

可以用图 3-3 所示的图形化的方法形象地表达参照和被参照关系。"班"和"学生"的参照与被参照关系的图形化表示如

参照关系 ──参照属性──▶ 被参照关系

图 3-3　关系的参照表示图

图 3-4（a）所示。

在例 3-2 中，"选课"关系中的"学号"属性与"学生"关系中的主键"学号"对应，"课程号"属性与"课程"关系的主键"课程号"对应，因此"选课"关系中的"学号"属性和"课程号"属性均是外键。这里"学生"关系和"课程"关系均为被参照关系，"选课"关系为参照关系，其参照关系图如图 3-4（b）所示。

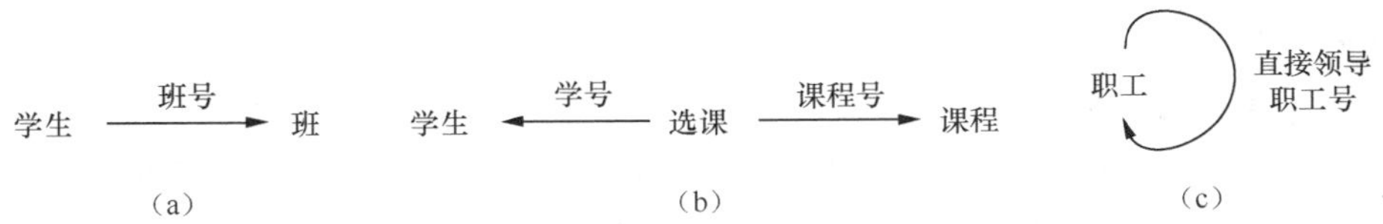

图 3-4 参照关系图

在例 3-3 中，职工关系中的"直接领导职工号"属性与本身所在关系的主键"职工号"属性对应，因此"直接领导职工号"是外键。这里，"职工"关系既是参照关系也是被参照关系，其参照关系图如图 3-4（c）所示。

需要说明的是，外键并不要求一定要与引用的主键同名。但在实际应用中，为了便于识别，当外键与引用的主键属于不同的关系时，通常都给它们取相同的名字。

参照完整性规则就是定义外键与被参照的主键之间的引用规则。

对于外键，一般应符合如下要求。

（1）或者值为空。

（2）或者等于其所参照的关系中的某个元组的主键值。

例如，职工与其所在的部门可以用如下两个关系模式来表示。

职工（职工号，职工名，部门号，工资级别）

部门（部门号，部门名）

其中，"职工"关系的"部门号"是外键，它参照了"部门"关系的"部门号"。如果某新来职工还没有被分配到具体的部门，则其"部门号"就为空值；如果职工已经被分配到了某个部门，则其部门号就有了确定的值（非空值）。

主键要求必须是非空且不重复的，但外键无此要求。外键可以有重复值，这点从表 3-2 中可以看出。

3.3.3 用户定义的完整性

用户定义的完整性也称为域完整性或语义完整性。任何关系数据库管理系统都应该支持实体完整性和参照完整性，除此之外，不同的数据库应用系统根据其应用环境的不同，往往还需要一些特殊的约束条件，用户定义的完整性就是针对某一具体应用领域定义的数据约束条件。它反映某一具体应用所涉及的数据必须满足应用语义的要求。

用户定义的完整性实际上就是指明关系中属性的取值范围，也就是属性的域，这样可以限制关系中属性的取值类型及取值范围，防止属性的值与应用语义相矛盾。例如，学生的考试成绩的取值范围为 0~100，或取值{优，良，中，及格，不及格}。

3.4 关系代数

关系模型源于数学，关系是由元组构成的集合，可以通过关系的运算来表达查询要求，而关系代数恰恰是关系操作语言的一种传统的表示方式，是一种抽象的查询语言。

关系代数是一种纯理论语言，它定义了一些操作，运用这些操作可以从一个或多个关系中得到另一个关系，而不改变源关系。因此，关系代数的操作数和操作结果都是关系，而且一个操作的输出可以是另一个操作的输入。关系代数同算术运算一样，可以出现一个套一个的表达式。关系在关系代数下是封闭的，正如数字在算术操作下是封闭的一样。

关系代数是一种单次关系（或者说是集合）语言，即所有元组可能来自多个关系，但是用不带循环的一条语句处理。关系代数命令的语法形式有多种，本书采用的是一套通用的符号表示方法。

关系代数的运算对象是关系，运算结果也是关系。与一般的运算一样，运算对象、运算符和运算结果是关系代数的三大要素。

关系代数的运算可分为以下两大类。

（1）传统的集合运算。这类运算完全把关系看成是元组的集合。传统的集合运算包括集合的广义笛卡儿积运算、并运算、交运算和差运算。

（2）专门的关系运算。这类运算除了把关系看成是元组的集合外，还通过运算表达了查询的要求。专门的关系运算包括选择、投影、连接和除运算。

关系代数中的运算符可以分为 4 类：传统的集合运算符、专门的关系运算符、比较运算符和逻辑运算符。表 3-10 列出了这些运算符，其中比较运算符和逻辑运算符是配合专门的关系运算符来构造表达式的。

表 3-10   关系代数运算符

运算符		含义
传统的集合运算符	$\cup$	并
	$\cap$	交
	$-$	差
	$\times$	广义笛卡儿积
专门的关系运算符	σ	选择
	Π	投影
	$\bowtie$	连接
	$\div$	除
比较运算符	$>$	大于
	$<$	小于
	$=$	等于
	$\neq$	不等于
	$\leqslant$	小于等于
	$\geqslant$	大于等于
逻辑运算符	$\neg$	非
	$\wedge$	与
	$\vee$	或

3.4.1　传统的集合运算

传统的集合运算是二目运算，设关系 R 和 S 均是 n 目关系，且对应的属性值均取自同一个值域，则可以定义 3 种运算：并运算（∪）、交运算（∩）和差运算（－），但广义笛卡儿积并不要求参与运算的两个关系的对应属性取自相同的域。并、交、差运算的功能示意图如图 3-5 所示。

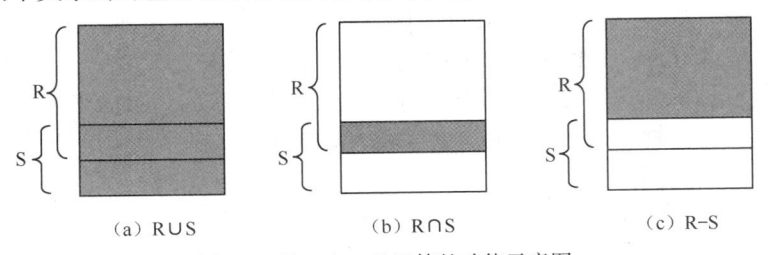

（a）R∪S　　　　　（b）R∩S　　　　　（c）R－S

图 3-5　并、交、差运算的功能示意图

现在以图 3-6（a）、（b）所示的两个关系为例，说明这 3 种传统的集合运算。

1. 并运算

设关系 R 与关系 S 均是 n 目关系，关系 R 与关系 S 的并记作：

R∪S = {t | t∈R ∨ t∈S }

其结果仍是 n 目关系，由属于 R 或属于 S 的元组组成。

图 3-7（a）显示了图 3-6（a）、（b）两个关系的并运算的结果。

顾客号	姓名	性别	年龄
S01	张宏	男	45
S02	李丽	女	34
S03	王敏	女	28

（a）顾客关系A

顾客号	姓名	性别	年龄
S02	李丽	女	34
S04	钱景	男	50
S06	王平	女	24

（b）顾客关系B

图 3-6　描述顾客信息的两个关系

顾客号	姓名	性别	年龄
S01	张宏	男	45
S02	李丽	女	34
S03	王敏	女	28
S04	钱景	男	50
S06	王平	女	24

（a）顾客关系A∪顾客关系B

顾客号	姓名	性别	年龄
S02	李丽	女	34

（b）顾客关系A∩顾客关系B

顾客号	姓名	性别	年龄
S01	张宏	男	45
S03	王敏	女	28

（c）顾客关系A－顾客关系B

图 3-7　集合的并、交、差运算示意图

2. 交运算

设关系 R 与关系 S 均是 n 目关系，则关系 R 与关系 S 的交记作：

R∩S = {t | t∈R ∧ t∈S }

其结果仍是 n 目关系，由属于 R 并且也属于 S 的元组组成。

图 3-7（b）显示了图 3-6（a）、（b）两个关系的交运算的结果。

3. 差运算

设关系 R 与关系 S 均是 n 目关系，则关系 R 与关系 S 的差记作：

R–S = {t | t∈R ∧ t∉S }

其结果仍是 n 目关系，由属于 R 但不属于 S 的元组组成。

图 3-7（c）显示了图 3-6（a）、（b）两个关系的差运算的结果。

4. 广义笛卡儿积

广义笛卡儿积不要求参加运算的两个关系具有相同的目数。

两个分别为 m 目和 n 目的关系 R 和关系 S 的广义笛卡儿积是一个有（$m+n$）目的元组的集合。元组的前 m 个列是关系 R 的一个元组，后 n 个列是关系 S 的一个元组。若 R 有 K_1 个元组，S 有 K_2 个元组，则关系 R 和关系 S 的广义笛卡儿积有 $K_1 \times K_2$ 个元组，记作：

$$R \times S = \{ t_r \hat{} t_s \mid t_r \in R \wedge t_s \in S \}$$

$t_r \hat{} t_s$ 表示由两个元组 t_r 和 t_s 前后有序连接而成的一个元组。

任取元组 t_r 和 t_s，当且仅当 t_r 属于 R 且 t_s 属于 S 时，t_r 和 t_s 的有序连接即为 R × S 的一个元组。

实际操作时，可从 R 的第一个元组开始，依次与 S 的每一个元组组合，然后对 R 的下一个元组进行同样的操作，直至 R 的最后一个元组也进行同样的操作为止，即可得到 R × S 的全部元组。

图 3-8 所示为广义笛卡儿积操作的示意图。

A	B
a1	b1
a2	b2

×

C	D	E
c1	d1	e1
c2	d2	e2
c3	d3	e3

=

A	B	C	D	E
a1	b1	c1	d1	e1
a1	b1	c2	d2	e2
a1	b1	c3	d3	e3
a2	b2	c1	d1	e1
a2	b2	c2	d2	e2
a2	b2	c3	d3	e3

图 3-8　广义笛卡儿积操作示意图

3.4.2　专门的关系运算

专门的关系运算包括选择、投影、连接、除等操作。其中，选择和投影为一元操作，连接和除为二元操作。

下面以表 3-11～表 3-13 所示的 3 个关系为例，介绍专门的关系运算。各关系包含的属性的含义如下。

Student：Sno（学号），Sname（姓名），Ssex（性别），Sage（年龄），Sdept（所在系）。

Course：Cno（课程号），Cname（课程名），Credit（学分），Semester（开课学期），Pcno（直接先修课）。

SC：Sno（学号），Cno（课程号），Grade（成绩）。

表 3-11　Student

Sno	Sname	Ssex	Sage	Sdept
202011101	李勇	男	21	计算机系
202011102	刘晨	男	20	计算机系
202011103	王敏	女	20	计算机系
202011104	张小红	女	19	计算机系
202021101	张立	男	20	信息管理系
202021102	吴宾	女	19	信息管理系
202021103	张海	男	20	信息管理系

表 3-12   Course

Cno	Cname	Credit	Semester	Pcno
C001	高等数学	4	1	NULL
C002	大学英语	3	1	NULL
C003	大学英语	3	2	C002
C004	计算机文化学	2	2	NULL
C005	Java	2	3	C004
C006	数据库基础	4	5	C007
C007	数据结构	4	4	C005

表 3-13   SC

Sno	Cno	Grade
202011101	C001	96
202011101	C002	80
202011101	C003	84
202011101	C005	62
202011102	C001	92
202011102	C002	90
202011102	C004	84
202021102	C001	76
202021102	C004	85
202021102	C005	73
202021102	C007	NULL
202021103	C001	50
202021103	C004	80

1. 选择

选择运算是从指定的关系中选出满足给定条件（用逻辑表达式表达）的元组而组成一个新的关系。选择运算的功能如图 3-9 所示。

选择运算可表示为：

$$\sigma_F(R) = \{\, t \mid t \in R \wedge F(t) = \text{true} \,\}$$

其中，σ 是选择运算符，R 是关系名，t 是元组，F 是逻辑表达式，取逻辑"真"值或"假"值。

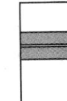

图 3-9   选择运算

例 3-4   设有表 3-11 所示的学生关系，从中选择"计算机系"学生信息的关系代数表达式为：

$$\sigma_{Sdept = '计算机系'}(\text{Student})$$

选择结果如表 3-14 所示。

表 3-14   例 3-4 的选择结果

Sno	Sname	Ssex	Sage	Sdept
202011101	李勇	男	21	计算机系
202011102	刘晨	男	20	计算机系
202011103	王敏	女	20	计算机系
202011104	张小红	女	19	计算机系

2. 投影

投影运算是从关系 R 中选取若干属性，并用这些属性组成一个新的关系。其运算示意图如图 3-10 所示。

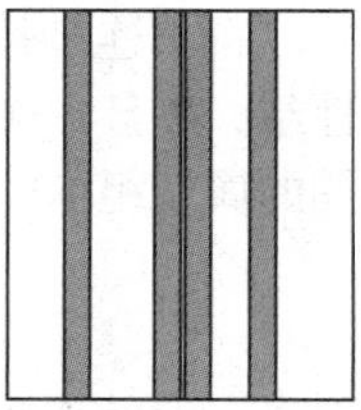

投影运算可表示为：

$\prod_A(R) = \{ t.A \mid t \in R \}$

其中，$\prod$ 是投影运算符，R 是关系名，A 是被投影的属性或属性组。t.A 表示 t 这个元组中相应于属性（集）A 的分量，也可以表示为 t[A]。

投影运算一般由两个步骤完成。

（1）选取出指定的属性，形成一个可能含有重复行的新关系。

（2）删除重复行，形成结果关系。

例 3-5 设有表 3-11 所示的学生关系，在 Sname、Sdept 两列上进行投影运算，可以表示为：

$\prod_{sname,\ sdept}(Student)$

投影结果如表 3-15 所示。

图 3-10　投影运算

表 3-15　　　　　　　　　　　例 3-5 的投影结果

Sname	Sdept
李勇	计算机系
刘晨	计算机系
王敏	计算机系
张小红	计算机系
张立	信息管理系
吴宾	信息管理系
张海	信息管理系

3. 连接

连接运算用来连接相互之间有联系的两个关系，从而产生一个新的关系。这个过程由连接属性（字段）来实现。一般情况下连接属性是出现在不同关系中的语义相同的属性。连接是由笛卡儿乘积导出的，相当于把连接谓词看成选择公式。进行连接运算的两个关系通常是具有一对多联系的父子关系。

连接运算主要有如下几种形式。

（1）θ 连接

θ 连接运算一般可表示为：

$$R \underset{A\theta B}{\bowtie} S = \{ t_r \char`^ t_s \mid t_r \in R \wedge t_s \in S \wedge t_r[A]\ \theta\ t_s[B] \}$$

其中，A 和 B 分别是关系 R 和关系 S 上语义相同的属性或属性组，θ 是比较运算符。"A θ B" 连接运算是从 R 和 S 的广义笛卡儿积 R×S 中，选择 R 关系在 A 属性组上的值与 S 关系在 B 属性组上值满足比较运算符 θ 的元组。

（2）等值连接

连接运算中最重要也是最常用的连接有两个，一个是等值连接，另一个是自然连接。

当 θ 为 "=" 时的连接为等值连接，它是从关系 R 与关系 S 的广义笛卡儿积中选取 A、B 属性中值相等的那些元组，即：

$$R \underset{A=B}{\bowtie} S = \{ t_r \char`^ t_s \mid t_r \in R \wedge t_s \in S \wedge t_r[A] = t_s[B] \}$$

（3）自然连接

自然连接是一种特殊的等值连接，它要求两个关系中进行比较的分量必须是相同的属性或属性组，并且在连接结果中去掉重复的属性列，使公共属性列只保留一个。即若关系 R 和 S 具有相同的属性组 B，则自然连接可记作：

$$R \bowtie S = \{ t_r \hat{} t_s | t_r \in R \land t_s \in S \land t_r[A] = t_s[B] \}$$

一般的连接运算是从行的角度进行运算，但自然连接还需要去掉重复的列，所以是同时从行和列的角度进行运算。

自然连接与等值连接的差别如下。

① 自然连接要求相等的分量必须有共同的属性名，等值连接则不要求；

② 自然连接要求把重复的属性名去掉，等值连接却不这样做。

例 3-6 设有表 3-16 所示的"商品"关系和表 3-17 所示的"销售"关系，分别对其进行等值连接和自然连接运算。

表 3-16　　　　　　　　　　　　　　　　　　商品

商品号	商品名	进货价格
P01	34 英寸平面电视	2400
P02	34 英寸液晶电视	4800
P03	52 英寸液晶电视	9600

表 3-17　　　　　　　　　　　　　　　　　　销售

商品号	销售日期	销售价格
P01	2019-2-3	2200
P02	2019-2-3	5600
P01	2019-8-10	2800
P02	2019-2-8	5500
P01	2019-2-15	2150

等值连接：

$$商品 \bowtie 销售$$
$$商品.商品号 = 销售.商品号$$

自然连接：

$$商品 \bowtie 销售$$

等值连接结果如表 3-18 所示，自然连接结果如表 3-19 所示。

表 3-18　　　　　　　　　　　　　例 3-6 等值连接结果

商品号	商品名	进货价格	商品号	销售日期	销售价格
P01	34 英寸平面电视	2400	P01	2019-2-3	2200
P01	34 英寸平面电视	2400	P01	2019-8-10	2800

商品号	商品名	进货价格	商品号	销售日期	销售价格
P01	34 英寸平面电视	2400	P01	2019-2-15	2150
P02	34 英寸液晶电视	4800	P02	2019-2-3	5600
P02	34 英寸液晶电视	4800	P02	2019-2-8	5500

表 3-19 例 3-6 自然连接结果

商品号	商品名	进货价格	销售日期	销售价格
P01	34 英寸平面电视	2400	2019-2-3	2200
P01	34 英寸平面电视	2400	2019-8-10	2800
P01	34 英寸平面电视	2400	2019-2-15	2150
P02	34 英寸液晶电视	4800	2019-2-3	5600
P02	34 英寸液晶电视	4800	2019-2-8	5500

从例 3-6 可以看到，当两个关系进行自然连接时，连接的结果由两个关系中公共属性值相等的元组构成。从连接的结果可以看到，在"商品"关系中，如果某商品（这里是"P03"商品）在"销售"关系中没有出现（即没有被销售过），则关于该商品的信息不会出现在连接结果中。也就是说，在连接结果中会舍弃掉不满足连接条件（这里是两个关系中的"商品号"相等）的元组。这种形式的连接称为内连接。

（4）外连接

如果希望不满足连接条件的元组也出现在连接结果中，则可通过外连接（outer join）操作实现。外连接有 3 种形式：左外连接（left outer join）、右外连接（right outer join）和全外连接（full outer join）。

左外连接的连接形式为：$R * \bowtie S$

右外连接的连接形式为：$R \bowtie * S$

全外连接的连接形式为：$R * \bowtie * S$

左外连接的含义是把连接符号左边的关系（这里是 R）中不满足连接条件的元组也保留到连接后的结果中，并在连接结果中将该元组所对应的右边关系（这里是 S）的各个属性均置成空值（NULL）。

右外连接的含义是把连接符号右边的关系（这里是 S）中不满足连接条件的元组也保留到连接后的结果中，并在连接结果中将该元组对应的左边关系（这里是 R）的各个属性均置成空值（NULL）。

全外连接的含义是把连接符号两边的关系（R 和 S）中不满足连接条件的元组均保留到连接后的结果中，并在连接结果中将不满足连接条件的各元组的相关属性均置成空值（NULL）。

"商品"关系和"销售"关系的左外连接表达式为：

商品 $* \bowtie$ 销售

连接结果如表 3-20 所示。

表 3-20 商品和销售的左外连接结果

商品号	商品名	进货价格	销售日期	销售价格
P01	34 英寸平面电视	2400	2019-2-3	2200
P01	34 英寸平面电视	2400	2019-8-10	2800
P01	34 英寸平面电视	2400	2019-2-15	2150

续表

商品号	商品名	进货价格	销售日期	销售价格
P02	34 英寸液晶电视	4800	2019-2-3	5600
P02	34 英寸液晶电视	4800	2019-2-8	5500
P03	52 英寸液晶电视	9600	NULL	NULL

设有如表 3-21 和表 3-22 所示的两个关系 R 和 S,则这两个关系的全外连接的结果如表 3-23 所示。

表 3-21   关系 R

A	B	C
a1	b1	c1
a2	b2	c1
a3	b1	c2
a4	b3	c1
a5	b2	c1

表 3-22   关系 S

E	B	D
e1	b1	d1
e2	b3	d1
e3	b1	d2
e4	b4	d1
e5	b3	d1

表 3-23   关系 R 和 S 的全外连接的结果

A	B	C	E	D
a1	b1	c1	e1	d1
a1	b1	c1	e3	d2
a2	b2	c1	NULL	NULL
a3	b1	c2	e1	d1
a3	b1	c2	e3	d2
a4	b3	c1	e2	d1
a4	b3	c1	e5	d1
a5	b2	c1	NULL	NULL
NULL	b4	NULL	e4	d1

4. 除

（1）除的简单描述

设关系 S 的属性是关系 R 的属性的一部分，则 R÷S 为这样一个关系：

① 此关系的属性是由属于 R 但不属于 S 的所有属性组成。

② R÷S 的任一元组都是 R 中某元组的一部分。但必须符合下列要求，即任取属于 R÷S 的一个元组 t，则 t 与 S 的任一元组连接后，都是 R 中原有的一个元组。

除运算的示意图如图 3-11 所示。

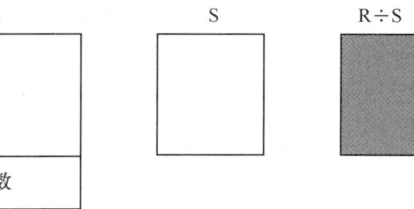
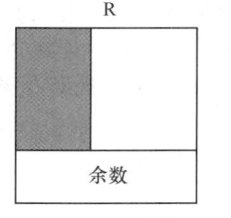

图 3-11　除运算的示意图

（2）除的一般形式

设有关系 R(X，Y) 和 S(Y，Z)，其中 X、Y、Z 为关系的属性组，则：

$$R(X，Y) ÷ S(Y，Z) = R(X，Y) ÷ \prod_Y(S)$$

（3）关系的除运算

关系的除运算是关系运算中最复杂的一种运算，关系 R 与 S 的除运算的以上叙述解决了 R÷S

关系的属性组成及其元组应满足的条件要求，但怎样确定关系 R÷S 元组，仍然没有说清楚。为了说清楚这个问题，首先引入"象集"的概念。

给定一个关系 R（X，Y），X 和 Y 为属性组。当 t [X] = x 时，x 在 R 中的象集（Image Set）为：

$$Y_x = \{ t[Y] \mid t \in R \wedge t[X] = x \}$$

其中，t [Y] 和 t [X] 分别表示 R 中的元组 t 在属性组 Y 和 X 上的分量的集合。

例如，在表 3-11 所示的 Student 关系中有一个元组值为：（202021101，张立，男，20，信息管理系）。

假设 X = { Sdept，Ssex }，Y = { Sno，Sname，Sage }，则上式中 t[X]的一个值为：

$$X = （信息管理系，男）$$

此时，Y_x 为 t [X] = x = （信息管理系，男）时所有 t[Y]的值，即：

$$Y_x = \{(202021101，张立，20)，(202021103，张海，20)\}$$

也就是由信息管理系全体男生的学号、姓名、年龄所构成的集合。

又如，对于表 3-13 所示的 SC 关系，如果设 X = {Sno}，Y = {Cno,Grade}，则当 X 取"202011101"时，Y 的象集为：

$$Y_x = \{ （C001，96），（C002，80），（C003，84），（C005，62） \}$$

当 X 取 "202021103" 时，Y 的象集为：

$$Y_x = \{ （C001，50），（C004，80） \}$$

现在我们再回过头来讨论除的一般形式。设有关系 R（X，Y）和 S（Y，Z），其中 X、Y、Z 为关系的属性组，则：

$$R÷S = \{ t_r[X] \mid t_r \in R \wedge \prod_Y (S) \subseteq Y_x \}$$

图 3-12 给出了一个除运算的例子。

Sno	Cno
202011101	C001
202011101	C002
202011101	C003
202011101	C005
202011102	C001
202011102	C002
202011102	C004
202021102	C001
202021102	C004
202021102	C005
202021102	C007
202021103	C001
202021103	C004

÷

Cno	Cname
C001	高等数学
C005	Java

=

Sno
202011101
202021102

图 3-12　除运算示例

图 3-12 所示的除结果的语义为至少选了 "C001" 和 "C005" 两门课程的学生的学号。

下面以表 3-11～表 3-13 所示 Student、Course 和 SC 关系为例，给出一些关系代数运算的例子。

例 3-7 查询选修了 C002 课程的学生的学号和成绩。

$$\prod_{Sno,\ Grade}(\sigma_{Cno\ ='C002'}(SC))$$

运算结果如图 3-13 所示。

例 3-8 查询"信息管理系"选修了"C004"课程的学生的姓名和成绩。

由于学生的姓名信息在 Student 关系中，而成绩信息在 SC 关系中，因此这个查询同时涉及 Student 和 SC 关系。因此首先应对这两个关系进行自然连接，得到同一位学生的有关信息，然后再对连接的结果进行选择和投影操作。具体如下：

$$\prod_{Sname,\ Grade}(\sigma_{Cno\ ='C004'\ \wedge\ Sdept='信息管理系'}(SC\ \bowtie\ Student))$$

也可以写成：

$$\prod_{Sname,\ Grade}(\sigma_{Cno\ ='C004'}(SC)\bowtie\ \sigma_{Sdept='信息管理系'}(Student))$$

后一种实现形式是首先在 SC 关系中查询出选修了"C004"课程的信息（SC 关系的子集），然后从 Student 关系中查询出"信息管理系"学生的子集，最后再对这个子集进行自然连接运算（Sno 相等），这种查询的执行效率会比第一种写法高。

运算结果如图 3-14 所示。

Sno	Grade
202011101	80
202011102	90

图 3-13　例 3-7 的结果

Sname	Grade
吴宾	85
张海	80

图 3-14　例 3-8 的结果

例 3-9 查询选修了第 2 学期开设的课程的学生的姓名、所在系和所选的课程号。

这个查询的查询条件和查询列与两个关系有关：Student（包含姓名和所在系信息）以及 Course（包含课程号和开课学期信息）。但由于 Student 关系和 Course 关系之间没有可以进行连接的属性（语义相同的属性），因此如果要让 Student 关系和 Course 关系进行连接，必须借助 SC 关系，通过 SC 关系中的 Sno 与 Student 关系中的 Sno 进行自然连接，并通过 SC 关系中的 Cno 与 Course 关系中的 Cno 进行自然连接，来实现 Student 关系和 Course 关系之间的关联关系。

具体的关系代数表达式如下：

$$\prod_{Sname,\ Sdept,\ Cno}(\sigma_{Semester=2}(Course\ \bowtie\ SC\ \bowtie\ Student))$$

也可以写成：

$$\prod_{Sname,\ Sdept,\ Cno}(\sigma_{Semester=2}(Course)\bowtie SC\ \bowtie\ Student)$$

运算结果如图 3-15 所示。

Sname	Sdept	Cno
李勇	计算机系	C003
刘晨	计算机系	C004
吴宾	信息管理系	C004
张海	信息管理系	C004

图 3-15　例 3-9 的运算结果

例 3-10 查询选修了"高等数学"且成绩大于等于 90 的学生的姓名、所在系和成绩。

这个查询涉及 Student、SC 和 Course 3 个关系，在 Course 关系中可以指定课程名（高等数学），从 Student 关系中可以得到姓名、所在系，从 SC 关系中可以得到成绩。

具体的关系代数表达式如下：

$$\prod_{Sname,\ Sdept,\ Grade}(\sigma_{Cname\ ='高等数学'\ \wedge\ Grade\ \geqslant\ 90}(Course\ \bowtie\ SC\bowtie\ Student))$$

也可以写成：

$$\prod_{Sname, Sdept, Grade}(\sigma_{Cname ='高等数学'}(Course) \bowtie \sigma_{Grade \geq 90}(SC) \bowtie Student)$$

运算结果如图 3-16 所示。

例 3-11 查询没选修 Java 课程的学生的姓名和所在系。

实现这个查询的基本思路是从全体学生中去掉选修了 Java 的学生，因此需要用到差运算。

具体的关系代数表达式如下：

$$\prod_{Sname,Sdept}(Student) - \prod_{Sname, Sdept}(\sigma_{Cname ='Java'}(Course \bowtie SC \bowtie Student))$$

也可以写成：

$$\prod_{Sname, Sdept}(Student) - \prod_{Sname, Sdept}(\sigma_{Cname ='Java'}(Course) \bowtie SC \bowtie Student)$$

运算结果如图 3-17 所示。

Sname	Sdept	Grade
李勇	计算机系	96
刘晨	计算机系	92

图 3-16 例 3-10 的运算结果

例 3-12 查询选修了全部课程的学生的姓名和所在系。

编写这个查询语句的关系代数表达式的思考过程如下。

（1）得到学生选课情况，可通过表达式 $\prod_{SNO,CNO}(SC)$ 实现。

（2）得到全部课程，可通过表达式 $\prod_{CNO}(Course)$ 实现。

（3）查询选修了全部课程的学生，可用除运算得到，表达式为：

$$\prod_{SNO,CNO}(SC) \div \prod_{CNO}(Course)$$

这个关系代数表达式的操作结果为选修了全部课程的学生的学号（Sno）的集合。

（4）得到 Sno 集合后再在 Student 关系中找到对应的学生的姓名（Sname）和所在系（Sdept），这可以用自然连接和投影操作组合实现。最终的关系代数表达式为：

$$\prod_{Sname, Sdept}(Student \bowtie (\prod_{SNO,CNO}(SC) \div \prod_{CNO}(Course)))$$

例 3-13 查询计算机系选修了第 1 学期开设的全部课程的学生的学号和姓名。

编写这个查询语句的关系代数表达式的思考过程与例 3-12 类似，只是将（2）改为查询第 1 学期开设的全部课程，这可通过 $\prod_{CNO}(\sigma_{Semester=1}(Course))$ 实现。最终的关系代数表达式为：

$$\prod_{Sno, Sname}(\sigma_{Sdept ='计算机系'}(Student) \bowtie (\prod_{SNO,CNO}(SC) \div \prod_{cno}(\sigma_{Semester=1}(Course))))$$

运算结果如图 3-18 所示。

Sname	Sdept
张海	信息管理系

图 3-17 例 3-11 的运算结果

Sno	Sname
202011101	李勇
202011102	刘晨

图 3-18 例 3-13 的运算结果

表 3-24 对关系代数操作进行了总结。

表 3-24 关系代数操作总结

操作	表示方法	功能
选择	$\sigma_F(R)$	产生一个新关系，其中只包含 R 中满足指定谓词的元组
投影	$\prod_{a1,a2,\cdots,an}(R)$	产生一个新关系，该关系由指定的 R 中属性组成的一个 R 的垂直子集组成，并且去掉了重复的元组
连接	R $\underset{A\ \theta\ B}{\bowtie}$ S	产生一个新关系，该关系包含了 R 和 S 的广义笛卡儿乘积中所有满足 θ 运算的元组
自然连接	R $\bowtie$ S	产生一个新关系，由关系 R 和 S 在所有公共属性 x 上的相等连接得到，并且在结果中，每个公共属性只保留一个
（左）外连接	R *$\bowtie$ S	产生一个新关系，将 R 在 S 中无法找到匹配的公共属性的 R 中

续表

操作	表示方法	功能
并	R∪S	产生一个新关系，它由 R 和 S 中所有不同的元组构成（R 和 S 必须是可进行并运算的）
交	R∩S	产生一个新关系，它由既属于 R 又属于 S 的元组构成（R 和 S 必须是可进行交运算的）
差	R−S	产生一个新关系，它由属于 R 但不属于 S 的元组构成（R 和 S 必须是可进行差运算的）
广义笛卡儿积	R×S	产生一个新关系,它是关系 R 中的每个元组与关系 S 中的每个元组的并联的结果
除	R÷S	产生一个属性集合 C 上的关系，该关系的元组与 S 中的每个元组组合都能在 R 中找到匹配的元组，这里的 C 是属于 R 但不属于 S 的属性集合

关系运算的优先级按从高到低的顺序为：投影、选择、乘积、连接和除（同级）、交、并和差（同级）。

习　　题

一、选择题

1. 下列关于关系中主属性的描述，错误的是（　　）。

　　A. 主键所包含的属性一定是主属性

　　B. 外键所引用的属性一定是主属性

　　C. 候选键所包含的属性都是主属性

　　D. 任何一个主属性都可以唯一地标识表中的一行数据

2. 设有关系模式：销售（顾客号，商品号，销售时间，销售数量），若一个顾客可在不同时间对同一产品购买多次,同一个顾客在同一时间可购买多种商品,则此关系模式的主键是（　　）。

　　A. 顾客号　　　　　　　　　　　　B. 产品号

　　C. （顾客号，商品号）　　　　　　D. （顾客号，商品号，销售时间）

3. 关系数据库可用二维表来组织数据。下列关于关系表中记录的说法，正确的是（　　）。

　　A. 顺序很重要，不能交换　　　　　B. 顺序不重要

　　C. 按输入数据的顺序排列　　　　　D. 一定是有序的

4. 下列不属于数据完整性约束的是（　　）。

　　A. 实体完整性　　　　　　　　　　B. 参照完整性

　　C. 域完整性　　　　　　　　　　　D. 数据操作完整性

5. 下列关于关系操作的说法，正确的是（　　）。

　　A. 关系操作是基于集合的操作

　　B. 在进行关系操作时，用户需要知道数据的存储位置

　　C. 在进行关系操作时，用户需要知道数据的存储结构

　　D. 用户可以在关系上直接进行定位操作

6. 下列关于关系的说法，错误的是（　　）。

　　A. 关系中的每个属性都是不可再分的基本属性

B. 关系中不允许出现值完全相同的元组

C. 关系中不需要考虑元组的先后顺序

D. 关系中属性顺序的不同，关系所表达的语义也不同

7. 下列关于关系代数中选择运算的说法，正确的是（　　）。

A. 选择运算是从行的方向选择集合中的数据，选择运算后的行数有可能减少

B. 选择运算是从行的方向选择集合中的数据，选择运算后的行数不变

C. 选择运算是从列的方向选择集合中的若干列，选择运算后的列数有可能减少

D. 选择运算是从列的方向选择集合中的若干列，选择运算后的列数不变

8. 下列用于表达关系代数中投影运算的运算符是（　　）。

A. σ　　　　　　B. ∏　　　　　　C. ⋈　　　　　　D. +

9. 下列关于关系代数中差运算结果的说法，正确的是（　　）。

A. 差运算的结果包含了两个关系中的全部元组，因此可能有重复的元组

B. 差运算的结果包含了两个关系中的全部元组，但不会有重复的元组

C. 差运算的结果只包含两个关系中相同的元组

D. "A−B" 差运算的结果由属于 A 但不属于 B 的元组组成

10. 设有如下 3 个关系模式，学生（学号，姓名，性别），课程（课程号，课程名，学分）和选课（学号，课程号，成绩）。现要查询赵飞选修的课程的课程名和学分，下列关系代数表达式正确的是（　　）。

A. $\prod_{课程名,学分}(\sigma_{姓名='赵飞'}(学生) \bowtie 课程 \bowtie 选课)$

B. $\prod_{课程名,学分}(\sigma_{姓名='赵飞'}(学生) \bowtie 选课 \bowtie 课程)$

C. $\prod_{课程名,学分}(\sigma_{姓名='赵飞'}(学生) \bowtie 课程 \bowtie 选课))$

D. $\prod_{课程名,学分}(\sigma_{姓名='赵飞'}(课程 \bowtie 学生 \bowtie 选课))$

二、简答题

1. 试述关系模型的 3 个组成部分。

2. 解释下列术语的含义。

（1）主键。

（2）候选键。

（3）关系。

（4）关系模式。

（5）关系数据库。

3. 关系数据库的 3 个完整性约束是什么？各是什么含义？

4. 利用表 3-11～表 3-13 所给的 3 个关系，写出实现如下查询的关系代数表达式。

（1）查询"信息管理系"学生的选课情况，列出学号、姓名、课程号和成绩。

（2）查询"Java"课程的考试情况，列出学生姓名、所在系和考试成绩。

（3）查询考试成绩高于 90 的学生姓名、课程名和成绩。

（4）查询"Sno"为"202021103"的学生姓名和所在系。

（5）查询至少选修了"C001"和"C002"两门课程的学生姓名、所在系和所选的课程号。

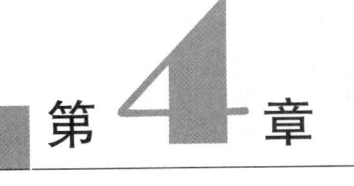

第4章 SQL 语言基础及数据定义功能

用户使用数据库时需要对数据库进行各种各样的操作，如查询数据，添加、删除和修改数据，定义、修改数据模式等。DBMS 必须为用户提供相应的命令或语言，这就构成了用户和数据库的接口。接口的好坏会直接影响用户对数据库的接受程度。

数据库所提供的语言一般局限于对数据库的操作，它不是完备的程序设计语言，也不能独立地用来编写应用程序。

SQL（Structured Query Language，结构化查询语言）是用户操作关系数据库的通用语言。它虽然叫作结构化查询语言，且查询操作确实是数据库中的主要操作，但并不是说 SQL 只支持查询操作，它实际上具有数据定义、数据查询、数据操作和数据控制等与数据库有关的全部功能。

SQL 已经成为关系数据库的标准语言，所以现在所有的关系数据库管理系统都支持 SQL。本章主要介绍 SQL 语言支持的数据类型以及定义基本表和索引的功能。

4.1　SQL 语言概述

SQL 是操作关系数据库的标准语言，本节将介绍 SQL 语言的发展过程、特点以及主要功能。

4.1.1　SQL 语言的发展过程

最早的 SQL 原型是 IBM 的研究人员在 20 世纪 70 年代开发的，该原型被命名为 SEQUEL（Structured English QUEry Language）。现在许多人仍将在这个原型之后推出的 SQL 语言发音为"sequel"，但根据 ANSI SQL 委员会的规定，其正式发音应该是"ess cue ell"。随着 SQL 语言的颁布，各数据库厂商纷纷在其产品中引入并支持 SQL 语言，尽管绝大多数产品对 SQL 语言的支持大部分是相似的，但它们之间还是存在一定的差异，这些差异不利于初学者的学习。因此，本章介绍 SQL 时主要介绍标准的 SQL 语言，我们将其称为基本 SQL。

自 20 世纪 80 年代以来，SQL 就一直是关系数据库管理系统（RDBMS）的标准语言。最早的 SQL 标准是 1986 年 10 月由美国 ANSI 颁布的。随后，ISO(International Standards Organization)于 1987 年 6 月也正式采纳它为国际标准，并在此基础上进行了补充，到 1989 年 4 月，ISO 提出了具有完整性特征的 SQL，并称之为 SQL-89。SQL-89 标准的颁布，对数据库技术的发展和数据库的应用都起了很大的推动作用。尽管如此，SQL-89 仍有许多不足或不能满足应用需求的地方。为此，在 SQL-89 的基础上，经过 3 年多的研究和修改，ISO 和 ANSI 于 1992 年 8 月共同颁布了一个新的 SQL 的标准，即 SQL-92（或称为 SQL2）。SQL-92 标准也不是非常完备的，故 1999 年又颁布了一个新的 SQL 标准，即 SQL-99（或称为 SQL3）。之后在 2016 年 12 月，ISO/IEC 也发布了一个新版本的 SQL 标准，即 ISO/IEC 9075:2016。

不同数据库厂商的数据库管理系统提供的 SQL 语言略有差别，本书主要介绍 Microsoft SQL Server 使用的 SQL 语言即 Transact-SQL 简称 T-SQL，的相关功能。

4.1.2　SQL 语言的特点

SQL 之所以能够被用户和业界接受并成为国际标准，是因为它是一个综合的、功能强大且又比较简单易学的语言。SQL 语言集数据定义、数据查询、数据操作和数据控制等功能于一身，其主要特点如下。

（1）一体化

SQL 语言风格统一，可以完成数据库活动中的全部工作，包括创建数据库、定义模式、更改和查询数据，以及安全控制和维护数据库等。这为数据库应用系统的开发提供了良好的环境。用户在数据库系统投入使用之后，还可以根据需要随时修改模式结构，并且可以不影响数据库的运行，从而使系统具有良好的可扩展性。

（2）高度非过程化

在使用 SQL 语言访问数据库时，用户没有必要告诉计算机"如何"一步步地实现操作，而只需要用 SQL 语言描述要"做什么"，然后由数据库管理系统自动完成全部工作。

（3）简单易学

虽然 SQL 语言功能很强，但它只有为数不多的几条命令，另外，SQL 的语法也比较简单，接近自然语言（英语），因此容易学习和掌握。

（4）可以多种方式使用

SQL 语言可以直接以命令的方式交互使用，也可以嵌入到程序设计语言中使用。现在很多厂商的数据库管理系统软件中也配有一些实用工具，比如 SQL Server 的 Management Studio，通过这些实用工具用户可以很方便地编写 SQL 语言操作数据库。

4.1.3　SQL 语言功能概述

SQL 语言按其功能可分为 4 种：数据定义、数据查询、数据更改和数据控制。表 4-1 中列出了实现这 4 种功能的动词。

表 4-1　　　　　　　　　　　　SQL 语言的主要功能

功能	动词
数据定义	CREATE、DROP、ALTER
数据查询	SELECT
数据更改	INSERT、UPDATE、DELETE
数据控制	GRANT、REVOKE、DENY

数据定义功能用于定义、删除和修改数据库中的对象，本章介绍的关系表、第 6 章介绍的视图、索引等都是数据库对象。数据查询功能用于实现数据的查询，数据查询是数据库中使用最多的操作。数据更改功能用于添加、删除和修改数据库数据。数据更改功能在有些书中也被称为数据操纵功能，我们还可以将数据查询和数据更改统称为数据操作。数据控制功能用于控制用户对数据的操作权限。

本章会介绍数据定义功能中定义关系表以及表的完整性约束的语句。而第 5 章会介绍实现数据查询和数据更改功能的语句。在介绍这些功能之前，我们先来介绍 SQL 语言所支持的数据类型。

4.2 SQL 语言支持的数据类型

关系数据库的表结构由列组成，列指明了要存储的数据的含义，同时指明了要存储的数据的类型，因此，我们在定义表结构时，需要指明每一列的数据类型。

每个数据库厂商提供的数据库管理系统所支持的数据类型并不完全相同，而且与标准的 SQL 也有差异，这里主要介绍 Microsoft SQL Server 支持的常用数据类型，同时也列出了对应的标准 SQL 数据类型，以便于读者对比。

4.2.1 数值型

1. 整型

表 4-2 列出了 SQL Server（2019 版）支持的整型类型，同时列出了对应的 ISO SQL 支持的准确型数据类型。

表 4-2　　整型类型

SQL Server 数据类型	ISO SQL 数据类型	存储范围	存储空间
bigint		$-2^{63}(-9223372036854775808) \sim 2^{63}-1(9223372036854775807)$	8 字节
int	integer	$-2^{31}(-2147483648) \sim 2^{31}-1(2147483647)$	4 字节
smallint	smallint	$-2^{15}(-32768) \sim 2^{15}-1(32767)$	2 字节
tinyint		$0 \sim 255$	1 字节
bit		1、0 或 NULL	

说明如下。

（1）从节省数据库空间的角度考虑，应使用能够包含所有可能值的最小数据类型。例如，对于人的年龄，使用 tinyint 就足够了，因为没人活到 255 岁以上。但对于建筑物的年龄，使用 tinyint 就不合适，因为建筑物的年龄可能超过了 255 年。

（2）int 数据类型是 SQL Server 中的主要整数数据类型。bigint 数据类型用于整数值可能会超过 int 数据类型支持的范围。

（3）仅当参数表达式为 bigint 数据类型时，函数才返回 bigint。SQL Server 不会自动将其他整数数据类型（tinyint、smallint 和 int）提升到 bigint。

（4）SQL Server 数据库引擎可优化 bit 列的存储。如果表中 bit 类型的列数小于等于 8 列，就用 1 个字节存储这些列。如果 bit 类型的列数为 9～16 列，就用 2 个字节存储这些列，以此类推。

（5）字符串值 TRUE 和 FALSE 能转换为 bit 值：TRUE 可转换为 1，FALSE 可转换为 0。

2. 定点小数类型

SQL Server 支持的定点小数类型为：decimal[(p[,s])]]和 numeric[(p[,s])

定点小数类型是固定的精度和小数位数。使用最大精度时，其有效值的范围为$-10^{38}+1 \sim 10^{38}-1$。decimal 的 ISO 同义词为 dec 和 dec(p,s)。numeric 在功能上完全等同于 decimal。

（1）p（精度）：要存储的十进制数字的总数上限，此数目是小数点左右两侧存储的十进制数字位数之和。$1 \leqslant p \leqslant 38$，默认精度为 18。

（2）s（小数位数）：小数点右侧存储的十进制数字位数。$0 \leqslant s \leqslant p$，p-s 即为小数点左边的最大位数。s 的默认值为 0，因此，最大存储大小可基于精度而变化，具体如表 4-3 所示。

表 4-3　　　　　　　　　　　　　　精度与需要的存储空间大小

精度	存储字节数
1～9	5
10～19	9
20～28	13
29～38	17

3. 近似型

近似型用于存储浮点型数据，表示在其数据类型范围内的所有数据在计算机中不一定都能精确地表示。

表 4-4 列出了 SQL Server 支持的近似数据类型，同时还列出了对应的 ISO SQL 数据类型。

表 4-4　　　　　　　　　　　　　　　近似数据类型

SQL Server 数据类型	ISO SQL 数据类型	存储范围	存储空间
float[(n)]		$-1.79E+308 \sim -2.23E-308$、0、$2.23E-308 \sim 1.79E+308$	取决于 n 的值
real	float(24)	$-3.40E+38 \sim -1.18E-38$、0、$1.18E-38 \sim 3.40E+38$	4 字节

SQL Server 将 n 视为下列两个可能的值之一：如果 $1 \leqslant n \leqslant 24$，将 n 视为 24；如果 $25 \leqslant n \leqslant 53$，将 n 视为 53。

float[(n)]数据类型中 n 从 1～53 的所有值均符合 ISO 标准，double precision 对应到 SQL Server 数据类型的同义词是 float(53)。

4.2.2　字符串类型

字符串型数据由汉字、英文字母、数字和各种符号组成。目前字符的编码方式有两种：一种是普通字符编码，另一种是统一字符编码（Unicode）。普通字符编码指的是不同国家或地区的编码长度不一样，比如英文字母的编码是 1 个字节（8 位），中文汉字的编码是 2 个字节（16 位）。统一字符编码是对所有语言中的字符均采用双字节（16 位）编码。

1. char 和 varchar

表 4-5 列出了 SQL Server 支持的字符串型数据类型以及对应的 ISO SQL 数据类型。

表 4-5　　　　　　　　　　　　　字符串类型（char 和 varchar）

SQL Server 数据类型	ISO SQL 数据类型	说明
char [(n)]	character	固定大小字符串数据。n 用于定义字符串大小（以字节为单位），其取值范围为 1～8000。 对于单字节编码字符集（如拉丁文），其存储大小为 n 个字节，且可存储的字符数也为 n。对于多字节编码字符集，其存储大小仍为 n 个字节，但可存储的字符数可能小于 n
varchar [(n | max)]	charvarying 或 charactervarying	可变大小字符串数据。n 用于定义字符串大小（以字节为单位），其取值范围为 1～8000，或者使用 max 指明列约束大小上限为最大存储 $2^{31}-1$ 个字节(2GB)。 对于单字节编码字符集，存储大小为 $n+2$ 个字节，并且可存储的字符数也为 n。对于多字节编码字符集，存储大小仍为 $n+2$ 个字节，但可存储的字符数可能小于 n

一个常见的误解是，认为在 CHAR(*n*)和 VARCHAR(*n*)中，*n* 定义的是字符数，实际情况是 CHAR(*n*)和 VARCHAR(*n*)中，*n* 定义的是以字节为单位的字符串长度，而不是可存储的字符数。

使用 char 或 varchar 的一些建议。

（1）如果列数据项的大小一致，就使用 char。

（2）如果列数据项的大小差异很大，就使用 varchar。

（3）如果列数据项的大小差异很大，且字符串长度可能超过 8000 字节，则使用 varchar(max)。

　　2. nchar 和 nvarchar

表 4-6 列出了 SQL Server 支持的字符串型数据类型以及对应的 ISO SQL 数据类型。

表 4-6　　　　　　　　　　　　　　字符串类型（nchar 和 nvarchar）

SQL Server 数据类型	ISO SQL 数据类型	说明
nchar [（*n*）]	national char 和 national character	固定大小字符串数据。*n* 用于定义字符串大小（以双字节为单位），取值范围为 1～4000。存储大小为 2**n 个字节。 对于 UCS-2 编码，存储大小为 *n* 个字节的两倍，且可存储的字符数也为 *n*。 对于 UTF-16 编码，存储大小仍为 *n* 个字节的两倍，但可存储的字符数可能会小于 *n*，因为补充字符使用两个双字节（也称为代理项对）
nvarchar [(*n* | max)]	national char varying 和 national character varying	可变大小字符串数据。*n* 用于定义字符串大小（以双字节为单位），取值范围为 1～4000。max 指定了最大存储大小是 $2^{30}-1$ 个字符（2 GB）。存储大小为 *n* 字节的两倍 +2 个字节。 对于 UCS-2 编码，存储大小为 *n* 个字节的两倍 +2 个字节，且可存储的字符数也为 *n*。 对于 UTF-16 编码，存储大小仍为 *n* 个字节的两倍 + 2 个字节，但可存储的字符数可能会小于 *n*，因为补充字符使用两个双字节（也称为代理项对）

说明如下。

（1）如果省略 char[(*n*)]、varchar [(*n*)]、nchar [(*n*)]和 nvarchar [(*n*)]中的 *n*，则默认长度为 1。

（2）固定大小字符串类型是不管实际字符需要多少空间，系统都会分配固定的字节数。如果空间未被占满，系统会自动用空格填充；可变大小字符串类型按实际字符需要的空间进行分配，但总大小不能超过定义的字符串大小 *n*。

（3）自 SQL Server 2019(15.x)开始，使用 UTF-8 的排序规则时，这些数据类型会存储 Unicode 字符数据的整个范围，并使用 UTF-8 字符编码。若指定了非 UTF-8 排序规则，则这些数据类型仅会存储该排序规则的相应代码页支持的字符子集。

4.2.3　日期时间类型

表 4-7 列出了 SQL Server 2008 之后的版本支持的常用日期时间数据类型。

表 4-7　　　　　　　　　　　常用日期时间数据类型

日期时间类型	说明	存储空间
date	定义一个日期，范围为公元 1 年 1 月 1 日（公历纪元）～公元 9999 年 12 月 31 日。字符长度 10 位，默认格式为：YYYY-MM-DD。YYYY 表示 4 位年份数字，范围为 0001～9999；MM 表示 2 位月份数字，范围为 01～12；DD 表示 2 位日的数字，范围为 01～31（最高值取决于具体月份）	3 字节

续表

日期时间类型	说明	存储空间
time[(n)]	定义一天中的某个时间，此时间为 24 小时制。默认格式为：hh:mm:ss[.nnnnnnn]，范围为 00:00:00.0000000～23:59:59.9999999。精确到 100ns（小数点后有 7 位数字）。 n 是 0～7 位数字，范围为 0～9999999，表示秒的小数部分。默认秒的小数位数是 7(100ns)	5 字节
datetime	定义一个采用 24 小时制并带有秒的小数部分的日期和时间，日期范围为 1753 年 1 月 1 日～9999 年 12 月 31 日，时间范围为 00:00:00～23:59:59.997。默认格式为：YYYY-MM-DD hh:mm:ss.nnn，其中 n 为数字，表示秒的小数部分（精确到 0.00333 秒）	8 字节
smalldatetime	定义结合了一天中的时间的日期，此时间为 24 小时制，秒始终为零 (:00)，并且不带秒小数部分，日期范围为 1900 年 1 月 1 日～2079 年 6 月 6 日，时间范围为 00:00:00～23:59:59。比如 2020-05-09 23:59:59 将舍入为 2020-05-10 00:00:00。默认格式为：YYYY-MM-DD hh:mm:00（精确到分钟）	4 字节
datetime2	定义一个结合了 24 小时制时间的日期。该类型可看成是 datetime 类型的扩展，其数据范围更大，默认的小数精度更高，并具有可选的用户定义的精度。默认格式是：YYYY-MM-DD hh:mm:ss[.nnnnnnn]，其中 n 为数字，表示秒的小数位数（最多精确到 100 ns），默认精度是 7 位小数（100ns）。日期范围为公元 1 年 1 月 1 日～公元 9999 年 12 月 31 日，时间范围为 00:00:00～23:59:59.9999999	精度小于 3 的 6 字节。 精度为 3 和 4 的 6 字节。 其他精度 8 字节
datetimeoffset	定义一个与采用 24 小时制并与可识别时区的一日内时间相组合的日期。语法格式为：datetimeoffset[(n)]，n 为秒的精度，最大为 7。默认格式为：YYYY-MM-DD hh:mm:ss[.nnnnnnn][{+|-}hh1:mm1]，其中 "[{+|-}hh1:mm1]" 表示时区偏移量，hh1 是范围为 00～14 的 2 位数，表示时区偏移量的小时数；mm1 是范围为 00～59 的 2 位数，表示时区偏移量的附加分钟数。"+" 或 "-" 符号指示在 UTC（通用协调时间或格林尼治标准时间）中是加上还是减去时区偏移量以获取本地时间。 该类型的日期范围为公元 1 年 1 月 1 日～公元 9999 年 12 月 31 日，时间范围为 00:00:00～23:59:59.9999999	10 字节

 对于新的开发工作，应使用 time、date、datetime2 和 datetimeoffset 数据类型，因为这些数据类型符合 ISO SQL 标准，而且这 3 种数据类型提供了更高精度的秒数。datetimeoffset 为全局部署的应用程序提供时区支持。

注意，使用日期时间类型的常数时要用单引号将之括起来，比如'2020-12-6'、'2020-12-6 12:03:32'。

4.3　数据定义功能

第 2 章介绍过，为方便用户访问和管理数据库，关系数据库管理系统将数据划分为 3 个层次，每个层次都用一个模式来描述，分别是外模式、模式和内模式，并将此称为数据库的 3 级模式结构。外模式和模式在关系数据库中分别对应视图和表，内模式对应索引等内容。因此，SQL 的数据定义功能包括定义表、视图、索引等。除此之外，SQL 标准是通过对象（如表）对 SQL 所基于的概念进行描述的，这些对象大部分是架构对象，即对象都属于一定的架构，因此，数据定义功能还包括架构的定义。表 4-8 列出了 SQL 数据定义功能包括的主要内容。

表 4-8   SQL 数据定义功能

对象	创建	修改	删除
架构	CREATE SCHEMA		DROP SCHEMA
表	CREATE TABLE	ALTER TABLE	DROP TABLE
视图	CREATE VIEW	ALTER VIEW	DROP VIEW
索引	CREATE INDEX	ALTER INDEX	DROP INDEX

下面介绍定义架构和表的 SQL 语句，第 5 章还将介绍定义索引和视图的 SQL 语句。

4.3.1 架构的定义与删除

架构（schema）也称模式，是数据库下的一个逻辑命名空间，可以存放表、视图等数据库对象，它是一个数据库对象的容器。如果将数据库比喻为一个操作系统，那么架构就相当于操作系统中的文件夹，而架构中的对象就相当于这个文件夹中的文件。因此，通过将同名表放置在不同架构中，使得一个数据库中可以包含名字相同的关系表。

一个数据库可以包含一个或多个架构，由特定的授权用户名所拥有。在同一个数据库中，架构的名字必须是唯一的。属于一个架构的对象称为架构对象，即它们依赖于该架构。架构对象的类型包括基本表、视图、触发器等。

一个架构可以由零个或多个架构对象组成，架构名字可以是显式的，也可以是由 DBMS 提供的默认名。对数据库中对象的引用可以通过架构名前缀来限定。不带任何架构限定的 CREATE 语句都指的是在当前架构中创建对象。

1. 定义架构

定义架构的 SQL 语句为 CREATE SCHEMA，其语法格式如下：

```
CREATE SCHEMA {
    <架构名>
  | AUTHORIZATION <架构所有者名>
  | <架构名> AUTHORIZATION <架构所有者名>
  }
[ { 表定义语句 | 视图定义语句
    | 授权语句 | 收权语句 | 拒绝权限语句 }
  ]
```

上述语法中用到了一些特殊的符号，比如{ }，这些符号是语法描述的常用符号，而非 SQL 语句的一部分。下面简单介绍一下这些符号的含义（在后边的语法介绍中也常用到这些符号）。

方括号（[ ]）中的内容表示是可选的（即可出现 0 次或 1 次），比如[列级完整性约束定义]代表可以有也可以没有"列级完整性约束定义"。花括号（{ }）与省略号（…）一起使用表示其中的内容可以不出现或多次出现。竖杠（ | ）表示在多个选项中选择一项，比如 term1 | term2 | term3，就表示在 3 个选项中可任选一项。竖杠若用在方括号中，就表示可以选择由竖杠分隔的子句中的一个，但整个子句又是可选的（也就是可以没有子句出现）。

执行创建架构语句的用户必须具有数据库管理员的权限，或者是获得了数据库管理员授予的 CREATE SCHEMA 的权限。

例 4-1 为用户"ZHANG"定义一个架构，架构名为"S_C"。

```
CREATE SCHEMA S_C AUTHORIZATION ZHANG
```

例 4-2　定义一个名字为 sales 的架构。

```
CREATE  SCHEMA  sales
```

定义架构实际上就是定义了一个命名空间，在这个空间中可以进一步定义该架构的数据库对象，比如表、视图等。

在定义架构时还可以同时定义表、视图，以及为用户授权等，即可以在 CREATE SCHEMA 语句中包含 CREATE TABLE、CREATE VIEW、GRANT 等语句。

例 4-3　在定义架构的同时定义表。

```
CREATE SCHEMA TEST
   CREATE TABLE T1(
   C1 INT,
   C2 CHAR(10),
   C3 SMALLDATETIME,
   C4 NUMERIC(4,1))
```

该语句创建了一个名为 "TEST" 的架构，并在其中定义了一个表 T1，说明表 T1 定义在了 TEST 架构中。

2. 删除架构

在 SQL 中，删除架构的语句是 DROP SCHEMA，其语法格式如下：

```
DROP SCHEMA [IF EXISTS] <架构名>
```

其中，[IF EXISTS]选项适用于 SQL Server 2016 之后的版本，表示只有在架构已存在时才对其进行删除。

只能删除不包含任何架构对象的架构，如果架构中含有架构对象，必须先删除或移出架构所包含的全部对象，然后再删除架构。

例 4-4　删除 sales 架构（假设该架构中无对象）。

```
DROP SCHEMA sales
```

4.3.2　基本表的定义与删除

表是数据库中最重要的对象，它是用来存储数据的。我们在了解了数据类型的知识后，就可以开始创建表了。关系数据库中的表是二维表，包含行和列，创建表就是定义表所包含的每个列，包括列名、数据类型、约束等。列名是为列取的名字，一般为便于记忆，最好取有意义的名字，比如学号或 Sno，而不要取无意义的名字，比如 a1。列的数据类型说明了列的可取值范畴。列的约束更进一步限制了列的取值范围，这些约束包括列取值是否允许为空、主键约束、外键约束、列取值范围约束等。

下面介绍表（或称为基本表）的创建、删除以及对表结构的修改操作。

1. 定义表及完整性约束

定义基本表可使用 SQL 语言数据定义功能中的 CREATE TABLE 语句，一般格式如下。

```
CREATE  TABLE  [<架构名>.]<表名>  (
   { <列名>  <数据类型>  [列级完整性约束定义[…n ] ] }
   [表级完整性约束定义] [ ,…n ]
 )
```

注意，默认时 SQL 语言不区分大小写。

参数说明如下。

① <表名>是所要定义的基本表的名字。

② <列名>是表中所包含的属性列的名字。

③ 在定义表的同时还可以定义与表有关的完整性约束条件，这些完整性约束条件都会存储在系统的数据字典中。如果完整性约束只涉及表中的一个列，则这些约束条件可以在"列级完整性约束定义"处定义，也可以在"表级完整性约束定义"处定义；但某些涉及表中多个属性列的约束，必须在"表级完整性约束定义"处定义。

在定义基本表时可以同时定义数据的完整性约束。定义完整性约束时可以在定义列的同时定义，也可以将完整性约束作为独立的项来定义。在定义列的同时定义的完整性约束称之为**列级完整性约束定义**，作为表的独立的一项定义的完整性约束称之为**表级完整性约束定义**。此外，在列级完整性约束定义处还可以定义如下约束。

NOT NULL：非空约束。限制列取值非空。

PRIMARY KEY：主键约束。指定本列为主键。

FOREIGN KEY：外键约束。定义本列为引用其他表的外键。

UNIQUE：唯一值约束。限制列取值不能重复。

DEFAULT：默认值约束。指定列的默认值。

CHECK：列取值范围约束。限制列的取值范围。

在上述约束中，NOT NULL 和 DEFAULT 只能定义在"列级完整性约束定义"处，其他约束均可在"列级完整性约束定义"和"表级完整性约束定义"处定义。

（1）主键约束

定义主键的语法格式为：

```
PRIMARY KEY [(<列名> [,…n] )]
```

如果在列级完整性约束处定义单列的主键，则可省略方括号中的内容。

（2）外键约束

外键大多数情况下都是单列的，它可以定义在列级完整性约束处，也可以定义在表级完整性约束处。定义外键的语法格式为：

```
[FOREIGN KEY (列名[,…n])] REFERENCES <外表名>(<外表列名>[,…n])
```

如果是在列级完整性约束处定义单列的外键，则可以省略方括号中的内容。

（3）唯一值约束

唯一值约束用于限制一个列的取值不重复，或者是多个列的组合取值不重复。这个约束多用在事实上具有唯一性的属性列上，比如每个人的身份证号码、驾驶证号码等均不能有重复值。

在一个已有主键的表中使用 UNIQUE 约束定义非主键列取值不重复是很有用的，比如学生的身份证号，"身份证号"列不是主键，但它的取值也不能重复，这种情况就必须使用 UNIQUE 约束。

定义唯一值约束的语法格式为：

```
UNIQUE [(<列名> [,…n] )]
```

如果在列级完整性约束处定义单列的唯一值约束，则可以省略方括号中的内容。

（4）默认值约束

默认值约束可用 DEFAULT 约束来实现，它用于提供列的默认值，即当在表中插入数据时，如果没有为有 DEFAULT 约束的列提供值，则系统会自动使用 DEFAULT 约束定义的默认值。

一个默认值约束只能为一个列提供默认值，且默认值约束必须是列级完整性约束。

默认值约束的定义有两种形式，一种是在定义表时指定默认值约束，另一种是在修改表结构时添加默认值约束。

① 在创建表时定义 DEFAULT 约束。

DEFAULT 常量表达式

② 为已创建好的表添加 Default 约束。

DEFAULT 常量表达式 FOR 列名

（5）列取值范围约束

限制列取值范围可用 CHECK 约束来实现，CHECK 约束可以强制域完整性。例如，人的性别只能是"男"或"女"，工资必须大于 3000（假设最低工资为 3000）。需要注意的是，CHECK 所限制的列必须在同一个表中。

我们可以通过任何基于逻辑运算符返回 TRUE 或 FALSE 的逻辑（布尔）表达式创建 CHECK 约束。定义 CHECK 约束的语法格式为：

CHECK (逻辑表达式)

可以将多个 CHECK 约束应用于单个列，也可以通过在表级创建 CHECK 约束，将一个 CHECK 约束应用于多个列。

例 4-5　用 SQL 语句创建如下两张表：Jobs（工作）表、Employees（职工）表，其结构如表 4-9～表 4-10 所示。

表 4-9　　　　　　　　　　　　　　　　　Jobs 表

列名	数据类型	约束	含义
Jid	char(6)	主键	工作编号
Descp	nvarchar(20)	非空	工作描述
EduReq	nchar(6)	默认值：本科	学历要求
MinSalary	int		最低工资
MaxSalary	int	大于等于最低工资	最高工资

表 4-10　　　　　　　　　　　　　　　　Employees 表

列名	数据类型	约束	含义
Eid	char(10)	主键	职工号
Ename	nchar(6)	非空	姓名
Sex	nchar(1)	取值范围：男、女	性别
BrithDate	date		出生日期
JobDate	dateTime	默认为系统当前日期时间	参加工作日期
Sid	char(18)	取值不重复	身份证号
Jid	char(6)	外键，引用工作表的工作编号	所干工作编号
Tel	char(11)		联系电话

这两张表的创建语句如下：

```
CREATE TABLE Jobs (
  Jid       char(6)  PRIMARY KEY,    --在列级定义主键
  Descp     nchar(20) NOT NULL,
  EduReq    nchar(6) DEFAULT '本科',
  MinSalary int        ,
  MaxSalary int        ,
```

```
    CHECK( MaxSalary >= MinSalary )          --多列的CHECK约束必须定义在表级
)

CREATE TABLE Employees (
  Eid        char(10)      ,
  Ename      nvarchar(20) NOT NULL,
  Sex        nchar(1)      CHECK( Sex = '男' OR Sex = '女'),
  BirthDate  date          ,
  JobDate    datetime      DEFAULT GetDate(),
  Sid        char(18)      UNIQUE,
  Jid        char(6)       ,
  Tel        char(11)      ,
  PRIMARY KEY(Eid)         ,              --在表级定义主键
  FOREIGN KEY(Jid) REFERENCES Jobs(Jid)
)
```

① "--" 为 T-SQL 的单行注释符。
② GetDate()是 SQL Server 提供的系统函数，其功能是返回系统的当前日期和时间。

2. 修改表结构

在定义完基本表之后，如果信息需求有变化，可以通过更改表的结构的方法来满足新的需求。修改表结构使用的是 ALTER TABLE 语句。ALTER TABLE 语句可以对表添加列、删除列、修改列的定义，也可以添加和删除约束。

不同数据库产品的 ALTER TABLE 语句的格式略有不同，我们这里给出 SQL Server 支持的 ALTER TABLE 语句的简化语法格式，对于其他的数据库管理系统，可以参考它们的语言参考手册。

```
ALTER TABLE [<架构名>.]<表名>
{
 ALTER COLUMN <列名> <新数据类型>                  -- 修改列定义
 | ADD {<列名> <数据类型> [完整性约束定义]}[,…n]    -- 添加新列
 | ADD [constraint <约束名>]约束定义               -- 添加约束
 | DROP COLUMN [IF EXISTS] <列名> [,…n ]           -- 删除列
 | DROP [CONSTRAINT][IF EXISTS]<约束名> [,…n]      -- 删除约束
}
```

例 4-6　为 Employees 表添加工资列，此列的列名为 Salary，数据类型为 int，允许空。

```
ALTER TABLE Employees
  ADD Salary INT
```

例 4-7　将 Jobs 表的 Descp 列的数据类型改为 NCHAR(40)。

```
ALTER TABLE Jobs
  ALTER COLUMN Descp NCHAR(40)
```

例 4-8　删除 Employees 表的 Tel 列。

```
ALTER TABLE Employees
  DROP COLUMN IF EXISTS Tel
```

例 4-9　为 Jobs 表中 MinSalary 列添加约束：大于等于 3000。

```
ALTER TABLE Jobs
  ADD CHECK( MinSalary >= 3000 )
```

3. 删除表

使用 DROP TABLE 语句可以删除表，具体的语句格式为：

```
DROP TABLE [ IF EXISTS ] [<架构名>.]<表名> [ ,…n ] [;]
```

例 4-10　删除 Employees 表。

```
DROP TABLE Employees
```

注意删除表时必须先删除外键所在表，再删除被参照的主键所在表。创建表时必须先建立被参照的主键所在表，后建立外键所在表。

习　题

一、选择题

1. 下列关于 SQL 语言特点的叙述，错误的是（　　　）。
   - A. 使用 SQL 语言访问数据库，用户只需提出做什么，而无须描述如何实现
   - B. SQL 语言是一种过程化程序设计语言
   - C. SQL 语言是访问关系数据库的标准语言
   - D. 使用 SQL 语言可以完成任何数据库操作

2. 下列所述功能中，不属于 SQL 语言功能的是（　　　）。
   - A. 数据表的定义功能
   - B. 数据查询功能
   - C. 数据增、删、改功能
   - D. 提供方便的用户操作界面功能

3. 设某职工表中有用于存放年龄（整数）的列，下列类型中最合适年龄列的是（　　　）。
   - A. int
   - B. smallint
   - C. tinyint
   - D. bit

4. 设某列的类型是 char(10)，最多能存放的汉字个数是（　　　）。
   - A. 10
   - B. 20
   - C. 5
   - D. 不确定

5. 设某列的类型是 nchar(10)，最多能存放的汉字个数是（　　　）。
   - A. 10
   - B. 20
   - C. 5
   - D. 不确定

6. 设某列的类型是 nvarchar(10)，若要存放"abc"，占用空间的字节数是（　　　）。
   - A. 10
   - B. 20
   - C. 3
   - D. 6

7. 若要限制商品价格列的取值为 9.99～19.99，应该使用的约束是（　　　）。
   - A. PRIMARY KEY
   - B. CHECK
   - C. FOREIGN KEY
   - D. UNIQUE

8. 下列约束中用于限制列取值不重复的是（　　　）。
   - A. PRIMARY KEY
   - B. CHECK
   - C. DEFAULT
   - D. UNIQUE

9. 下列关于 DEFAULT 约束的说法，正确的是（　　　）。
   - A. 一个 DEFAULT 约束可用于一个表的多个列上
   - B. DEFAULT 约束只能作为表级完整性约束
   - C. DEFAULT 约束只能作为列级完整性约束

    D．DEFAULT 约束既可作为表级完整性约束也可作为列级完整性约束

二、简答题

1．SQL 语言的特点是什么？具有哪些功能？

2．tinyint 类型定义的数据的取值范围是多少？

3．SmallDatatime 类型精确到哪个时间单位？

4．定点小数类型 decimal(5,2)的最大值是多少？

5．char(n)和 nchar(n)中 n 的取值范围分别是多少？

6．写出定义如下架构的 SQL 语句。

（1）定义一个名为"BOOK"的架构。

（2）为用户"Teacher"定义一个架构，架构名同用户名。

第 5 章　数据操作语句

数据存储到数据库后，如果不对其进行分析和利用，那么数据就是没有价值的。最终用户对数据库中的数据进行的操作大多是查询和修改。修改操作包括增加新数据（插入）、删除旧数据（删除）和更改已有的数据（更改）。SQL 语言提供了功能强大的数据查询和修改的功能。

本章将详细介绍实现数据查询、插入、删除及更改的操作语句。

5.1　数据查询语句的基本结构

查询功能是 SQL 语言的核心功能，也是数据库中使用最多的操作。而查询语句则是 SQL 语句中比较复杂的一个语句。

如果没有特别说明，本章所有的查询均在表 5-1～表 5-3 所示的 Student 表、Course 表和 SC 表上进行，这 3 张表的数据结构如表 5-4～表 5-6 所示。

表 5-1　　　　　　　　　　　　　Student 表数据结构

列名	含义	数据类型	约束
Sno	学号	CHAR(9)	主键
Sname	姓名	NCHAR(5)	非空
Ssex	性别	NCHAR(1)	
Sage	年龄	TINYINT	
Sdept	所在系	NCHAR(20)	

表 5-2　　　　　　　　　　　　　Course 表数据结构

列名	含义	数据类型	约束
Cno	课程号	CHAR(6)	主键
Cname	课程名	NVARCHAR(20)	非空
Credit	学分	TINYINT	
Semester	学期	TINYINT	

表 5-3　　　　　　　　　　　　　SC 表数据结构

列名	含义	数据类型	约束
Sno	学号	CHAR(9)	主键，引用 Student 的外键
Cno	课程号	CHAR(6)	主键，引用 Course 的外键
Grade	成绩	TINYINT	

表 5-4   Student 表数据结构

Sno	Sname	Ssex	Sage	Sdept
202011101	李勇	男	21	计算机系
202011102	刘晨	男	20	计算机系
202011103	王敏	女	20	计算机系
202011104	张小红	女	19	计算机系
202021101	张立	男	20	信息管理系
202021102	吴宾	女	19	信息管理系
202021103	张海	男	20	信息管理系
202031101	钱小平	女	21	通信工程系
202031102	王大力	男	20	通信工程系
202031103	张姗姗	女	19	通信工程系

表 5-5   Course 表数据结构

Cno	Cname	Credit	Semester
C001	高等数学	4	1
C002	大学英语	3	1
C003	大学英语	3	2
C004	计算机文化学	2	2
C005	Java	2	3
C006	数据库基础	4	5
C007	数据结构	4	4
C008	计算机网络	4	4

表 5-6   SC 表数据结构

Sno	Cno	Grade
202011101	C001	96
202011101	C002	80
202011101	C003	84
202011101	C005	62
202011102	C001	92
202011102	C002	90
202011102	C004	84
202021102	C001	76
202021102	C004	85
202021102	C005	73
202021102	C007	NULL
202021103	C001	50

续表

Sno	Cno	Grade
202021103	C004	80
202031101	C001	50
202031101	C004	80
202031102	C007	NULL
202031103	C004	78
202031103	C005	65
202031103	C007	NULL

查询语句（SELECT）是数据操作中最重要的语句之一，其功能是从数据库中检索满足条件的数据。查询的数据源可以来自一张表，也可以来自多张表，甚至来自视图，查询的结果是由 0 行（没有满足条件的数据）或多行记录组成的一个记录集合，且允许选择一个或多个字段作为输出字段。SELECT 语句还可以对查询的结果进行排序、汇总等。

查询语句的基本结构可描述为：

```
SELECT <目标列名序列>                          -- 需要哪些列
  FROM <表名> [JOIN <表名> ON <连接条件>]       -- 来自哪些表
  [WHERE <行选择条件>]                          -- 根据什么条件
  [GROUP BY <分组依据列>]
  [HAVING <组选择条件>]
  [ORDER BY <排序依据列>]
```

在上述结构中，SELECT 子句用于指定输出的字段；FROM 子句用于指定数据的来源；WHERE 子句用于指定数据的行选择条件；GROUP BY 子句用于对检索到的记录进行分组；HAVING 子句用于指定对分组后结果的选择条件；ORDER BY 子句用于对查询的结果进行排序。在这些子句中，SELECT 子句和 FROM 子句是必选的，其他子句则是可选的。

5.2　单表查询

本节介绍的单表查询，即数据源只涉及一张表的查询。所有的查询结果均按在 SQL Server 2019 数据库管理系统中展示的形式显示。

5.2.1　选择表中若干列

选择表中若干列的操作类似于关系代数中的投影运算。

1. 查询指定的列

在很多情况下，用户可能只对表中的一部分属性列感兴趣，这时可通过在 SELECT 子句的<目标列名序列>中指定要查询的列来实现。

例 5-1　查询全体学生的学号与姓名。

```
SELECT Sno, Sname FROM Student
```

查询结果如图 5-1 所示。

例 5-2　查询全体学生的姓名、学号和所在系。

```
SELECT Sname, Sno, Sdept  FROM Student
```

查询结果如图 5-2 所示。

	Sno	Sname
1	202011101	李勇
2	202011102	刘晨
3	202011103	王敏
4	202011104	张小红
5	202021101	张立
6	202021102	吴宾
7	202021103	张海
8	202031101	钱小平
9	202031102	王大力
10	202031103	张姗姗

图 5-1　例 5-1 的查询结果

	Sname	Sno	Sdept
1	李勇	202011101	计算机系
2	刘晨	202011102	计算机系
3	王敏	202011103	计算机系
4	张小红	202011104	计算机系
5	张立	202021101	信息管理系
6	吴宾	202021102	信息管理系
7	张海	202021103	信息管理系
8	钱小平	202031101	通信工程系
9	王大力	202031102	通信工程系
10	张姗姗	202031103	通信工程系

图 5-2　例 5-2 的查询结果

说明　查询列表中的列顺序可以和表中列定义的顺序不一样。

2. 查询全部列

如果要查询表中的全部列，可以使用两种方法：一种是在<目标列名序列>中列出所有的列名；另一种是如果列的显示顺序与其在表中定义的顺序相同，则可以简单地在<目标列名序列>中写星号"*"。

例 5-3　查询全体学生的详细记录。

```
SELECT Sno, Sname, Ssex, Sage, Sdept
  FROM Student
```

等价于

```
SELECT * FROM Student
```

查询结果如图 5-3 所示。

3. 查询经过计算的列

SELECT 子句的<目标列名序列>中列出的可以是表中存在的列，也可以是表达式、常量或函数。

例 5-4　含表达式的列：查询全体学生的姓名和出生年份。

在 Student 表中只记录了学生的年龄，而没有记录学生的出生年份，但经过计算可以得到出生年份，即用当前年减去年龄就能得到出生年份。实现此功能的查询语句为：

```
SELECT Sname, 2020 - Sage FROM Student
```

查询结果如图 5-4 所示。

例 5-5　含字符常量的列：查询全体学生的姓名和出生年份，并在出生年份列前加入一列，此列的每行数据均为"出生年份"常量值。

```
SELECT Sname, '出生年份', 2020 - Sage
FROM Student
```

查询结果如图 5-5 所示。

从例 5-4 和例 5-5 所显示的查询结果可以看到，经过计算的列、常量列的显示结果中都没有列名（图中显示为"(无列名)"）。可以通过为列起别名的方法指定或改变查询结果显示的列名，这对于含算术表达式、常量、函数运算等的列尤为有用。

指定列别名的语法格式为：

```
列名 | 表达式[ AS ]列别名
```

	Sno	Sname	Ssex	Sage	Sdept
1	202011101	李勇	男	21	计算机系
2	202011102	刘晨	男	20	计算机系
3	202011103	王敏	女	20	计算机系
4	202011104	张小红	女	19	计算机系
5	202021101	张立	男	20	信息管理系
6	202021102	吴宾	女	19	信息管理系
7	202021103	张海	男	20	信息管理系
8	202031101	钱小平	女	21	通信工程系
9	202031102	王大力	男	20	通信工程系
10	202031103	张姗姗	女	19	通信工程系

图 5-3　例 5-3 的查询结果

	Sname	（无列名）
1	李勇	1999
2	刘晨	2000
3	王敏	2000
4	张小红	2001
5	张立	2000
6	吴宾	2001
7	张海	2000
8	钱小平	1999
9	王大力	2000
10	张姗姗	2001

图 5-4　例 5-4 的查询结果

或

```
列别名 = 列名 | 表达式
```

例如，例 5-4 的代码可写成：

```
SELECT Sname 姓名, 2020 - Sage 年份
  FROM Student
```

查询结果如图 5-6 所示。

	Sname	（无列名）	（无列名）
1	李勇	出生年份	1999
2	刘晨	出生年份	2000
3	王敏	出生年份	2000
4	张小红	出生年份	2001
5	张立	出生年份	2000
6	吴宾	出生年份	2001
7	张海	出生年份	2000
8	钱小平	出生年份	1999
9	王大力	出生年份	2000
10	张姗姗	出生年份	2001

图 5-5　例 5-5 的查询结果

	姓名	年份
1	李勇	1999
2	刘晨	2000
3	王敏	2000
4	张小红	2001
5	张立	2000
6	吴宾	2001
7	张海	2000
8	钱小平	1999
9	王大力	2000
10	张姗姗	2001

图 5-6　取列别名的查询结果

5.2.2　选择表中的若干元组

前面介绍的例子都是选择表中的全部记录，而没有对表中的记录进行任何有条件的筛选。实际上，在查询过程中，我们除了可以选择列外，还可以对行进行选择，从而使查询的结果更加满足用户的要求。

1．删除取值相同的行

在数据库的关系表中并不存在取值全部相同的元组，但在进行了对列的选择后，就有可能在查询结果中出现取值完全相同的行。取值相同的行在结果中是没有意义的，因此应删除这些行。

例 5-6　在 SC 表中查询有哪些学生选修了课程，并列出学生的学号。

```
SELECT  Sno  FROM  SC
```

查询的部分结果如图 5-7（a）所示。这个结果集中有许多重复的行（一个学生选了多少门课程，其学号就在结果集中重复多少次），这说明数据库管理系统在对列数据选择后，并不对产生的结果进行判断（如判断其中是否有重复的行），它只是简单地进行了列的选择操作。这与关系代数中的选择运算不同，在关系代数中，选择运算会自动将结果集中的重复记录去掉。

SQL 语句提供了去掉结果中的重复行的选项，即在 SELECT 语句中通过使用 DISTINCT 关键字可以去掉结果中的重复行。DISTINCT 关键字要放在 SELECT 词的后面、目标列名序列的前面。

去掉上述查询结果中重复行的语句如下：

```
SELECT  DISTINCT  Sno  FROM  SC
```

其查询结果如图 5-7（b）所示。

	Sno
1	202011101
2	202011101
3	202011101
4	202011101
5	202011102
6	202011102
7	202011102

（a）去掉重复值前的部分结果

	Sno
1	202011101
2	202011102
3	202021102
4	202021103
5	202031101
6	202031102
7	202031103

（b）用 DISTINCT 去掉重复值后的结果

图 5-7　删除取值相同的行

2. 查询满足条件的元组

查询满足条件的元组的操作类似于关系代数中的选择运算，在 SQL 语句中是通过 WHERE 子句实现的。WHERE 子句常用的查询条件如表 5-7 所示。

表 5-7　常用的查询条件

查询条件	谓词
比较（比较运算符）	=、>、>=、<=、<、<>、!=
确定范围	BETWEEN…AND、NOT BETWEEN…AND
确定集合	IN、NOT IN
字符匹配	LIKE、NOT LIKE
空值	IS NULL、IS NOT NULL
多重条件（逻辑谓词）	AND、OR

（1）比较大小

比较大小的运算符有=（等于）、>（大于）、>=（大于等于）、<=（小于等于）、<（小于）、<>（不等于）、!=（不等于）。

例 5-7　查询计算机系全体学生的姓名。

```
SELECT Sname FROM Student
  WHERE Sdept = '计算机系'
```

查询结果如图 5-8 所示。

例 5-8　查询所有年龄在 20 岁以下的学生姓名及年龄。

```
SELECT Sname, Sage  FROM Student
  WHERE Sage < 20
```

查询结果如图 5-9 所示。

例 5-9　查询考试成绩不及格的学生的学号。

```
SELECT DISTINCT Sno  FROM SC
  WHERE Grade < 60
```

查询结果如图 5-10 所示。

	Sname
1	李勇
2	刘晨
3	王敏
4	张小红

图 5-8　例 5-7 的查询结果

	Sname	Sage
1	张小红	19
2	吴宾	19
3	张姗姗	19

图 5-9　例 5-8 的查询结果

	Sno
1	202021103
2	202031101

图 5-10　例 5-9 的查询结果

> ① 当一个学生有多门课程不及格时，只需列出一次该学生的学号即可，而不需要有几门不及格课程就列出几次，因此这里需要加 DISTINCT 关键字去掉重复的学号。
>
> ② 考试成绩为 NULL 的记录（即还未考试的课程）并不满足条件 "Grade < 60"，因为 NULL 值不能与确定的值进行比较运算。在后面 "涉及空值的查询" 部分我们将详细介绍关于空值的判断。

（2）确定范围

BETWEEN…AND 和 NOT BETWEEN…AND 运算符可用于查找属性值在（或不在）指定范围内的元组，其中 BETWEEN 后边指定范围的下限，AND 后边指定范围的上限。

BETWEEN…AND 的语法格式为：

列名 ｜ 表达式 [NOT] BETWEEN 下限值 AND 上限值

BETWEEN…AND 中的列名或表达式的数据类型要与下限值或上限值的数据类型兼容。

① "BETWEEN 下限值 AND 上限值" 的含义是：如果列或表达式的值在下限值和上限值范围内（包括边界值），则结果为 True，表明此记录符合查询条件。

② "NOT BETWEEN 下限值 AND 上限值" 的含义是：如果列或表达式的值不在下限值和上限值范围内（不包括边界值），则结果为 True，表明此记录符合查询条件。

例 5-10 查询年龄在 20～23 岁的学生的姓名、所在系和年龄。

```
SELECT Sname, Sdept, Sage  FROM Student
    WHERE Sage BETWEEN 20 AND 23
```

此句等价于：

```
SELECT Sname, Sdept, Sage  FROM Student
    WHERE Sage >= 20 AND Sage <= 23
```

查询结果如图 5-11 所示。

例 5-11 查询年龄不在 20～23 的学生姓名、所在系和年龄。

```
SELECT Sname, Sdept, Sage FROM Student
    WHERE Sage NOT BETWEEN 20 AND 23
```

此句等价于：

```
SELECT Sname, Sdept, Sage  FROM Student
    WHERE Sage < 20 OR Sage > 23
```

查询结果如图 5-12 所示。

例 5-12 对于日期类型的数据，也可以使用基于范围的查找。例如，设有图书表（titles），其中包含书号（title_id）、类型（type）、价格（price）和出版日期（pubdate）列，查询 2020 年上半年出版的图书详细信息的语句为：

```
SELECT title_id, type, price, pubdate FROM titles
    WHERE pubdate BETWEEN '2020/1/1' AND '2020/6/30'
```

	Sname	Sdept	Sage
1	李勇	计算机系	21
2	刘晨	计算机系	20
3	王敏	计算机系	20
4	张立	信息管理系	20
5	张海	信息管理系	20
6	钱小平	通信工程系	21
7	王大力	通信工程系	20

图 5-11　例 5-10 查询结果

	Sname	Sdept	Sage
1	张小红	计算机系	19
2	吴宾	信息管理系	19
3	张姗姗	通信工程系	19

图 5-12　例 5-11 查询结果

（3）确定集合

IN 运算符可用于查找属性值在指定集合范围内的元组。IN 的语法格式为：

```
列名[ NOT ] IN (常量1, 常量2, …, 常量n)
```

① IN 运算符的含义为：当列中的值与集合中的某个常量值相等时，结果为 True，表明此记录为符合查询条件的记录。

② NOT IN 运算符的含义正好相反：当列中的值与集合中的某个常量值相等时，结果为 False，表明此记录为不符合查询条件的记录。

例 5-13 查询信息管理系、通信工程系和计算机系学生的姓名和性别。

```
SELECT Sname, Ssex  FROM Student
    WHERE Sdept IN ('信息管理系', '通信工程系', '计算机系')
```

此句等价于：

```
SELECT Sname, Ssex  FROM Student
WHERE Sdept = '信息管理系' OR Sdept = '通信工程系' OR Sdept ='计算机系'
```

	Sname	Ssex
1	李勇	男
2	刘晨	男
3	王敏	女
4	张小红	女
5	张立	男
6	吴宾	女
7	张海	男
8	钱小平	女
9	王大力	男
10	张姗姗	女

图 5-13 例 5-13 的查询结果

查询结果如图 5-13 所示。

例 5-14 查询信息管理系、通信工程系和计算机系之外的其他系学生的姓名和性别。

```
SELECT Sname, Ssex  FROM Student
    WHERE Sdept NOT IN ('信息管理系', '通信工程系', '计算机系')
```

此句等价于：

```
SELECT Sname, Ssex  FROM Student
    WHERE Sdept!= '信息管理系' AND Sdept!= '通信工程系' AND  Sdept!= '计算机系'
```

由于 Student 表中没有满足查询条件的数据，因此，此查询语句返回的是空表。

（4）字符串匹配

LIKE 运算符用于查找指定列中与匹配串常量相匹配的元组。匹配串是一种特殊的字符串，其特殊之处在于它不仅可以包含普通字符，还可以包含通配符。通配符可用来表示任意的字符或字符串。在实际应用中，如果需要从数据库中检索数据，但又不能给出准确的字符查询条件时，就可以使用 LIKE 运算符和通配符来实现模糊查询。在 LIKE 运算符前边也可以使用 NOT，表示对结果取反。

LIKE 运算符的一般语法格式为：

```
列名  [NOT ] LIKE  <匹配串>
```

匹配串中可以包含如下 4 种通配符。

① _（下画线）：匹配任意一个字符。

② %（百分号）：匹配 0 到多个字符。

③ [ ]：匹配[ ]中的任意一个字符。如[acdg]就表示匹配 a、c、d 和 g 中的任何一个字符。若要比较的字符是连续的，则可以用连字符"-"来表示，例如，若要匹配 b、c、d、e 中的任何一个字符，可以表示为[b-e]。

④ [^]：不匹配[ ]中的任意一个字符。如[^acdg]就表示不匹配 a、c、d 和 g 中的任何一个字符。同样，若要比较的字符是连续的，则可以用连字符"-"来表示，例如，若不匹配 b、c、d、e 中的全部字符，可以表示为[^b-e]。

例 5-15 查询姓"张"的学生的详细信息。

```
SELECT * FROM Student WHERE Sname LIKE  '张%'
```

查询结果如图 5-14 所示。

例 5-16 查询姓"张"、姓"李"和姓"刘"的学生的详细信息。

```
SELECT * FROM Student
  WHERE Sname LIKE '[张李刘]%'
```

查询结果如图 5-15 所示。

	Sno	Sname	Ssex	Sage	Sdept
1	202011104	张小红	女	19	计算机系
2	202021101	张立	男	20	信息管理系
3	202021103	张海	男	20	信息管理系
4	202031103	张姗姗	女	19	通信工程系

图 5-14 例 5-15 的查询结果

	Sno	Sname	Ssex	Sage	Sdept
1	202011101	李勇	男	21	计算机系
2	202011102	刘晨	男	20	计算机系
3	202011104	张小红	女	19	计算机系
4	202021101	张立	男	20	信息管理系
5	202021103	张海	男	20	信息管理系
6	202031103	张姗姗	女	19	通信工程系

图 5-15 例 5-16 的查询结果

例 5-17 查询名字的第 2 个字为"小"或"大"的学生的姓名和学号。

```
SELECT Sname, Sno FROM Student
  WHERE Sname LIKE '_[小大]%'
```

查询结果如图 5-16 所示。

例 5-18 查询所有不姓"刘"的学生姓名。

```
SELECT Sname FROM Student WHERE Sname NOT LIKE '刘%'
```

例 5-19 在 Student 表中查询学号的最后一位不是 2、3、5 的学生详细信息。

```
SELECT * FROM Student WHERE Sno LIKE '%[^235]'
```

查询结果如图 5-17 所示。

	Sname	Sno
1	张小红	202011104
2	钱小平	202031101
3	王大力	202031102

图 5-16 例 5-17 的查询结果

	Sno	Sname	Ssex	Sage	Sdept
1	202011101	李勇	男	21	计算机系
2	202011104	张小红	女	19	计算机系
3	202021101	张立	男	20	信息管理系
4	202031101	钱小平	女	21	通信工程系

图 5-17 例 5-19 查询结果

如果要查找的字符串正好含有通配符(如下画线或百分号),就需要使用一个特殊的子句来告诉数据库管理系统这里的下画线或百分号是一个普通的字符,而不是一个通配符。这个特殊的子句就是 ESCAPE。

ESCAPE 的语法格式为:

```
ESCAPE 转义字符
```

其中,"转义字符"是任何一个有效的字符,在匹配串中也包含这个字符,表明位于该字符后面的那个字符将被视为普通字符,而非通配符。

例如,为查找 field1 字段中包含字符串"30%"的记录,可在 WHERE 子句中指定:

```
WHERE  field1 LIKE '%30!%%' ESCAPE '!'
```

又如,为查找 field1 字段中包含下画线(_)的记录,可在 WHERE 子句中指定:

```
WHERE  field1 LIKE '%!_%' ESCAPE '!'
```

(5)涉及空值的查询

空值(NULL)在数据库中有特殊的含义,它表示当前不确定或未知的值。例如,学生选完课程之后,在没有考试之前,这些学生只有选课记录,而没有考试成绩,因此考试成绩就为空值。

由于空值是不确定的值，因此判断值是否为 NULL，不能使用比较运算符，只能使用专门的判断 NULL 值的子句来完成。而且，NULL 不能与确定的值进行比较。例如，下列查询条件：

```
WHERE Grade < 60
```

不会返回没有考试成绩（考试成绩为空值）的数据。

判断列取值是否为空的表达式为：

```
列名 IS [NOT] NULL
```

例 5-20 查询还没有考试的学生的学号和相应的课程号。

```
SELECT Sno, Cno FROM SC
  WHERE Grade IS NULL
```

查询结果如图 5-18 所示。

例 5-21 查询所有已经考试了的学生的学号、课程号和考试成绩。

```
SELECT Sno, Cno, Grade FROM SC
  WHERE Grade IS NOT NULL
```

查询结果如图 5-19 所示。

	Sno	Cno	Grade
2	202011101	C002	80
3	202011101	C003	84
4	202011101	C005	62
5	202011102	C001	92
6	202011102	C002	90
7	202011102	C004	84
8	202021102	C001	76
9	202021102	C004	85
10	202021102	C005	73
11	202021103	C001	50
12	202021103	C004	80
13	202031101	C001	50
14	202031101	C004	80
15	202031103	C004	78
16	202031103	C005	65

	Sno	Cno
1	202021102	C007
2	202031102	C007
3	202031103	C007

图 5-18 例 5-20 的查询结果

图 5-19 例 5-21 的查询结果

（6）多重条件查询

当需要多个查询条件时，可以在 WHERE 子句中使用逻辑运算符 AND 和 OR 来组成多条件查询。

例 5-22 查询计算机系年龄在 20 岁以下的学生的姓名。

```
SELECT Sname FROM Student
    WHERE Sdept = '计算机系' AND Sage < 20
```

查询结果如图 5-20 所示。

例 5-23 查询计算机系和信息管理系学生中年龄在 18～20 岁的学生的学号、姓名、所在系和年龄。

```
SELECT Sno, Sname, Sdept, Sage FROM Student
  WHERE (Sdept = '计算机系' OR Sdept = '信息管理系')
    AND Sage between 18 and 20
```

查询结果如图 5-21 所示。

> **注意** OR 运算符的优先级小于 AND，要改变运算的顺序可以通过加括号的方式来实现。

图 5-20　例 5-22 的查询结果

	Sno	Sname	Sdept	Sage
1	202011102	刘晨	计算机系	20
2	202011103	王敏	计算机系	20
3	202011104	张小红	计算机系	19
4	202021101	张立	信息管理系	20
5	202021102	吴宾	信息管理系	19
6	202021103	张海	信息管理系	20

图 5-21　例 5-23 的查询结果

例 5-23 的查询也可以写为：

```
SELECT Sno, Sname, Sdept, Sage FROM Student
  WHERE Sdept in ( '计算机系', '信息管理系')
    AND Sage between 18 and 20
```

5.2.3　对查询结果进行排序

有时，我们希望查询的结果能按一定的顺序显示出来，比如按考试成绩从高到低排列学生考试情况。ORDER BY 子句具有按用户指定的列排序查询结果的功能；而且查询结果可以按一个列排序，也可以按多个列排序，排序可以是从小到大（升序），也可以是从大到小（降序）。排序应使用 ORDER BY 子句，其语法格式为：

```
ORDER BY <列名> [ASC | DESC ] [ ,…n ]
```

其中，<列名>为排序的依据列，它可以是列名或列的别名。ASC 表示按列值升序排序，DESC 表示按列值降序排序。如果没有指定排序方式，则默认的排序方式为 ASC。

如果在 ORDER BY 子句中使用多个列进行排序，则这些列在该子句中出现的顺序决定了对结果集进行排序的方式。当指定多个排序依据列时，系统首先按排在第一位的列值进行排序。如果排序后存在两个或两个以上列值相同的记录，则会对值相同的记录再依据第二位的列值进行排序，以此类推。

例 5-24　将学生按年龄的升序排序。

```
SELECT * FROM Student ORDER BY Sage
```

查询结果如图 5-22 所示。

例 5-25　查询选了 "C002" 课程的学生学号及成绩，查询结果按成绩降序排列。

```
SELECT Sno, Grade FROM SC
  WHERE Cno = 'C002'
    ORDER BY Grade DESC
```

查询结果如图 5-23 所示。

	Sno	Sname	Ssex	Sage	Sdept
1	202011104	张小红	女	19	计算机系
2	202021102	吴宾	女	19	信息管理系
3	202031103	张姗姗	女	19	通信工程系
4	202021103	张海	男	20	信息管理系
5	202031102	王大力	男	20	通信工程系
6	202021101	张立	男	20	信息管理系
7	202011102	刘晨	男	20	计算机系
8	202011103	王敏	女	20	计算机系
9	202011101	李勇	男	21	计算机系
10	202031101	钱小平	女	21	通信工程系

图 5-22　例 5-24 的查询结果

	Sno	Grade
1	202011102	90
2	202011101	80

图 5-23　例 5-25 的查询结果

例 5-26　查询全体学生的信息，查询结果按所在系的系名升序排列，同一个系的学生按年龄降序排列。

```
SELECT * FROM Student
  ORDER BY Sdept ASC, Sage DESC
```

查询结果如图 5-24 所示。

	Sno	Sname	Ssex	Sage	Sdept
1	202011101	李勇	男	21	计算机系
2	202011102	刘晨	男	20	计算机系
3	202011103	王敏	女	20	计算机系
4	202011104	张小红	女	19	计算机系
5	202031101	钱小平	女	21	通信工程系
6	202031102	王大力	男	20	通信工程系
7	202031103	张姗姗	女	19	通信工程系
8	202021103	张海	男	20	信息管理系
9	202021101	张立	男	20	信息管理系
10	202021102	吴宾	女	19	信息管理系

图 5-24　例 5-26 的查询结果

5.2.4　使用聚合函数统计数据

聚合函数也称为统计函数，其作用是对一组值进行计算并返回一个统计结果。SQL 提供的统计函数如下。

（1）COUNT(*)：统计表中元组的个数。

（2）COUNT([DISTINCT] <列名>)：统计本列的列值个数，DISTINCT 选项表示去掉列的重复值后再统计。

（3）SUM(<列名>)：计算列值的和值（必须是数值型列）。

（4）AVG(<列名>)：计算列值的平均值（必须是数值型列）。

（5）MAX(<列名>)：得到列值的最大值。

（6）MIN(<列名>)：得到列值的最小值。

上述函数中除 COUNT(*)外，其他函数在计算过程中均忽略了 NULL 值。

统计函数的计算范围可以是满足 WHERE 子句条件的记录（如果是对整个表进行计算的话），也可以是对满足条件的组进行计算（如果进行了分组的话，关于分组我们将在后边介绍）。

例 5-27　统计学生总人数。

```
SELECT COUNT(*) FROM Student
```

返回结果为：10，因为 Student 表中有 10 行数据。

例 5-28　统计选了课程的学生的人数。

由于一个学生可选多门课程，因此为避免重复计算这些学生，可使用 DISTINCT 去掉重复的学号。

```
SELECT COUNT(DISTINCT Sno) FROM SC
```

返回结果为：7。

例 5-29　统计学号为"202011101"的学生的考试总成绩。

```
SELECT SUM(Grade) FROM SC WHERE Sno = '202011101'
```

返回结果为：322。

例 5-30　统计学号为"202031103"的学生的考试平均成绩。

从表 5-6 所示的 SC 表中可以看到，学号为"202031103"的学生选了 3 门课程（分别是 C004、C005 和 C007），但只有"C004"和"C005"两门课程有考试成绩（分别为 78 和 65），"C007"课程的成绩是 NULL，说明还没有考试。则在计算该学生的平均成绩时，系统自动将"C007"课程的 NULL 成绩去掉，只计算"C004"和"C005"两门课程的考试平均成绩。实现语句为：

```
SELECT AVG(Grade) FROM SC WHERE Sno = '202031103'
```

返回结果为：71。

从例 5-30 的执行结果可以看到，这里返回的平均成绩是整数 71，而不是实际的 71.5。AVG 函数是根据被计算列的数据类型来返回计算结果的数据类型，由于 Grade 列的数据类型是整型，因此 AVG(Grade)函数返回的数据也是整型的。

例5-31 查询 "C001" 课程考试成绩的最高分和最低分。

```
SELECT MAX(Grade) 最高分, MIN(Grade) 最低分
  FROM SC WHERE Cno = 'C001'
```

查询结果如图 5-25 所示。

聚合函数不能直接写在 WHERE 子句中作为行筛选条件。例如，查询年龄最大的学生的姓名，如下写法是错误的：

	最高分	最低分
1	96	50

图 5-25　例 5-31 的查询结果

```
SELECT Sname FROM Student WHERE Sage = MAX(Sage)
```

执行这句话时，系统将返回如下错误信息：

消息147，级别15，状态1，第1行

聚合不应出现在 WHERE 子句中，除非该聚合位于 HAVING 子句或选择列表所包含的子查询中，并且要对其进行聚合的列是外部引用。

这种类型的查询可以通过子查询或 TOP 选项实现，这些将在后边介绍。

5.2.5　对数据进行分组统计

以上所举聚合函数的例子，均是针对表中满足 WHERE 条件的全体元组进行的，统计的结果是一个函数返回一个单值。但在实际应用中，我们有时需要对数据进行更细致的统计，比如，统计每个学生的平均成绩、每个系的学生人数、每门课程的考试平均成绩等。这时就需要对数据先进行分组，比如把一个系的学生分为一组，然后再对每个组中的数据进行统计。GROUP BY 子句提供了对数据进行分组的功能，使用 GROUP BY 子句会将统计控制在组一级。分组的目的是细化聚合函数的作用对象。可以按一个列分组，也可以按多个列分组。GROUP BY 子句的语法格式为：

```
GROUP BY <分组依据列> [, …n ]
```

1. 使用 GROUP BY 子句

例5-32 统计每门课程的选课人数，列出课程号和选课人数。

```
SELECT Cno as 课程号, COUNT(Sno) as 选课人数
  FROM SC GROUP BY Cno
```

该查询执行的结果如图 5-26 所示。

该语句的执行过程为：首先对 SC 表中的数据按 Cno 的值进行分组，所有具有相同 Cno 值的元组归为一组，然后再对每一组使用 COUNT 函数进行计算，求出每组的学生人数，其过程如图 5-27 所示。

	课程号	选课人数
1	C001	5
2	C002	2
3	C003	1
4	C004	5
5	C005	3
6	C007	3

图 5-26　例 5-32 的查询结果

例5-33 统计每个学生的选课门数和平均成绩。

```
SELECT Sno 学号, COUNT(*) 选课门数, AVG(Grade) 平均成绩
  FROM SC GROUP BY Sno
```

查询结果如图 5-28 所示。

> * GROUP BY 子句中的分组依据列必须是表中存在的列名，不能使用 AS 子句指派的列别名。例如，例 5-33 中不能将 GROU BY 子句写成 "GROUP BY 学号"。
> * 带有 GROUP BY 子句的 SELECT 语句的查询列表中只能是分组依据列和聚合函数。

例5-34 统计每个系的学生人数和平均年龄。

```
SELECT Sdept, COUNT(*) AS 学生人数, AVG(Sage) AS 平均年龄
  FROM Student
  GROUP BY Sdept
```

查询结果如图 5-29 所示。

Sno	Cno	Grade
202011101	C001	96
202011101	C002	80
202011101	C003	84
202011101	C005	62
202011102	C001	92
202011102	C002	90
202011102	C004	84
202021102	C001	76
202021102	C004	85
202021102	C005	73
202021102	C007	NULL
202021103	C001	50
202021103	C004	80
202031101	C001	50
202031101	C004	80
202031102	C007	NULL
202031103	C004	78
202031103	C005	65
202031103	C007	NULL

按Cno分组

Sno	Cno	Grade
202011101	C001	96
202011102	C001	92
202021102	C001	76
202021103	C001	50
202031101	C001	50
202011101	C002	80
202011102	C002	90
202011101	C003	84
202011102	C004	84
202021102	C004	85
202021103	C004	80
202031101	C004	80
202031103	C004	78
202011101	C005	62
202021102	C005	73
202031103	C005	65
202021102	C007	NULL
202031102	C007	NULL
202031103	C007	NULL

对每组统计

课程号	人数
C001	5
C002	2
C003	1
C004	5
C005	3
C007	3

图 5-27　分组统计的执行过程

例 5-35　带 WHERE 子句的分组统计。统计每个系的女生人数。

```
SELECT Sdept, Count(*) 女生人数 FROM Student
   WHERE Ssex = '女'
   GROUP BY Sdept
```

查询结果如图 5-30 所示。

	学号	选课门数	平均成绩
1	202011101	4	80
2	202011102	3	88
3	202021102	4	78
4	202021103	2	65
5	202031101	2	65
6	202031102	1	NULL
7	202031103	3	71

图 5-28　例 5-33 的查询结果

	Sdept	学生人数	平均年龄
1	计算机系	4	20
2	通信工程系	3	20
3	信息管理系	3	19

图 5-29　例 5-34 的查询结果

	Sdept	女生人数
1	计算机系	2
2	通信工程系	2
3	信息管理系	1

图 5-30　例 5-35 的查询结果

例 5-36　按多个列分组。统计每个系的男生人数和女生人数，以及男生的最大年龄和女生的最大年龄。结果按系名的升序排序。

　　分析：这个查询首先应该按"所在系"进行分组，然后在每个系组中再按"性别"分组，从而将每个系每个性别的学生聚集到一个组中，最后再对最终的分组结果进行统计。注意，当有多个分组依据列时，统计是以最小组为单位进行的。

　　实现该查询的语句为：

```
SELECT Sdept, Ssex, Count(*) 人数, Max(Sage) 最大年龄
  FROM Student
  GROUP BY Sdept, Ssex
  ORDER BY Sdept
```

　　查询结果如图 5-31 所示。

	Sdept	Ssex	人数	最大年龄
1	计算机系	男	2	21
2	计算机系	女	2	20
3	通信工程系	男	1	20
4	通信工程系	女	2	21
5	信息管理系	男	2	20
6	信息管理系	女	1	19

图 5-31　例 5-36 的查询结果

2. 使用 HAVING 子句

　　HAVING 子句可对分组后的统计结果再次进行筛选，它一般和 GROUP BY 子句一起使用。它的功能类似于 WHERE 子句，但 HAVING 子句用于组结果的筛选而不是单个记录。在 HAVING 子句中可以使用聚合函数。

　　HAVING 子句应写在 GROUP BY 子句的后边，其语法格式为：

```
GROUP BY 子句
HAVING <组提取条件>
```

　　例 5-37　查询选课门数超过 3 门的学生的学号和选课门数。

　　分析：本查询首先需要统计出每个学生的选课门数（通过 GROUP BY 子句），然后再从统计结果中筛选出选课门数超过 3 门的数据（通过 HAVING 子句）。

　　实现语句为：

```
SELECT Sno, COUNT(*) 选课门数 FROM SC
  GROUP BY Sno HAVING COUNT(*) > 3
```

	Sno	选课门数
1	202011101	4
2	202021102	4

图 5-32　例 5-37 的查询结果

　　查询结果如图 5-32 所示。

　　此语句的处理过程为：先执行 GROUP BY 子句对 SC 表中的数据按 Sno 进行分组，然后再用聚合函数 COUNT 分别对每一组进行统计，最后筛选出统计结果大于 3 的组，图 5-33 说明了这个过程。

　　正确理解 WHERE、GROUP BY、HAVING 子句的作用及执行顺序，对于编写正确、高效的查询语句很有帮助。

　　① WHERE 子句可用来筛选 FROM 子句中指定的数据源所产生的行数据。

　　② GROUP BY 子句可用来对经 WHERE 子句筛选后的结果数据进行分组。

　　③ HAVING 子句可用来对分组后的统计结果再次进行筛选。

　　对于可以在分组操作之前应用的筛选条件，在 WHERE 子句中指定它们更有效，这样可以减少参与分组的数据行。应当在 HAVING 子句中指定的筛选条件应该是那些必须在执行分组操作之后应用的筛选条件。

　　一般的数据库管理系统的查询优化器可以处理这些条件中的大多数。如果查询优化器确定 HAVING 搜索条件可以在分组操作之前应用，那么它就会在分组之前应用。查询优化器可能无法识别所有可以在分组操作之前应用的 HAVING 搜索条件。因此，建议将所有应该在分组之前进行的搜索条件放在 WHERE 子句中而不是 HAVING 子句中。

　　例 5-38　查询每个系年龄小于等于 20 的学生人数。

```
SELECT sdept, COUNT (*) FROM Student
  WHERE Sage <= 20
  GROUP BY Sdept
```

Sno	Cno	Grade
202011101	C001	96
202011101	C002	80
202011101	C003	84
202011101	C005	62
202011102	C001	92
202011102	C002	90
202011102	C004	84
202021102	C001	76
202021102	C004	85
202021102	C005	73
202021102	C007	NULL
202021103	C001	50
202021103	C004	80
202031101	C001	50
202031101	C004	80
202031102	C007	NULL
202031103	C004	78
202031103	C005	65
202031103	C007	NULL

按Sno分组 →

Sno	Cno	Grade
202011101	C001	96
202011101	C002	80
202021101	C003	84
202021101	C005	62
202031102	C001	92
202011102	C002	90
202011102	C004	84
202011102	C001	76
202011102	C004	85
202021102	C005	73
202021102	C007	NULL
202031103	C001	50
202031103	C004	80
202011101	C001	50
202021101	C004	80
202031102	C007	NULL
202031103	C004	78
202031103	C005	65
202031103	C007	NULL

 对每组统计

学号	选课门数
202031101	4
202031102	3
202031102	4
202031103	2
202031101	2
202031102	1
202031103	3

筛选出门数大于3 ←

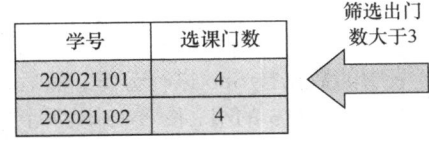

学号	选课门数
202021101	4
202021102	4

图 5-33　对统计结果进行筛选的执行过程

注意，该查询语句若写成：

```
SELECT Sdept, COUNT(*)  FROM Student
  GROUP BY Sdept
  HAVING Sage <= 20
```

将返回如下错误信息：

消息 8121，级别 16，状态 1，第 3 行
HAVING 子句中的列‘Student.Sage’无效，因为该列没有包含在聚合函数或 GROUP BY 子句中。

因为 HAVING 子句是在分组统计之后的结果集中进行的操作，而在分组统计之后的结果集中，只包含分组依据列（这里是 Sdept）以及聚合函数的数据（这里的统计数据不局限于在 SELECT 语句中出现的聚合函数），因此当执行到 HAVING 子句时已经没有 Sage 列了，因此上述查询会返回"HAVING 子句中的列‘Student.Sage’无效"的错误。

5.3　多表连接查询

前面介绍的查询都是针对一个表进行的，但在实际查询中往往需要从多个表中获取信息，这时的查询就会涉及多张表。若一个查询同时涉及两个或两个以上的表，则称之为**连接查询**。连接查询是关系数据库中最常用的查询。连接查询主要包括内连接、左外连接、右外连接、全外连接和交叉连接等。本节只介绍内连接、左外连接和右外连接，全外连接和交叉连接在实际应用中很少使用。

5.3.1　内连接

内连接是一种最常用的连接类型。使用内连接时，如果两个表的相关字段满足了连接条件，则会从这两个表中提取数据并组合成新的记录。

在非 ANSI 标准的实现中，连接操作写在 WHERE 子句中，即在 WHERE 子句中指定连接条件；在 ANSI SQL-92 中，连接操作写在 JOIN 子句中。这两种连接方式分别被称为 theta 连接方式和 ANSI 连接方式。本书使用 ANSI 连接方式。

ANSI 方式的内连接语法格式为：

```
FROM 表 1 [ INNER ] JOIN 表 2 ON <连接条件>
```

<连接条件>的一般格式为：

```
[<表名 1>.] <列名 1> <比较运算符> [<表名 2>.]<列名 2>
```

在<连接条件>中应指明两个表按什么条件进行连接，<连接条件>中的比较运算符称为连接谓词。

 <连接条件>中进行比较的列必须是可比的，即必须是语义相同的列。

当比较运算符为等号（＝）时，称为等值连接，使用其他运算符的连接称为非等值连接，这同关系代数中的等值连接和 θ 连接的含义是一样的。

从概念上讲，DBMS 执行连接操作的过程是：首先取表 1 中的第 1 个元组，然后从头开始扫描表 2，逐一查找满足连接条件的元组，找到后就将表 1 中的第 1 个元组与表 2 中的该元组拼接起来，形成结果表中的一个元组。表 2 全部查找完毕后，再取表 1 中的第 2 个元组，然后再从头开始扫描表 2，逐一查找满足连接条件的元组，找到后就将表 1 中的第 2 个元组与表 2 中的该元组拼接起来，形成结果表中的另一个元组。重复这个过程，直到表 1 中的全部元组都处理完毕。

例 5-39　查询每个学生及其选课的详细信息。

由于学生基本信息存放在 Student 表中，学生选课信息存放在 SC 表中，因此这个查询会涉及两个表，这两个表之间进行连接的条件是两个表中的 Sno 相等。

```
SELECT * FROM Student INNER JOIN  SC
  ON Student.Sno = SC.Sno              -- 将 Student 与 SC 连接起来
```

查询结果的部分数据如图 5-34 所示。

从图 5-34 中可以看到，两个表的连接结果中包含了两个表的全部列。Sno 列有两个：一个来自 Student 表，另一个来自 SC 表，这两个列的值是完全相同的（因为这里的连接条件就是 Student.Sno = SC.Sno）。因此，在使用多表连接查询语句时一般要将这些重复的列去掉，方法是在 SELECT

子句中直接写所需要的列名，而不是写“*”。另外，由于进行多表连接之后，在连接生成的表中可能存在列名相同的列，因此，为了明确需要的是哪个列，可以在列名前添加表名前缀限制。其格式如下：

```
表名.列名
```

比如在上例中，在 ON 子句中对 Sno 列就加上了表名前缀限制：Student.Sno 和 SC.Sno。

	Sno	Sname	Ssex	Sage	Sdept	Sno	Cno	Grade
1	202011101	李勇	男	21	计算机系	202011101	C001	96
2	202011101	李勇	男	21	计算机系	202011101	C002	80
3	202011101	李勇	男	21	计算机系	202011101	C003	84
4	202011101	李勇	男	21	计算机系	202011101	C005	62
5	202011102	刘晨	男	20	计算机系	202011102	C001	92
6	202011102	刘晨	男	20	计算机系	202011102	C002	90
7	202011102	刘晨	男	20	计算机系	202011102	C004	84
8	202021102	吴宾	女	19	信息管理系	202021102	C001	76
9	202021102	吴宾	女	19	信息管理系	202021102	C004	85
10	202021102	吴宾	女	19	信息管理系	202021102	C005	73
11	202021102	吴宾	女	19	信息管理系	202021102	C007	NULL

图 5-34　例 5-39 的查询结果

从上例结果还可以看到，当使用多表连接时，在 SELECT 子句部分可以包含来自两个表的全部列，在 WHERE 子句部分也可以使用来自两个表的全部列。因此，根据要查询的列以及数据的选择条件涉及的列可以确定这些列所在的表，从而也就确定了进行连接操作的表。

例 5-40　去掉例 5-39 中的重复列。

```
SELECT Student.Sno, Sname, Ssex, Sage, Sdept, Cno, Grade
  FROM Student JOIN SC ON Student.Sno = SC.Sno
```

查询结果的部分数据如图 5-35 所示。

例 5-41　查询计算机系学生的选课情况，列出学生的名字、所选课程的课程号和考试成绩。

```
SELECT Sname, Cno, Grade  FROM Student JOIN SC
  ON Student.Sno = SC.Sno
  WHERE Sdept = '计算机系'
```

查询结果如图 5-36 所示。

	Sno	Sname	Ssex	Sage	Sdept	Cno	Grade
1	202011101	李勇	男	21	计算机系	C001	96
2	202011101	李勇	男	21	计算机系	C002	80
3	202011101	李勇	男	21	计算机系	C003	84
4	202011101	李勇	男	21	计算机系	C005	62
5	202011102	刘晨	男	20	计算机系	C001	92
6	202011102	刘晨	男	20	计算机系	C002	90
7	202011102	刘晨	男	20	计算机系	C004	84
8	202021102	吴宾	女	19	信息管理系	C001	76
9	202021102	吴宾	女	19	信息管理系	C004	85
10	202021102	吴宾	女	19	信息管理系	C005	73
11	202021102	吴宾	女	19	信息管理系	C007	NULL

图 5-35　例 5-40 的部分查询结果

	Sname	Cno	Grade
1	李勇	C001	96
2	李勇	C002	80
3	李勇	C003	84
4	李勇	C005	62
5	刘晨	C001	92
6	刘晨	C002	90
7	刘晨	C004	84

图 5-36　例 5-41 的查询结果

可以为表指定别名，为表指定别名是在 FROM 子句中实现的，其格式如下：

```
FROM  <源表名>  [ AS ] <表别名>
```

为表指定别名可以简化表的书写，而且在自连接查询（后面介绍）中要求必须为表指定别名。例如，使用表别名时例 5-41 可写为如下形式：

```
SELECT Sname, Cno, Grade FROM Student AS S JOIN SC
  ON S.Sno = SC.Sno
  WHERE Sdept = '计算机系'
```

> **注意** 当为表指定了别名后，在查询语句中的其他地方，所有用到该表名的地方都必须使用别名，而不能再使用原表名。

例 5-42 查询"信息管理系"选修了"计算机文化学"课程的学生信息，列出学生姓名、课程名和成绩。

该查询会涉及 3 张表（"信息管理系"信息在 Student 表中，"计算机文化学"信息在 Course 表中，"成绩"信息在 SC 表中）。每连接一张表，就需使用一个 JOIN 子句。

```
SELECT Sname, Cname, Grade
  FROM Student  s  JOIN  SC ON s.Sno = SC.Sno
  JOIN  Course c ON c.Cno = SC.Cno
  WHERE Sdept = '信息管理系' AND Cname = '计算机文化学'
```

查询结果如图 5-37 所示。

例 5-43 查询所有选修了 Java 课程的学生姓名和所在系。

```
SELECT Sname, Sdept FROM Student S
  JOIN SC ON S.Sno = SC.Sno
  JOIN Course C ON C.Cno = SC.cno
  WHERE Cname = 'Java'
```

查询结果如图 5-38 所示。

> **注意** 在这个查询语句中，虽然要查询的列以及元组的选择条件均与 SC 表无关，但这里还是用了 3 张表进行连接，原因是 Student 表和 Course 表没有可以进行连接的列（语义相同的列），因此，这两张表的连接必须借助于 SC 表。

例 5-44 进行分组统计的多表连接查询。统计每个系的学生的考试平均成绩。

```
SELECT Sdept, AVG(grade) as AverageGrade
  FROM Student S JOIN SC ON S.Sno = SC.Sno
  GROUP BY Sdept
```

查询结果如图 5-39 所示。

	Sname	Cname	Grade
1	吴宾	计算机文化学	85
2	张海	计算机文化学	80

图 5-37 例 5-42 的查询结果

	Sname	Sdept
1	李勇	计算机系
2	吴宾	信息管理系
3	张姗姗	通信工程系

图 5-38 例 5-43 的查询结果

	Sdept	AverageGrade
1	计算机系	84
2	通信工程系	68
3	信息管理系	72

图 5-39 例 5-44 的查询结果

例 5-45 进行分组和行选择条件的多表连接查询。统计计算机系学生每门课程的选课人数、平均成绩、最高成绩和最低成绩。

```
SELECT Cno, COUNT(*) AS Total, AVG(Grade) as AvgGrade,
  MAX(Grade) as MaxGrade, MIN(Grade) as MinGrade
  FROM Student S JOIN SC ON S.Sno = SC.Sno
  WHERE Sdept = '计算机系'
  GROUP BY Cno
```

查询结果如图 5-40 所示。

该语句的逻辑执行步骤为：

① 执行"FROM Student S JOIN SC ON S.Sno = SC.Sno"子句，形成一张包含两个表的全部列的数据表；

② 在步骤①产生的表中执行"WHERE Sdept ='计算机系'"子句，形成只包含计算机系学

	Cno	Total	AvgGrade	MaxGrade	MinGrade
1	C001	2	94	96	92
2	C002	2	85	90	80
3	C003	1	84	84	84
4	C004	1	84	84	84
5	C005	1	62	62	62

图 5-40 例 5-45 的查询结果

生的表；

③ 对步骤②产生的表执行 "GROUP BY Cno" 子句，将课程号相同的数据归为一组；

④ 对步骤③产生的每一组执行全部统计函数 "COUNT(*) AS Total, AVG(Grade) as AvgGrade,MAX(Grade) as MaxGrade, MIN(Grade) as MinGrade"，每组产生一行数据，每个课程号为一组；

⑤ 执行 SELECT 子句，形成最终的查询结果。

5.3.2　自连接

自连接是一种特殊的内连接，它是指相互连接的表在物理上为同一张表，但在逻辑上将其看成是两张表。

要让物理上的一张表在逻辑上成为两张表，可以通过为表取别名的方法来实现。例如：

```
FROM 表 1 AS T1        -- 可想象成在内存中生成表名为 "T1" 的表
JOIN 表 1 AS T2        -- 可想象成在内存中生成表名为 "T2" 的表
ON 表 1.列名 = 表 2.列名  -- 对新命名的 T1 和 T2 表进行连接
```

因此，在使用自连接时一定要为表取别名。

例 5-46　查询与"刘晨"在同一个系学习的学生姓名和所在的系。

分析：首先应该找到刘晨在哪个系学习（在 Student 表中查找，不妨将这个表称为 S1 表），然后再找出此系的所有学生（也在 Student 表中查找，不妨将这个表称为 S2 表），S1 表和 S2 表的连接条件是两个表的系相同（表明是同一个系的学生）。因此，实现此查询的 SQL 语句如下。

```
SELECT S2.Sname, S2.Sdept
  FROM Student S1 JOIN Student S2
  ON S1.Sdept = S2.Sdept      -- 是同一个系的学生
  WHERE S1.Sname = '刘晨'      -- S1 表作为查询条件表
  AND S2.Sname != '刘晨'       -- S2 表作为结果表，并从中去掉"刘晨"本人
```

查询结果如图 5-41 所示。

例 5-47　查询与"数据结构"课程在同一个学期开设的课程的课程名和开课学期。

分析：可以将 Course 表想象成两张表，将一张表作为查询条件的表，在此表中找出"数据结构"课程所在的学期，然后将另一张表作为查询结果的表，在此表中找出此学期开设的课程（两个表的开课学期相同）。

```
SELECT C1.Cname, C1.Semester      -- C1 表作为查询结果表
  FROM Course C1 JOIN Course C2
  ON C1.Semester = C2.Semester     -- 是同一个学期开设的课程
  WHERE C2.Cname = '数据结构'       -- C2 表作为查询条件表
```

查询结果如图 5-42 所示。

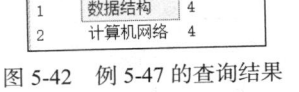

	Sname	Sdept
1	李勇	计算机系
2	王敏	计算机系
3	张小红	计算机系

图 5-41　例 5-46 的查询结果

	Cname	Semester
1	数据结构	4
2	计算机网络	4

图 5-42　例 5-47 的查询结果

观察例 5-46 和例 5-47 可以发现，在自连接查询中，一定要注意区分查询条件表和查询结果表。在例 5-46 中，用 S1 表作为查询条件表（WHERE S1.Sname = '刘晨'），S2 表作为查询结果表，因此在查询列表中写的是：SELECT S2.Sname, …。在例 5-47 中，用 C2 表作为查询条件表（C2.Cname =

'数据结构')，因此在查询列表中写的是：SELECT C1.Cname, …。

例 5-46 和例 5-47 的另一个区别是，例 5-46 在结果中去掉了与查询条件相同的数据（ S2.Sname != '刘晨')，而例 5-47 在结果中保留了这个数据。具体是否要保留，应由用户的查询要求决定。

5.3.3　外连接

从上边的例子可以看到，在内连接操作中，只有满足连接条件的元组才能作为结果输出，但有时我们也希望结果集中包含那些不满足连接条件的元组，比如查看全部课程的被选修情况，包括有学生选的课程和没有学生选的课程。如果用内连接实现（通过 SC 表和 Course 表的内连接），则只能看到有学生选的课程，因为内连接的结果首先是要满足连接条件，SC.Cno = Course.Cno。对于在 Course 表中有但在 SC 表中没出现的课程号（代表没有人选），就不满足 SC.Cno = Course.Cno 条件，因此这些课程不会出现在内连接结果集中。这种情况就需要通过外连接来实现。

外连接是只限制一张表中的数据必须满足连接条件，而另一张表中的数据不必满足连接条件。外连接分为左外连接和右外连接两种。ANSI 方式的外连接的语法格式为：

```
FROM 表 1 LEFT | RIGHT [OUTER] JOIN 表 2 ON <连接条件>
```

LEFT [OUTER] JOIN 称为左外连接，RIGHT [OUTER] JOIN 称为右外连接。左外连接的含义是限制表 2 中的数据必须满足连接条件，而不管表 1 中的数据是否满足连接条件，均输出表 1 中的内容；右外连接的含义是限制表 1 中的数据必须满足连接条件，而不管表 2 中的数据是否满足连接条件，均输出表 2 中的内容。

设有图 5-43 所示的表 A 与表 B 两个数据集。

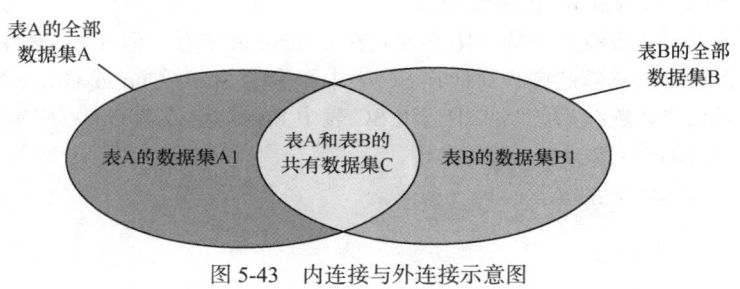

图 5-43　内连接与外连接示意图

（1）如果表 A 与表 B 进行内连接操作

```
FROM 表 A INNDER JOIN 表 B ON 表 A.列名 = 表 B.列名
```

结果为两个表中满足连接条件的记录集，即图 5-43 中记录集 C 部分。

（2）如果表 A 与表 B 进行左外连接

```
FROM 表 A LEFT OUTER JOIN 表 B ON 表 A.列名 = 表 B.列名
```

则连接后的结果集为图 5-43 中记录集 A1 + 记录集 C。

（3）如果表 A 与表 B 进行右外连接

```
FROM 表 A RIGHT OUTER JOIN 表 B ON 表 A.列名 = 表 B.列名
```

则连接后的结果集为图 5-43 中记录集 B1 + 记录集 C。

theta 方式的外连接的语法格式如下。

```
左外连接: FROM 表 1, 表 2 WHERE [表 1.]列名(+) = [表 2.]列名
右外连接: FROM 表 1, 表 2 WHERE [表 1.]列名 = [表 2.]列名(+)
```

SQL Server 支持 ANSI 方式的外连接，Oracle 支持 theta 方式的外连接。这里采用 ANSI 方式的外连接语法格式。

例 5-48 查询全体学生的选课情况，包括选了课的学生和没有选课的学生。

这个查询需要输出全体学生（Student 表中的全部数据）的信息，而不管这个学生是否选了课程（若没选课，则在 SC 表中将没有该学生学号，即这些学生将不满足连接条件 Student.Sno = SC.Sno）。实现该查询的语句如下：

```
SELECT S.Sno, Sname, Cno, Grade
    FROM Student S LEFT OUTER JOIN SC ON S.Sno = SC.Sno
```

查询结果的部分数据如图 5-44 所示。

注意查询结果中学号为"202011103""202011104"和"202021101"的 3 行数据，它们的 Cno 和 Grade 列的值均为 NULL，这表明这 3 个学生没有选课，即他们不满足表连接的条件。在进行外连接时，在连接结果中，将一个表中不满足连接条件的数据也放置在连接后的表中，并将另一个表中相应行的全部列均置成 NULL 值，如图 5-44 中的第 8、9、10 行数据。

此查询也可以用右外连接实现，如下所示。

```
SELECT S.Sno, Sname, Cno, Grade
    FROM SC RIGHT OUTER JOIN Student S ON S.Sno = SC.Sno
```

其查询结果同左外连接一样。

	Sno	Sname	Cno	Grade
1	202011101	李勇	C001	96
2	202011101	李勇	C002	80
3	202011101	李勇	C003	84
4	202011101	李勇	C005	62
5	202011102	刘晨	C001	92
6	202011102	刘晨	C002	90
7	202011102	刘晨	C004	84
8	202011103	王敏	NULL	NULL
9	202011104	张小红	NULL	NULL
10	202021101	张立	NULL	NULL
11	202021102	吴宾	C001	76
12	202021102	吴宾	C004	85
13	202021102	吴宾	C005	73
14	202021102	吴宾	C007	NULL

图 5-44 例 5-48 的部分查询结果

例 5-49 查询没人选修的课程的课程名。

分析：如果某门课程没有人选修，则必定是在 Course 表中有，但在 SC 表中没有的课程，即在进行外连接时，没有人选修的课程对应在 SC 表中相应的 Sno、Cno 或 Grade 列上必定是空值，因此我们在查询时只要在连接后的结果中选出 SC 表中 Sno 为空或者 Cno 为空的记录即可。

完成此功能的查询语句如下：

```
SELECT Cname FROM Course C LEFT JOIN SC
    ON C.Cno = SC.Cno
    WHERE SC.Cno IS NULL
```

查询结果如图 5-45 所示。

在外连接操作中同样可以使用 WHERE 子句和 GROUP BY 子句等。

例 5-50 查询计算机系没选课的学生，列出学生姓名和性别。

```
SELECT Sname,Ssex
    FROM Student S LEFT JOIN SC ON S.Sno = SC.Sno
    WHERE Sdept = '计算机系' AND SC.Sno IS NULL
```

查询结果如图 5-46 所示。

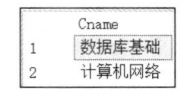

	Cname
1	数据库基础
2	计算机网络

图 5-45 例 5-49 的查询结果

	Sname	Ssex
1	王敏	女
2	张小红	女

图 5-46 例 5-50 的查询结果

例 5-51 统计计算机系每个学生的选课门数，包括没有选课的学生。

```
SELECT S.Sno AS 学号,COUNT(SC.Cno) AS 选课门数
    FROM Student S LEFT JOIN SC ON S.Sno = SC.Sno
```

```
   WHERE Sdept = '计算机系'
   GROUP BY S.Sno
```

查询结果如图 5-47 所示。

注意，在对外连接的结果进行分组、统计等操作时，一定要注意分组依据列和统计列的选择。例如，对于例 5-51，如果按 SC 表的 Sno 进行分组，则没选课的学生，在连接结果中 SC 表的 Sno 是 NULL，因此，若按 SC 表的 Sno 进行分组，就会产生一个 NULL 组。

同样对于 COUNT 聚合函数也是一样的，如果写成 COUNT(Student.Sno)或者 COUNT(*)，则没选课的学生都将返回 1，因为在外连接结果中，Student.Sno 不会是 NULL，而 COUNT(*)函数本身也不考虑 NULL，它会直接对元组个数进行计数。

例 5-52　查询信息管理系选课门数少于 3 门的学生的学号和选课门数，包括没选课的学生。查询结果按选课门数递增排序。

```
SELECT S.Sno AS 学号,COUNT(SC.Cno) AS 选课门数
  FROM Student S LEFT JOIN SC ON S.Sno = SC.Sno
  WHERE Sdept = '信息管理系'
  GROUP BY S.Sno
 HAVING COUNT(SC.Cno) < 3
 ORDER BY COUNT(SC.Cno) ASC
```

查询结果如图 5-48 所示。

	学号	选课门数
1	202011101	4
2	202011102	3
3	202011103	0
4	202011104	0

图 5-47　例 5-51 的查询结果

	学号	选课门数
1	202021101	0
2	202021103	2

图 5-48　例 5-52 的查询结果

这个语句的逻辑执行步骤是：
① 执行连接操作（FROM Student S LEFT JOIN SC ON S.Sno = SC.Sno）；
② 对连接的结果执行 WHERE 子句，筛选出满足条件的数据行；
③ 对步骤②筛选出的结果执行 GROUP BY 子句，并执行聚合函数；
④ 对步骤③产生的分组统计结果执行 HAVING 子句，进一步筛选数据；
⑤ 对步骤④筛选出的结果执行 ORDER BY 子句，对结果进行排序以产生最终的查询结果。

外连接通常是在两个表中进行的，但也支持对多张表进行外连接操作。如果是多个表进行外连接，则数据库管理系统是按连接书写的顺序，从左至右进行连接。

5.4　使用 TOP 限制结果集行数

在使用 SELECT 语句进行查询时，有时只希望列出结果集中的前几行结果，而不是全部结果。例如，我们可能希望只列出某门课程考试成绩最高的前 3 名学生的情况，或者是查看选课人数最多的前 3 门课程的情况。这时就需要使用 TOP 子句来限制产生的结果集行数。

使用 TOP 子句的格式如下：

```
TOP (expression)[ percent ] [WITH TIES ]
```

（1）expression：指定要返回的行数的数值表达式。如果指定 percent，expression 会隐式转换为 float 值。否则，expression 会转换为 bigint。

（2）percent：指定查询只返回结果集中前若干百分比的行数，百分比的值由 expression 指定。

小数部分的值向上舍入到下一个整数值。

（3）WITH TIES：返回排序后与结果集中的最后一个排序列值相等的两行或多行数据。该参数必须与 ORDER BY 子句一起使用。WITH TIES 导致可能会返回多于在 expression 中指定值的行数。例如，如果 expression 设置为 5，而有 2 个与第 5 行中 ORDER BY 列的值相等，则结果集将包含 7 行数据。

TOP 子句写在 SELECT 单词的后边（如果有 DISTINCT 单词的话，则写在 DISTINCT 之后），查询列表的前边。

将 TOP 与 ORDER BY 子句一起使用时，结果集被限制为前 n 个已排序的行。如果没有 ORDER BY 子句，TOP 将以未定义的顺序返回前 n 行。

注意，MySQL 中使用 LIMIT 来限制查询结果集的行数。LIMIT 是放在整个查询语句的最后，其语法格式为：

```
LIMIT [offset,] rows;
```

其中，offset 为行的偏移量，初始记录行的偏移量是 0。rows 则可指定返回记录行的最大数目。

例 5-53 查询年龄最大的 3 个学生的姓名、年龄及所在系。

```
SELECT TOP 3 Sname, Sage, Sdept FROM Student
  ORDER BY Sage DESC
```

查询结果如图 5-49 所示。

	Sname	Sage	Sdept
1	李勇	21	计算机系
2	钱小平	21	通信工程系
3	王敏	20	计算机系

图 5-49　例 5-53 的查询结果

若用 MySQL 实现，具体语句如下：

```
SELECT Sname, Sage, Sdept FROM Student
  ORDER BY Sage DESC
LIMIT 3;
```

若将例 5-53 改为：查询年龄最大的 3 个学生的姓名、年龄及所在系，包括并列情况。

```
SELECT TOP 3 WITH TIES Sname, Sage, Sdept
  FROM Student
  ORDER BY Sage DESC
```

查询结果如图 5-50 所示。

 　　如果在 TOP 子句中使用了 WITH TIES 谓词，则要求必须使用 ORDER BY 子句对查询结果进行排序，否则会出现语法错误。

例 5-54 查询 Java 考试成绩最高的 3 名的学生的姓名、所在系和 Java 考试成绩。

```
SELECT TOP 3 WITH TIES Sname, Sdept, Grade
  FROM Student S JOIN SC on S.Sno = SC.Sno
  JOIN Course C ON C.Cno = SC.Cno
  WHERE Cname = 'Java'
  ORDER BY Grade DESC
```

查询结果如图 5-51 所示。

	Sname	Sage	Sdept
1	李勇	21	计算机系
2	钱小平	21	通信工程系
3	王大力	20	通信工程系
4	张立	20	信息管理系
5	刘晨	20	计算机系
6	王敏	20	计算机系
7	张海	20	信息管理系

图 5-50　例 5-53 包括并列情况的查询结果

	Sname	Sdept	Grade
1	吴宾	信息管理系	73
2	张姗姗	通信工程系	65
3	李勇	计算机系	62

图 5-51　例 5-54 的查询结果

例 5-55　查询选课人数最少的两门课程（不包括没有人选的课程），列出课程号和选课人数。

```
SELECT TOP 2 WITH TIES Cno, COUNT(*) 选课人数
  FROM SC
  GROUP BY Cno
  ORDER BY COUNT(Cno) ASC
```

查询结果如图 5-52 所示。

例 5-56　查询计算机系选课门数超过两门的学生中，考试平均成绩最高的两名（包括并列的情况）学生的学号、选课门数和平均成绩。

```
SELECT TOP 2 WITH TIES S.Sno, COUNT(*) 选课门数,AVG(Grade) 平均成绩
  FROM Student S JOIN SC ON S.Sno = SC.Sno
  WHERE Sdept = '计算机系'
  GROUP BY S.sno
  HAVING COUNT(*) > 2
  ORDER BY AVG(Grade) DESC
```

查询结果如图 5-53 所示。

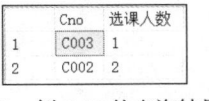

	Cno	选课人数
1	C003	1
2	C002	2

图 5-52　例 5-55 的查询结果

	Sno	选课门数	平均成绩
1	202011102	3	88
2	202011101	4	80

图 5-53　例 5-56 的查询结果

5.5　CASE 表达式

CASE 表达式是一种多分支的表达式，它可以根据条件列表的值返回多个可能的结果表达式中的一个。

CASE 表达式可用在任何允许使用表达式的地方，它不是一个完整的 SQL 语句，因此不能单独执行。

5.5.1　CASE 表达式简介

CASE 表达式分为 CASE 简单表达式和 CASE 搜索表达式两种类型。

1. CASE 简单表达式

CASE 简单表达式可将一个测试表达式和一组简单表达式进行比较，如果某个简单表达式与测试表达式的值相等，则返回相应的结果表达式的值。

CASE 简单表达式的语法格式为：

```
CASE 测试表达式
    WHEN 简单表达式 1 THEN 结果表达式 1
    WHEN 简单表达式 2 THEN 结果表达式 2
```

```
    ...
    WHEN 简单表达式 n THEN 结果表达式 n
       [ ELSE 结果表达式 n+1 ]
END
```

说明如下。

● 测试表达式可以是一个变量名、字段名、函数或子查询。

● 简单表达式中不能包含比较运算符，它们给出被比较的表达式或值，其数据类型必须与测试表达式的数据类型相同，或者可以隐式转换为测试表达式的数据类型。

CASE 表达式的执行过程如下。

（1）计算测试表达式，然后按从上到下的书写顺序将测试表达式的值与每个 WHEN 子句的简单表达式进行比较。

（2）如果某个简单表达式的值与测试表达式的值匹配（即相等），则返回第一个与之匹配的 WHEN 子句所对应的结果表达式的值。

（3）如果所有简单表达式的值与测试表达式的值都不匹配，若指定了 ELSE 子句,则返回 ELSE 子句中指定的结果表达式的值；若没有指定 ELSE 子句，则返回 NULL。

CASE 表达式经常被应用在 SELECT 语句中，作为不同数据的不同返回值。

例 5-57 查询选修了"Java"课程的学生的学号、姓名、所在系和考试成绩，并对所在系进行如下处理：

当所在系为"计算机系"时，在查询结果中显示"CS"；

当所在系为"信息管理系"时，在查询结果中显示"IM"；

当所在系为"通信工程系"时，在查询结果中显示"COM"。

分析：这个查询需要对学生所在系进行分情况处理，并根据不同的系返回不同的值，因此需要用 CASE 表达式对"所在系"列进行测试。

其语句如下：

```
SELECT s.Sno 学号,Sname 姓名,
   CASE sdept
      WHEN '计算机系' THEN 'CS'
      WHEN '信息管理系' THEN 'IM'
      WHEN '通信工程系' THEN 'COM'
   END AS 所在系,Grade 成绩
   FROM Student s join SC ON s.Sno = SC.Sno
   JOIN Course c ON c.Cno = SC.Cno
WHERE Cname = 'Java'
```

查询结果如图 5-54 所示。

2. CASE 搜索表达式

CASE 简单表达式只能将测试表达式与一个单值进行相等的比较，如果需要将测试表达式与一个范围内的值进行多条件比较，例如，比较成绩在 80～90，则 CASE 简单表达式就实现不了，这时就需要使用 CASE 搜索表达式。

	学号	姓名	所在系	成绩
1	202011101	李勇	CS	62
2	202021102	吴宾	IM	73
3	202031103	张姗姗	COM	65

图 5-54 例 5-57 的查询结果

CASE 搜索表达式的语法格式为：

```
CASE
WHEN 布尔表达式 1 THEN 结果表达式 1
WHEN 布尔表达式 2 THEN 结果表达式 2
...
WHEN 布尔表达式 n THEN 结果表达式 n
```

```
[ ELSE 结果表达式 n+1 ]
END
```

CASE 搜索表达式的执行机制与 CASE 简单表达式一样。与 CASE 简单表达式相比较，CASE 搜索表达式有如下两点区别。

（1）在 CASE 关键字的后面没有任何表达式。

（2）WHEN 关键字的后面是布尔表达式。

CASE 搜索表达式中的各个 WHEN 子句的布尔表达式可以是由比较运算符、逻辑运算符组合起来的复杂的布尔表达式。

CASE 搜索表达式的执行过程如下。

（1）按从上到下的书写顺序计算每个 WHEN 子句的布尔表达式。

（2）返回第一个取值为 TRUE 的布尔表达式所对应的结果表达式的值。

（3）如果没有取值为 TRUE 的布尔表达式，则当指定 ELSE 子句时,返回 ELSE 子句中指定的结果；如果没有指定 ELSE 子句，则返回 NULL。

用 CASE 搜索表达式，例 5-57 的查询可写为：

```
SELECT s.Sno 学号,Sname 姓名,
  CASE
    WHEN sdept = '计算机系' THEN 'CS'
    WHEN sdept = '信息管理系' THEN 'IM'
    WHEN sdept = '通信工程系' THEN 'COM'
  END AS 所在系, Grade 成绩
FROM Student s join SC ON s.Sno = SC.Sno
JOIN Course c ON c.Cno = SC.Cno
WHERE Cname = 'Java'
```

5.5.2 CASE 表达式应用示例

例 5-58 查询 "C001" 号课程的考试情况，列出学号、成绩和成绩等级，其中成绩等级的判断标准为：

如果成绩大于等于 90，则在查询结果中显示 "优"；

如果成绩为 80～89 分，则在查询结果中显示 "良"；

如果成绩为 70～79 分，则在查询结果中显示 "中"；

如果成绩为 60～69 分，则在查询结果中显示 "及格"；

如果成绩小于 60 分，则在查询结果中显示 "不及格"。

这个查询需要对成绩进行分情况判断，而且是将成绩与一个范围内的值进行比较，因此，需要使用 CASE 搜索表达式来实现。具体如下：

```
SELECT Sno, Grade,
  CASE
    WHEN Grade >= 90 THEN '优'
    WHEN Grade between 80 and 89 THEN '良'
    WHEN Grade between 70 and 79 THEN '中'
    WHEN Grade between 60 and 69 THEN '及格'
    WHEN Grade <60 THEN '不及格'
  END AS 成绩等级
FROM SC
WHERE Cno = 'C001'
```

查询结果如图 5-55 所示。

例 5-59 统计每个学生的考试平均成绩，并列出学号、考试平均成绩和考试情况，其中考试情况的判断标准为：

如果平均成绩大于等于 90，则考试情况为"好"；

如果平均成绩为 80～89，则考试情况为"比较好"；

如果平均成绩为 70～79，则考试情况为"一般"；

如果平均成绩为 60～69，则考试情况为"不太好"；

如果平均成绩低于 60，则考试情况为"比较差"。

这个查询需要对考试平均成绩进行分情况判断，而且只能使用 CASE 搜索表达式。

```
SELECT Sno 学号, AVG(Grade) 平均成绩,
  CASE
    WHEN AVG(Grade) >= 90 THEN '好'
    WHEN AVG(Grade) BETWEEN 80 AND 89 THEN '比较好'
    WHEN AVG(Grade) BETWEEN 70 AND 79 THEN '一般'
    WHEN AVG(Grade) BETWEEN 60 AND 69 THEN '不太好'
    WHEN AVG(Grade) < 60 THEN '比较差'
  END AS 考试情况
  FROM SC
GROUP BY Sno
```

查询结果如图 5-56 所示。

	Sno	Grade	成绩等级
1	202011101	96	优
2	202011102	92	优
3	202021102	76	中
4	202021103	50	不及格
5	202031101	50	不及格

图 5-55 例 5-58 的查询结果

	学号	平均成绩	考试情况
1	202011101	80	比较好
2	202011102	88	比较好
3	202021102	78	一般
4	202021103	65	不太好
5	202031101	65	不太好
6	202031102	NULL	NULL
7	202031103	71	一般

图 5-56 例 5-59 的查询结果

例 5-60 统计计算机系每个学生的选课门数，包括没有选的学生。列出学号、选课门数和选课情况，其中对选课情况的处理为：

如果选课门数超过 4 门，则选课情况为"多"；

如果选课门数为 2～4 内，则选课情况为"一般"；

如果选课门数少于 2 门，则选课情况为"少"；

如果学生没有选课，则选课情况为"未选"。

最后将查询结果按选课门数降序排序。

分析：由于这个查询需要考虑有选课的学生和没有选课的学生，因此需要用外连接来实现；由于需要对选课门数进行分情况处理，因此需要使用 CASE 表达式。

具体代码如下：

```
SELECT S.Sno, COUNT(SC.Cno) 选课门数,CASE
  WHEN COUNT(SC.Cno) > 4 THEN '多'
  WHEN COUNT(SC.Cno) BETWEEN 2 AND 4 THEN '一般'
  WHEN COUNT(SC.Cno) BETWEEN 1 AND 2 THEN '少'
  WHEN COUNT(SC.Cno) = 0 THEN '未选'
END AS 选课情况
```

```
FROM Student S LEFT JOIN SC ON S.Sno = SC.Sno
WHERE Sdept = '计算机系'
GROUP BY S.Sno
ORDER BY COUNT(SC.Cno) DESC
```

查询结果如图 5-57 所示。

	Sno	选课门数	选课情况
1	202011101	4	一般
2	202011102	3	一般
3	202011103	0	未选
4	202011104	0	未选

图 5-57 例 5-60 的查询结果

5.6 将查询结果保存到表中

SELECT 语句产生的查询结果是保存在内存中的，如果希望将查询结果永久地保存起来，比如保存在一个物理表中，则可以通过在 SELECT 语句中使用 INTO 子句来实现。

包含 INTO 子句的 SELECT 语句的语法格式为：

```
SELECT 查询列表序列 INTO <新表名>
   FROM 数据源
   ...                      -- 其他条件子句、分组子句等
```

其中，<新表名>是用于存放查询结果的表名。这个语句将查询的结果保存到该数据库的一个新表中。实际上这个语句包含如下 3 个功能。

（1）执行查询语句产生结果集。

（2）根据查询结果集的结构创建一个新表，新表中各列的列名就是查询结果集中显示的列标题，列的数据类型是这些查询列在原表中定义的数据类型，如果查询列是聚合函数或表达式等经过计算的结果，则新表中对应列的数据类型是这些函数或表达式返回值的数据类型。

（3）将查询结果集按列对应顺序保存到该新建表中。

例 5-61　查询计算机系学生的学号、姓名、性别和年龄，并将查询结果保存到新表 Student_CS 中。

```
SELECT Sno, Sname, Ssex, Sage
   INTO Student_CS
   FROM Student WHERE Sdept = '计算机系'
```

数据库管理系统在执行完此语句后，并不产生查询结果，而是返回一条消息表明影响了几行数据，这里返回的是"(4 行受影响)"。在 SQL Server Management Studio 工具的对象资源管理器中，展开 Students 数据库可以看到其中已经创建好的 Student_CS 表，展开此表可看到此表包含的列以及各列数据类型的定义。比较 Student_CS 和 Student 表的结构，可发现两个表的列的数据的类型是一样的，如图 5-58 所示。

执行完上述语句后，就可以像对用建表语句创建的表一样对 Student_CS 表进行操作了，例如：

```
SELECT * FROM Student_CS
```

执行结果如图 5-59 所示。

例 5-62　查询计算机系学生的姓名、修课的课程名和成绩，并将查询结果保存到新表 S_G_CS 中。

```
SELECT Sname, Cname, Grade  INTO S_G_CS
   FROM Student s JOIN SC ON s.Sno = SC.Sno
   JOIN Course c ON c.Cno = SC.Cno
   WHERE Sdept = '计算机系'
```

可以把由 SELECT ...INTO ...语句生成的新表看成是普通的表，然后对这样生成的表进行增、删、改、查操作。

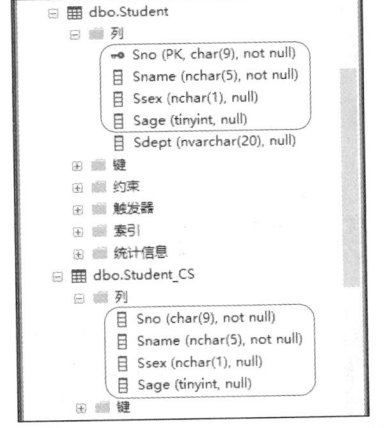

图 5-58　比较 Student_CS 和 Student 表的结构

	Sno	Sname	Ssex	Sage
1	202011101	李勇	男	21
2	202011102	刘晨	男	20
3	202011103	王敏	女	20
4	202011104	张小红	女	19

图 5-59　Student_CS 表的查询结果

例 5-63　利用新生成的 S_G_CS 表，查询成绩大于等于 90 的学生的姓名、课程名和成绩。

```
SELECT * FROM S_G_CS WHERE Grade >= 90
```

查询结果如图 5-60 所示。

从例 5-62 和例 5-63 中可以看到，不但可以将查询结果保存下来，而且还可以利用新生成的表进行其他的查询，这对实现复杂的查询是一种很好的解决办法，可以分步骤实现复杂的查询。

例 5-64　统计每个系的学生人数和平均年龄，并将查询结果保存到永久表 Dept 表中。

```
SELECT Sdept AS 系名, COUNT(*) AS 人数, AVG(Sage) AS 平均年龄
  INTO Dept
  FROM Student
  GROUP BY Sdept
```

例 5-65　利用例 5-64 生成的新表，查询计算机系学生人数、姓名、年龄和平均年龄。

```
SELECT 人数, Sname AS 姓名, Sage AS 年龄, 平均年龄
  FROM Dept JOIN Student ON Dept.系名= Student.Sdept
  WHERE 系名= '计算机系'
```

查询结果如图 5-61 所示。

	Sname	Cname	Grade
1	李勇	高等数学	96
2	刘晨	高等数学	92
3	刘晨	大学英语	90

图 5-60　例 5-63 的查询结果

	人数	姓名	年龄	平均年龄
1	4	李勇	21	20
2	4	刘晨	20	20
3	4	王敏	20	20
4	4	张小红	19	20

图 5-61　例 5-65 的查询结果

用 SELECT …INTO …方法创建的新表可以是永久表（物理存储在磁盘上的表，用 CREATE TABLE 语句创建的表，以及前边所举的 SELECT … INTO … 的例子所创建的表都是永久表），也可以是临时表（存储在内存中的表）。临时表又根据其使用范围分为局部临时表和全局临时表两种。

（1）局部临时表通过在表名前加一个"#"来标识，比如#T1。局部临时表的生存期为创建此局部临时表的连接的生存期，它只能在创建此局部临时表的当前连接中使用。

（2）全局临时表通过在表名前加两个"#"来标识，比如##T1。全局临时表的生存期为创建全局临时表的连接的生存期，并且它在生存期内可以被所有的连接使用。

可以对局部临时表和全局临时表中的数据进行查询，它们的使用方法同永久表一样。

例 5-66　统计计算机系每个学生的选课门数，包括没有选课的学生，并将结果保存到局部临

时表#CS_Sno 中。

```
SELECT S.Sno 学号, Count(SC.Cno) 选课门数
  INTO #CS_Sno
  FROM Student S LEFT JOIN SC ON S.Sno = SC.Sno
  WHERE Sdept = '计算机系'
  GROUP BY S.Sno
```

例 5-67 利用例 5-66 创建的局部临时表, 查询计算机系学生的
学号、姓名和选课门数。

```
SELECT 学号, Sname 姓名, 选课门数
  FROM Student S JOIN #CS_Sno T ON S.Sno = T.学号
```

	学号	姓名	选课门数
1	202011101	李勇	4
2	202011102	刘晨	3
3	202011103	王敏	0
4	202011104	张小红	0

图 5-62 例 5-67 的查询结果

查询结果如图 5-62 所示。

5.7 子查询

在 SQL 语言中, 一个 SELECT...FROM...WHERE 语句称为一个查询块。

如果一个 SELECT 语句嵌套在一个 SELECT、INSERT、UPDATE 或 DELETE 语句中, 则称
之为**子查询**(subquery) 或内层查询; 而包含子查询的语句则称为主查询或外层查询。一个子查
询也可以嵌套在另一个子查询中。为了与外层查询有所区别, 总是把子查询写在圆括号中。

子查询语句可以出现在任何能够使用表达式的地方, 但通常情况下, 子查询语句是出现在外
层查询的 WHERE 子句或 HAVING 子句中, 与比较运算符或逻辑运算符一起构成查询条件。

写在 WHERE 子句中的子查询通常有如下几种形式:

```
WHERE <列名> [NOT] IN (子查询)
WHERE <列名> 比较运算符 (子查询)
WHERE EXISTS (子查询)
```

5.7.1 使用子查询进行基于集合的测试

使用子查询进行基于集合的测试时, 可通过运算符 IN 或 NOT IN, 将一个列的值与子查询返
回的结果集进行比较。其通常形式为:

```
WHERE <列名> [NOT] IN ( 子查询 )
```

这与前边讲的在 WHERE 子句中使用 IN 运算符的作用完全相同。使用 IN 运算符时, 如果列
中的某个值与集合中的某个值相等, 则此条件为真; 如果列中的某个值与集合中的所有值均不相
等, 则此条件为假。

包含这种子查询形式的查询语句是分步骤实现的, 即先执行子查询, 然后利用子查询返回的
结果再去执行外层查询(先内后外)。子查询返回的结果实际上就是一个集合, 外层查询就是在这
个集合上使用 IN 运算符进行比较。

注意, 在使用 IN 运算符的子查询时, 由该子查询返回的结果集中的列的个数、数据类型以
及语义必须与外层<列名>中的列的个数、数据类型以及语义相同。

Full SQL-92 和 SQL-99 允许对由逗号分隔的列名序列进行针对子查询成员的测试,如下所示:

```
WHERE (COL1, COL2 ) IN (SELECT COL1, COL2 FROM... )
```

但并不是所有的数据库管理系统都支持这种形式的表达式, 比如 SQL Server 目前就不支持这
种形式的子查询, 但 ORACLE 和 MySQL 支持。

例 5-68   查询与"刘晨"在同一个系学习的学生。

```
SELECT Sno, Sname, Sdept FROM Student              -- 外层查询
  WHERE Sdept IN (
    SELECT Sdept FROM Student WHERE Sname = '刘晨') -- 子查询
```

该子查询实际的执行过程如下。

（1）执行子查询，确定"刘晨"所在的系：

```
SELECT Sdept FROM Student WHERE Sname = '刘晨'
```

查询结果为"计算机系"。

（2）以子查询返回的结果为条件执行外层查询，查找所有在此系学习的学生：

```
SELECT Sno, Sname, Sdept FROM Student
  WHERE Sdept IN('计算机系')
```

查询结果如图 5-63 所示。

从图 5-63 中可以看到查询结果中也包含刘晨，如果不希望刘晨
出现在查询结果中，可以对上述查询语句添加一个条件，如下所示：

```
SELECT Sno, Sname, Sdept FROM Student
  WHERE Sdept IN (
    SELECT Sdept FROM Student WHERE Sname = '刘晨')
  AND Sname != '刘晨'
```

	Sno	Sname	Sdept
1	202011101	李勇	计算机系
2	202011102	刘晨	计算机系
3	202011103	王敏	计算机系
4	202011104	张小红	计算机系

图 5-63   例 5-68 的查询结果

之前我们曾用自连接形式实现过此查询，从这个例子中可以看出，SQL 语言的使用是很灵活
的，同样的查询可以用多种形式实现。随着进一步的学习，我们会对这一点有更深的体会。

从概念上讲，IN 形式的子查询就是向外层查询的 WHERE 子句返回一个值集合。

例 5-69   使用子查询实现：查询考试成绩大于 90 的学生的学号和姓名。

分析：首先应从 SC 表中查出成绩大于 90 分的学生的学号，然后再根据这些学号在 Student
表中查出对应的姓名。

代码如下：

```
SELECT Sno, Sname FROM Student
  WHERE Sno IN (
    SELECT Sno FROM SC
      WHERE Grade > 90 )
```

查询结果如图 5-64 所示。

此查询也可以用多表连接实现：

```
SELECT SC.Sno, Sname FROM Student JOIN SC
  ON Student.Sno = SC.Sno WHERE Grade > 90
```

	Sno	Sname
1	202011101	李勇
2	202011102	刘晨

图 5-64   例 5-69 的查询结果

例 5-70   用子查询实现：查询计算机系选修了"C002"课程的学生姓名和性别。

分析：首先应在 SC 表中查出选了 C002 课程的学生学号，然后根据这些学号在 Student 表中
查出对应的计算机系的学生姓名和性别。

代码如下：

```
SELECT Sname, Ssex FROM Student
  WHERE Sno IN (
    SELECT Sno FROM SC WHERE Cno = 'C002')
    AND Sdept = '计算机系'
```

查询结果如图 5-65 所示。

	Sname	Ssex
1	李勇	男
2	刘晨	男

图 5-65   例 5-70 的查询结果

此查询也可以用多表连接来实现：

```
SELECT Sname, Ssex FROM Student S JOIN SC ON S.Sno = SC.Sno
    WHERE Sdept = '计算机系' AND Cno = 'C002'
```

例 5-71　用子查询实现：查询选修了"Java"课程的学生的学号和姓名。

分析：这个查询可以分为以下 3 个步骤。

（1）在 Course 表中，找出"Java"课程名对应的课程号。

（2）根据找到的"Java"的课程号，在 SC 表中找出选修了该课程号的学生的学号。

（3）根据得到的学号，在 Student 表中找出对应的学生的学号和姓名。

因此，该查询语句需要用到两个子查询语句，代码如下：

```
SELECT Sno, Sname FROM Student
    WHERE Sno IN (
        SELECT Sno FROM SC
            WHERE Cno IN (
                SELECT Cno FROM Course
                    WHERE Cname = 'Java'))
```

查询结果如图 5-66 所示。

此查询也可以用多表连接实现：

```
SELECT Student.Sno, Sname FROM Student
    JOIN SC ON Student.Sno = SC.Sno
    JOIN Course ON Course.Cno = SC.Cno
    WHERE Cname = 'Java'
```

	Sno	Sname
1	202011101	李勇
2	202021102	吴宾
3	202031103	张姗姗

图 5-66　例 5-71 的查询结果

多表连接查询与子查询可以混合使用。

例 5-72　在选修了 Java 课程的这些学生中，统计他们每个人的选课门数和平均成绩。

分析：这个查询应该分如下两个步骤。

（1）找出选修了 Java 课程的学生，可通过如下两种形式实现。

① 用连接查询实现。

```
SELECT Sno FROM SC JOIN Course C
    ON C.Cno = SC.Cno
    WHERE Cname = 'Java'
```

② 用子查询实现。

```
SELECT Sno FROM SC
    WHERE Cno IN (SELECT Cno FROM Course
        WHERE Cname = 'Java')
```

（2）统计这些学生的选课门数和平均成绩，这个查询与上个步骤之间可以通过子查询的形式进行关联。

代码如下：

```
SELECT Sno 学号, COUNT(*) 选课门数, AVG(Grade) 平均成绩
    FROM SC WHERE Sno IN (
        SELECT Sno FROM SC JOIN Course C
            ON C.Cno = SC.Cno
            WHERE Cname = 'Java')
    GROUP BY Sno
```

查询结果如图 5-67 所示。

	学号	选课门数	平均成绩
1	202011101	4	80
2	202021102	4	78
3	202031103	3	71

图 5-67　例 5-72 的查询结果

注意，这个查询语句不能只用连接查询来实现，因为这个查询的语义是要先找出选修了 Java 课程的学生，然后再统计这些学生的选课门数和平均成绩。如果完全用连接查询实现：

```
SELECT Sno 学号, COUNT(*) 选课门数, AVG(Grade) 平均成绩
  FROM SC JOIN Course C ON C.Cno = SC.Cno
  WHERE Cname = 'Java'
  GROUP BY Sno
```

则其执行结果如图 5-68 所示。从这个结果中可以看出，每个学生的选课门数均为 1，实际上这个 1 指的是 Java 这一门课程，其平均成绩也是 Java 课程的考试成绩。之所以产生这个结果，是因为在执行有连接操作的查询时，系统是首先将所有参与连接的表连接成一张大表，这个大表中的数据为全部满足连接条件的数据（相当于关系代数中的等值连接运算）。之后再在这个连接后的大表上执行 WHERE 子句，然后是 GROUP BY 子句。显然执行"WHERE Cname = 'Java'"子句后，连接后的大表中的数据就只剩下 Java 这一门课程的情况了。这种处理模式显然不符合该查询要求。

从这个例子可以看出子查询和连接查询并不是总能相互替换的。下面再看一个例子。

例 5-73　查询选修了"Java"课程的学生的学号、姓名和 Java 成绩。

	学号	选课门数	平均成绩
1	202011101	1	62
2	202021102	1	73
3	202031103	1	65

图 5-68　用连接查询实现例 5-72 的查询结果

这个查询就应该使用多表连接查询形式实现：

```
SELECT Student.Sno, Sname,Grade FROM Student
  JOIN SC ON Student.Sno = SC.Sno
  JOIN Course ON Course.Cno = SC.Cno
  WHERE Cname = 'Java'
```

因为该查询的查询列表中的列来自多张表，这种形式的查询单纯用子查询是无法实现的，必须通过连接的形式，将多张表连接成一张表（逻辑上的），然后从这些表中再选取需要的列。

从例 5-72 和例 5-73 中可以看到，子查询和多表连接查询有些时候是不能等价的，基于集合的子查询的特点是分步骤实现，先内（子查询）后外（外层查询），而多表连接查询是先执行连接操作，然后其他的子句均是在连接产生的结果上进行。

5.7.2　使用子查询进行比较测试

使用子查询进行比较测试时，通过比较运算符（=、<>、!=、<、>、<=、<=），将一个列的值与子查询返回的结果进行比较。如果比较运算的结果为真，则比较测试返回 True。

使用子查询进行比较测试的语法格式为：

```
WHERE <列名> 比较运算符 （子查询）
```

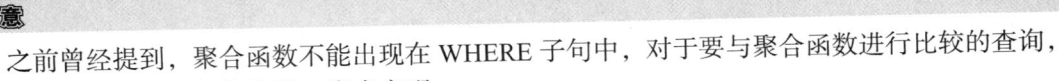

使用子查询进行比较测试时，要求子查询语句必须返回的是单值。

之前曾经提到，聚合函数不能出现在 WHERE 子句中，对于要与聚合函数进行比较的查询，需要通过使用比较运算符的子查询来实现。

同基于集合的子查询一样，用子查询进行比较测试时，也是先执行子查询，然后再根据子查询产生的结果执行外层查询。

例 5-74　查询选修了"C004"号课程且成绩高于此课程平均成绩的学生学号和该门课程的成绩。

分析：这个查询可用如下两个步骤来实现。

（1）计算"C004"课程的平均成绩。

```
SELECT AVG(Grade) from SC WHERE Cno = 'C004'
```

执行结果为：81。

（2）查找"C004"课程的所有考试成绩中，高于步骤（1）执行结果的学生学号和成绩。

```
SELECT Sno, Grade  FROM SC
    WHERE Cno = 'C004' AND Grade > (1)的结果
```

将两个查询语句合起来即为满足要求的查询语句：

```
SELECT Sno, Grade FROM SC
    WHERE Cno = 'C004' AND Grade > (
        SELECT AVG(Grade) FROM SC WHERE Cno = 'C004')
```

这个子查询的执行过程正是上边分析的两个步骤。

查询结果如图 5-69 所示。

例 5-75　查询信息管理系年龄最大的学生的姓名和年龄。

分析：首先应该在 Student 表中找出计算机系最大年龄的学生（在子查询中实现），然后再在 Student 表中找出计算机系年龄等于该最大年龄的学生（在外层查询中实现）。

具体语句为：

```
SELECT Sname, Sage FROM Student
    WHERE Sdept = '信息管理系'
        AND Sage = (
            SELECT MAX(Sage) FROM Student
                WHERE Sdept = '信息管理系')
```

查询结果如图 5-70 所示。

	Sno	Grade
1	202011102	84
2	202021102	85

图 5-69　例 5-74 的查询结果

	Sname	Sage
1	张立	20
2	张海	20

图 5-70　例 5-75 的查询结果

例 5-75 的查询也可以用 TOP 子句实现，代码如下：

```
SELECT TOP 1 WITH TIES Sname, Sage FROM Student
    WHERE Sdept = '信息管理系'
    ORDER BY Sage DESC
```

从上边的例子中可以看到，用子查询进行基于集合测试和比较测试时，都是先执行子查询，然后再根据子查询返回的结果执行外层查询。子查询都只执行一次，子查询的查询条件不依赖于外层查询，我们将这样的子查询称为不相关子查询或嵌套子查询（nested subquery）。

嵌套子查询也可以出现在 HAVING 子句中。

例 5-76　查询考试平均成绩高于全体学生的总平均成绩的学生学号和平均成绩。

```
SELECT Sno, AVG(Grade) 平均成绩 FROM SC
    GROUP BY Sno HAVING AVG(Grade) > (
        SELECT AVG(Grade) FROM SC)
```

查询结果如图 5-71 所示。

例 5-77　查询没有选修 "C001" 课程的学生姓名和所在系。

这是一个带否定条件的查询，如果利用多表连接和子查询分别实现这个查询，则一般有如下几种形式。

（1）用多表连接实现。

```
SELECT DISTINCT Sname, Sdept
    FROM Student S JOIN SC ON  S.Sno = SC.Sno
    WHERE Cno != 'C001'
```

	Sno	平均成绩
1	202011101	80
2	202011102	88
3	202021102	78

图 5-71　例 5-76 的查询结果

执行结果如图 5-72（a）所示。

（2）用嵌套子查询实现。

① 在子查询中否定。

```
SELECT Sname, Sdept FROM Student
  WHERE Sno IN (
    SELECT Sno FROM SC
      WHERE Cno != 'C001' )
```

其执行结果与图 5-72（a）所示相同。

② 在外层查询中否定。

```
SELECT Sname, Sdept FROM Student
  WHERE Sno NOT IN (
    SELECT Sno FROM SC
      WHERE Cno = 'C001' )
```

执行结果如图 5-72（b）所示。

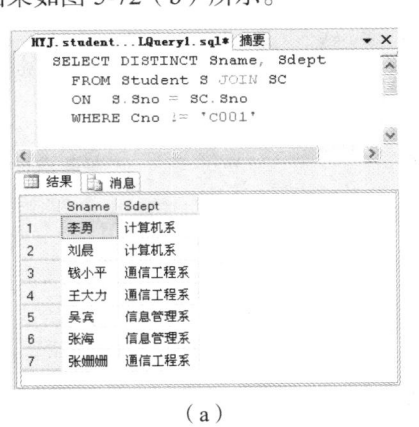

（a）

（b）

图 5-72　例 5-77 的两种查询结果

观察上述 3 种实现方式产生的结果，可以看到，多表连接查询与在子查询中否定的嵌套子查询所产生的结果是一样的，但与在外层查询中否定的嵌套子查询产生的结果不一样。通过对数据库中的数据进行分析，发现（1）和（2）中的①的结果均是错误的。（2）中的②的结果是正确的，即将否定放置在外层查询中时其结果是正确的。其原因是，不同形式的查询执行机制是不同的。

（1）对于多表连接查询，所有的条件都是在连接之后的结果表上进行的，而且是逐行进行判断，一旦发现满足条件的数据（Cno != 'C001'），则此行即作为结果产生。因此，由多表连接产生的结果包含了没有选修 C001 课程的学生，也包含选修了 C001 同时又选修了其他课程的学生。

（2）对于含有嵌套子查询的查询，是先执行子查询，然后根据子查询返回的结果再去执行外层查询，而在子查询中也是逐行进行判断，当发现有满足条件的数据时，即将此行数据作为外层查询的一个比较条件。分析这个查询，要查的数据是在某个学生所选的全部课程中不包含 C001 课程，如果将否定放在子查询中，则查出的结果是既包含没有选 C001 课程的学生，也包含选了 C001 课程同时也选了其他课程的学生。显然，这个否定的范围不够。

通常情况下，对于这种形式的部分条件否定的查询都应该使用子查询来实现，而且应该将否定条件放在外层查询中。

例 5-78　查询计算机系没有选修 Java 课程的学生的姓名和性别。

分析：对于这个查询，首先应该在子查询中查询出全部选修了 Java 课程的学生，然后在外层查询中去掉这些学生（即为没有选修 Java 课程的学生），最后从这个结果中筛选出计算机系的学生。

语句如下：

```
SELECT Sname, Ssex FROM Student
  WHERE Sno NOT IN (
    SELECT Sno FROM SC JOIN Course        -- 子查询：查询选了了 Java 课程的学生
      ON SC.Cno = Course.Cno
        WHERE Cname = 'Java')
AND Sdept = '计算机系'
```

查询结果如图 5-73 所示。

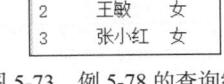

	Sname	Ssex
1	刘晨	男
2	王敏	女
3	张小红	女

图 5-73　例 5-78 的查询结果

5.7.3　带 EXISTS 谓词的子查询

使用带 EXISTS 谓词的子查询可以进行存在性测试，其基本使用形式为：

```
WHERE [NOT] EXISTS (子查询)
```

带 EXISTS 谓词的子查询不返回查询的数据，它只产生逻辑真值和假值。

（1）EXISTS 的含义是：当子查询中有满足条件的数据时，返回真值，否则返回假值。

（2）NOT EXISTS 的含义是：当子查询中有满足条件的数据时，返回假值，否则返回真值。

例 5-79　查询选修了 "C002" 课程的学生姓名。

这个查询可以用多表连接形式实现，也可以用 IN 形式的嵌套子查询实现，这里我们用 EXISTS 形式的子查询实现。

```
SELECT Sname FROM Student
WHERE EXISTS (
    SELECT * FROM SC
      WHERE SC.Sno = Student.Sno AND Cno = 'C002')
```

查询结果如图 5-74 所示。

使用子查询进行存在性测试时需注意以下问题。

（1）带 EXISTS 谓词的查询是先执行外层查询，然后执行内层查询。由外层查询的值决定内层查询的结果；内层查询的执行次数由外层查询的结果来决定。

	Sname
1	李勇
2	刘晨

图 5-74　例 5-79 的查询结果

上述查询语句的处理过程如下。

① 无条件执行外层查询语句，在外层查询的结果集中取第一行结果，得到 Sno 的一个当前值，然后根据此 Sno 值处理内层查询。

② 将外层的 Sno 值作为已知值执行内层查询，如果在内层查询中有满足 WHERE 子句条件的记录存在，则 EXISTS 返回一个真值（True），表示在外层查询结果集中的当前行数据为满足要求的一个结果。如果内层查询中不存在满足 WHERE 子句条件的记录，则 EXISTS 返回一个假值（False），表示在外层查询结果集中的当前行数据不是满足要求的结果。

③ 顺序处理外层表 Student 表中的第 2、3、… 行数据，直到处理完所有行。

（2）由于 EXISTS 的子查询只能返回真值或假值，因此在子查询中指定列名是没有意义的。所以在有 EXISTS 的子查询中，其目标列名序列通常都用 "*"。

带 EXISTS 的子查询在子查询中要与外层表数据进行关联（如例 5-79 中的子查询：WHERE SC.Sno = Student.Sno），因此我们通常将这种形式的子查询称为**相关子查询**。

例 5-80　查询选修了 Java 课程的学生姓名和所在系。

```
SELECT Sname, Sdept FROM Student
  WHERE EXISTS (
    SELECT * FROM SC
```

```
    WHERE EXISTS (
      SELECT * FROM Course
        WHERE Cno = SC.Cno AND Cname = 'Java')
      AND Sno = Student.Sno)
```

查询结果如图 5-75 所示。

例 5-81 查询没选修 "C001" 课程的学生姓名和所在系。

前边我们已经用 "NOT IN" 形式的子查询实现过该查询，下面将用 EXISTS 形式的子查询来实现。这是一个带否定条件的查询，可以写出如下两种形式。

① 在子查询中否定。

```
SELECT Sname, Sdept FROM Student
  WHERE EXISTS (
    SELECT * FROM SC
      WHERE Sno = Student.Sno
        AND Cno != 'C001' )
```

执行结果如图 5-76（a）所示。

② 在外层查询中否定。

```
SELECT Sname, Sdept FROM Student
  WHERE NOT EXISTS (
    SELECT * FROM SC
      WHERE Sno = Student.Sno
        AND Cno = 'C001' )
```

执行结果如图 5-76（b）所示。

观察上述两种实现方式产生的结果，可以看到其结果是不一样的。通过对数据库中的数据进行分析，发现②的结果是正确的，即将否定放置在外层查询时其结果是正确的。

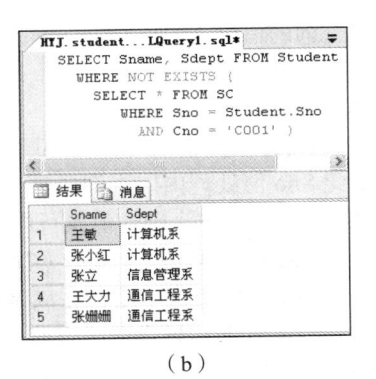

图 5-76　例 5-81 的两个查询结果

例 5-82 查询计算机系没有选修 "Java" 的学生的姓名和性别。

分析：对于这个查询，首先应该在子查询中查询出全部选修了 Java 课程的学生，然后再在外层查询中去掉这些学生得到没有选修 Java 的学生，最后再从这个结果中筛选出计算机系的学生。

语句如下：

```
SELECT Sname, Ssex FROM Student
  WHERE Sdept = '计算机系'
    AND NOT EXISTS(
```

（图 5-75 例 5-80 的查询结果）

	Sname	Sdept
1	李勇	计算机系
2	吴宾	信息管理系
3	张姗姗	通信工程系

图 5-75　例 5-80 的查询结果

```
SELECT * FROM SC JOIN Course C
  ON C.Cno = SC.Cno
  WHERE Sno = Student.Sno
AND Cname = 'Java')
```

执行结果如图 5-77 所示。

例 5-83　查询每个系年龄最大的学生姓名、所在系和年龄。

分析：这个查询只涉及 Student 表，我们可以将 Student 表想象成两张表（不妨设为 S1 和 S2），一张表（假定为 S1 表）作为结果表，一张表（假定为 S2 表）作为条件表，如果在两个表的系相同的情况下，对于 S1 表中的某个学生，如果在 S2 表中不存在年龄比该学生年龄大的学生，则此时 S1 表中的该学生即是该系年龄最大的学生。

	Sname	Ssex
1	刘晨	男
2	王敏	女
3	张小红	女

图 5-77　例 5-82 的查询结果

实现代码如下：

```
select sname,sdept,sage from Student s1
  where not exists (
    select * from Student s2
      where s1.Sdept = s2.Sdept and s2.Sage > s1.Sage)
```

该语句的执行结果如图 5-78 所示。

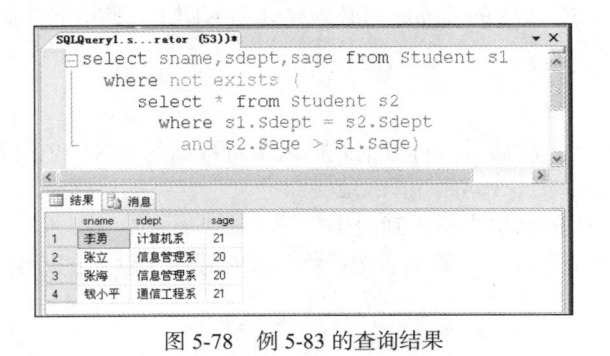

图 5-78　例 5-83 的查询结果

5.8　数据更改功能

上一节讨论了如何检索数据库中的数据，通过 SELECT 语句可以返回由行和列组成的结果，查询操作不会使数据库中的数据发生任何变化。如果要对数据进行更改操作，如添加新数据、修改已有数据和删除数据，则需要使用 INSERT、UPDATE 和 DELETE 语句来完成，这些语句都可以更改数据库中的数据，但不返回结果集。

5.8.1　插入数据

1.　单行插入

单行插入数据的 INSERT 语句的语法格式如下：

```
INSERT [INTO] <表名> [(<列名表>)] VALUES (值列表)
```

其中，<列名表>中的列名必须是<表名>中有的列名，值列表中的值可以是常量值也可以是 NULL，各值之间可用逗号分隔。

INSERT 语句可用来新增一个符合表结构的数据行，将值列表数据按表中列定义的顺序（或<

列名表>中指定的顺序）逐一赋给对应的列名。

使用插入语句时应注意以下事项。

（1）值列表中的值与列名表中的列按位置顺序对应，它们的数据类型必须兼容。

（2）如果<表名>后边没有指明<列名表>，则值列表中值的顺序必须与<表名>中列定义的顺序一致，且每一个列均有值（可以为空）。

（3）如果值列表中提供的值的个数或者顺序与<表名>中列的个数或顺序不一致，则<列名表>部分不能省。没有为<表名>中某列提供值的列必须是允许为 NULL 的列或者是有 DEFAULT 约束的列，因为在插入时，系统会自动为没有值对应的列提供 NULL 或者默认值。

例 5-84　将一个新生插入到 Student 表中，其学号为 202021105，姓名为陈冬，性别为男，年龄 18 岁，信息管理系的学生。

```
INSERT INTO Student VALUES ('202021105', '陈冬', '男', 18, '信息管理系')
```

例 5-85　在 SC 表中插入一条新记录，学号为"202021105"，选修的课程号为"C001"，成绩暂缺。

```
INSERT INTO SC(Sno, Cno) VALUES('202021105', 'C001')
```

注意，对于例 5-85，由于提供的常量值个数与表中的列数不一致，因此在插入记录时必须在表名后给出列名。而且 SC 表中的 Grade 列必须允许为 NULL。此语句实际插入的数据为：

```
('202021105', 'C001', NULL)
```

2. 多行插入

可以用 INSERT 语句一次插入多行数据。插入多行数据的 INSERT 语句的格式如下：

```
INSERT [INTO] <表名> [(<列名表>)] SELECT 语句
```

此语句会将查询产生的结果集插入到表中。

例 5-86　本示例首先创建一个新表，然后将计算机系每个学生的姓名、选的课程名和考试成绩插入到此表中。

（1）创建表

```
CREATE TABLE CS_Student(
  Sname varchar(20) ,
  Cname varchar(40) ,
  Grade tinyint )
```

（2）插入数据

```
INSERT INTO CS_Student
  SELECT Sname, Cname, Grade FROM Student S
    JOIN SC ON S.Sno = SC.Sno
    JOIN Course C ON C.Cno = SC.Cno
    WHERE Sdept = '计算机系'
```

5.8.2　更新数据

如果某些数据发生了变化，那么就需要对表中已有的数据进行修改，使用 UPDATE 语句可以对数据进行修改。

UPDATE 语句的语法格式如下：

```
UPDATE <表名> SET <列名> = { 表达式 | DEFAULT | NULL }[,…n]
  [ FROM <条件表名 1> [ JOIN <条件表名 2> ON 连接条件] ]
  [ WHERE <更新条件> ]
```

参数说明如下。

（1）<表名>：指定需要更新数据的表的名称。

（2）SET <列名>：指定要更改的列。

（3）表达式：返回单个值的常量值、表达式或嵌套的 select 语句（加括号）。表达式返回的值将替换<列名>中的现有值。

（4）DEFAULT：指定用为列定义的默认值替换列中的现有值。如果该列没有默认值并且定义为允许 Null 值，则该参数也可将列更改为 NULL。

（5）FROM <条件表名 1> [JOIN　<条件表名 2> ON 连接条件]：指定用于为更新操作提供条件的表源。

（6）WHERE 子句用于指定只修改表中满足 WHERE 子句条件的记录的相应列值。如果省略 WHERE 子句，则是无条件更新表中某列的全部值。UPDATE 语句中 WHERE 子句的作用和写法同 SELECT 语句中的 WHERE 子句一样。

1. 无条件更新

例 5-87　将所有学生的年龄加 1。

```
UPDATE Student SET Sage = Sage + 1
```

2. 有条件更新

当用 WHERE 子句指定更改数据的条件时，可以分为两种情况。一种是基于本表条件的更新，即要更新的记录和更新记录的条件在同一张表中。例如，将计算机系全体学生的年龄加 1，要修改的表是 Student 表，而更新条件——学生所在的系（这里是计算机系）也在 Student 表中。另一种是基于其他表条件的更新，即要更新的记录在一张表中，而更新记录的条件来自另一张表。例如，将计算机系全体学生的成绩加 5 分，要更新的是 SC 表的 Grade 列，而更新条件——学生所在系（计算机系）在 Student 表中。基于其他表条件的更新可以用两种方法实现：一种是使用多表连接，另一种是使用子查询。

（1）基于本表条件的更新

例 5-88　将 "202011104" 学生的年龄改为 18 岁。

```
UPDATE Student SET Sage = 18
  WHERE Sno = '202011104'
```

（2）基于其他表条件的更新

例 5-89　将计算机系全体学生的成绩加 5 分。

① 用子查询实现。

```
UPDATE SC SET Grade = Grade + 5
  WHERE Sno IN
    (SELECT Sno FROM Student
      WHERE Sdept = '计算机系' )
```

② 用多表连接实现。

```
UPDATE SC SET Grade = Grade + 5
FROM SC JOIN Student ON SC.Sno = Student.Sno
WHERE Sdept = '计算机系'
```

例 5-90　将学分最低的课程的学分加 2 分。

这个更改只能通过子查询的形式实现，因为是要与聚合函数（最小值）的值进行比较，而聚合函数是不能出现在 WHERE 子句中的。

```
UPDATE Course SET Credit = Credit + 2
  WHERE Credit = (
    SELECT MIN(Credit) FROM Course )
```

也可以将 CASE 表达式应用到 UPDATE 语句中，以实现分情况更新，这在实际情况中也有比较广泛的应用。例如，国家发放的困难补助，根据居民经济收入的不同，补助的资金也不同。再如，给职工涨工资时，根据职工等级的不同，工资的涨幅也不同。

例 5-91　修改全体学生的 Java 考试成绩，修改规则如下：

① 对通信工程系学生，成绩加 10 分；

② 对信息管理系学生，成绩加 5 分；

③ 对其他系学生，成绩不变。

```
UPDATE SC SET Grade = Grade +
  CASE Sdept
    WHEN '通信工程系' THEN 10
    WHEN '信息管理系' THEN 5
    ELSE 0
  END
  FROM Student S JOIN SC ON S.Sno = SC.Sno
  JOIN Course C ON C.Cno = SC.Cno
      WHERE Cname = 'Java'
```

注意，更改数据时，数据库管理系统会自动维护数据的完整性约束，包括实体完整性、参照完整性和用户定义的完整性约束。例如，假设成绩列的取值范围约束为 0～100，如果修改后成绩列的值在这个范围之外，则系统会自动提示错误，并且不执行该更改操作。

5.8.3　删除数据

当确定不再需要某些记录时，可以使用删除语句 DELETE，将这些记录删掉。DELETE 语句的语法格式如下：

```
DELETE [ FROM ] <表名>
[ FROM <条件表名> [ JOIN <条件表名 2> ON 连接条件] ]
[ WHERE <删除条件> ]
```

参数说明如下。

● <表名>说明了要删除哪个表中的数据。

● FROM <条件表名> [JOIN <条件表名 2> ON 连接条件]：指定用于为更新操作提供条件的表源。

● WHERE 子句说明只删除表中满足 WHERE 子句条件的记录。如果省略 WHERE 子句，则表示要无条件删除表中的全部记录。DELETE 语句中的 WHERE 子句的作用和写法同 SELECT 语句中的 WHERE 子句一样。

1. 无条件删除

例 5-92　删除所有学生的选课记录。

```
DELETE FROM SC                -- SC 成空表
```

2. 有条件删除

当用 WHERE 子句指定了要删除记录的条件时，同 UPDATE 语句一样，它也分为两种情况：一种是基于本表条件的删除。例如，删除所有不及格学生的选课记录，要删除的记录与删除的条件都在 SC 表中。另一种是基于其他表条件的删除，如删除计算机系不及格学生的选课记录，要删除的记录在 SC 表中，而删除的条件（计算机系）在 Student 表中。基于其他表条件的删除同样可以用两种方法实现，一种是使用多表连接，另一种是使用子查询。

（1）基于本表条件的删除。

例 5-93　删除所有不及格学生的修课记录。

```
DELETE FROM SC WHERE Grade < 60
```

（2）基于其他表条件的删除。

例 5-94 删除计算机系不及格学生的修课记录。

① 用子查询形式实现。

```
DELETE FROM SC
WHERE Grade < 60 AND Sno IN (
    SELECT Sno FROM Student
        WHERE Sdept = '计算机系' )
```

② 用多表连接形式实现。

```
DELETE FROM SC
   FROM SC JOIN Student ON SC.Sno = Student.Sno
      WHERE Sdept = '计算机系' AND Grade < 60
```

注意删除数据时，数据库管理系统也自动维护数据的完整性约束。比如，如果删除主表（参照表）中的数据，如果该数据在外键表中有引用，则数据库管理系统默认是给出错误提示并拒绝删除。

习 题

一、选择题

1. 当关系 R 和 S 进行连接操作时，如果 R 中的元组不满足连接条件，在连接结果中也会将这些记录保留下来的操作是（   ）。

    A. 左外连接   B. 右外连接

    C. 内连接   D. 自连接

2. 设在某 SELECT 语句的 WHERE 子句中，需要对 Grade 列的空值进行处理。下列关于空值的操作，错误的是（   ）。

    A. Grade IS NOT NULL   B. Grade IS NULL

    C. Grade = NULL   D. NOT (Grade IS NULL)

3. 下列聚合函数中，不忽略空值的是（   ）。

    A. SUM(列名)   B. MAX(列名)

    C. AVG(列名)   D. COUNT(*)

4. SELECT…INTO…FROM 语句的功能是（   ）。

    A. 将查询结果插入一个新表中

    B. 将查询结果插入一个已建好的表中

    C. 合并查询的结果

    D. 向已存在的表中添加数据

5. 下列查询语句中，错误的是（   ）。

    A. SELECT Sno, COUNT(*) FROM SC GROUP BY Sno

    B. SELECT Sno FROM SC GROUP BY Sno WHERE COUNT(*) > 3

    C. SELECT Sno FROM SC GROUP BY Sno HAVING COUNT(*) > 3

    D. SELECT Sno FROM SC GROUP BY Sno

6. 现要利用 Student 表查询年龄最小的学生姓名和年龄。下列实现此功能的查询语句中，正确的是（   ）。

A. SELECT Sname, MIN(Sage) FROM Student

B. SELECT Sname, Sage FROM Student WHERE Sage = MIN(Sage)

C. SELECT TOP 1 Sname, Sage FROM Student

D. SELECT TOP 1 Sname, Sage FROM Student ORDER BY Sage

7. 设 SC 表中记录成绩的列为 Grade，类型为 int。若在查询成绩时，希望将成绩按"优""良""中""及格"和"不及格"形式显示，则正确的 Case 表达式是（　　　）。

A. Case Grade
    When 90~100 THEN '优'
    When 80~89 THEN '良'
    When 70~79 THEN '中'
    When 60~69 THEN '及格'
    Else '不及格'
    End

B. Case
    When Grade between 90 and 100 THEN Grade = '优'
    When Grade between 80 and 89 THEN Grade = '良'
    When Grade between 70 and 79 THEN Grade = '中'
    When Grade between 60 and 69 THEN Grade = '及格'
    Else Grade = '不及格'
    End

C. Case
    When Grade between 90 and 100 THEN '优'
    When Grade between 80 and 89 THEN '良'
    When Grade between 70 and 79 THEN '中'
    When Grade between 60 and 69 THEN '及格'
    Else '不及格'
    End

D. Case Grade
    When 90~100 THEN Grade = '优'
    When 80~89 THEN Grade = '良'
    When 70~79 THEN Grade = '中'
    When 60~69 THEN Grade = '及格'
    Else Grade = '不及格'
    End

8. 下列 SQL 语句中，用于更改表数据的语句是（　　　）。

A. ALTER
B. SELECT
C. UPDATE
D. INSERT

9. 设有 Teachers 表，该表的定义如下：

```
CREATE TABLE Teachers(
    Tno CHAR(8) PRIMARY KEY,
    Tname VARCHAR(10) NOT NULL,
    Age TINYINT CHECK(Age BETWEEN 25 AND 65) )
```

则下列插入语句中，不能正确执行的是（　　　）。

A. INSERT INTO Teachers VALUES('T100','张三',NULL)

B. INSERT INTO Teachers(Tno,Tname,Age) VALUES('T100','张三',30)

C. INSERT INTO Teachers(Tno,Tname) VALUES('T100','张三')

D. INSERT INTO Teachers VALUES('T100','张三')

10. 下列删除计算机系学生的选课记录的语句，正确的是（　　）。

    A. DELETE FROM SC JOIN Student b ON SC.Sno = b.Sno
       WHERE Sdept = '计算机系'

    B. DELETE FROM SC FROM SC JOIN Student b ON SC.Sno = b.Sno
       WHERE Sdept = '计算机系'

    C. DELETE FROM Student WHERE Sdept = '计算机系'

    D. DELETE FROM SC WHERE Sdept = '计算机系'

11. 下列条件子句中，能够筛选出 Col 列中以 "a" 开始的所有数据的是（　　）。

    A. Where Col = 'a%'

    B. Where Col like 'a%'

    C. Where Col = 'a_'

    D. Where Col LIKE 'a_'

二、简答题

1. 在统计时会忽略 NULL 的聚合函数是哪一个？

2. HAVING 子句的作用是什么？

3. "%" 和 "_" 通配符的作用分别是什么？

4. WHERE Age BETWEEN 20 AND 30 子句中，查找的 Age 范围是多少？

5. WHERE Sdept NOT IN ('CS', 'IS', 'MA') 子句中，查找的数据是什么？

6. 自连接与普通内连接的主要区别是什么？

7. 外连接与内连接的主要区别是什么？

8. 相关子查询与嵌套子查询在执行上的主要区别是什么？

9. "SELECT...INTO 表名 FROM..." 语句的作用是什么？

10. 对统计结果的筛选应该使用哪个子句完成？

11. TOP 子句的作用是什么？

第 **6** 章 索引和视图

第 4 章已经介绍了关系数据库中最重要的对象——基本表，本章就来介绍关系数据库中的另外两个重要对象——索引和视图，这两个对象都是建立在基本表之上的。索引的作用是为了加快数据的查询效率，视图则是为了满足不同用户对数据的需求。索引可通过对数据建立方便查询的搜索结构来达到加快数据查询效率的目的；视图则可从基本表中抽取满足用户所需的数据，这些数据可以只来自一张表，也可以来自多张表。

6.1 索引

索引设计不佳或缺少索引是影响数据库和应用程序性能的主要方面，设计高效的索引对于获得良好的数据库和应用程序性能极为重要。不同数据库厂商的产品索引的机制不完全相同，本节主要介绍 SQL Server 平台中索引的存储结构以及如何创建和维护索引。

6.1.1 索引的基本概念

在数据库中建立索引是为了加快数据的查询速度。数据库中的索引与书籍中的目录或书后的术语表类似。在一本书中，利用目录或术语表可以快速查找所需信息，而无须翻阅整本书。在数据库中，索引使对数据的查找不需要对整个表进行扫描，就可以在其中找到所需数据。书籍的索引表是一个词语列表，其中注明了包含各个词语的页码。而数据库中的索引是一个表中所包含的列值的列表，其中注明了表中包含各个值的行数据所在的存储位置。可以为表中的单个列建立索引，也可以为一组列建立索引。索引由索引项组成，索引项则由来自表中每一行的一个或多个列（称为搜索关键字或索引关键字）组成。B 树按搜索关键字排序，可以对组成搜索关键字的任何子词条集合进行高效搜索。例如，对于一个由 A、B、C 3 列组成的索引，可以在 A 和 A、B 以及 A、B、C 上对其进行高效搜索。

例如，假设在 Student 表的 Sno 列上建立了一个索引（Sno 为索引项或索引关键字），则在索引部分就有指向每个学号所对应的学生的存储位置的信息，如图 6-1 所示。

当数据库管理系统执行一个在 Student 表上根据指定的 Sno 查找该学生信息的语句时，它能够识别该表上的索引列（Sno），并首先在索引部分（按学号有序存储）查找该学号，然后根据找到的学号所指向的数据的存储位置，直接检索出需要的信息。如果没有索引，则数据库管理系统需要从 Student 表的第一行开始，逐行检索指定的 Sno 值。从数据结构的算法知识我们知道有序数据的查找比无序数据的查找效率要高很多。

但索引为查找所带来的性能好处是有代价的，首先索引在数据库中会占用一定的存储空间来存储索引信息。其次在对数据进行插入、更改和删除操作时，为了使索引与数据保持一致，还需要对索引进行相应维护。对索引的维护是需要花费时间的。

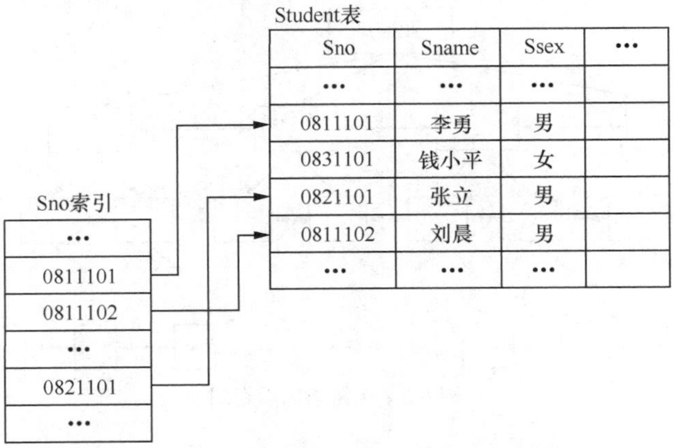

图 6-1 索引及数据间的对应关系示意图

因此，利用索引提高查询效率是以占用空间和增加数据更改的时间为代价的。在设计和创建索引时，应确保对性能的提高程度大于在存储空间和处理资源方面的代价。

在数据库管理系统中，数据一般是按数据页存储的，数据页是一块固定大小的连续的存储空间。不同的数据库管理系统数据页的大小不同，有的数据库管理系统数据页的大小是固定的，比如 SQL Server 的数据页就固定为 8KB；有些数据库管理系统的数据页大小可由用户设定，比如 DB2。在 SQL Server 中，索引项也按数据页存储，而且其数据页的大小与存放数据的数据页的大小相同。

在 SQL Server 中，存放数据的数据页与存放索引项的数据页采用的都是通过指针链接在一起的方式连接各数据页，而且在页头包含指向下一页及前面页的指针，这样就可以将表中的全部数据或者索引链接在一起。数据页的组织方式示意图如图 6-2 所示。

图 6-2 数据页的组织方式示意图

6.1.2 索引的存储结构及分类

索引分为两大类，一类是聚集索引（Clustered Index，也称为聚簇索引），另一类是非聚集索引（Non-Clustered Index，也称为非聚簇索引）。聚集索引对数据按索引关键字值进行物理排序，非聚集索引不对数据按索引关键字值进行物理排序，而只将索引关键字按值进行排序。图 6-1 所示的索引示意图即为非聚集索引。在 SQL Server 中聚集索引和非聚集索引都采用 B 树结构来存储索引项，而且都包含数据页和索引页，其中，索引页用来存放索引项和指向下一层的指针，数据页用来存放数据。不同的数据库管理系统中索引的存储结构不尽相同，下面主要介绍 SQL Server 对索引采用的存储结构。

在介绍这两类索引之前，首先简单介绍一下 B 树结构。

1. B 树结构

B 树（Balanced Tree，平衡树）的最上层节点称为根节点（Root Node），最下层节点称为叶节点

（Left Node）。在根节点所在层和叶节点所在层之间层上的节点称为中间节点（Intermediate Node）。B 树结构从根节点开始，就以左右平衡的方式存放数据，中间可根据需要分成许多层，如图 6-3 所示。

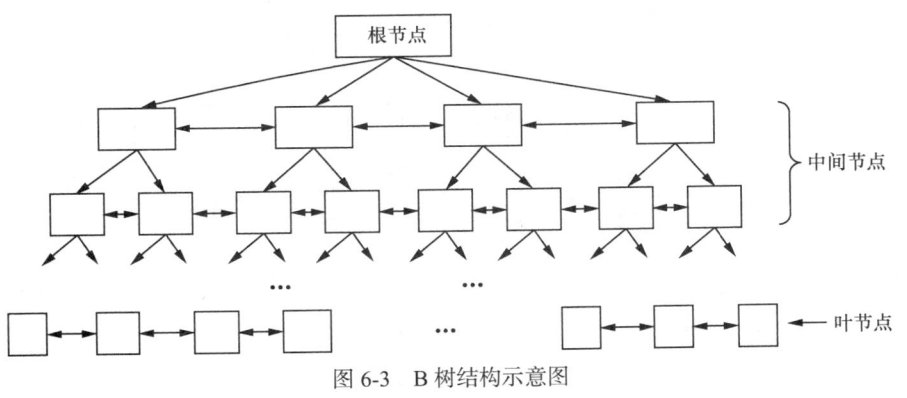

图 6-3　B 树结构示意图

2. 聚集索引

聚集索引的 B 树是自下而上建立的，最下层的叶级节点是基本表的数据，因此叶级节点既是索引页，也是数据页。多个数据页生成一个中间层节点的索引页，然后再由数个中间层节点的索引页合成更上层的索引页，如此上推，直到生成顶层的根节点的索引页。生成高一层节点的方法是：从叶级节点开始，高一层节点中的每一行均由索引关键字值和该值所在的数据页编号组成，其索引关键字值选取的是其下层节点中的最大或最小索引关键字的值。

除叶级节点外的其他层节点，每个索引行由索引键值和一个指针组成，指针指向这个索引键值在下层节点的数据页。每级索引中的页均被链接在双向链接列表中。其示意图如图 6-4 所示。

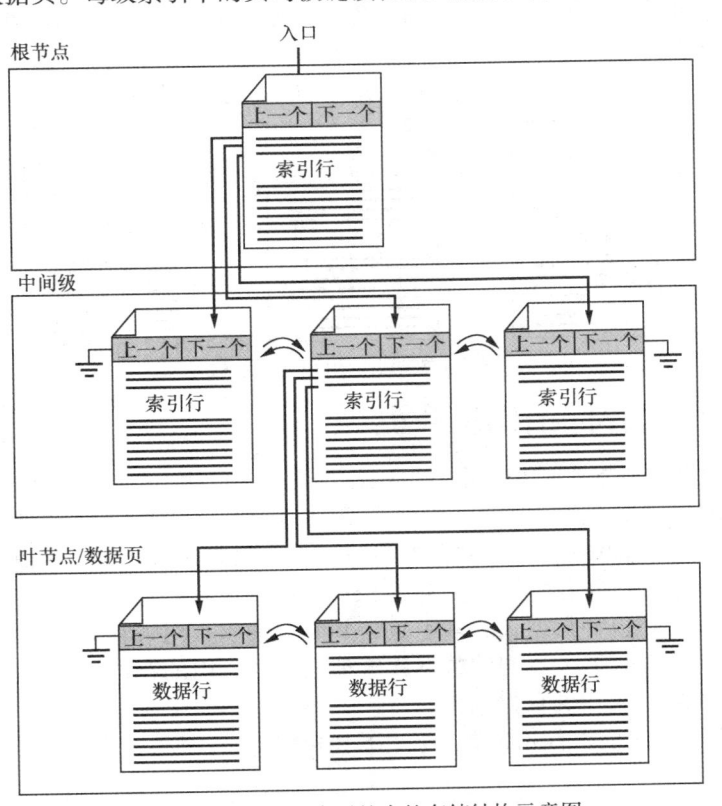

图 6-4　建有聚集索引的表的存储结构示意图

例如，设有职工表 Employee（Eno，Ename，Dept），各列含义分别为：职工号、职工名和所在部门，数据示例如表 6-1 所示。假设在 Eno 列上建有一个聚集索引（按升序排序），则其 B 树结构示意图如图 6-5 所示，其中的虚线代表数据页间的链接。注：每个节点左上方位置有数字代表页（数据页或索引页）的编号。

表 6-1   Employee 表的数据

Eno	Ename	Dept
E01	AB	CS
E02	AA	CS
E03	BB	IS
E04	BC	CS
E05	CB	IS
E06	AS	IS
E07	BB	IS
E08	AD	CS
E09	BD	IS
E10	BA	IS
E11	CC	CS
E12	CA	CS

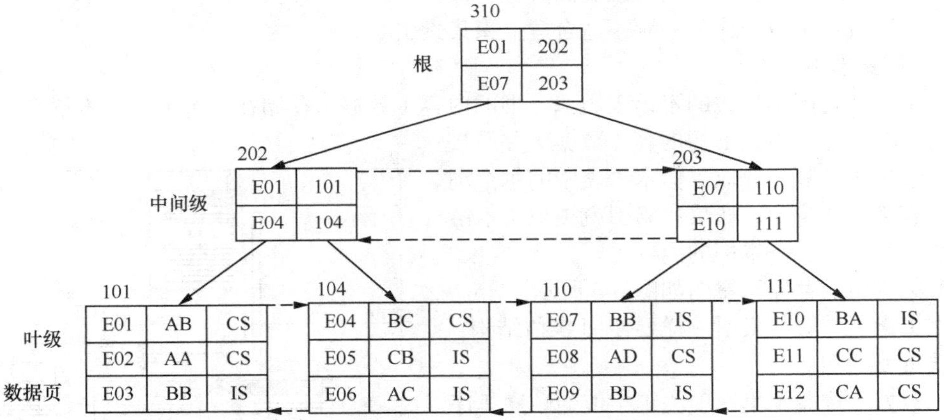

图 6-5   在 Eno 列上建有聚集索引的 B 树

在聚集索引的叶节点中，数据按聚集索引关键字的值进行物理排序。因此，聚集索引类似于电话号码簿，在电话号码簿中数据是按姓氏排序的，这里姓氏就是聚集索引关键字。由于聚集索引关键字决定了数据在表中的物理存储顺序，因此一个表只能包含一个聚集索引。但该索引可以由多个列（组合索引）组成，就像电话号码簿按姓氏和名字进行组织一样。

当在建有聚集索引的列上查找数据时，系统首先从聚集索引树的入口（根节点）开始逐层向下查找，直到达到 B 树索引的叶级，也就是达到了要找的数据所在的数据页，最后只在这个数据页中查找所需数据即可。

例如，若执行语句：SELECT * FROM Employee WHERE Eno = 'E08'。

则首先从根（310 数据页）开始查找，用"E08"逐项与 310 页上的每个索引关键字的值进行比较。由于"E08"大于此页的最后一个索引项"E07"的值，因此，选"E07"所在的数据页 203，再进入 203 数据页中继续与该页上的各索引关键字进行比较。由于"E08"大于 203 数据页上的"E07"

而小于"E10"，因此，选择"E07"所在的数据页 110，再进入到 110 数据页中进行逐项比较，这时可找到 Eno 等于"E08"的项，而且这一项包含了此职工的全部数据信息。至此查找完毕。

当插入或删除数据时，除了会影响数据的排列顺序外，还会引起索引页中索引项的增加或减少，系统会对索引页进行分裂或合并，以保证 B 树的平衡性，因此 B 树的中间节点数量以及 B 树的高度可能会发生变化，但这些调整都是数据库管理系统自动完成的，因此在对有索引的表进行插入、删除和更改操作时，有可能会降低这些操作的执行性能。

聚集索引对于那些经常要搜索列在连续范围内的值的查询时特别有效。使用聚集索引找到包含第一个列值的行后，由于后续要查找的数据值在物理上相邻而且有序，因此只要将数据值直接与查找到的终止值进行比较即可。

在创建聚集索引之前，应先了解数据是如何被访问的，因为数据的访问方式直接影响了对索引的使用。如果索引建立的不合适，则非但不能达到提高数据查询效率的目的，而且还会影响数据的插入、删除和更改操作的效率。因此，索引并不是建立得越多越好（建立索引需要占用空间，维护索引需要耗费时间），而是要有一些考虑因素。

在下列情况下可考虑创建聚集索引。

（1）有包含大量非重复值的列。

（2）使用 BETWEEN AND、>、>=、< 和 <=运算符返回一个范围值的查询时。

（3）经常被用作连接的列，一般来说，这些列都是外键列。

（4）对 ORDER BY 或 GROUP BY 子句中指定的列建立索引，可以使数据库管理系统在查询时不必对数据再进行排序，从而可以提高查询性能。

对于频繁进行更改操作的列则不适合建立聚集索引。

3. 非聚集索引

非聚集索引与图书后边的术语表类似。书的内容（数据）存储在一个地方，术语表（索引）存储在另一个地方。而且书的内容（数据）并不按术语表（索引）的顺序存放，但术语表中的每个词在书中都有确切的位置。非聚集索引就类似于术语表，而数据就类似于一本书的内容。

非聚集索引的存储示意图如图 6-6 所示。

非聚集索引与聚集索引一样要使用 B 树结构，但有两点重要差别。

（1）数据不按非聚集索引关键字值的顺序排序和存储。

（2）非聚集索引的叶级节点不是存放数据的数据页。

非聚集索引 B 树的叶级节点是索引行。每个索引行包含非聚集索引关键字值以及一个或多个行定位器。如果表上没有建立聚集索引，则行定位器是指向行数据的指针；如果表上建有聚集索引，则行定位器是该行的聚集索引键值。

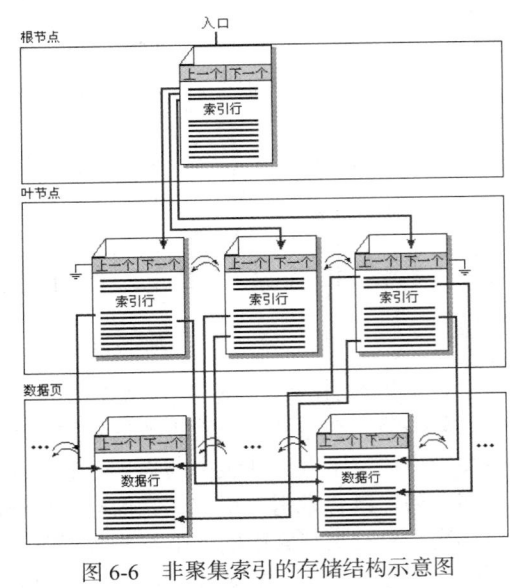

图 6-6 非聚集索引的存储结构示意图

例如，假设在 Employee 表的 Eno 列上建有一个非聚集索引，并且该表没有聚集索引，则数据和其索引 B 树的形式如图 6-7 所示。从这个图中可以观察到，数据页上的数据并不是按索引关键字 Eno 有序排序的，但根据 Eno 建立的索引 B 树是按 Eno 的值有序排序的，而且上一层节点中的每个索引关键字值取的是下一层节点上的最小索引键值。

在建有非聚集索引的表上查找数据的过程与聚集索引类似，也是从根节点开始逐层向下查找，直到找到叶级节点，在叶级节点中找到匹配的索引关键字值之后，其所对应的行定位器所指位置即是查找数据的存储位置。

由于非聚集索引并不改变数据的物理存储顺序，因此可以在一个表上建立多个非聚集索引，就像一本书可以有多个术语表一样。例如，一本介绍园艺的书可能会包含一个植物通俗名称的术语表和一个植物学名称的术语表，因为这是读者查找信息的两种最常用的方法。

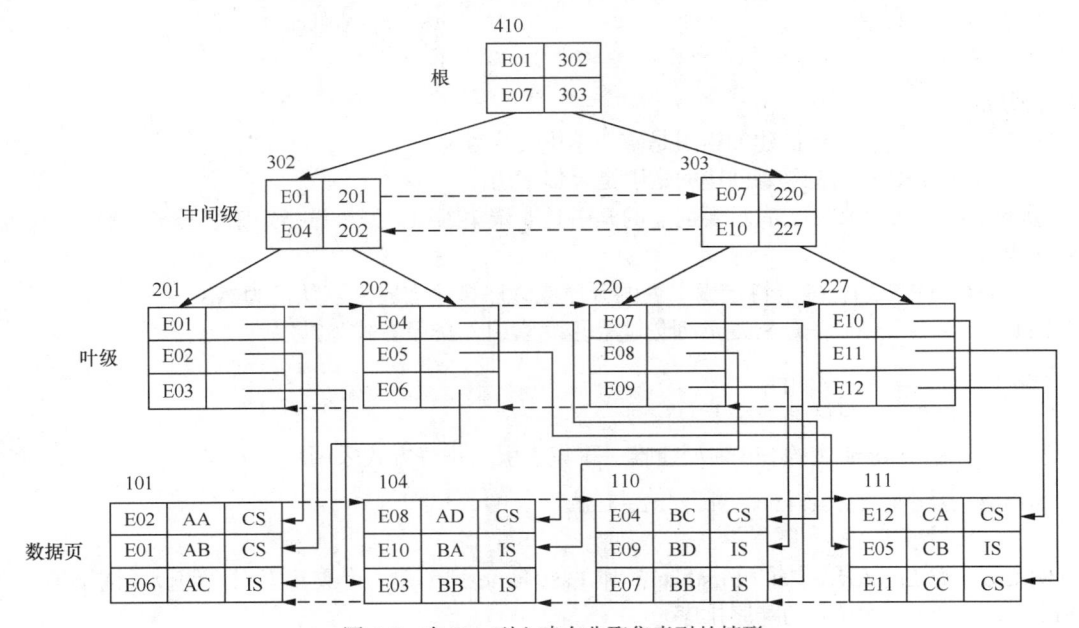

图 6-7　在 Eno 列上建有非聚集索引的情形

在创建非聚集索引之前，应先了解数据是如何被访问的，以使建立的索引科学合理。若存在下列情况则可考虑创建非聚集索引。

（1）包含大量非重复值的列。如果某列只有很少的非重复值，比如只有 1 和 0，则不对这些列建立非聚集索引。

（2）有经常作为查询条件的列。

（3）有经常作为连接和分组条件的列。

4. 唯一索引

唯一索引用于确保索引列不包含重复的值，唯一索引可以只包含一个列（限制该列的取值不重复），也可以由多个列共同构成（限制这些列的组合取值不重复）。例如，如果在 LastName、FirstName 和 MiddleInitial 3 个列上创建了一个唯一索引 FullName，则该表中任何两个人都不可以具有完全相同的名字（LastName、FirstName 和 MiddleInitial 名字均相同）。

聚集索引和非聚集索引都可以是唯一索引。因此，只要列中的数据是唯一的，就可以在同一个表上创建一个唯一的聚集索引和多个唯一的非聚集索引。

只有当数据本身具有唯一性特征时，指定唯一索引才有意义。如果必须要实施唯一性来确保数据的完整性，则应在列上创建 UNIQUE 约束或 PRIMARY KEY 约束，而不是创建唯一索引。例如，如果想限制学生表（主键为 Sno）中的身份证号列（Sid）的取值不能有重复，则可在 Sid 列上创建 UNIQUE 约束，而不是在该列上创建唯一索引。实际上，当在表上创建 PRIMARY KEY 约束或 UNIQUE 约束时，系统会自动在这些约束的列上创建唯一索引。

6.1.3 创建和删除索引

1. 创建索引

我们确定了索引关键字之后，就可以在数据库的表上创建索引了。创建索引使用的是 CREATE INDEX 语句，其一般语法格式为：

```
CREATE [ UNIQUE ] [ CLUSTERED | NONCLUSTERED ] INDEX <索引名>
ON { <表名> | <视图名> } ( <列名> [ ASC | DESC ] [,…n] )
```

说明如下。

① UNIQUE：表示要创建的索引是唯一索引。

② CLUSTERED：表示要创建的索引是聚集索引。

③ NONCLUSTERED：表示要创建的索引是非聚集索引。如果没指定索引类型，则默认是创建非聚集索引。

④ [ASC|DESC]：确定特定索引列的升序或降序排序方向。默认值为 ASC。

例 6-1 为 Student 表的 Sname 列创建非聚集索引，排序方式为升序。

```
CREATE INDEX Sname_ind
  ON Student ( Sname ASC )
```

例 6-2 为 Student 表的 Sid 列创建唯一聚集索引，排序方式采用默认方式。

```
CREATE UNIQUE CLUSTERED INDEX Sid_ind
  ON Student ( Sid )
```

例 6-3 为 Employee 表的 FirstName 和 LastName 列创建一个聚集索引。假设查询结果经常按 FirstName 和 LastName 的降序排序。

分析：因为查询结果经常按 FirstName 和 LastName 的降序排序，因此为了避免或减少对查询结果的排序，我们在建立索引时，可以按 FirstName 和 LastName 的降序建立。

```
CREATE CLUSTERED INDEX EName_ind
  ON Employee ( FirstName DESC, LastName DESC)
```

2. 删除索引

索引一经建立，就由数据库管理系统自动使用和维护，不需要用户干预。建立索引是为了加快数据的查询效率，但如果要频繁地对数据进行增、删、改操作，则数据库管理系统会花费很多时间来维护索引，这会降低数据的修改效率。另外，存储索引需要占用额外的空间，这增加了数据库的空间开销。因此，当不需要某个索引时，可将其删除。

在 SQL 语言中，删除索引使用的是 DROP INDEX 语句。其一般语法格式为：

```
DROP INDEX <索引名> ON <表名>
```

例 6-4 删除 Student 表中的 Sname_ind 索引。

```
DROP INDEX Sname_ind ON Student
```

6.2 视图

第 2 章在介绍数据库的三级模式时，介绍过模式（对应到基本表）是数据库中全体数据的逻辑结构，这些数据也是物理存储的，当不同的用户需要基本表中不同的数据时，可以为每类这样的用户建立一个外模式。外模式中的内容来自模式，这些内容可以是某个模式的部分数据或多个模式组合的数据。外模式对应到关系数据库中的概念就是视图。

视图（view）是数据库中的一个对象，它是数据库管理系统提供给用户的以多种角度观察数据库中数据的一种重要机制。本节将介绍视图的概念和作用。

6.2.1　基本概念

通常将模式所对应的表称为基本表。基本表中的数据是实际物理存储在磁盘上的。关系模型有一个重要的特点，就是由 SELECT 语句得到的结果仍然是二维表，由此引出了视图的概念。视图是查询语句产生的结果，但它有自己的视图名，视图中的每个列也有自己的列名。视图在很多方面都与基本表类似。

视图是由从数据库的基本表中选取出来的数据组成的逻辑窗口，是基本表的部分行和列数据的组合。它与基本表不同的是，视图是一个虚表。数据库中只存储视图的定义，而不存储视图所包含的数据，这些数据仍存放在原来的基本表中。这种模式有如下两个好处。

第一，视图数据始终与基本表数据保持一致。当基本表中的数据发生变化时，从视图中查询出的数据也会随之变化。因为每次从视图查询数据时，都是执行视图的查询语句，即最终都是落实到基本表中查询数据。从这个意义上讲，视图就像一个窗口，透过它可以看到数据库中自己感兴趣的数据。

第二，节省存储空间。当数据量非常大时，重复存储数据是非常耗费空间的。

视图可以从一个基本表中提取数据，也可以从多个基本表中提取数据，甚至还可以从其他视图中提取数据，以构成新的视图。但不管怎样，对视图数据的操作最终都会转换为对基本表的操作。图 6-8 展示了视图与基本表之间的关系。

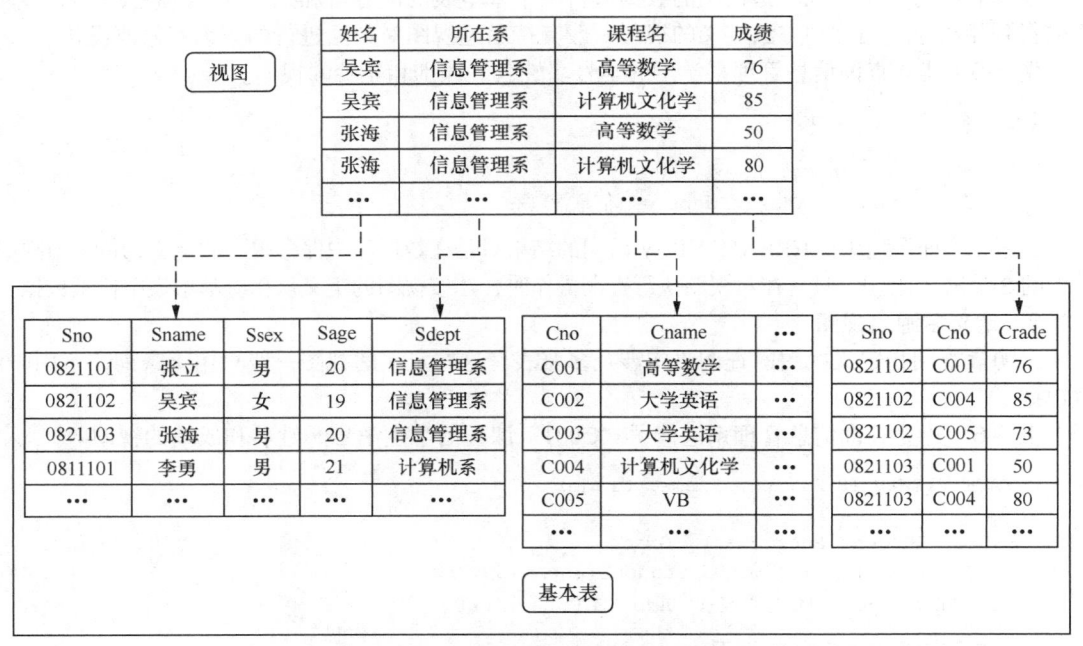

图 6-8　视图与基本表的关系示意图

6.2.2　定义视图

定义视图的 SQL 语句为 CREATE VIEW，其一般格式如下：

```
CREATE VIEW <视图名> [( 列名[ ,…n ] )]
AS
    SELECT 语句
[ WITH CHECK OPTION ] [ ; ]
```

WITH CHECK OPTION：要求对该视图执行的所有数据更改语句都必须符合 SELECT 语句中所设置的条件。通过视图更改数据时，WITH CHECK OPTION 可确保数据更改后，仍可通过视图看到定义视图时看到的数据。该选项仅适用于通过视图更改数据的操作，不适用于直接对视图的基础表执行的数据更改操作。

在定义视图时应注意以下几点。

（1）视图定义中的 SELECT 子句不能包括下列内容。

① ORDER BY 子句，除非在 SELECT 语句中使用了 TOP 子句。

② INTO 关键字。

③ 引用临时表。

（2）在定义视图时要么指定视图的全部列名，要么全部省略不写，不能只写视图的部分列名。如果省略了视图的"列名"部分，则视图的列名与查询语句中查询结果中显示的列名相同。但在如下 3 种情况下必须明确指定组成视图的所有列名。

① 某个目标列不是简单的列名，而是函数或表达式，并且在 SELECT 语句中没有为这样的列指定别名。

② 多表连接时选出了几个同名列作为视图的列。

③ 需要在视图中为某个列选用其他更合适的列名。

1. 定义单源表视图

单源表的行列子集视图指视图的数据取自一个基本表的部分行和列，这样的视图行列与基本表的行列相对应。用这种方法定义的视图一般支持通过视图对数据进行的查询和修改操作。

例 6-5　建立查询信息管理系学生的学号、姓名、性别和年龄的视图。

```
CREATE VIEW IS_Student
AS
   SELECT Sno, Sname, Ssex, Sage
     FROM Student WHERE Sdept = '信息管理系'
```

数据库管理系统执行 CREATE VIEW 语句的结果只是在数据库中保存视图的定义，并不真正执行其中的 SELECT 语句。只有在对视图执行查询操作时，才按视图的定义从相应基本表中检索数据。

2. 定义多源表视图

多源表视图指定义视图的查询语句涉及多张表，这样定义的视图一般只用于查询，不用于修改数据。

例 6-6　建立查询信息管理系选修了"C001"课程的学生学号、姓名和成绩的视图。

```
CREATE VIEW V_IS_S1(Sno, Sname, Grade)
AS
  SELECT Student.Sno, Sname, Grade
    FROM Student JOIN SC ON Student.Sno = SC.Sno
    WHERE Sdept = '信息管理系' AND SC.Cno = 'C001'
```

3. 在已有视图上定义新视图

视图的来源可以是基本表，也可以是已经建立好的视图。在视图上再建立新的视图时，作为数据源的视图必须是已经建立好的视图。

例 6-7　利用例 6-5 建立的视图，建立查询信息管理系年龄小于 20 的学生学号、姓名和年龄的视图。

```
CREATE VIEW IS_Student_Sage
AS
  SELECT Sno, Sname, Sage
    FROM IS_Student WHERE Sage < 20
```

视图的来源不仅能是单个的视图和基本表，而且还能是视图和基本表的组合。

例 6-8　利用例 6-5 所建的视图，例 6-6 的视图定义可修改为：

```
CREATE VIEW V_IS_S2(Sno, Sname, Grade)
AS
  SELECT SC.Sno, Sname, Grade
    FROM IS_Student JOIN SC ON IS_Student.Sno = SC.Sno
    WHERE Cno = 'C001'
```

这里的视图 V_IS_S2 就是建立在 IS_Student 视图和 SC 表之上的。

4. 定义带表达式的视图

在定义基本表时，为减少数据库中的冗余数据，表中只存放基本数据，而基本数据经过各种计算派生出的数据一般是不存储的。由于视图中的数据并不实际存储在磁盘上，因此定义视图时可以根据需要设置一些派生属性列，并在这些派生属性列中保存经过计算的值。这些派生属性由于在基本表中并不实际存在，因此也称它们为虚拟列。包含虚拟列的视图也称为带表达式的视图。

例 6-9　定义一个查询学生出生年份的视图，内容包括学号、姓名和出生年份。

```
CREATE VIEW BT_S(Sno, Sname, BirthYear)
AS
  SELECT Sno, Sname, 2020 - Sage
    FROM Student
```

5. 含分组统计信息的视图

含分组统计信息的视图是指定义视图的查询语句中含有 GROUP BY 子句，这样的视图只能用于查询，不能用于修改数据。

例 6-10　定义查询每个学生的学号及平均成绩的视图。

```
CREATE VIEW S_G
AS
  SELECT Sno, AVG(Grade) AverageGrade FROM SC
    GROUP BY Sno
```

注意，这个查询语句为聚合函数指定了列别名，因此在定义视图的语句中可以省略视图的列名。当然我们也可以指定视图的列名。如果指定了视图中各列的列名，则视图可用指定的列名作为视图各列的列名。

6.2.3　通过视图查询数据

定义好视图之后，就可以在视图上进行查询操作了，通过视图查询数据就如同通过基本表查询数据一样。

例 6-11　利用例 6-5 建立的视图，查询信息管理系男生的信息。

```
SELECT * FROM IS_Student WHERE Ssex = '男'
```

查询结果如图 6-9 所示。

数据库管理系统在对视图进行查询时，首先检查要查询的视图是否存在。如果存在，则从数据字典（数据库管理系统自动维护的存储系统信息的数据）中提取视图的定义，并根据定义视图的查询

	Sno	Sname	Ssex	Sage
1	202021101	张立	男	20
2	202021103	张海	男	20

图 6-9　例 6-11 的查询结果

语句，将对视图的查询转换成等价的对基本表的查询，然后再执行转换后的查询操作。

因此，例 6-11 的查询最终转换成的实际查询语句如下：

```
SELECT Sno, Sname, Ssex, Sage
  FROM Student
  WHERE Sdept = '信息管理系' AND Ssex = '男'
```

例 6-12 查询信息管理系选修了 "C001" 课程且成绩大于等于 60 的学生的学号、姓名和成绩。这个查询可以利用例 6-6 定义的视图来实现。

```
SELECT * FROM V_IS_S1 WHERE Grade >= 60
```

查询结果如图 6-10 所示。

此查询最终转换成的对基本表的查询语句如下：

```
SELECT S.Sno, Sname, Grade FROM SC
  JOIN Student S ON S.Sno = SC.Sno
  WHERE Sdept = '信息管理系' AND SC.Cno = 'C001'
    AND Grade >= 60
```

	Sno	Sname	Grade
1	202021102	吴宾	76

图 6-10 例 6-12 的查询结果

例 6-13 查询信息管理系学生的学号、姓名、所选课程的课程名。

```
SELECT v.Sno, Sname, Cname
  FROM IS_Student v JOIN SC ON v.Sno = SC.Sno
  JOIN Course C ON C.Cno = SC.Cno
```

查询结果如图 6-11 所示。

此查询最终转换成的对基本表的查询如下：

```
SELECT S.Sno, Sname, Cname
  FROM Student S JOIN SC ON S.Sno = SC.Sno
  JOIN Course C ON C.Cno = SC.Cno
  WHERE Sdept = '信息管理系'
```

	Sno	Sname	Cname
1	202021102	吴宾	高等数学
2	202021102	吴宾	计算机文化学
3	202021102	吴宾	Java
4	202021102	吴宾	数据结构
5	202021103	张海	高等数学
6	202021103	张海	计算机文化学

图 6-11 例 6-13 的查询结果

有时，将通过视图进行的查询转换成对基本表的查询是很直接的，但有些情况下，这种转换不能直接进行。

例 6-14 利用例 6-10 建立的视图，查询平均成绩大于等于 80 的学生的学号和平均成绩。

```
SELECT * FROM S_G
WHERE AverageGrade >= 80
```

查询结果如图 6-12 所示。

这个示例的查询语句不能直接转换为基本表的查询语句，因为若是直接转换，将会产生如下的语句：

```
SELECT Sno, AVG(Grade) FROM SC
  WHERE AVG(Grade) > 80
  GROUP BY Sno
```

	Sno	AverageGrade
1	202011101	80
2	202011102	88

图 6-12 例 6-14 的查询结果

这个转换显然是错误的，因为聚合函数不能出现在 WHERE 子句中。正确的转换语句应该是：

```
SELECT Sno, AVG(Grade) FROM SC
  GROUP BY Sno
  HAVING AVG(Grade) >= 80
```

目前大多数关系数据库管理系统对这种含有聚合函数的视图的查询均能进行正确地转换。

视图不仅可用于查询数据，也可以通过视图修改基本表中的数据，但并不是所有的视图都可以用于修改数据。比如，经过统计或表达式计算得到的视图，就不能用于修改数据的操作。能否通过视图修改数据的基本原则是: 如果这个操作能够正确转换为对基本表的操作, 则可以通过视图修改数据, 否则不行。

我们在前面介绍过, 有些复杂的查询, 特别是聚合函数和普通列一起进行的查询, 在一个查询语句中是很难实现的, 这时我们可以通过分步骤的方法来实现。之前我们介绍的是利用将查询结果保存到表中的方法来实现分步骤查询的目的, 本节则是介绍通过建立视图的方法来达到分步骤查询的目的。

视图从本质上来说是二维表, 因此可以把视图看成是普通的表, 来与其他表或视图进行连接等查询操作。下面就利用视图来实现分步骤查询。

例 6-15 查询计算机系的学生人数、学生姓名、学生年龄和平均年龄。

步骤 1: 建立统计每个系的学生人数和平均年龄的视图。

```
CREATE VIEW V_SD
AS
SELECT Sdept AS 系名, COUNT(*) AS 人数, AVG(Sage) AS 平均年龄
  FROM Student
  GROUP BY Sdept
```

步骤 2: 利用该视图和 **Student** 表查询计算机系的学生人数、学生姓名、学生年龄和平均年龄。

```
SELECT 人数, Sname AS 姓名, Sage AS 年龄, 平均年龄
  FROM V_SD JOIN Student ON V_SD.系名 = Student.Sdept
  WHERE 系名 = '计算机系'
```

相比将查询结果保存到表中的分步骤查询方法, 利用视图实现分步骤查询的好处如下。

① 视图并不物理地存储数据, 因此会更节省空间。

② 每次从视图中查询数据时均是转换到基本表中进行操作, 因此可以保证视图的数据与基本表数据保持一致。

相比将查询结果保存到表中的分步骤查询方法, 利用视图实现分步骤查询的缺点是查询的执行效率会降低, 因为每次通过视图查询数据时, 都要转换为对基本表的操作, 这个转换需要花费时间。

6.2.4 修改和删除视图

定义好视图后, 如果用户的信息需求发生了变化, 可以通过修改视图来满足用户新的信息需求。如果不需要某个视图, 还可以将其删除。

1. 修改视图

修改视图的 SQL 语句为 ALTER VIEW, 其语法格式如下:

```
ALTER VIEW  <视图名> [ ( <列名> [ ,…n ] ) ]
AS
    SELECT 语句
```

可以看到, 修改视图的 SQL 语句与定义视图的 SQL 语句基本是一样的, 只是将 CREATE VIEW 改成了 ALTER VIEW。

例 6-16 修改例 6-10 定义的视图, 使其统计每个学生的考试平均成绩和修课总门数。

```
ALTER VIEW S_G(Sno, AverageGrade, Count_Cno)
AS
   SELECT Sno, AVG(Grade), Count(*) FROM SC
    GROUP BY Sno
```

2. 删除视图

删除视图的 SQL 语句的语法格式如下:

```
DROP VIEW [ IF EXISTS ] <视图名> [ ,…n ] [;]
```

例 6-17　删除例 6-5 定义的 IS_Student 视图。

```
DROP VIEW IS_Student
```

删除视图时需要注意，如果被删除的视图是其他视图的数据源，如前面定义的 IS_Student 视图就是 IS_Student_Sage 视图的数据源，那么删除 IS_Student，其导出视图 IS_Student_Sage 将无法再使用。同样，如果定义视图的基本表被删除了，视图也将无法使用。因此，在删除基本表和视图时一定要注意是否存在引用被删除对象的视图，如果有则最好同时删除。

6.2.5　视图的作用

正如前边所讲的，使用视图可以简化和定制用户对数据的需求。虽然对视图的操作最终都会转换为对基本表的操作，视图看起来似乎没什么用处，但实际上，合理地使用视图会给我们带来许多好处。

1. 简化数据查询语句

采用视图机制可以使用户将注意力集中在自己关心的数据上。如果这些数据来自多个基本表，或者数据的一部分来自基本表，另一部分来自视图，并且所用的搜索条件又比较复杂时，需要编写的 SELECT 语句就会很长，这时通过定义视图就可以简化客户端对数据的查询操作。定义视图可以将表与表之间复杂的连接操作和搜索条件对用户隐藏起来，用户只需简单地对一个视图进行查询即可。这在多次执行相同的数据查询操作时尤为有用。

2. 使用户能多角度地看待同一数据

采用视图机制能使不同的用户以不同的方式看待同一数据，当许多不同类型的用户共享同一个数据库时，这种灵活性是非常重要的。

3. 提高了数据的安全性

使用视图可以定制用户能查看哪些数据并屏蔽敏感数据。例如，若是不希望员工看到别人的工资，就可以建立一个不包含工资项的职工视图，然后让用户通过视图来访问表中的其他数据，而不授予他们直接访问基本表的权限，这样就在一定程度上提高了数据库数据的安全性。

4. 提供了一定程度的逻辑独立性

视图在一定程度上提供了第 2 章介绍的数据的逻辑独立性，因为它对应的是数据库的外模式。

在关系数据库中，数据库的重构是不可避免的。重构数据库的常见方法是将一个基本表分解成多个基本表。例如，可将学生表 Student(Sno, Sname, Ssex, Sage, Sdept)分解为 SX(Sno, Sname, Sage,)和 SY(Sno, Ssex, Sdept)两个表，这时对 Student 表的操作就变成了对 SX 和 SY 的操作，则可定义视图：

```
CREATE VIEW Student (Sno, Sname, Ssex, Sage, Sdept)
AS
  SELECT SX.Sno, SX.Sname, SY.Ssex, SX.Sage, SY.Sdept
    FROM SX JOIN SY ON SX.Sno = SY.Sno
```

这样，尽管数据库的表结构变了，但应用程序可以不必修改，新建的视图保证了用户原来的关系，使用户的外模式未发生改变。

注意，视图只能在一定程度上提供数据的逻辑独立性，由于视图的更新是有条件的，因此，应用程序在修改数据时可能会因基本表结构的改变而受一些影响。

6.3　物化视图

6.2 节介绍的视图模式为标准视图，在标准视图中，视图的结果并不被存储在数据库中，每次通过标准视图访问数据时，数据库管理系统都会在内部将视图定义转换为对基本表的查询，这个转换需要花费一定的时间，因此通过视图这种方法查询数据会降低数据的查询效率。为解决这个问题，很多数据库管理系统都提供了允许将视图数据进行物理存储的机制，而且数据库管理系统能够保证当定义视图的基本表数据发生变化时，视图中的数据也随之更改，这样的视图被称为**物化视图**（materialized view，在 SQL Server 中这样的视图称为**索引视图**），保证视图数据与基本表数据保持一致的过程称为视图维护（view maintenance）。

对于标准视图而言，为每个使用视图的查询动态生成结果集的开销很大，特别是对于那些涉及对大量数据行进行复杂处理（如聚合大量数据或连接许多行）的视图。这时就可通过建立物化视图的方法来提高通过视图查询数据的效率，不同的数据库管理系统实现物化视图的机制各不相同，在 SQL Server 中，是通过对视图创建唯一聚集索引的方法来建立物化视图的，具体的创建方法有兴趣的读者可参看 SQL Server 的相关文档。

使用物化视图可以提高通过视图查询数据的效率，但物化视图带来的好处是以增加存储空间为代价的。

习　题

一、选择题

1. 建立索引可以加快数据的查询效率。在数据库的 3 级模式结构中，索引属于（　　　）。
   - A. 内模式
   - B. 模式
   - C. 外模式
   - D. 概念模式

2. 下列关于索引的说法，正确的是（　　　）。
   - A. 只要建立了索引就可以加快数据的查询效率
   - B. 在一个表上可以建立多个聚集索引
   - C. 在一个表上可以建立多个唯一的非聚集索引
   - D. 索引会影响数据插入和更新的执行效率，但不会影响删除数据的执行效率

3. 下列关于唯一索引的说法，错误的是（　　　）。
   - A. 唯一索引可以是聚集索引
   - B. 唯一索引可以是非聚集索引
   - C. 在一个表上只能建立一个唯一索引
   - D. 在一个表上可以建立多个唯一索引

4. "CREATE UNIQUE INDEX IDX1 ON T(C1,C2)" 语句的作用是（　　　）。
   - A. 在 C1 和 C2 列上分别建立一个唯一的聚集索引
   - B. 在 C1 和 C2 列上分别建立一个唯一的非聚集索引
   - C. 在 C1 和 C2 列的组合上建立一个唯一的聚集索引
   - D. 在 C1 和 C2 列的组合上建立一个唯一的非聚集索引

5. 下列关于视图的说法，正确的是（　　　）。
   - A. 视图与基本表一样，其数据也被保存到数据库中
   - B. 对视图的操作最终都转换为对基本表的操作
   - C. 视图的数据源只能是基本表
   - D. 所有视图都可以实现对数据的增、删、改、查操作

6. 下列关于在视图的定义语句中可以包含的语句的说法，正确的是（　　　）。
   - A. 只能包含数据查询语句
   - B. 可以包含数据的增、删、改、查语句

C. 可以包含创建表的语句

D. 所有语句都可以

7. 视图对应数据库 3 级模式中的（　　　　）。

　　A. 外模式　　　　B. 内模式　　　　　　C. 模式　　　　　　D. 其他

8. 下列关于通过视图更改数据的说法，错误的是（　　　　）。

　　A. 如果视图的定义涉及多张表，则对这种视图一般情况下允许进行更改操作

　　B. 如果定义视图的查询语句中含有 GROUP BY 子句，则对这种视图不允许进行更改操作

　　C. 如果定义视图的查询语句中含有聚合函数，则对这种视图不允许进行更改操作

　　D. 如果视图数据来自单个基本表的行、列选择结果，则一般情况下允许进行更改操作

9. 下列关于视图的说法，正确的是（　　　　）。

　　A. 通过视图可以提高数据查询效率

　　B. 视图提供了数据的逻辑独立性

　　C. 视图只能建立在基本表上

　　D. 定义视图的语句可以包含数据更改语句

10. 创建视图的主要作用是（　　　　）。

　　A. 提高数据的查询效率

　　B. 维护数据的完整性约束

　　C. 维护数据的一致性

　　D. 提供用户视角的数据

11. 设有学生表（学号，姓名，所在系）。下列建立统计每个系的学生人数的视图语句中，正确的是（　　　　）。

　　A. CREATE VIEW v1 AS
　　　　SELECT 所在系, COUNT(*) FROM 学生表 GROUP BY 所在系

　　B. CREATE VIEW v1 AS
　　　　SELECT 所在系, SUM(*) FROM 学生表 GROUP BY 所在系

　　C. CREATE VIEW v1(系名,人数) AS
　　　　SELECT 所在系, SUM(*) FROM 学生表 GROUP BY 所在系

　　D. CREATE VIEW v1(系名,人数) AS
　　　　SELECT 所在系, COUNT(*) FROM 学生表 GROUP BY 所在系

二、简答题

1. 索引的作用是什么？

2. 索引分为哪几种类型？分别是什么？它们的主要区别是什么？

3. 在一个表上可以创建几个聚集索引？可以创建多个非聚集索引吗？

4. "聚集索引一定是唯一性索引"，这句话是否正确？反之呢？

5. "在建立聚集索引时，数据库管理系统是真正将数据按聚集索引列进行物理排序的"，这句话是否正确？

6. "在建立非聚集索引时，数据库管理系统并不对数据进行物理排序"，这句话是否正确？

7. "不管对表进行什么类型的操作，在表上建立的索引越多越能提高数据的操作效率"，这句话是否正确？

8. 索引通常情况下可以提高哪个数据操作的效率？

9. 试说明使用视图的好处。

10. "使用视图可以加快数据的查询速度"，这句话是否正确？为什么？

第**7**章　触发器和存储过程

数据完整性约束是指保证数据库中的数据符合现实中的实际情况，或者说，数据库中存储的数据要有实际意义。我们在第 4 章介绍了在定义关系表时实现数据完整性约束的方法，包括实体完整性、参照完整性和用户定义的完整性约束 3 个方面，本章我们将介绍实现复杂数据完整性约束的方法——触发器。

存储过程是 SQL 语句和控制流语句的预编译集合，它以一个名称存储并作为一个单元处理，应用程序可以通过调用的方法执行存储过程。存储过程使得对数据库的管理和操作更加容易，并且可以提高数据的操作效率。

7.1　触发器

触发器是一段由对数据的更改操作引发的自动执行的代码，这些更改操作包括 UPDATE、INSERT 或 DELETE。触发器通常用于保证业务规则和数据完整性，其主要优点是用户可以用编程的方法实现复杂的处理逻辑和商业规则，增强了数据完整性约束的功能。

触发器可以实现比 CHECK 约束更复杂的数据约束。从前面章节的例子我们可以看到，CHECK 约束只能约束位于同一个表上的列之间的取值约束，如"最低工资小于等于最高工资"。如果被约束的列位于两个不同表中，假设有职工表（职工号，姓名，工作编号，工资）和工作表（工作编号，最低工资，最高工资），如果要求职工的工资在工作表中相应工作的最低工资和最高工资范围内，这样的约束 CHECK 就无能为力了，这种情况就需要使用触发器来实现。

触发器是定义在某个表上的，用于限制该表中的某些约束条件，但在触发器中可以引用其他表中的列。例如，触发器可以使用另一个表中的列来比较插入或更新的数据是否符合要求。

7.1.1　创建触发器

建立触发器时，要指定触发器的名称、触发器所作用的表、引发触发器的操作以及在触发器中要完成的功能。

建立触发器的 SQL 语句是 CREATE TRIGGER，其语法格式为：

```
CREATE TRIGGER 触发器名称
ON {表名 | 视图名}
{ FOR | AFTER | INSTEAD OF }
{ [ INSERT ] [ , ] [ DELETE ] [ , ] [UPDATE ] }
AS
  SQL 语句[ ; ] [ ,…n ]
```

说明如下。

（1）触发器名称在数据库中必须是唯一的。

（2）ON：用于指定执行触发器的表。

（3）AFTER：指定触发器只有在引发的 SQL 语句中的操作都已成功执行，并且所有的约束检查也成功完成后，才执行此触发器。

（4）FOR：作用同 AFTER。

（5）INSTEAD OF：指定执行触发器而不是执行引发触发器的 SQL 语句，从而替代触发语句的操作。

（6）INSERT、DELETE 和 UPDATE 是引发触发器执行的操作，若同时指定多个操作，则各操作之间用逗号分隔。

创建触发器时，需要注意如下几点。

（1）在一个表上可以建立多个名称不同、类型各异的触发器，每个触发器可由 INSERT、DELETE 和 UPDATE 三个操作引发。对于 AFTER 型的触发器，可以在同一种操作上建立多个触发器；对于 INSTEAD OF 型的触发器，在同一种操作上只能建立一个触发器。

（2）大部分 SQL 语句都可用在触发器中，但也有一些限制。例如，所有的创建和更改数据库以及数据库对象的语句、所有的 DROP 语句都不允许在触发器中使用。

（3）在触发器中可以使用两个特殊的临时表：INSERTED 表和 DELETED 表，这两个表的结构同建立触发器的表的结构完全相同，而且这两个临时表只能在触发器代码中使用。

① INSERTED 表保存了 INSERT 操作中新插入的数据和 UPDATE 操作中更新后的数据。

② DELETED 表保存了 DELETE 操作中删除的数据和 UPDATE 操作更新前的数据。

在触发器中对这两个临时表的使用方法同一般基本表一样，可以通过这两个临时表存放的数据来判断对基本表进行的操作是否符合约束。

7.1.2 后触发型触发器

使用 FOR 或 AFTER 选项定义的触发器为后触发型的触发器，即只有在引发触发器执行的数据更改语句已成功执行后，才执行触发器。

后触发型触发器的执行过程如图 7-1 所示。

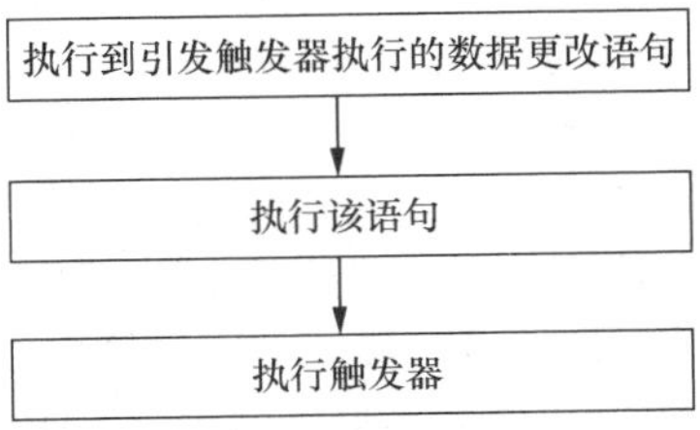

从图 7-1 可以看到，当后触发型触发器执行时，引发器执行的数据更改语句已经执行完成，因此，如果该操作不符合数据完整性约束，则在触发器中必须撤销该操作。

执行到引发触发器执行的数据更改语句 → 执行该语句 → 执行触发器

图 7-1　后触发型触发器的执行过程

例 7-1　设有职工表（职工号，姓名，工作编号，工资）和工作表（工作编号，最低工资，最高工资），编写限制职工工资必须在相应工作的最低工资到最高工资之间的后触发型触发器。

```
CREATE Trigger tri_Salary_AFT
  ON 职工表 AFTER INSERT, UPDATE
AS
  IF EXISTS(SELECT * FROM 职工表 a JOIN 工作表 b
            ON a.工作编号= b.工作编号
            WHERE 工资 NOT BETWEEN 最低工资 AND 最高工资)
    ROLLBACK    --撤销操作
```

> **注意**　触发器与引发触发器执行的操作共同构成了一个事务，事务是一个完整的工作单元，其中包含的操作要么全部完成，要么全部不完成，事务的详细概念将在第 12 章介

绍。事务的开始是引发触发器执行的操作，事务的结束是触发器的结束。由于 AFTER 型触发器在执行时，引发触发器执行的数据更改操作已经执行完了，因此，在触发器中应使用 ROLLBACK 撤销不正确的操作，这里的 ROLLBACK 实际是回滚到引发触发器执行的操作之前的状态，也就是撤销了违反完整性约束的操作。

例 7-2　针对 SC 表，编写后触发型触发器：限制每个学生总的选课门数不能超过 10 门。

```
CREATE Trigger tri_Total_AFT
  ON SC AFTER INSERT
AS
    IF (SELECT COUNT(*) FROM SC
          WHERE Sno IN (SELECT Sno FROM INSERTED)) > 10
      ROLLBACK
```

例 7-3　针对 SC 表，编写后触发型触发器：限制不能将不及格的成绩改为及格。

```
CREATE Trigger tri_Grade_AFT
  ON SC AFTER UPDATE
AS
    IF EXISTS(SELECT * FROM INSERTED i JOIN DELETED d
              ON i.Sno = d.Sno AND i.Cno = d.Cno
              WHERE i.Grade >= 60 AND d.Grade < 60)
      ROLLBACK
```

7.1.3　前触发型触发器

使用 INSTEAD OF 选项定义的触发器为前触发型触发器。在这种模式的触发器中，可指定执行触发器而不是执行引发触发器执行的数据更改语句，从而替代引发语句的操作。

前触发型触发器的执行过程如图 7-2 所示。

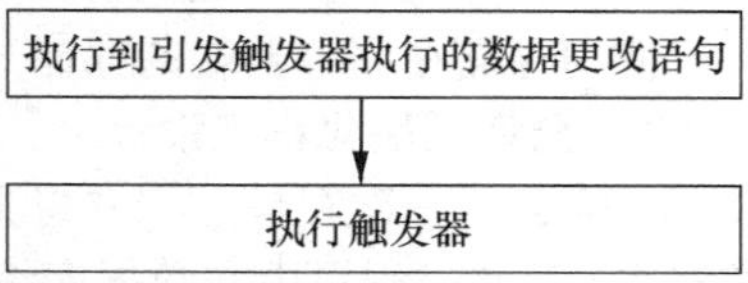

从图 7-2 中可以看到，当前触发型触发器执行时，引发触发器执行的数据操作语句并没有执行，因此，如果该数据操作语句符合完整性约束，则在触发器中需要重做该操作。

在一张表上，每个 INSERT、UPDATE 或 DELETE 操作最多可以定义一个 INSTEAD OF 触发器。

图 7-2　前触发型触发器的执行过程

例 7-4　利用例 7-1 中的职工表和工资表，用前触发器实现：新插入职工数据时，其工资必须在相应工作的最低工资到最高工资之间。

```
CREATE Trigger tri_Salary_INS
  ON 职工表 INSTEAD OF INSERT
AS
  IF NOT EXISTS(SELECT * FROM 职工表 a JOIN 工作表 b
              ON a.工作编号 = b.工作编号
                WHERE 工资 NOT BETWEEN 最低工资 AND 最高工资)
    INSERT INTO 职工表 SELECT * FROM INSERTED    --重做操作
```

例 7-5　用前触发型触发器实现例 7-2 限制每个学生总的选课门数不能超过 10 门的触发器。

```
CREATE Trigger tri_Total_INS
  ON SC INSTEAD OF INSERT
AS
  IF (SELECT COUNT(*) FROM SC
      WHERE Sno IN (SELECT Sno FROM INSERTED)) < 10
    INSERT INTO SC SELECT * FROM INSERTED
```

7.1.4 删除触发器

删除触发器的语句是 DROP TRIGGER，其语法格式为：

```
DROP TRIGGER 触发器名
```

例 7-6 删除触发器 tri1。

```
DROP TRIGGER tri1
```

7.2 存储过程

7.2.1 存储过程的概念

在创建数据库的应用程序时，SQL 语言是应用程序和数据库之间的主要编程接口。使用 SQL 语言编写代码时，可用两种方法存储和执行代码。一种是在客户端存储代码，创建向数据库发送 SQL 命令（或 SQL 语句）并处理返回结果的应用程序，如常用的在 C#、Java 等客户端编程语言中嵌入访问数据库的 SQL 语句；另一种是将这些发送的 SQL 语句存储在数据库服务器端（实际是存储在具体的数据库中，作为数据库中的一个对象），这些存储在数据库服务器端的 SQL 语句就是存储过程，客户端应用程序可以直接调用并执行存储过程并处理其返回的结果。

数据库中的存储过程与一般程序设计语言中的函数或过程类似，存储过程可有如下操作：
- 接受输入参数并以输出参数的形式将多个值返回至调用过程或批处理；
- 包含执行数据库操作（包括调用其他过程）的编程语句；
- 向调用者返回状态值，以表明成功或失败（以及失败原因）。

使用存储在服务器端的存储过程，而不使用嵌入到客户端应用程序中 SQL 语句的优势如下。

1. 允许模块化程序设计

只需创建一次存储过程并将其存储在数据库中，以后就可以在应用程序中调用该存储过程任意多次。存储过程可由在数据库编程方面有专长的人员创建，并可独立于程序源代码而单独修改。

2. 改善性能

如果某操作需要大量 SQL 语句或需要重复执行，则用存储过程比每次直接执行 SQL 语句的速度要快。因为系统在创建存储过程时对 SQL 代码进行了分析和优化，并在第一次执行时进行了语法检查和编译，将编译好的可执行代码存储在内存的一个专门缓冲区中，以后再执行此存储过程时，只需直接执行内存中的代码即可。

3. 减少网络流量

一个需要数百行 SQL 代码完成的操作现在只需要一条执行存储过程的代码即可实现，因此，不再需要在网络中发送数百行代码。

4. 可作为安全机制使用

对于即使没有直接执行存储过程中的语句权限的用户，也可以授予他们执行该存储过程的权限。

存储过程实际是存储在数据库服务器上的、由 SQL 语句和流程控制语句组成的预编译集合，它以一个名字存储并作为一个单元处理，可由应用程序调用执行，允许包含控制流、逻辑以及对数据的查询等操作。存储过程可以接受输入参数和输出参数，还可以返回单个或多个结果集。

7.2.2 创建和执行存储过程

创建存储过程的 SQL 语句 CREATE PROCEDURE，其语法格式为：

```
CREATE { PROC | PROCEDURE } 存储过程名
   [ { @参数名  数据类型 } [ = default ] [ OUT | OUTPUT | [READONLY]
   ] [ ,…n ]
AS
   { [ BEGIN ] SQL 语句[;] […n ] [ END ] }
   [;]
```

说明如下。

（1）default：参数的默认值。如果定义了默认值，则在执行存储过程时，可以不必指定该参数的值。

（2）OUT | OUTPUT：表明参数是输出参数。该选项的参数可将值返回给过程的调用方。不能将表值数据类型指定为过程的 OUTPUT 参数。

（3）READONLY：指示不能在过程的主体中更新或修改参数。如果参数类型为表值类型，则必须指定 READONLY。

执行存储过程的 SQL 语句是 EXECUTE，其语法格式为：

```
[ { EXEC | EXECUTE } ]存储过程名
   [ { value | @variable [ OUT | OUTPUT ] } ] [,…n ] }
   [;]
```

例 7-7 不带参数的存储过程：查询计算机系学生的考试情况，列出学生的姓名、课程名和考试成绩。

```
CREATE  PROCEDURE  student_grade1
AS
 SELECT Sname, Cname, Grade
    FROM Student s INNER JOIN SC
    ON s.Sno = SC.Sno  INNER JOIN Course c
    ON c.Cno = sc.Cno
    WHERE Sdept = '计算机系'
```

执行此存储过程：

```
EXEC student_grade1
```

执行结果如图 7-3 所示。

例 7-8 带输入参数的存储过程：查询某个指定系学生的考试情况，列出学生的姓名、所在系、课程名和考试成绩。

```
CREATE  PROCEDURE  student_grade2
   @dept char(20)
AS
   SELECT Sname, Sdept, Cname, Grade
    FROM Student s INNER JOIN SC
    ON s.Sno = SC.Sno  INNER JOIN Course c
    ON c.Cno = SC.Cno
    WHERE Sdept = @dept
```

	Sname	Cname	Grade
1	李勇	高等数学	96
2	李勇	大学英语	80
3	李勇	大学英语	84
4	李勇	Java	62
5	刘晨	高等数学	92
6	刘晨	大学英语	90
7	刘晨	计算机文化学	84

图 7-3 例 7-7 的执行结果

当存储过程有输入参数并且没有为输入参数指定默认值时，则在调用此存储过程时必须要为输入参数指定一个常量值。

执行例 7-8 定义的存储过程，查询信息管理系学生的修课情况。

```
EXEC student_grade2 '信息管理系'
```

执行结果如图 7-4 所示。

	Sname	Sdept	Cname	Grade
1	吴宾	信息管理系	高等数学	76
2	吴宾	信息管理系	计算机文化学	85
3	吴宾	信息管理系	Java	73
4	吴宾	信息管理系	数据结构	NULL
5	张海	信息管理系	高等数学	50
6	张海	信息管理系	计算机文化学	80

图 7-4 例 7-8 的执行结果

例 7-9 有多个输入参数并有默认值的存储过程：查询某个学生某门课程的考试成绩，若没有指定课程，则默认课程为 "Java"。

```
CREATE PROCEDURE student_grade3
  @sname char(10), @cname char(20) = 'Java'
AS
 SELECT Sname, Cname, Grade
   FROM Student s INNER JOIN SC
   ON s.Sno = SC.sno  INNER JOIN Course c
   ON c.Cno = SC.Cno
   WHERE  sname = @sname
     AND cname = @cname
```

执行有多个输入参数的存储过程时，参数的传递方式有两种。

（1）按参数位置传递值

按参数位置传递值指的是执行存储过程的 EXEC 语句中的实参的排列顺序必须与定义存储过程时定义的参数的顺序一致。

例如，使用按参数位置传递值方式执行例 7-9 所定义的存储过程，查询 "吴宾" "高等数学" 课程的成绩。

```
EXEC student_grade3 '吴宾', '高等数学'
```

（2）按参数名传递值

按参数名传递值指的是执行存储过程的 EXEC 语句中要指明定义存储过程时指定的参数的名字以及此参数的值，而不关心参数的定义顺序。

例如，使用按参数名传递值方式执行例 7-9 所定义的存储过程。

```
EXEC Student_grade3 @sname = '吴宾', @cname = '高等数学'
```

两种调用方式返回的结果均为图 7-5 所示的结果。

如果在定义存储过程时为参数指定了默认值，则在执行存储过程时可以不为有默认值的参数提供值。例如，执行例 7-9 的存储过程。

	Sname	Cname	Grade
1	吴宾	高等数学	76

图 7-5 调用例 7-9 存储过程并指定全部输入参数的执行结果

```
EXEC student_grade3 '吴宾'
```

相当于执行以下命令：

```
EXEC student_grade3 '吴宾', 'Java'
```

执行结果如图 7-6 所示。

例 7-10 带输出参数的存储过程：统计学生人数，并将计算结果作为输出参数返回给调用者。

	Sname	Cname	Grade
1	吴宾	Java	73

图 7-6 调用例 7-9 存储过程并使用默认值的执行结果

```
Create Procedure Count_Total
  @total int output
As
  Select @total = COUNT(*) FROM Student
```

执行此存储过程的示例：

```
Declare @res int
Execute Count_Total @res output
Print @res
```

执行该语句的返回结果为：10。

说明如下。

（1）Declare 为 T-SQL 语言的变量声明语句，其语法格式为：

```
Declare @变量名 数据类型
```

（2）@total，变量名。T-SQL 语言要求在变量名前加 "@"，以标识该名字为用户声明的变量。

（3）Print 为 T-SQL 语言的输出语句，表示将后边变量的值显示在屏幕上。其语法格式为：

```
PRINT  'ASCII 文本字符串' | @局部变量名 | 字符串表达式 | @@函数名
```

① @局部变量名是任意有效的字符数据类型的变量，此变量必须是 char（或 nchar）和 varchar（或 nvarchar）型的变量，又或者是能够隐式转换为这些数据类型的变量。

② @@函数名是返回字符串结果的函数，或者是返回能够隐式转换为字符串类型的函数。

③ 字符串表达式是返回字符串的表达式。可包含串联（即字符串拼接，T-SQL 语言用 "+" 号实现）的字面值和变量。消息字符串最多可有 8000 个字符，超过 8000 个字符的任何字符均会被截断。

> **注意**　（1）在执行含有输出参数的存储过程时，调用语句中变量名的后边也要加上 output 修饰符。
> （2）在调用有输出参数的存储过程时，与输出参数对应的是一个变量，此变量用于保存输出参数返回的结果。

例 7-11　带输入参数和输出参数的存储过程：统计指定课程（课程名）的平均成绩，并将统计结果作为输出参数返回。

```
CREATE PROC AvgGrade
  @cn char(20),
  @avg_grade int output
AS
  SELECT @avg_grade = AVG(Grade) FROM SC
    JOIN Course C ON C.Cno = SC.Cno
    WHERE Cname = @cn
```

执行此存储过程，查询 Java 课程的平均成绩。

```
DECLARE @Avg_Grade int
EXEC AvgGrade 'Java', @Avg_Grade output
Print @Avg_Grade
```

执行该语句的返回结果为：66。

不仅可以利用存储过程查询数据，而且可以用存储过程修改、删除和插入数据。

例 7-12　删除指定课程（课程名）考试成绩不及格的学生的此门课程的修课记录。

```
CREATE PROC Del_SC
  @cn varchar(20)
AS
  DELETE FROM SC WHERE Grade < 60
    AND Cno IN (
      SELECT Cno FROM Course WHERE Cname = @cn)
```

例 7-13　将指定课程（课程号）的学分增加指定的分数。

```
CREATE PROC Update_Credit
  @cno varchar(10), @inc int
AS
  UPDATE Course SET Credit = Credit + @inc
    WHERE Cno = @cno
```

习　题

一、选择题

1. 下列关于触发器的说法，正确的是（　　　）。
    A. 在一个表的一个操作上不能建立多个后触发型触发器
    B. 在一个表的一个操作上不能建立多个前触发型触发器
    C. 后触发型触发器只执行触发器，而不执行引发触发器执行的数据更改语句
    D. 后触发型触发器是在触发器执行完成后，再执行引发触发器的数据更改语句

2. 设有商品表（商品号，商品名，进货价格）和销售表（商品号，销售时间，销售价格），若要限制商品的销售价格必须大于商品的进货价格，下列做法中正确的是（　　　）。
    A. 在商品表的进货价格列上建立一个插入操作的触发器
    B. 在商品表上建立一个插入和更新操作的触发器
    C. 在销售表的销售价格列上建立一个插入操作的触发器
    D. 在销售表上建立一个插入和更新操作的触发器

3. 若要限制 SC 表中 Grade 列的取值范围为 0～100，下列做法中最合适的是（　　　）。
    A. 在 SC 表上建立一个插入和更新操作的后触发型触发器
    B. 在 SC 表上建立一个插入和更新操作的前触发型触发器
    C. 在 SC 表上建立一个 CHECK 约束
    D. 在 SC 表的 Grade 列上建立一个 CHECK 约束

4. 下列关于存储过程的说法，错误的是（　　　）。
    A. 利用存储过程可以提高数据的操作效率
    B. 存储过程支持输入和输出参数
    C. 在定义存储过程的语句中只能包含查询语句
    D. 存储过程可以只包含输入参数，不包含输出参数

5. 下列定义存储过程头部的语句，正确的是（　　　）。
    A. create proc p1 x,y int as…
    B. create proc p1 @x,@y int as…
    C. create proc p1 @x int,@y int as…
    D. create proc p1 @x,@y int output as…

二、简答题

1. 前触发型触发器和后触发型触发器的主要区别是什么？
2. 触发器的主要作用是什么？
3. 存储过程的作用是什么？
4. 存储过程的好处有哪些？
5. 存储过程的参数有几种形式？

第 II 篇　设计篇

　　如何使我们设计的关系数据库中的数据冗余少，如何尽可能防止因数据库设计缺陷而造成的数据操作异常，这些都是数据库设计要解决的问题。数据库设计以关系规范化理论为指导，同时所设计的模型应能以直观的形式展示给客户，以衡量数据库设计正确与否。本篇讲解了数据库设计的全部过程，包括关系规范化理论、实体-联系模型以及其他设计技术。

　　本篇由第 8 章、第 9 章、第 10 章组成。

　　第 8 章，关系规范化理论。本章全面地介绍了规范化理论所涉及的内容，包括为什么要进行规范化、规范化的目的和结果，此外还详细介绍从第一范式到 BC 范式的概念、每个范式能够解决的问题。本章最后给出了模式分解的准则以及分解过程中应注意的事项。

　　第 9 章，实体-联系模型。本章介绍了实体的分类、联系的特性、属性的划分以及实体之间的联系约束。

　　第 10 章，数据库设计。本章从数据库需求分析、结构设计和行为设计几个方面详细介绍了数据库设计的全过程。

第 **8** 章 关系规范化理论

数据库设计是数据库应用领域的重要研究课题，其任务是在给定的应用环境下，设计满足用户需求且性能良好的数据库模式、建立数据库及其应用系统，使之能有效地存储和管理数据，满足企业或部门里各类用户的需求。

数据库设计需要理论指导，关系数据库规范化理论就是数据库设计的一个理论指南。规范化理论研究的是关系模式中各属性之间的依赖关系及其对关系模式性能的影响，探讨"好"的关系模式应该具备的性质，以及达到"好"的关系模式的方法。规范化理论提供了判断关系模式好坏的理论标准，帮助用户预测可能出现的问题，是数据库设计人员的有力工具，同时也使数据库设计工作有了严格的理论基础。

本章主要讨论关系数据库规范化理论，讨论如何判断一个关系模式是否是好的关系模式，以及如何将不好的关系模式分解为好的关系模式，并能保证所得到的关系模式仍能表达原来的语义。

8.1 函数依赖

数据的语义不仅表现为完整性约束，它对关系模式的设计也提出了一定的要求。针对一个实际的应用业务，如何构建合适的关系模式，应构建几个关系模式，每个关系模式由哪些属性组成等，都是数据库设计的问题，确切地讲是关系数据库的逻辑设计问题。

下面介绍关系模式中各属性之间的依赖关系。

8.1.1 基本概念

函数是我们非常熟悉的概念，对于公式：

$$Y = f(X)$$

自然也不会陌生，但是大家熟悉的是 X 和 Y 在数量上的对应关系，即给定一个 X 值，都会有一个 Y 值和它对应。也可以说，X 函数决定 Y，或 Y 函数依赖于 X。在关系数据库中讨论函数或函数依赖注重的是语义上的关系，例如：

$$省 = f(城市)$$

只要给出一个具体的城市值，就会有唯一的省值和它对应，如"武汉市"在"湖北省"，这里"城市"是自变量 X，"省"是因变量或函数值 Y。一般可把 X 函数决定 Y，或 Y 函数依赖于 X 表示为 X→Y。

根据以上讨论可以写出较直观的函数依赖定义：如果有一个关系模式 $R(A_1, A_2, \cdots, A_n)$，X 和 Y 为 $\{A_1, A_2, \cdots, A_n\}$ 的子集，r 是 R 的任一具体关系，那么对于关系 r 中的任意一个 X 值，都只有一个 Y 值与之对应，则称 X 函数决定 Y，或 Y 函数依赖于 X。

例如，对学生关系模式 Student(Sno, Sname, Sdept, Sage)有以下函数依赖关系：

$$Sno \rightarrow Sname, Sno \rightarrow Sdept, Sno \rightarrow Sage$$

对学生选课关系模式 SC(Sno, Cno, Grade)有以下函数依赖关系：

$$(Sno, Cno) \rightarrow Grade$$

显然，函数依赖讨论的是属性之间的依赖关系，它是语义范畴的概念，也就是说关系模式的属性之间是否存在函数依赖只与语义有关。下面给出函数依赖的形式化定义。

设有关系模式 $R(A_1,A_2,\cdots,A_n)$，X 和 Y 均为$\{A_1,A_2,\cdots,A_n\}$的子集，r 是 R 的任一具体关系，t_1、t_2是 r 中的任意两个元组。如果由 $t_1[X] = t_2[X]$可以推导出 $t_1[Y] = t_2[Y]$，则称 X 函数决定 Y，或 Y 函数依赖于 X，记作 $X \rightarrow Y$。

在以上定义中特别要注意，只要 $t_1[X]=t_2[X] \Rightarrow t_1[Y]=t_2[Y]$成立，就有 $X \rightarrow Y$。

8.1.2 一些术语和符号

下面给出本章中使用的一些术语和符号。设有关系模式 $R(A_1,A_2,\cdots,A_n)$，X 和 Y 均为$\{A_1, A_2, \cdots,A_n\}$的子集，则会有以下结论。

（1）如果 $X \rightarrow Y$，但 Y 不包含于 X，则称 $X \rightarrow Y$ 是非平凡的函数依赖。如不作特别说明，则我们讨论的都是非平凡的函数依赖。

（2）如果 Y 不函数依赖于 X，则记作 $X \nrightarrow Y$。

（3）如果 $X \rightarrow Y$，则称 X 为决定因子。

（4）如果 $X \rightarrow Y$，并且 $Y \rightarrow X$，则记作 $X \leftrightarrow Y$。

（5）如果 $X \rightarrow Y$，并且对于 X 的一个任意真子集 X'都有 $X' \nrightarrow Y$，则称 Y 完全函数依赖于 X，记作 $X \xrightarrow{f} Y$；如果 $X' \rightarrow Y$ 成立，则称 Y 部分函数依赖于 X，记作 $X \xrightarrow{p} Y$。

（6）如果 $X \rightarrow Y$（非平凡函数依赖，并且 $Y \nrightarrow X$）、$Y \rightarrow Z$，则称 Z 传递函数依赖于 X。

（7）设 K 为关系模式 R 的一个属性或属性组，若满足：

$$K \xrightarrow{f} A_1, \quad K \xrightarrow{f} A_2, \quad \cdots, \quad K \xrightarrow{f} A_n$$

则称 K 为关系模式 R 的候选键（或候选码），称包含在候选键中的属性为主属性，不包含在任何候选键中的属性为非主属性。

例 8-1 设有关系模式 SC(Sno,Sname,Cno,Credit,Grade)，其中各属性分别为学号、姓名、课程号、学分和成绩，主键为(Sno, Cno)，则有如下函数依赖：

$Sno \rightarrow Sname$	Sname 函数依赖于 Sno
$(Sno, Cno) \xrightarrow{p} Sname$	Sname 部分函数依赖于 Sno 和 Cno
$(Sno, Cno) \xrightarrow{f} Grade$	Grade 完全函数依赖于 Sno 和 Cno

例 8-2 设有关系模式 S(Sno, Sname, Sdept, Dept_master)，其中各属性分别为学号、姓名、所在系和系主任（假设一个系只有一个主任），主键为 Sno，则有如下函数依赖关系：

$Sno \xrightarrow{f} Sname$ Sname 完全函数依赖于 Sno

由于有：

$Sno \xrightarrow{f} Sdept$ Sdept 完全函数依赖于 Sno

$Sdept \xrightarrow{f} Dept\_master$ Dept_master 完全函数依赖于 Sdept

因此：

$Sno \xrightarrow{传递} Dept\_master$ Dept_master 传递函数依赖于 Sno

8.1.3 函数依赖的推理规则

尽管我们将注意力集中在非平凡函数依赖上，但一个关系 R 的函数依赖的完整集合仍然可能是很大的，因此找到一种方法来减少函数依赖集合的规模是非常重要的。理想情况是（理论上）希望确定一组函数依赖（表示为 F），但这组函数依赖的规模要比完整的函数依赖集合小很多，而且关系 R 中的每个函数依赖都可以通过 F 中的函数依赖来表示。这种想法表明必须可以从一些函数依赖推导出另外一些函数依赖。例如，如果关系中存在函数依赖：A→B 和 B→C，那么函数依赖 A→C 在这个关系中也是成立的。A→C 就是一个传递依赖的例子。

如何才能确定关系中有用的函数依赖呢？通常，是先确定那些语义上非常明显的函数依赖。但是，经常还会有大量的其他函数依赖。事实上，在实际的数据库项目中要确定所有可能的函数依赖是不现实的。我们要讨论的是用一种方法来帮助确定关系的完整的函数依赖集合，并讨论如何得到一个表示完整函数依赖的最小函数依赖集。

从已知的函数依赖可以推导出另一些新的函数依赖，这需要一系列推理规则。函数依赖的推理规则最早出现在 1974 年 W.W.Armstrong 的论文中，因此称这些规则为 Armstrong 公理。下面给出的推理规则是其他人于 1977 年对 Armstrong 公理体系进行改进后的形式。利用这些推理规则，可以由一组已知函数依赖推导出关系模式的其他函数依赖。

设有关系模式 R(U, F)，U 为关系模式 R 上的属性集，F 为 R 上成立的只涉及 U 中属性的函数依赖集，X、Y、Z、W 均是 U 的子集，函数依赖的推理规则如下（为简便起见，下面用 XY 表示 X∪Y）。

1. Armstrong 公理

（1）自反律（Reflexivity）

若 Y⊆X⊆U，则 X→Y 在 R 上也成立，即一组属性函数决定它的所有子集。

例如，对关系模式 SC(Sno, Sname, Cno, Credit, Grade)，有 (Sno, Cno)→Cno 和 (Sno, Cno)→Sno。

（2）增广律（Augmentation）

若 X→Y 在 R 上成立，且 Z⊆U，则 XZ→YZ 在 R 上也成立。

（3）传递律（Transitivity）

若 X→Y 和 Y→Z 在 R 上成立，则 X→Z 在 R 上也成立。

2. Armstrong 公理推论

（1）合并规则（Union rule）

若 X→Y 和 X→Z 在 R 上成立，则 X→YZ 在 R 上也成立。

例如，对关系模式 Student(Sno, Sname, Sdept, Sage)，有 Sno→(Sname, Sdept)，Sno→Sage，则 Sno→(Sname, Sdept, Sage)也成立。

（2）分解规则（Decomposition rule）

若 X→Y 和 Z⊆Y 在 R 上成立，则 X→Z 在 R 上也成立。

从合并规则和分解规则可得到如下重要结论：

如果 $A_1 \cdots A_n$ 是关系模式 R 的属性集，那么 $X \to A_1 \cdots A_n$ 成立的充分必要条件是 $X \to A_i$（$i=1,2,\cdots,n$）成立。

（3）伪传递规则（Pseudo-transitivity rule）

若 X→Y 和 YW→Z 在 R 上成立，则 XW→Z 在 R 上也成立。

（4）复合规则（Composition rule）

若 X→Y 和 W→Z 在 R 上成立，则 XW→YZ 在 R 上也成立。

例如，对关系模式 SC(Sno, Sname, Cno, Credit, Grade)，有 Sno→Sname 和 Cno→Credit，则(Sno, Cno) → (Sname, Credit)也成立。

8.1.4 闭包及候选键求解方法

对于一个关系模式 R(U,F)，要根据已给出的函数依赖 F，利用推理规则推导出其全部的函数依赖集是很困难的，例如，从 $F=\{X \to A_1 \cdots A_n\}$ 出发，至少可以推导出 2^n 个不同的函数依赖，我们为此引入了函数依赖集闭包的概念。

1. 函数依赖集的闭包

在关系模式 R(U,F)中，U 是 R 的属性全集，F 是 R 上的一组函数依赖。设 X、Y 是 U 的子集，对于关系模式 R 的任一关系 r，如果 r 满足 F，则 r 满足 X→Y，那么称 F 逻辑蕴涵 X→Y，或称函数依赖 X→Y 可由 F 导出。

所有被 F 逻辑蕴涵的函数依赖的全集均可称为 F 的闭包，记作 F^+。

例 8-3 设有关系模式 R(A, B, C, G, H, I)及其函数依赖集 F={ A→B，A→C，CG→H，CG→I，B→H }。判断 A→H、CG→HI 和 AG→I 是否属于 F^+。

解：根据 Armstrong 公理系统。

（1）A→H。由于有 A→B 和 B→H，根据传递性，可推出 A→H。

（2）CG→HI。由于有 CG→H 和 CG→I，根据合并规则，可推出 CG→HI。

（3）AG→I。由于有 A→C 和 CG→I，根据伪传递规则，可推出 AG→I。

因此，A→H、CG→HI 和 AG→I 均属于 F^+。

例 8-4 已知关系模式 R(A,B,C,D,E,G)及其函数依赖集 F：

F={ AB→C, C→A, BC→D, ACD→B, D→EG, BE→C, CG→BD, CE→AG }

判断 BD→AC 是否属于 F^+。

解：由 D→EG，可推出 D→E，BD→BE   … ①

又由 BE→C，C→A，可推出 BE→A，BE→AC   … ②

由①、②，可推出 BD→AC，因此 BD→AC 被 F 所蕴涵，即 BD→AC 属于 F^+。

对关系模式 R(U, F)，应用 Armstrong 公理系统计算 F^+的过程。

步骤 1：初始，F^+ = F。

步骤 2：对 F^+中的每个函数依赖 f，在 f 上应用自反性和增广性，将结果加入到 F^+中；对 F^+中的一对函数依赖 f_1 和 f_2，如果 f_1 和 f_2 可以使用传递律结合起来，则将结果加入到 F^+中。

步骤 3：重复步骤 2，直到 F^+不再增大为止。

2. 属性集闭包

一般情况下，由函数依赖集 F 计算其闭包 F^+是相当麻烦的，因为即使 F 很小，F^+也可能很大。计算 F^+的目的是判断函数依赖是否为 F 所蕴涵，然而要导出 F^+的全部函数依赖是很费时的事情，而且由于 F^+中包含大量的冗余信息，因此计算 F^+的全部函数依赖是不必要的。那么是否有更简单的方法来判断 X→Y 被 F 所蕴涵呢？

要确定一个关系的函数依赖集 F 时，首先应确定那些语义上非常明显的函数依赖，然后应用 Armstrong 公理从这些函数依赖推导出附加的，正确的函数依赖。确定这些附加的函数依赖的一种系统化方法是：首先确定每一组会在函数依赖左边出现的属性组 X，然后确定所有依赖于 X 的属性组 X^+，X^+称为 X 在 F 下的闭包。

判定函数依赖 X→Y 是否能由 F 导出的问题可转化为求 X^+并判定 Y 是否是 X^+子集的问题，即求函数依赖集闭包问题可转化为求属性集问题。

设有关系模式 R(U, F)，U 为 R 的属性集，F 是 R 上的函数依赖集，X 是 U 的一个子集（X⊂U）。用函数依赖推理规则可从 F 推出的函数依赖 X→A 中所有 A 的集合，称为属性集 X 关于 F 的闭包，记为 X^+（或 X^+_F）。即：

X^+ = { A | X→A 能够由 F 根据 Armstrong 公理导出 }

对关系模式 R(U,F)，求属性集 X 相对于函数依赖集 F 的闭包 X^+的算法如下：

步骤 1：初始，X^+ = X。

步骤 2：如果 F 中有某个函数依赖 Y→Z 满足 Y⊆X^+,则 X^+ = X^+ ∪ Z。

步骤 3：重复步骤 2，直到 X^+不再增大为止。

例 8-5　设有关系模式 R(U,F)，其中属性集 U={X，Y，Z，W}，函数依赖集 F={X→Y，Y→Z，W→Y}，计算 X^+、$(XW)^+$。

解：

（1）计算 X^+

步骤 1：初始，$X^+ = X$。

步骤 2：

① 对 X^+ 中的 X，∵ 有 X→Y，∴ $X^+ = X^+ \cup Y = XY$；

② 对 X^+ 中的 Y，∵ 有 Y→Z，∴ $X^+ = X^+ \cup Z = XYZ$。

在函数依赖集 F 中，Z 不出现在任何函数依赖的左部，因此 X^+ 将不会再扩大，所以最终 $X^+ = XYZ$。

（2）计算 $(XW)^+$

步骤 1：初始，$(XW)^+ = XW$。

步骤 2：

① 对 $(XW)^+$ 中的 X，∵ 有 X→Y，∴ $(XW)^+ = XW^+ \cup Y = XWY$；

② 对 $(XW)^+$ 中的 Y，∵ 有 Y→Z，∴ $(XW)^+ = XW^+ \cup Z = XWYZ$；

③ 对 $(XW)^+$ 中的 W，有 W→Y，但 Y 已在 $(XW)^+$ 中，因此 $(XW)^+$ 保持不变；

④ 对 $(XW)^+$ 中的 Z，由于 Z 不出现在任何函数依赖的左部，因此 $(XW)^+$ 保持不变。

最终 $(XW)^+ = XWYZ$。

例 8-6　设有关系模式 R(U，F)，其中 U={A，B，C，D，E}，F={ (A,B)→C，B→D，C→E，(C,E)→B，(A,C)→B}，计算 $(AB)^+$。

解：

步骤 1：初始，$(AB)^+ = AB$。

步骤 2：

① 对 $(AB)^+$ 中的 A、B，∵ 有 (A,B)→C，∴ $(AB)^+ = (AB)^+ \cup C = ABC$；

② 对 $(AB)^+$ 中的 B，∵ 有 B→D，∴ $(AB)^+ = (AB)^+ \cup D = ABCD$；

③ 对 $(AB)^+$ 中的 C，∵ 有 C→E，∴ $(AB)^+ = (AB)^+ \cup E = ABCDE$。

至此，$(AB)^+$ 已包含了 R 中的全部属性，因此 $(AB)^+$ 计算完毕。

最终 $(AB)^+ = ABCDE$。

例 8-7　已知关系模式 R=(A，B，C，D,E,G)，其函数依赖集为 F={AB→C,C→A,BC→D,ACD→B,D→EG,BE→C,CG→BD,CE→AG}，求 $(BD)^+$，并判断 BD→AC 是否属于 F^+。

解：$(BD)^+ = \{ B，D，E，G，C，A \}$

由于 $\{A,C\} \subseteq (BD)^+$，因此 BD→AC 可由 F 导出，即 BD→AC 属于 F^+。

例 8-8　已知关系模式 R(A，B，C，E,H,P,G)，其函数依赖集为 F = {AC→PE，PG→A，B→CE，A→P，GA→B，GC→A，PAB→G，AE→GB，ABCP→H}，要求证明 BG→HE 属于 F^+。

证：∵$(BG)^+ = \{ A，B，C，E，H，P，G \}$，而 $\{H,E\} \subseteq (BG)^+$

∴BG→HE 可由 F 导出，即 BG→HE 属于 F^+。

求属性集闭包的另一个用途是：如果属性集 X 的闭包 X^+ 包含了 R 中的全部属性，则 X 为 R 的一个候选键。

3. 候选键的求解方法

对于给定的关系模式 $R(A_1, A_2, \cdots, A_n)$ 和函数依赖集 F，现将 R 的属性分为如下 4 类。

（1）L 类：仅出现在函数依赖左部的属性。

（2）R 类：仅出现在函数依赖右部的属性。

（3）N 类：在函数依赖的左部和右部均不出现的属性。

（4）LR 类：在函数依赖的左部和右部均出现的属性。

对 R 中的属性 X，可有以下结论。

（1）若 X 是 L 类属性，则 X 一定包含在关系模式 R 的任何一个候选键中；若 X^+ 包含了 R 的全部属性，则 X 为关系模式 R 的唯一候选键。

（2）若 X 是 R 类属性，则 X 不包含在关系模式 R 的任何一个候选键中。

（3）若 X 是 N 类属性，则 X 一定包含在关系模式 R 的任何一个候选键中。

（4）若 X 是 LR 类属性，则 X 可能包含在关系模式 R 的某个候选键中。

例 8-9 设有关系模式 R(U, F)，其中 U={A, B, C, D }，F={ D→B，B→D，AD→B，AC→D}，求 R 的所有候选键。

解：观察 F 中的函数依赖，发现 A、C 两个属性是 L 类属性，因此 A、C 两个属性必定在 R 的任何一个候选键中。又由于 $(AC)^+$ = ABCD，即 $(AC)^+$ 包含了 R 的全部属性，因此，AC 是 R 的唯一候选键。

例 8-10 设有关系模式 R(U, F)，其中 U={A, B, C, D, E, G }，F={A→D，E→D，D→B，BC→D，DC→A}，求 R 的所有候选键。

解：通过观察 F 中的函数依赖可发现，C、E 两个属性是 L 类属性，因此 C、E 两个属性必定在 R 的任何一个候选键中。由于 G 是 N 类属性，故属性 G 也必定在 R 的任何一个候选键中。

又由于 $(CEG)^+$ = ABCDEG，即 $(CEG)^+$ 包含了 R 的全部属性，因此，CEG 是 R 的唯一候选键。

例 8-11 设有关系模式 R(U, F)，其中 U={A, B, C, D, E, G }，F={AB→E，AC→G，AD→B，B→C，C→D}，求 R 的所有候选键。

解：通过观察 F 中的函数依赖可发现，A 是 L 类属性，故 A 必定在 R 的任何一个候选键中。

E、G 是两个 R 类属性，故 E、G 一定不包含在 R 的任何候选键中。由于 A^+ = A≠ABCDEG，故 A 不能单独作为候选键。

B、C、D 3 个属性均是 LR 类属性，则这 3 个属性中必有部分或全部在某个候选键中。下面将 B、C、D 依次与 A 结合，分别求闭包：

- $(AB)^+$ = ABCDEG，因此 AB 为 R 的一个候选键；
- $(AC)^+$ = ABCDEG，因此 AC 为 R 的一个候选键；
- $(AD)^+$ = ABCDEG，因此 AD 为 R 的一个候选键。

综上所述，关系模式 R 共有 3 个候选键：AB、AC 和 AD。

通过本例，我们发现如果 L 类属性和 N 类属性不能作候选键，则可将 LR 类属性逐个与 L 类和 N 类属性组合做进一步的考察。有时还要将 LR 类的全部属性与 L 类、N 类属性组合才能作为候选键。

例 8-12 设有关系模式 R(U, F)，其中 U={A, B, C, D, E }，F={A→BC，CD→E，B→D，E→A}，求 R 的所有候选键。

解：通过观察 F 中的函数依赖，发现关系模式 R 中没有 L 类、R 类和 N 类属性，所有的属性都是 LR 类属性。因此，先从 A、B、C、D、E 属性中依次取出一个属性，分别求它们的闭包。

A^+ = ABCDE

B^+ = BD

C^+ = C

D^+ = D

E^+ = ABCDE

由于 A^+ 和 E^+ 都包含了 R 的全部属性，因此 A 和 E 分别是 R 的一个候选键。

接下来从 R 中任意取出两个属性，分别求它们的闭包。由于 A、E 已是 R 的候选键了，因此只需在 C、D、E 中进行选取即可。

$(BC)^+ = ABCDE$

$(BD)^+ = BD$

$(CD)^+ = ABCDE$

因此，BC 和 CD 分别是 R 的一个候选键。

至此，关系模式 R 的全部候选键为：A、E、BC 和 CD。

8.1.5　极小函数依赖集

对关系模式 R(U，F)，如果函数依赖集 F 满足下列条件，则称 F 为 R 的一个极小函数依赖集（或称为最小依赖集、最小覆盖），记作 F_{min}。

（1）F 中每个函数依赖的右部仅含有一个属性。

（2）F 中每个函数依赖的左部都不存在多余的属性，即不存在这样的函数依赖 X→A，X 有真子集 Z，使得 F 与(F-{X→A})∪ {Z→A}等价。

（3）F 中不存在多余的函数依赖，即不存在这样的函数依赖 X→A，使得 F 与 F-{X→A}等价。

计算极小函数依赖集的算法如下。

（1）使 F 中每个函数依赖的右部都只有一个属性。

逐一检查 F 中的各函数依赖 X→Y，若 $Y=A_1A_2\cdots A_k$（$k \geq 2$），则用{X→A_j|j=1，2，$\cdots$，k}取代 X→Y。

（2）去掉各函数依赖左部多余的属性。

逐一取出 F 中的各函数依赖 X→A，设 $X=B_1B_2\cdots B_m$，逐一检查 B_i（i=1，2，$\cdots$，m），如果 A ∈$(X-B_i)_F^+$，则以 $X-B_i$ 取代 X。

（3）去掉多余的函数依赖。

逐一检查 F 中的各函数依赖 X→A，令 G=F-{X→A}，若 A∈X_G^+，则从 F 中去掉 X→A 函数依赖。

例 8-13　设有如下两个函数依赖集 F_1、F_2，分别判断它们是否是极小函数依赖集。

F_1 = {AB→CD，BE→C，C→G}

F_2 = {A→D，B→A，A→C，B→D，D→C}

解：对于 F_1，由于函数依赖 AB→CD 的右部不是单个属性，因此，该函数依赖集不是极小函数依赖集。

对于 F_2，由于 A→C 可由 A→D 和 D→C 导出，因此 A→C 是 F_2 中的多余函数依赖，所以 F_2 也不是极小函数依赖集。

例 8-14　设有关系模式 R(U，F)，其中 U={A，B，C}，F={A→BC，B→C，AC→B}，求其极小函数依赖集 F_{min}。

解：（1）让 F 中每个函数依赖的右部为单个属性。结果为 G_1={A→B，A→C，B→C，AC→B}

（2）去掉 G_1 中每个函数依赖左部的多余属性。对于该例，只需分析 AC→B 即可。

第 1 种情况，去掉 C，计算 $A_{G_1}^+$ = ABC，包含了 B，因此 AC→B 中 C 是多余属性，AC→B 可化简为 A→B。

第 2 种情况，去掉 A，计算 $C_{G_1}^+$ = C，不包含 B，因此 AC→B 中 A 不是多余属性。

去掉左部多余属性后的函数依赖集为：

G_2 = {A→B，A→C，B→C，A→B} ={A→B，A→C，B→C}

（3）去掉 G_2 中多余的函数依赖。

① 对于 A→B，令 G_3={A→C，B→C}，$A_{G_3}^+$=AC，不包含 B，因此 A→B 不是多余的函数依赖。

② 对于 A→C，令 G_4 = {A→B，B→C}，$A_{G_4}^+$ = ABC，包含了 C，因此 A→C 是多余的函数依赖，应去掉。

③ 对于 B→C，令 G_5={A→B，A→C}，B_{G5}^+=B，不包含 C，因此 B→C 不是多余的函数依赖。

最终的极小函数依赖集 F_{min}={A→B，B→C}。

例 8-15 设有关系模式 R(U，F)，其中 U={A，B，C}，F={AB→C，A→B，B→A}，求其极小函数依赖集 F_{min}。

解：观察发现该函数依赖集中所有函数依赖的右部均为单个属性，因此只需去掉左部的多余属性和多余函数依赖即可。

（1）去掉 F 中每个函数依赖左部的多余属性，本例只需考虑 AB→C 即可。

第 1 种情况，去掉 B，计算 A_F^+=ABC，包含 C，因此 B 是多余属性，AB→C 可化简为 A→C。故 F 简化为：G_1={A→C，A→B，B→A}。

第 2 种情况，去掉 A，计算 B_F^+=ABC，包含 C，因此 A 是多余属性，AB→C 可化简为 B→C。故 F 可简化为：G_2={B→C，A→B，B→A}。

（2）去掉 G_1 和 G_2 中的多余函数依赖。

① 去掉 G_1 中的多余函数依赖。

● 对于 A→C，令 G_{11}={A→B，B→A}，A_{G11}^+=AB，不包含 C，因此 A→C 不是多余的函数依赖。

● 对于 A→B，令 G_{12}={A→C，B→A}，A_{G12}^+=C，不包含 B，因此 A→B 不是多余的函数依赖。

● 对于 B→A，令 G_{13}={A→C，A→B}，B_{G13}^+=B，不包含 A，因此 B→A 不是多余的函数依赖。

最终的极小函数依赖集 F_{min1}=G_1={A→C，A→B，B→A}。

② 去掉 G_2 中的多余函数依赖。

● 对于 B→C，令 G_{21}={A→B，B→A}，B_{G21}^+=AB，不包含 C，因此 B→C 不是多余的函数依赖。

● 对于 A→B，令 G_{22}={B→C，B→A}，A_{G22}^+=A，不包含 B，因此 A→B 不是多余的函数依赖。

● 对于 B→A，令 G_{23}={B→C，A→B}，B_{G23}^+=BC，不包含 A，因此 B→A 不是多余的函数依赖。

最终的极小函数依赖集 F_{min2}=G_2={B→C，A→B，B→A}。

8.1.6 为什么讨论函数依赖

讨论属性之间的关系和讨论函数依赖有什么必要呢？下面通过例子来说明。

例 8-16 假设有描述学生选课及住宿情况的关系模式：

S-L-C(Sno,Sname,Ssex,Sdept,Sloc,Cno,Grade)

其中各属性分别为：学号、姓名、性别、所在系、所住宿舍楼号、课程号和考试成绩。设每个系的学生都住在同一宿舍楼中，该关系模式的主键为(Sno,Cno)。

观察表 8-1 所示的数据，看看这个关系模式存在什么问题。

表 8-1　　　　　　　　　　　　S-L-C 模式的部分数据示例

Sno	Sname	Ssex	Sdept	Sloc	Cno	Grade
202011101	李勇	男	计算机系	2公寓	C001	96
202011101	李勇	男	计算机系	2公寓	C002	80
202011101	李勇	男	计算机系	2公寓	C003	84

续表

Sno	Sname	Ssex	Sdept	Sloc	Cno	Grade
202011101	李勇	男	计算机系	2 公寓	C005	62
202011102	刘晨	男	计算机系	2 公寓	C001	92
202011102	刘晨	男	计算机系	2 公寓	C002	90
202011102	刘晨	男	计算机系	2 公寓	C004	84
202021102	吴宾	女	信息管理系	1 公寓	C001	76
202021102	吴宾	女	信息管理系	1 公寓	C004	85
202021102	吴宾	女	信息管理系	1 公寓	C005	73
202021102	吴宾	女	信息管理系	1 公寓	C007	
202021103	张海	男	信息管理系	1 公寓	C001	50
202021103	张海	男	信息管理系	1 公寓	C004	80
202031103	张珊珊	女	通信工程系	1 公寓	C004	78
202031103	张珊珊	女	通信工程系	1 公寓	C005	65
202031103	张珊珊	女	通信工程系	1 公寓	C007	

根据表 8-1，可以发现如下问题。

（1）数据冗余问题。在这个关系中，学生所在系和其所住宿舍楼的信息有冗余，因为一个系有多少个学生，这个系所对应的宿舍楼的信息就至少要重复存储多少遍。学生基本信息（如学生学号、姓名、性别和所在系）也有重复，一个学生选修了多少门课，他的基本信息就要重复多少遍。

（2）数据更新问题。如果某个学生从计算机系转到了信息管理系，则不但要修改此学生 Sdept 列的值，而且要修改其 Sloc 列的值，从而使修改复杂化。

（3）数据插入问题。如果新成立了某个系，并且确定了该系学生的宿舍楼，即已经有了 Sdept 和 Sloc 信息，但并不能将这个信息插入到 S-L-C 表中，因为这个系还没有招生，其 Sno 和 Cno 列的值均为空，而 Sno 和 Cno 是这个表的主键，不能为空。

（4）数据删除问题。如果一名学生最初只选修了一门课，之后又放弃了，那么应该删除该学生选修此门课程的记录。但由于这个学生只选了一门课，因此，删除此学生选课记录的同时也就删除了此学生的其他信息。

数据的增、删、改问题统称为操作异常。为什么会出现以上种种操作异常呢？是因为这个关系模式没有设计好，它的某些属性之间存在"不良"的函数依赖关系。如何改造这个关系模式并避免以上种种问题是关系规范化理论要解决的问题，也是我们讨论函数依赖的原因。

解决上述种种问题的方法就是进行模式分解，即把一个关系模式分解成两个或多个关系模式，在分解的过程中消除那些"不良"的函数依赖，从而获得良好的关系模式。

8.2　范式

关系规范化是一种形式化的技术，它利用主键和候选键以及属性之间的函数依赖来分析关系，这种技术包括一系列作用于单个关系的测试，一旦发现某关系未满足规范化要求，就分解该关系，直到满足规范化要求为止。

规范化的过程被分解成一系列的步骤，每一步都对应某一个特定的范式。随着规范化的进行，关系的形式将逐步变得更加规范，表现为具有更少的操作异常。对于关系数据模型，应该认识到建立关系时只有第一范式（1NF）。第一范式是必须的，后续的其他范式都是可选的。但为了避免出现前边所说的操作异常情况，通常需要将规范化进行到第三范式（3NF）。图 8-1 说明了各范式之间的关系，从图中可以看到，1NF 的关系也是 2NF 的，2NF 的关系也是 3NF 的，等等。

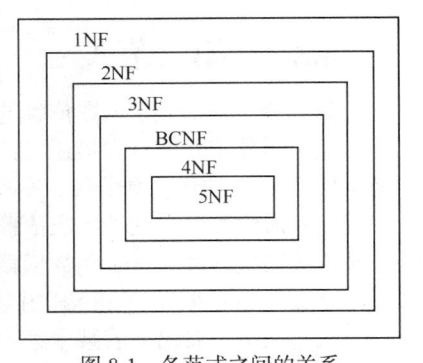

图 8-1　各范式之间的关系

8.1 节介绍了设计"不好"的关系模式会带来的问题，本节将讨论"好"的关系模式应具备的性质，即关系规范化问题。

关系数据库中的关系要满足一定的要求，满足不同程度的要求即为不同的范式。满足最低要求的关系称为第一范式，即 1NF。在第一范式中进一步满足一些要求的关系称为第二范式，即 2NF，以此类推，还有第三范式（3NF）、Boyce-Codd 范式（简称 BC 范式或 BCNF）、第四范式（4NF）和第五范式（5NF）。

所谓"第几范式"是表示关系模式满足的条件，所以经常称某一关系模式为第几范式的关系模式。例如，若 R 为第二范式的关系模式可以写为：R∈2NF。

对关系模式的属性间的函数依赖加以不同的限制，就形成了不同的范式。这些范式是递进的，第一范式的关系模式比不是第一范式的关系模式要好，第二范式的关系模式比第一范式的关系模式好，等等。使用这种方法的目的是从一个关系模式或关系模式的集合开始，逐步产生一个与初始集合等价的关系模式集合（即提供同样的信息）。范式越高，规范化的程度越高，关系模式带来的问题就越少。

规范化理论于 1971 年被提出，目的是设计"好的"关系数据库模式。关系规范化实际上就是对有问题（即操作异常）的关系模式进行分解，从而消除这些异常。

8.2.1　第一范式

定义　不包含非原子项属性的关系是第一范式（1NF）的关系。

表 8-2 所示的关系就不是第一范式的关系（也称为非规范化表或非范式表），因为在表 8-2 中，"高级职称人数"不是原子项属性，它是由两个基本属性（"教授"和"副教授"）组成的一个复合属性。

表 8-2　　　　　　　　　　　　　　　　非第一范式的表

系名	高级职称人数	
	教授	副教授
计算机系	6	20
信息管理系	3	15
通信工程系	8	28

对于表 8-2 所示的这种形式的非规范化表，可以直接对非原子项属性进行分解，如把"高级职称人数"分解为"教授人数"和"副教授人数"，即可成为第一范式的关系，如表 8-3 所示。

表 8-3　　　　　　　　　　将表 8-2 规范化成第一范式的关系

系名	教授人数	副教授人数
计算机系	6	20
信息管理系	3	15
通信工程系	8	28

8.2.2　第二范式

第二范式基于完全函数依赖的概念，因此在介绍第二范式之前，先来回顾一下完全函数依赖。

完全函数依赖的直观描述是：假设 A 和 B 是某个关系中的属性组，如果 B 函数依赖于 A，但不依赖于 A 的任一真子集，则称 B 完全函数依赖于 A。即：对于函数依赖 A→B，如果移除 A 中的任一属性都使得这种函数依赖关系不成立，则 A→B 就是一个完全函数依赖。如果移除 A 中的某个或某些属性，这个函数依赖仍然成立，那么 A→B 就是一个部分函数依赖。

定义　如果 R(U,F)∈1NF，并且 R 中的每个非主属性都完全函数依赖于主键，则 R(U,F)∈2NF。

从定义可以看出，若某个第一范式关系的主键只由一个列组成，则这个关系就是第二范式关系。但如果某个第一范式关系的主键是由多个属性共同构成的复合主键，并且存在非主属性对主键的部分函数依赖，则这个关系就不是第二范式关系。

例如，前面所示的 S-L-C(Sno,Sname,Ssex,Sdept,Sloc,Cno,Grade)就不是第二范式关系。

因为该关系模式的主键是(Sno,Cno)，并且有 Sno→Sname，因此存在：

$$(Sno，Cno) \xrightarrow{p} Sname$$

即存在非主属性对主键的部分函数依赖。前面介绍了这个关系存在操作异常，而这些操作异常产生的一个原因就是因为它存在部分函数依赖。因此第二范式的关系模式不是"好"的关系模式，需要继续进行分解。

可以用模式分解的办法将非第二范式关系分解为多个第二范式关系。去掉部分函数依赖的分解过程如下。

（1）用组成主键的属性集合的每一个子集作为主键构成一个关系模式。

（2）将依赖于这些主键的属性放置到相应的关系模式中。

（3）最后去掉只由主键的子集构成的关系模式。

例如，对于上述 S-L-C(Sno,Sname,Ssex,Sdept,Sloc,Cno,Grade)关系模式进行分解。

（1）将该关系模式分解为如下 3 个关系模式（下画线部分表示主键）：

S-L(<u>Sno</u>, …)

C(<u>Cno</u>, …)

S-C(<u>Sno, Cno</u>, …)

（2）将依赖于这些主键的属性放置到相应的关系模式中，形成如下 3 个关系模式：

S-L(Sno, Sname, Ssex, Sdept, Sloc)

C(Cno)

S-C(Sno, Cno, Grade)

（3）去掉只由主键的子集构成的关系模式，这里去掉 C(Cno)关系模式。S-L-C 关系最终被分解为以下两式：

S-L(Sno, Sname, Ssex, Sdept, Sloc)

S-C(Sno, Cno, Grade)

现在对分解后的两个关系模式再进行分析。

（1）对 S-L(Sno, Sname, Ssex, Sdept, Sloc)，其主键是(Sno)，并且有：

$$Sno \xrightarrow{f} Sname，Sno \xrightarrow{f} Ssex，Sno \xrightarrow{f} Sdept，Sno \xrightarrow{f} Sloc$$

因此 S-L 满足第二范式要求，是第二范式的关系模式。

（2）对 S-C(Sno, Cno, Grade)，其主键是(Sno，Cno)，并且有：

$$(Sno, Cno) \xrightarrow{f} Grade$$

因此 S-C 也满足第二范式要求，是第二范式的关系模式。

下面分析分解后的 S-L 和 S-C 关系模式。首先讨论 S-L，现在这个关系包含的数据如表 8-4

所示。

表 8-4   S-L 关系的部分数据示例

Sno	Sname	Ssex	Sdept	Sloc
202011101	李勇	男	计算机系	2 公寓
202011102	刘晨	男	计算机系	2 公寓
202021102	吴宾	女	信息管理系	1 公寓
202021103	张海	男	信息管理系	1 公寓
202031103	张珊珊	女	通信工程系	1 公寓

从表 8-4 所示的数据可以看到，一个系有多少个学生，就会重复描述和其所在宿舍楼多少遍，因此还存在数据冗余，也存在操作异常。比如，当新组建一个系，也已分配了宿舍楼，但此系还没有招收学生，则还是无法将此系的信息插入到表中，因为这时的学号为空。

由此看到，第二范式的关系同样还可能存在操作异常的情况，因此还需要对第二范式的关系模式进行进一步的分解。

8.2.3 第三范式

定义 如果 R(U,F)∈2NF，并且所有的非主属性都不传递依赖于主键，则 R(U,F)∈3NF。

从上述定义可以看出，如果存在非主属性对主键的传递依赖，则相应的关系模式就不是第三范式的。以关系模式 S-L(Sno, Sname, Ssex, Sdept,Sloc)为例，因为：

Sno→Sdept，Sdept→Sloc

所以：

Sno $\xrightarrow{\text{传递}}$ Sloc

从前面的分析可知，当关系模式中存在传递函数依赖时，这个关系仍然有操作异常，因此，还需要对其进一步分解，使其成为第三范式关系。

去掉传递函数依赖的分解过程如下。

（1）对于不是候选键的每个决定因子，从关系模式中删去依赖于它的所有属性。

（2）新建一个关系模式，新关系模式中包含原关系模式中所有依赖于该决定因子的属性。

（3）将决定因子作为新关系模式的主键。

S-L 分解后的关系模式如下：

S-D(Sno, Sname, Ssex, Sdept)，主键为 Sno。

S-L(Sdept, Sloc)，主键为 Sdept。

对 S-D，有 Sno $\xrightarrow{\text{f}}$ Sname，Sno $\xrightarrow{\text{f}}$ Ssex，Sno $\xrightarrow{\text{f}}$ Sdept，因此 S-D 是第三范式的。

对 S-L，有 Sdept $\xrightarrow{\text{f}}$ Sloc，因此 S-L 也是第三范式的。

对 S-C（Sno, Cno, Grade），这个关系模式的主键是(Sno，Cno)，并且有(Sno, Cno) $\xrightarrow{\text{f}}$ Grade，因此 S-C 也是第三范式的。

至此，S-L-C(Sno,Sname,Ssex,Sdept,Sloc,Cno,Grade)被分解为 3 个关系模式，每个关系模式都是第三范式的。模式分解之后，原来在一个关系中表达的信息会被分解在 3 个关系中表达，因此，为了保持模式分解前所表达的语义，在进行模式分解之后，除了标识主键外，还需要标识相应的外键，如下所示。

S-D(Sno, Sname, Ssex, Sdept)，Sno 为主键，Sdept 为引用 S-L 的外键。

S-L(Sdept, Sloc)，Sdept 为主键，没有外键。

S-C(Sno, Cno, Grade)，(Sno，Cno)为主键，Sno 为引用 S-D 的外键。

由于第三范式关系模式中不存在非主属性对主键的部分函数依赖和传递函数依赖，因而在很大程度上消除了数据冗余和更新异常。在实际应用系统的数据库设计中，一般达到第三范式即可。

8.2.4　Boyce-Codd 范式

关系数据库设计的目的是消除部分函数依赖和传递函数依赖，因为这些函数依赖会导致更新异常。到目前为止，我们讨论的第二范式和第三范式都是不允许存在对主键的部分函数依赖和传递函数依赖的，但这些定义并没有考虑对候选键的依赖问题。如果只考虑对主键属性的依赖关系，则在第三范式的关系中有可能存在会引起数据冗余的函数依赖。第三范式的这些不足导致了另一种更强范式的出现，即 Boyce-Codd 范式，简称 BC 范式或 BCNF（Boyce Codd Normal Form）。BCNF 是由 Boyce 和 Codd 共同提出的，它比 3NF 更进了一步，通常可以认为 BCNF 是修正的 3NF。它是在考虑了关系中对所有候选键的函数依赖的基础上建立的。

定义　如果 R(U,F)∈1NF，若 X→Y 且 Y⊄X 时 X 必包含候选键，则 R(U,F)∈BCNF。

通俗地讲，当且仅当关系中的每个函数依赖的决定因子都是候选键时，该范式即为 Boyce-Codd 范式。

为了验证一个关系是否符合 BCNF，首先要确定关系中所有的决定因子，然后再看它们是否都是候选键。所谓的决定因子是一个或一组属性，其他属性完全函数依赖于它。

3NF 和 BCNF 之间的区别在于对函数依赖 A→B，3NF 允许 B 是主键属性，而 A 不是候选键。而 BCNF 则要求在这个函数依赖中，A 必须是候选键。因此，BCNF 也是 3NF，只是更加规范。尽管满足 BCNF 的关系也是 3NF 关系，但 3NF 关系却不一定是 BCNF 的。

看下前面分解的 S-D、S-L 和 S-C 3 个关系模式，这 3 个关系模式都是 3NF 的，同时也都是 BCNF 的，因为它们都只有一个决定因子。大多数情况下 3NF 的关系模式都是 BCNF 的，只有在非常特殊的情况下，才会发生违反 BCNF 的情况。下面是有可能违反 BCNF 的情形。

（1）关系中包含两个（或更多）复合候选键。

（2）候选键的属性有重叠，通常至少有一个重叠的属性。

下面给出一个违反 BCNF 的例子，并说明如何将非 BCNF 关系转换为 BCNF 关系。该示例说明了将 1NF 关系转换为 BCNF 的方法。

设有如表 8-5 所示的 ClientInterview 关系，该关系描述了员工接待客户的情况。其包含的属性有客户号（clientNo），接待日期（interviewDate）、接待开始时间（interviewTime）、员工号（staffNo）和接待房间号（roomNo）。

其语义为：每个参与接待的员工被分配到一个特定的房间中进行，一个房间在一个工作日内可以被分配多次，但一个员工在特定工作日内只在一个房间接待客户，一个客户在某个特定的日期只能参与一次接待，但可以在不同的日期多次参与接待。

表 8-5　　　　　　　　　　　　　　　　ClientInterview

clientNo	interviewDate	interviewTime	staffNo	roomNo
C001	2020-10-20	10:30	Z005	R101
G002	2020-10-20	12:00	Z005	R101
G005	2020-10-20	10:30	Z002	R102
G002	2020-10-28	10:30	Z005	R102

ClientInterview 关系有 3 个候选键：(clientNo, interviewDate)、(staffNo, interviewDate, interviewTime) 和(roomNo, interviewDate, interviewTime)，而且这些候选键都是复合候选键，它们包含一个共同的属性 interviewDate。现选择(clientNo, interviewDate)作为该关系的主键。ClientInterview 的关系

模式如下：

ClientInterview(<u>clientNo, interviewDate</u>, interviewTime, staffNo, roomNo)

该关系模式具有如下函数依赖关系：

fd1：(clientNo, interviewDate)→interviewTime, staffNo, roomNo

fd2：(staffNo, interviewDate, interviewTime)→clientNo

fd3：(roomNo, interviewDate, interviewTime)→stuffNo, ClientNo

fd4：(staffNo, interviewDate) →roomNo

现在对这些函数依赖进行分析以确定 ClientInterview 关系属于第几范式。由于函数依赖 fd1、fd2 和 fd3 的决定因子都是该关系的候选键，因此这些函数依赖不会带来问题。需要讨论的是 fd4 函数依赖：(staffNo, interviewDate) →roomNo，尽管(staffNo, interviewDate)不是 ClientInterview 关系的候选键，但由于 roomNo 是候选键(roomNo, interviewDate, interviewTime)中的一个属性，因此，这个函数依赖是 3NF 所允许的。又由于该关系模式不存在部分函数依赖和传递函数依赖，因此 ClientInterview 是 3NF 的。

但这个关系不属于 BCNF，因为 fd4 中的决定因子(stuffNo, interviewDate)不是该关系的候选键，而 BCNF 要求关系中所有的决定因子都必须是候选键，因此 ClientInterview 关系可能会存在操作异常。例如，当要改变员工"Z005"在 2020 年 10 月 20 日的房间号时就需要更改关系中的两个元组。如果只在一个元组中更新了房间号，而另一个元组没有更新，则会导致数据不一致。

为了将 ClientInterview 关系转换为 BCNF，必须要消除关系中违反 BCNF 的函数依赖，为此，可以将 ClientInterview 关系分解为两个新的符合 BCNF 的关系：Interview 和 StuffRoom，如表 8-6 和表 8-7 所示。

表 8-6　　　　　　　　　　　　　　　　　Interview

clientNo	interviewDate	interviewTime	staffNo
C001	2020-10-20	10:30	Z005
G002	2020-10-20	12:00	Z005
G005	2020-10-20	10:30	Z002
G002	2020-10-28	10:30	Z005

表 8-7　　　　　　　　　　　　　　　　　StuffRoom

staffNo	interviewDate	roomNo
Z005	2020-10-20	R101
Z002	2020-10-20	R102
Z005	2020-10-28	R102

可以把不符合 BCNF 的关系分解成符合 BCNF 的关系，但在任何情况下都将所有关系转化为 BCNF 并不一定是最佳的。例如，在对关系进行分解时，有可能会丢失一些函数依赖，也就是说，经过分解后可能会将决定因子和由它决定的属性放置在不同的关系中。这时要满足原关系中的函数依赖是非常困难的，而且一些重要的约束也可能随之丢失。当发生这种情况时，最好的方法就是将规范化过程只进行到 3NF。在 3NF 中，所有的函数依赖都会被保留下来。例如，在上边对 ClientInterview 关系分解的例子中，当将该关系分解为两个 BCNF 后，就已经丢失了函数依赖：

(roomNo, interviewDate, interviewTime)→staffNo, clientNo　　　（fd3）

因为这个函数依赖的决定因子已经不在一个关系中了。但我们也应该认识到，如果不消除 fd4 函数依赖：(staffNo, interviewDate)→roomNo，那么在 ClientInterview 关系中就存在数据冗余。

在具体的实际应用过程中，到底应该将 ClientInterview 关系规范化到 3NF，还是规范化到 BCNF，主要由 3NF 的 ClientInterview 关系所产生的数据冗余量与丢失的 fd3 函数依赖所造成的影响哪个更重要来决定。例如，如果在实际情况中，每个员工每天只接待一次客户，那么，fd4 函数依赖的存在不会导致数据冗余，因此就不需要将 ClientInterview 关系分解为两个 BCNF 关系，而且也是不必要的。但如果实际情况是，每位员工在一天内可能会多次接待客户，那么 fd4 函数依赖就会造成数据冗余，这时将 ClientInterview 关系规范化为两个 BCNF 可能会更好。但也要考虑丢失 fd3 函数依赖带来的影响，也就是说，fd3 是否传递了关于接待客户的重要信息，并且是否必须在关系中表现这个依赖关系。弄清楚这些问题有助于彻底解决到底是保留所有的函数依赖重要还是消除数据冗余重要。

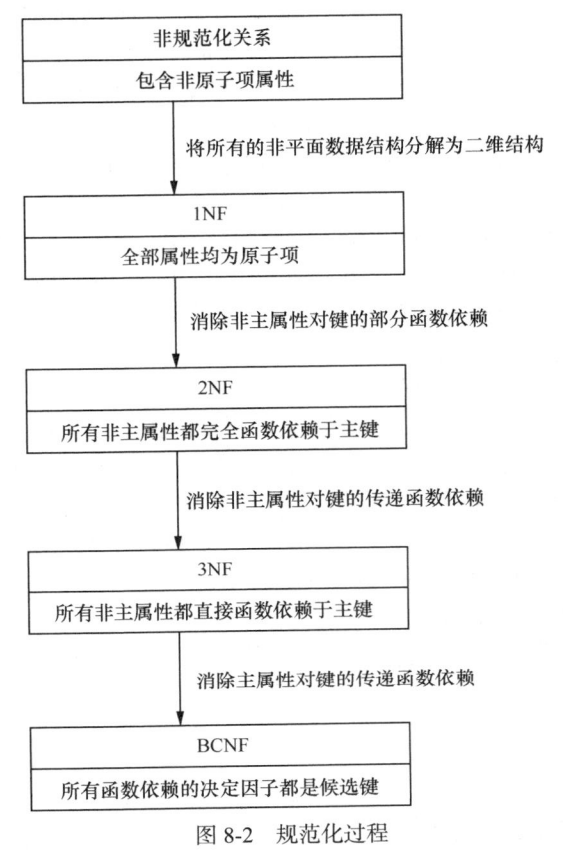

图 8-2　规范化过程

8.2.5　规范化小结

在关系数据库中，对关系模式的基本要求是要满足第一范式的要求。这样的关系模式就是可以实现的。但在第一范式的关系中会存在数据操作异常，因此，人们寻求解决这些问题的方法，这就是规范化引出的目的。

规范化的基本思想是逐步消除数据依赖中不合适的部分，通过模式分解的方法使关系模式逐步消除操作异常。分解的基本思想是让一个关系模式只描述一件事情，即面向主题设计数据库的关系模式。因此，规范化的过程就是让每个关系模式概念单一化的过程。但要确保分解后产生的模式与原模式等价，即模式分解不能破坏原来的语义，同时还要保证不丢失原来的函数依赖关系。

图 8-2 总结了规范化的过程。

8.3　关系模式的分解准则

规范化的方法就是进行模式分解，但分解后产生的关系模式应与原关系模式等价，即模式分解必须遵守一定的准则，不能表面上消除了操作异常，却留下了其他的问题。为此，模式分解应满足以下条件：

- 分解具有无损连接性；
- 分解能够保持函数依赖。

无损连接是指分解后的关系通过自然连接可以恢复成原来的关系，即通过自然连接得到的关系与原来的关系相比，既不多出信息，也不丢失信息。

保持函数依赖的分解是指在模式分解过程中，函数依赖不能丢失的特性，即模式分解不能破坏原来的语义。

为了得到更高范式的关系进行的模式分解，是否总能既保证无损连接、又保持函数依赖呢？答案是否定的。

应如何对关系模式进行分解？对于同一个关系模式可能有多种分解方案。例如，对于关系模式：S-D-L(Sno，Dept，Loc)，各属性含义分别为：学号，系名和宿舍楼号，假设系名可以决定宿舍楼号，则有函数依赖：

Sno→Dept，Dept→Loc

显然这个关系模式不是第三范式的。对于此关系模式我们可以有 3 种分解方案。

方案 1：S-L(Sno，Loc)，D-L（Dept，Loc)

方案 2：S-D(Sno，Dept)，S-L（Sno，Loc)

方案 3：S-D(Sno，Dept)，D-L（Dept，Loc)

这 3 种分解方案得到的关系模式都是第三范式的，那么这 3 种方案是否都正确呢？在将一个关系模式分解为多个关系模式时除了提高规范化的程度外，还需要考虑其他的一些因素。

将一个关系模式 $R<U，F>$（U 为 R 的属性集，F 为 R 中的函数依赖集）分解为若干个关系模式 $R_1<U_1，F_1>$，$R_2<U_2，F_2>$，…，$R_n<U_n，F_n>$（其中 $U = U_1 \cup U_2 \cup \cdots \cup U_n$，$F_i$ 为 F 在 U_i 上的投影），这意味着相应地将存储在一张二维表 r 中的数据分散到了若干个二维表 r_1，r_2，…，r_n 中（r_i 是 r 在属性组 U_i 上的投影）。我们希望这样的分解不丢失信息，也就是说，希望能通过对关系 r_1，r_2，…，r_n 的自然连接运算重新得到关系 r 中的所有信息。

事实上，将关系 r 投影为 r_1，r_2，…，r_n 时不会丢失信息，关键是对 r_1，r_2，…，r_n 做自然连接时可能产生一些 r 中原来没有的元组，从而无法区别哪些元组是 r 中原来有的，即数据库中应该存在的数据，哪些是不应该有的。从这个意义上说就是丢失了信息。

但如何对关系模式进行分解呢？对于同一个关系模式可能有多种分解方案。例如，对于上述关系模式：S-D-L(Sno，Dept，Loc)，就有 3 种分解方案，而且这 3 种分解方案得到的关系模式都是第三范式的，那么这 3 种分解方案是否都满足分解的要求呢？下面对此进行分析。

假设在某一时刻，此关系模式的数据如表 8-8 所示，此关系用 r 表示。

表 8-8　　　　　　　　　　　　　S-D-L 关系模式的某一时刻数据（r）

Sno	Dept	Loc
S01	D1	L1
S02	D2	L2
S03	D2	L2
S04	D3	L1

若按方案 1 将关系模式 S-D-L 分解为 S-L（Sno，Loc）和 D-L（Dept，Loc），则将 S-D-L 投影到 S-L 和 D-L 的属性上，可得到关系 r_{11} 和 r_{12}，如表 8-9 和表 8-10 所示。

表 8-9　　　　　　　　　　　　　分解所得到的结果（r_{11}）

Sno	Loc
S01	L1
S02	L2
S03	L2
S04	L1

表 8-10　　　　　　　　　　　　　分解所得到的结果（r_{12}）

Dept	Loc
D1	L1
D2	L2
D3	L1

做自然连接 $r_{11}*r_{12}$，得到 r'，如表 8-11 所示。

表 8-11 $r_{11}*r_{12}$ 自然连接后得到 r'

Sno	Dept	Loc
S01	D1	L1
S01	D3	L1
S02	D2	L2
S03	D2	L2
S04	D1	L1
S04	D3	L1

r' 中的元组（S01,D3,L1）和（S04,D1,L1）不是原来 r 中有的元组，因此，无法知道原来的 r 中到底有哪些元组，这当然是我们所不希望的。

将关系模式 R<U，F> 分解为关系模式 $R_1<U_1$，$F_1>$，$R_2<U_2$，$F_2>$，…，$R_n<U_n$，$F_n>$，若对于 R 中的任何一个可能的 r，都有 $r = r_1*r_2*\cdots*r_n$，即 r 在 R_1，R_2，…，R_n 上的投影的自然连接等于 r，则称关系模式 R 的这个分解具有无损连接性。

分解方案 1 不具有无损连接性，因此不是一个正确的分解方法。

再分析方案 2：将 S-D-L 投影到 S-D，S-L 的属性上，可得到关系 r_{21} 和 r_{22}，如表 8-12 和表 8-13 所示。

表 8-12   分解所得到的结果（r_{21}）

Sno	Dept
S01	D1
S02	D2
S03	D2
S04	D3

表 8-13   分解所得到的结果（r_{22}）

Sno	Loc
S01	L1
S02	L2
S03	L2
S04	L1

将 $r_{11}*r_{12}$ 做自然连接,得到 r"，如表 8-14 所示。

表 8-14 $r_{21}*r_{22}$ 自然连接后得到 r"

Sno	Dept	Loc
S01	D1	L1
S02	D2	L2
S03	D2	L2
S04	D3	L1

我们看到分解后的关系模式经过自然连接后恢复成了原来的关系，因此，分解方案 2 具有无损连接性。现在我们对这个分解做进一步的分析。假设学生 S03 从 D2 系转到了 D3 系，于是我们需要在 r_{21} 中将元组（S03,D2）改为（S03,D3），同时还需要在 r_{22} 中将元组（S03,L2）改为（S03,L1）。如果这两个修改没有同时进行，则数据库中就会出现不一致信息。这是由于这样分解得到的两个关系模式没有保持原来的函数依赖关系所造成的。原有的函数依赖 Dept→Loc 在分解后既没有投影到 S-D 中，也没有投影到 S-L 中，而是跨在了两个关系模式上。故分解方案 2 没有保持原有的

函数依赖关系，因此，也不是好的分解方法。

现在看分解方案 3，经过分析（读者可以自己思考）可以看出分解方案 3 既满足无损连接性，又保持了原有的函数依赖关系，因此它是一个好的分解方法。

综上所述，分解具有无损连接性和分解保持函数依赖是两个独立的标准。具有无损连接性的分解不一定保持了函数依赖，如前边的分解方案 2；保持函数依赖的分解不一定具有无损连接性（请读者自己想例子来说明这种情况）。

一般情况下，在进行模式分解时，应将有直接依赖关系的属性放置在一个关系模式中，这样得到的分解结果才能既具有无损连接性，又能保持函数依赖关系不变。

习　题

一、选择题

1. 对关系模式进行规范化的主要目的是（　　）。
   A. 提高数据操作效率　　　　　　　B. 维护数据的一致性
   C. 增强数据的安全性　　　　　　　D. 为用户提供更快捷的数据操作

2. 关系模式中的插入异常是指（　　）。
   A. 插入的数据违反了实体完整性约束
   B. 插入的数据违反了用户定义的完整性约束
   C. 插入了不该插入的数据
   D. 应该被插入的数据不能被插入

3. 如果有函数依赖 $X \rightarrow Y$，并且对 X 的任意真子集 X'，都不存在 $X' \rightarrow Y$，则（　　）。
   A. X 完全函数依赖于 Y　　　　　B. X 部分函数依赖于 Y
   C. Y 完全函数依赖于 X　　　　　D. Y 部分函数依赖于 X

4. 如果有函数依赖 $X \rightarrow Y$，并且对 X 的某个真子集 X'，有 $X' \rightarrow Y$ 成立，则（　　）。
   A. Y 完全函数依赖于 X　　　　　B. Y 部分函数依赖于 X
   C. X 完全函数依赖于 Y　　　　　D. X 部分函数依赖于 Y

5. 设 F 是某关系模式的极小函数依赖集。下列关于 F 的说法，错误的是（　　）。
   A. F 中每个函数依赖的右部都必须是单个属性
   B. F 中每个函数依赖的左部都必须是单个属性
   C. F 中不能有冗余的函数依赖
   D. F 中每个函数依赖的左部不能有冗余属性

6. 设有关系模式：学生（学号，姓名，所在系，系主任），设一个系只有一个系主任，则该关系模式至少属于（　　）。
   A. 第一范式　　　　　　　　　　　B. 第二范式
   C. 第三范式　　　　　　　　　　　D. BC 范式

7. 设有关系模式 R(X, Y, Z)，F={Y→Z, Y→X, X→YZ}，则该关系模式至少属于（　　）。
   A. 第一范式　　　　　　　　　　　B. 第二范式
   C. 第三范式　　　　　　　　　　　D. BC 范式

8. 下列关于关系模式与范式的说法，错误的是（　　）。
   A. 只包含两个属性的关系模式一定属于 3NF
   B. 只包含两个属性的关系模式一定属于 BCNF
   C. 只包含两个属性的关系模式一定属于 2NF

　　　D.　只包含三个属性的关系模式一定属于 3NF

　　9.　下列关于第三范式关系模式的说法，错误的是（　　　）。

　　　A.　第三范式的关系模式一定不包含部分函数依赖

　　　B.　第三范式的关系模式一定不包含传递函数依赖

　　　C.　第三范式的关系模式一定不包含部分函数依赖，但可以包含传递函数依赖

　　　D.　第三范式的关系模式一定不包含部分函数依赖和传递函数依赖

　　10.　有关系模式：借书（书号，书名，库存量，读者号，借书日期，还书日期），设一个读者可以多次借阅同一本书，但对一种书（用书号唯一标识）不能同时借多本。该关系模式的主键是（　　　）。

　　　A.　（书号，读者号，借书日期）　B.　（书号，读者号）

　　　C.　（书号）　　　　　　　　　　　D.　（读者号）

二、简答题

　　1.　关系规范化中的操作异常有哪些？是由什么引起的？解决的办法是什么？

　　2.　第一范式、第二范式和第三范式的定义分别是什么？

　　3.　什么是部分函数依赖？什么是传递函数依赖？请举例说明。

　　4.　第二范式的关系模式是否一定不包含部分函数依赖关系？

　　5.　对于主键只由一个属性组成的关系，如果它是第一范式，则它是否一定也是第二范式？

　　6.　设有关系模式：学生修课（学号，姓名，所在系，性别，课程号，课程名，学分，成绩）。设一名学生可以选修多门课程，一门课程可以被多名学生选修。一名学生有唯一的所在系，每门课程有唯一的课程名和学分。请指出此关系模式的候选键，并判断此关系模式是第几范式的；若不是第三范式的，请将其规范化为第三范式关系模式，并指出分解后的每个关系模式的主键和外键。

　　7.　设有关系模式：学生（学号，姓名，所在系，班号，班主任，系主任）。其语义为：一名学生只在一个系的一个班学习，一个系只有一名系主任，一个班只有一名班主任，一个系可以有多个班。请指出此关系模式的候选键，并判断此关系模式是第几范式的；若不是第三范式的，请将其规范化为第三范式关系模式，并指出分解后的每个关系模式的主键和外键。

　　8.　设有关系模式：授课（课程号，课程名，学分，学时，授课教师号，教师名，授课学年学期）。其语义为：一门课程（由课程号决定）有确定的课程名、学分和学时，每名教师（由教师号决定）有确定的教师名，每门课程可以由多名教师讲授，每名教师也可以讲授多门课程，也可以在不同学期学年多次讲授同一门课程。指出此关系模式的候选键，并判断此关系模式属于第几范式；若不属于第三范式，请将其规范化为第三范式关系模式，并指出分解后的每个关系模式的主键和外键。

　　9.　指出下列各关系模式属于第几范式：

　　（1）$R_1 = (\{A, B, C, D\}, \{B \rightarrow D, AB \rightarrow C\})$

　　（2）$R_2 = (\{A, B, C, D, E\}, \{AB \rightarrow CE, E \rightarrow AB, C \rightarrow D\})$

　　（3）$R_3 = (\{A, B, C, D\}, \{A \rightarrow C, D \rightarrow B\})$

　　（4）$R_4 = (\{A, B, C, D\}, \{A \rightarrow C, CD \rightarrow B\})$

　　10.　设有关系模式 $R(W, X, Y, Z)$，$F = \{X \rightarrow Z, WX \rightarrow Y\}$，该关系模式属于第几范式，请说明理由。

　　11.　设有关系模式 $R(A, B, C, D)$，$F = \{A \rightarrow C, C \rightarrow A, B \rightarrow AC, D \rightarrow AC\}$。

　　（1）求 B^+ 和 $(AD)^+$。

　　（2）求 R 的全部候选键，判断 R 属于第几范式。

　　（3）求 F 的极小函数依赖集 F_{min}。

第 9 章 实体-联系模型

实体-联系（E-R）模型是数据库设计者和用户之间有效、标准的交流方法。它是一种非技术的方法，它表达清晰，为形象化数据提供了一种标准的途径。E-R 模型能准确反映现实世界中的数据以及在用户业务中的使用情况，它提供了一种有用的概念，允许数据库设计者将用户对数据库需求的非正式描述转化成一种能在数据库管理系统中实施得更详细、更准确的描述。因此，用 E-R 模型建模是数据库设计者必须掌握的重要技能。这种技术已广泛应用于数据库设计中。

9.1 E-R 模型的基本概念

E-R 模型是用于数据库设计的概念数据模型。概念数据模型独立于任何数据库管理系统和硬件平台，它通过定义代表数据库全部逻辑结构的企业模式来辅助数据库设计，是一种常用的数据库概念结构设计方法，E-R 模型由需求分析中收集的信息来构建。E-R 模型是若干语义数据模型中的一种，它有助于将现实世界企业中的信息和相互作用映射为概念模式。许多数据库设计工具都借鉴了 E-R 模型的概念，E-R 模型为数据库设计者提供了下列几个主要的语义概念。

- 实体：指用户业务中可区分的对象。
- 联系：指对象之间的相互关联。
- 属性：用来描述实体和联系的特征。每个属性都与一组数值的集合（也称为值域）相对应，属性的取值均来自该集合。
- 约束：对实体、联系和属性的取值限制。

9.1.1 实体

实体是现实世界中独立存在的、可区别于其他对象的"对象"或"事物"。实体是将被收集的信息的主要数据对象。实体一般是物理存在的对象，如学生、汽车、商品、职工等。每个实体都可以有自己的属性。

在 E-R 模型中，实体是存在于用户业务中抽象且有意义的事物。这些事物被模式化成可用属性描述的实体。实体与实体之间可存在多种联系。

1. 实体与实体实例

实体（entity，也称为实体集）是一组具有相同特征或属性的对象的集合。在 E-R 模型中，相似的对象被归到同一个实体中。实体可以包含物理（或真实）存在的对象，也可以包含概念（或抽象）存在的对象。每个实体都可用一个实体名和一组属性来标识。一个数据库通常包含许多不同的实体，实体的一个实例表现为一个具体的对象，比如"学生"实体的一个实例就是一个具体的学生。E-R 模型中的"实体"对应关系数据库中的一张表，实体的实例对应表中的一行记录。

2. 实体的分类

实体可以分为强实体和弱实体。强实体（strong entity，也称为强实体集）指不依赖于其他实体而存在的实体，比如"职工"实体。强实体的特点是：每个实例都能被实体的主键唯一标识。弱实体（weak entity，也称为弱实体集）指依赖于其他实体而存在的实体，比如"职工子女"实体，该实体必须依赖于"职工"实体的存在而存在。强实体有时也称为父实体、主实体或者统治实体，弱实体也称为子实体、依赖实体或从实体。在 E-R 模型中，一般用单线矩形框表示强实体，用双线矩形框表示弱实体。

图 9-1 描述了"职工"实体和其中的两个实例，从这个图中也可以看出实体和实例的区别。

实体：职工			
属性		实例	
属性名	域	实例1	实例2
职工号	6个字符的字符串	Z10001	Z10002
姓名	4个汉字的字符串	张小平	李红丽
性别	1个汉字的字符串	男	女
出生日期	日期类型	2001-2-5	2000-8-10

图 9-1　有实例的实体

9.1.2　联系

联系指用户业务中相关的两个或多个实体之间的关联。它表示现实世界的关联关系。联系只依赖于实体间的关联，联系的一个具体值称为联系实例。联系实例是可唯一区分的关联，它包括每一个参与实体的一个实例，表明特定的实体实例间是相互关联的。联系也被视为抽象对象。联系可通过连线将相互关联的实体连接起来。

在 E-R 建模中，相似的联系被归到一个联系（也称为联系集或联系型）中。这样，一个具体的联系就表达了一个或多个实体之间的一组有意义的关联，例如假设"学生"实体和"课程"实体之间存在一个"选课"联系，则如果学生（202001101，张三，男）选了课程（C001，计算机网络），则（202001101，张三，男）和（C001，计算机网络）之间就存在一个联系实例，这个联系实例可表示为（202001101，C001，…）。

具有相同属性的联系实例都属于一个联系。

联系具有如下特性。

1. 联系的度

联系的度指联系中相关联的实体的数量，一般有递归联系（或一元联系）、二元联系和三元联系之分。

（1）递归联系

递归联系指同一实体的实例之间的联系。在递归联系中，实体中的一个实例与同一实体中的另一个实例相互关联，如图 9-2（a）所示。在图 9-2 中，"管理"是实体"职工"与"职工"之间的递归联系。递归联系也称为一元联系。参与联系的每一个实例都有特定的角色。联系的角色名对递归联系非常重要，它确定了每个参与者的功能。在"管理"联系中"职工"实体的第一个参与者的角色名为"管理者"，第二个参与者的角色名为"被管理"。当两个实体之间不止一个联系时，角色名就很有用。

（2）二元联系

二元联系指两个实体之间的关联，比如部门和职工、班和学生、学生和课程等都是二元联系的例子。二元联系是最常见的联系，其联系的度为 2。图 9-2（b）所示的"部门"和"职工"之间的"包含"联系就是一个二元联系。

（3）三元联系

三元联系指 3 个实体之间的关联，其联系的度为 3。可用一个与 3 个实体相连接的菱形来表示三元联系，如图 9-2（c）。在图 9-2（c）中，3 个实体"顾客""商品"和"商店"与 1 个"购买"联系相连接，"购买"联系就是一个三元联系。当二元联系不能充分准确地描述 3 个实体间的关联语义时，就需要采用三元联系来描述。

不管是哪种类型的联系，都需要指明实体间的连接是"一"还是"多"。

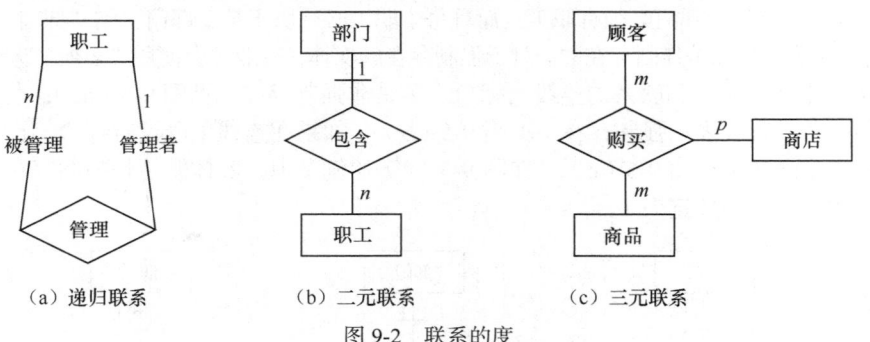

（a）递归联系　　　　　（b）二元联系　　　　　（c）三元联系

图 9-2　联系的度

2. 联系的连接性

联系的连接性描述了联系中相关联实体间映射的约束，取值为"一"或"多"。例如，对图 9-2（b）所示的 E-R 图，实体"部门"和"职工"之间为一对多的联系，即对"部门"实体中的每个实例（一个部门），在"职工"中可有多个实例（多个职工）与其关联；而对"职工"实体中的每个实例（职工），在"部门"实体中最多有一个实例（部门）与其关联。实际的连接数目称为联系的连接基数。由于基数值常随着联系实例发生变化，所以基数比连接性使用的少。

图 9-3 描述了二元联系中的 3 种基本连接结构：一对一（1:1）、一对多（1:n）和多对多（m:n）。如图 9-3（a）所示的一对一连接，表示了一个部门只有一个经理，而且一个人只担任一个部门的经理，这两个实体的最大和最小连接基数都仅为 1。如图 9-3（b）所示的一对多连接，则表示一个部门可有多名职工，而一个职工只能在一个部门工作。"职工"端的最大和最小连接基数分别为 n 和 1。"部门"端的最大和最小连接基数都为 1。如图 9-3（c）所示的多对多连接，则表示一个职工可以参与多个项目，一个项目可以由多个职工来完成。"职工"和"项目"的最大连接基数分别为 m 和 n，最小连接基数都为 1。如果 m 和 n 的值分别为 10 和 5，则表示一个职工最多可以参与 5 个项目，一个项目最多可以由 10 个职工来完成。

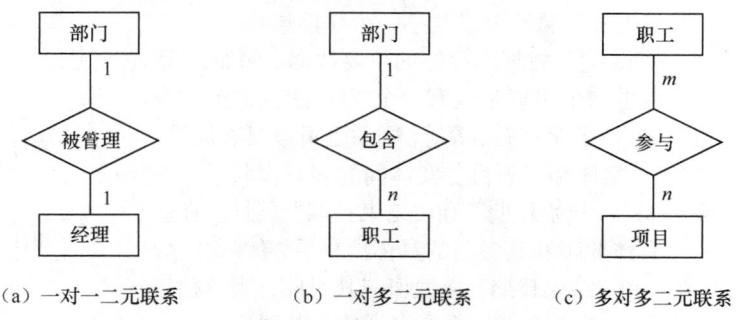

（a）一对一二元联系　　　（b）一对多二元联系　　　（c）多对多二元联系

图 9-3　联系的连接性

3. n 元联系

在 n 元联系中，用具有 n 个连接的菱形来表示 n 个实体之间的关联，每个连接对应一个实体。图 9-4 所示就是一个 n 元联系的例子。

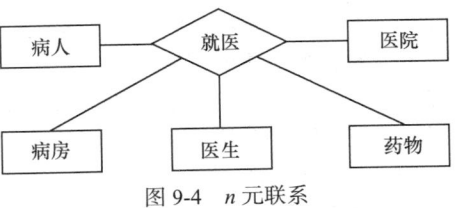

图 9-4　n 元联系

4. 联系的存在性

联系的存在性是指某个实体的存在依赖于其他实体的存在。图 9-5 中给出了一些联系存在的例子。联系中实体的存在分为强制和非强制（也称为可选的）两种。强制存在要求联系中任何一端的实体的实例都必须存在，而非强制存在允许实体的实例可以不存在。例如实体"职工"可以管理某个"部门"，也可以不管理任何"部门"，因此"职工"和"部门"之间的"被管理"联系中，"部门"实体是非强制存在的。而对"部门"和"职工"之间的"拥有"联系，如果要求每个部门必须有职工，而且每个职工必须属于某个部门，则"部门"和"职工"相对"拥有"联系来说都是强制存在的。对于强制存在的实体，一般都会使用"必须"这个词来描述。

在 E-R 图中，在实体和联系的连线上标〇表示是非强制存在（见图 9-5（a））；在实体和联系的连线上加一条垂直线表示强制存在（见图 9-5（b））。如果在连线上既没有标〇，也没有加垂直线，则表示类型未知（见图 9-5（c））。在图 9-5（c）的例子中，实体既不是强制存在的，也不是非强制存在的，最小连接定为 1。

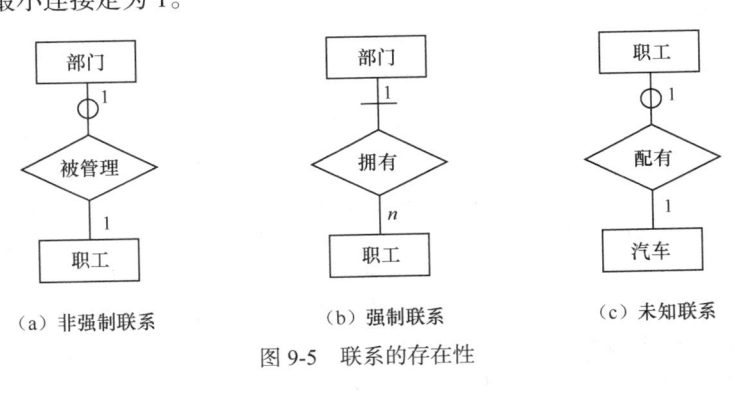

（a）非强制联系　　　（b）强制联系　　　（c）未知联系

图 9-5　联系的存在性

9.1.3　属性

实体或联系的特征都可称为属性。使用一组属性可以描述一个实体。同一个实体中的实例具有相同或相似的属性。例如，"学生"实体的属性有姓名、学号、性别等。实体中的每个属性都有取值范围，属性的取值范围称为值域。值域定义了属性的所有取值，例如，如果职工的年龄在 18～60 岁，则可以将"职工"实体的"年龄"属性定义为整型，且值域为 18 到 60。一个属性可以由多个值域构成。例如，属性"生日"的值域由年、月、日的值域构成。多个属性可以共享一个值域，该值域称为属性域。属性域的值是一组一个或多个属性所允许的取值。例如，同一企业中"工人"和"管理员"的"生日"属性可以共享一个属性域。

属性值描述每个实例，它是数据库存储的主要数据。例如，"职工"实体中"姓名"属性的取值可以是具有 5 个汉字的字符串，"身份证号"的取值可以是 18 位数字字符，等等。联系也可以具有属性。例如，图 9-6 中"职工"实体和"项目"实体间的多对多联系"参与"就具有"分配的任务""开始日期"和"结束日期"属性。在这个例子中，当给定一个具体职工和其参与的具体项目后，有一组"分配的任务""开始日期"和"结束日期"属性值与其对应；当单独描述"职工"或"项目"时，这 3 个属性都有多个值与其对应。

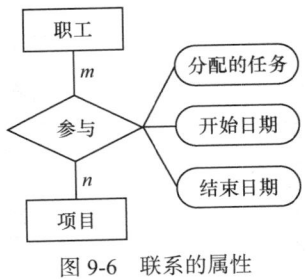

图 9-6　联系的属性

属性可以分为以下几类。

1. 简单属性

简单属性是由一个独立成分构成的属性。简单属性不可再分成更小的成分。简单属性也称为原子属性。"学生"实体中的学号、姓名、性别属性都是简单属性的例子。

2. 复合属性

复合属性是由多个独立存在的成分构成的属性。一些属性可以划分成更小的独立成分。例如,假设"职工"实体中有"地址"属性,该属性有"**省**市**区**街道"形式的取值,则这种形式的取值可进一步分解为"省""市""区"和"街道" 4 个属性,而"街道"又可分为"街道号""街道名"和"楼牌号" 3 个简单属性。如果"职工"实体中包含外国人,则外国人的名字经常分为"名"(first_name)和"姓"(last_name)两部分,因此"姓名"又可以拆分为"名"和"姓"两部分。图 9-7 说明了复合属性的例子。

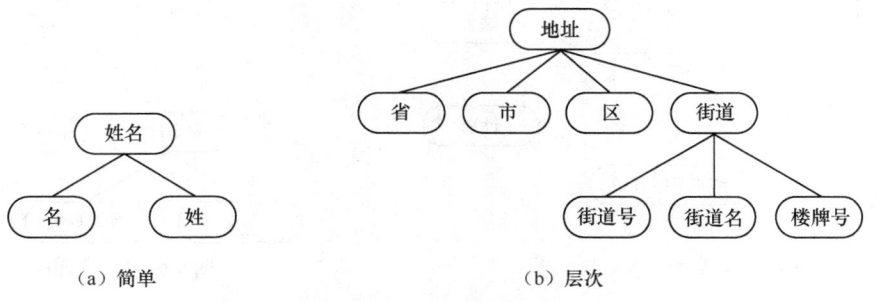

图 9-7 复合属性

复合属性可以是有层次的,如图 9-7(b)所示的"地址"属性,其中的"街道"又可划分为 3 个简单属性:街道名、街道号和楼牌号。这些简单属性值的集合构成了复合属性的值。

3. 单值属性

若某属性对于特定实体中的每个实例都只取一个值,则这样的属性为单值属性。例如,"学生"实体中每个实例的"学号"属性都只有一个值,如"202012101",则该属性即为单值属性。大多数属性均为单值属性。

4. 多值属性

若某属性对于特定实体中的每个实例可以取多个值,则这样的属性即为多值属性。也就是说,多值属性的取值可以不止一个。例如"职工"的"技能"属性,一个职工可以有多项技能,比如"总体设计""程序设计""数据库管理"。

可以对多值属性的取值数目进行上、下界的限制。例如,可以限定"技能"属性的取值为 1～3。在 E-R 图中,用双线圆角矩形表示的是多值属性,如图 9-8 所示。

5. 派生属性

派生属性的值是由相关联的属性或属性组派生出来的,这些属性可以来自同一实体,也可以来自不同实体。例如,"职工"实体中的"工龄"属性的值可以由该职工的"参加工作日期"和当前日期计算得到,所以"工龄"属性就是派生属性。在 E-R 图中用虚线的圆角矩形表示的是派生属性,如图 9-8 所示。

在有些情况下,属性值可以派生于同一实体中的实例。例如,"职工"实体的"总人数"属性的值可以通过计算"职工"实体中的实例总数获得。

6. 标识属性

在一个实体中,每个实例需要能被唯一识别。可以用实体中的一个或多个属性来标识实体实例，这些属性就称为标识属性。标识属性指的是能够唯一标识实体中每个实例的属性或最小属性组。例如，"职工"实体中的标识属性是"职工号"，"项目"实体中的标识属性是"项目号"。在E-R图中标识属性用下画线标识，如图9-8中的"职工号"。在某些实体中，如果单个属性都不能满足标识属性的要求，那么就用两个或多个属性作为标识属性。这些用于唯一识别一个实例的属性组称为复合标识符。图9-9是一个复合标识符的例子，其中，"列车"实体有一个复合标识符"列车标识"。"列车标识"属性由"车次"和"发车时间"组成。"车次"和"发车时间"属性组能够唯一地标识从始发站到目的站的各列车实例。

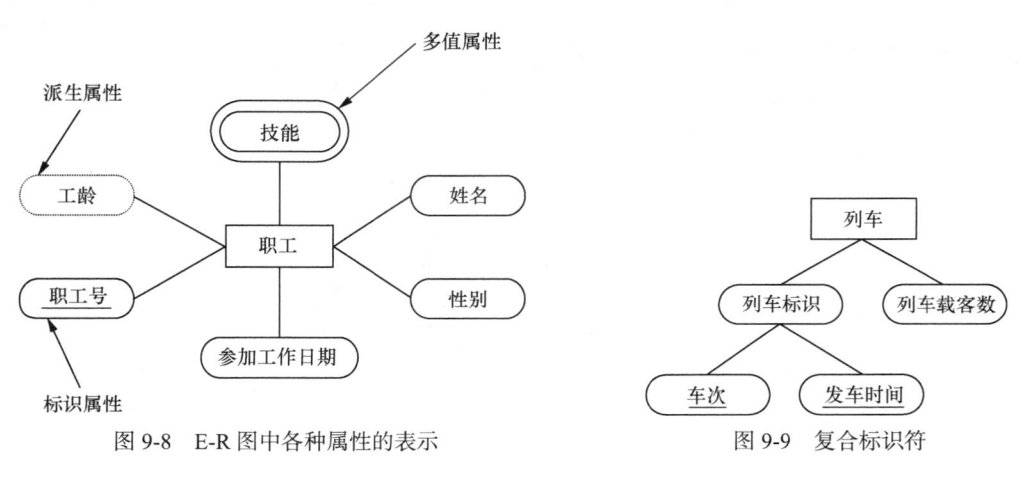

图9-8　E-R图中各种属性的表示　　　　图9-9　复合标识符

9.1.4　约束

联系通常采用特定约束来限制联系集合中的实体组合。约束要反映现实世界中对联系的限定。例如，"部门"实体要求每个部门必须有一个员工，"职工"实体中的每个人必须有一种技能。联系中约束的主要类型有多样性约束、基数约束和参与约束等。

1. 多样性约束

多样性是指一个实体所包含的每个实例都可通过某种联系与另一个实体的同一实例相关联。它约束了实体相关联的方式，是企业或用户确立原则或商业规则的一种表示。在为用户业务建模时，定义和表示用户业务中的所有约束是很重要的。

2. 基数约束

基数约束指定了一个实体中的实例与另一个实体中的每个实例相关联的数目。基数约束分为最大基数约束和最小基数约束两种。最小基数约束指一个实体中的实例与另一个实体中的每个实例相关联的最小数目，最大基数约束指一个实体中的实例与另一个实体中的每个实例相关联的最大数目。

例如，假设一名职工只管理一个部门，一个部门只由一名职工管理，则"职工"和"部门"之间的基数约束都是1，如图9-10所示。

3. 参与约束

参与约束指明了一个实体是否依赖于通过联系与之关联的其他实体。参与约束分为全部参与约束（也称为强制参与）和部分参与（也称为可选参与）约束两种。全部参与约束指一个实体中的所有实例都必须通过联系与另一个实体相关联。全部参与约束也称为存在依赖。部分参与约束指一个实体中的部分实例通过联系与另一个实体相关联。

例如，假设所有部门都有一个管理者，但并不是每个职工都管理一个部门，则"职工"和"部门"间的参与约束就是0或1，而"部门"和"职工"间的参与约束是1。

4. 排除约束

在排除约束中，对多个关系的通常或默认的处理是包含 OR，OR 允许某个实体或全部实体都参与。但在有些情况下，排除约束（不相交或不包含 OR）可能会影响多个关系，它允许在几个实体中最多只有一个实体实例参与到只有一个根实体的联系中。

图 9-11 所示为排除约束的一个例子，在这个例子中，根实体"工作任务"有两个相关的实体："外部项目"和"内部项目"。"工作任务"可以分配到"外部项目"中或者是"内部项目"中，但不能同时分配到这两个实体中。这意味着，在"外部项目"和"内部项目"实体的实例中最多只有一个能够应用到"工作任务"的实例中。

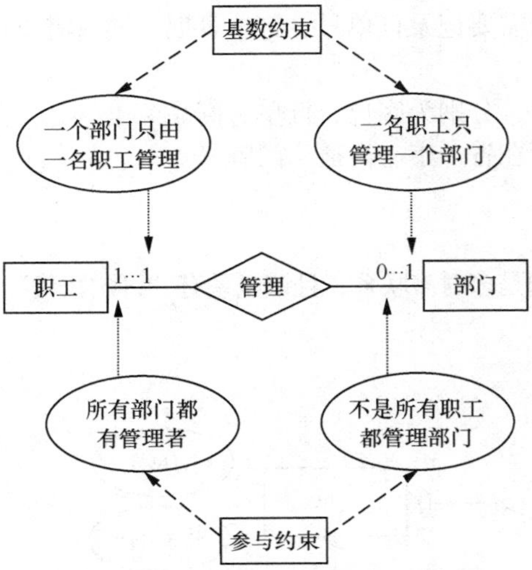

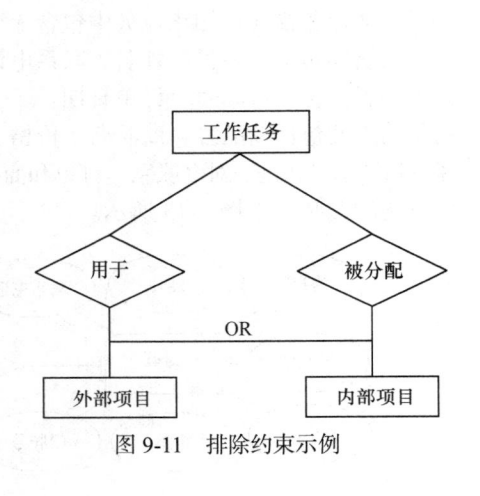

图 9-10　一对一联系的基数约束与参与约束

图 9-11　排除约束示例

9.2　E-R 图符号

E-R 模型通常可用实体-联系图（E-R 图）表示，E-R 图就是 E-R 模型的图形表示。我们在本书 2.2.2 节中介绍了基本的 E-R 图并给出了 E-R 图的一些表达符号，本节将对 E-R 模型进行更深入的介绍，根据本章对 E-R 模型的扩展，E-R 图的表示也有相应的表达符号，如图 9-12 所示。

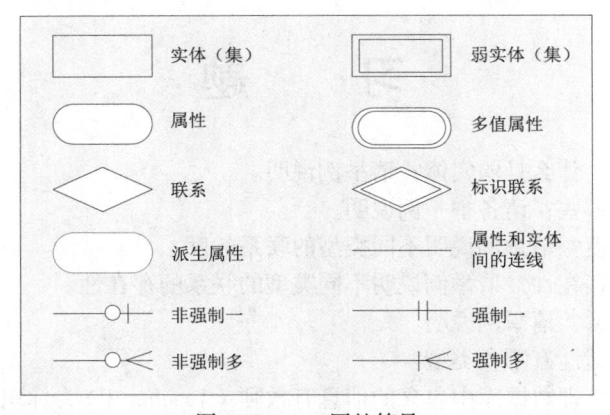

图 9-12　E-R 图的符号

9.3 示例

本节给出一个构建 E-R 模型的示例。

假设要设计一个管理客户订购商品的系统，业务需求如下。

一个客户可以下多个订单，也可以暂时没有订单；每个订单必须至少包含一个商品；每个商品可被放置在一个或多个订单中，也可以暂时不在任何订单中；每个订单必须属于唯一的一个客户。对客户需要记录：客户号、姓名、联系电话、地址。地址包括：所在省、市、街道、门牌号。对商品需要记录：商品号、商品名和价格。对订单需要记录订单号、订单日期。同时需要记录每个订单中每个商品的订购数量。

分析：从业务描述可知该业务中包含 3 个实体，分别为客户、订单、商品。

客户的属性包括客户号、姓名、联系电话、所在省、市、街道、门牌号。

订单的属性包括订单号、订单日期。

商品的属性包括商品号、商品名、价格。

客户和订单之间是一对多联系，订单和商品之间是多对多联系，且该联系有"订购数量"属性。

该系统的 E-R 图如图 9-13 所示。

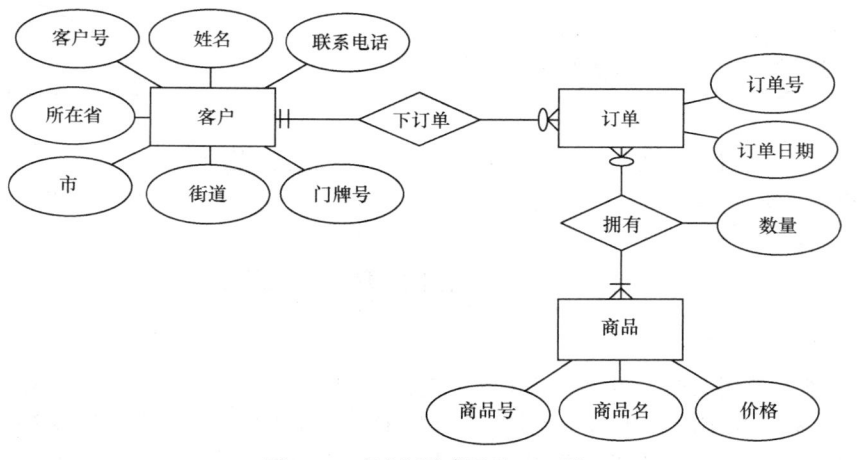

图 9-13　客户订购商品的 E-R 图

习　　题

1. 什么是强实体？什么是弱实体？请举例说明。
2. 联系的种类有哪些？请各举一例说明。
3. 什么是联系的度？请举例说明不同类型的联系的度。
4. 什么是联系的存在性？请举例说明不同类型的联系的存在性。
5. 什么是递归联系？请举例说明。
6. 什么是属性？属性有哪些类型？
7. 某大学的教学管理数据库中包含的信息有教师（Teacher_ID 为标识属性）和所教的课程。针对下面不同的语义环境，画出相应的 E-R 图。

（1）每位教师可以在多个学期教授同一门课程并且记录每次教学信息。

（2）每位教师可以在多个学期教授同一门课程并且只记录最近一次的教学信息。

（3）每位教师必须教授多门课程并且只记录最近一次的教学信息。

（4）每位教师只教授一门课程并且每门课程必须被多位教师教授。

8. 某企业需要在数据库存储如下信息。

职工：职工号，工资，电话

部门：部门号，部门名，人数

每个职工在同一时期只在一个部门工作，但在不同时期可在不同部门工作。每个部门只由一个职工管理。请根据以上信息，画出 E-R 图。

9. 某商店业务系统数据库需要存储如下信息。

（1）一个商店可从多个供应商购买货物，供应商由"供应商编号"标识。

（2）需要记录从各供应商购买每件商品的数量以及商品价格，而且还需要记录供应商的地址。

（3）供应的商品由"商品编号"标识，并且每个商品都有描述信息。

（4）每个供应商可以有多个地址。

请根据以上信息，确定该业务实体和联系并构建相应的 E-R 图。

10. 设某企业包含多个部门，每个部门有若干职工，每个部门可以承担若干项目，职工可以参与到项目中。现需要维护如下信息。

（1）需要记录职工的编号和姓名信息，其中"职工编号"为职工的标识属性。

（2）所有职工都归属于某个部门，部门由"部门名"标识。

（3）每个职工都可参与一个或多个项目，每个项目都有"项目编号"和"项目预算"属性。

（4）每个项目都由一个部门负责，但一个部门可以负责多个项目。

（5）每个职工只能参加其所在部门承担的项目，同时允许什么项目也不参加的职工存在。

请根据以上信息，完成下列要求。

（1）确定实体和联系并构建 E-R 图。

（2）如果每个职工都参加所在部门的所有项目，是否需要修改该 E-R 图？

（3）如果需要记录每个职工在每个项目上花费的时间，是否需要修改该 E-R 图？

第 **10** 章　数据库设计

    数据库设计是指利用现有的数据库管理系统针对具体的应用对象构建适合的数据库模式，建立数据库及其应用系统，使之能有效地收集、存储、操作和管理数据，满足企业中各类用户的应用需求（如信息需求和处理需求）。

    从本质上讲，数据库设计是将数据库系统与现实世界进行密切的、有机的、协调一致的结合的过程。因此，数据库设计者必须非常清晰地了解数据库系统本身及其实际应用对象这两方面的知识。

    本章将介绍数据库设计的全过程，从需求分析、结构设计到数据库的实施和维护。

10.1　数据库设计概述

    数据库设计虽然是一项应用课题，但它涉及的内容很广泛，所以设计一个性能良好的数据库并不容易。数据库设计的质量与设计者的知识、经验和水平有密切的关系。

    数据库设计中面临的主要困难和问题如下。

    （1）懂得计算机与数据库的人一般都缺乏应用业务知识和实际经验，而熟悉应用业务的人又往往不懂计算机和数据库，同时具备这两方面知识的人很少。

    （2）在开始时往往不能明确应用业务的数据库系统的目标。

    （3）缺乏很完善的设计工具和方法。

    （4）用户的要求往往不是一开始就明确的，而是在设计过程中不断提出新的要求，甚至在数据库建立之后还会要求修改数据库结构或增加新的应用。

    （5）应用业务系统千差万别，很难找到一种适合所有应用业务的工具和方法，这就增加了研究数据库自动生成工具的难度。因此，研制适合一切应用业务的全自动数据库生成工具是不可能的。

    在进行数据库设计时，必须确定系统的目标，这样可以确保开发工作进展顺利，并能提高工作效率，保证数据模型的准确和完整。数据库设计的最终目标是数据库必须能够满足客户对数据的存储和处理需求，同时定义系统的长期和短期目标，能够提高系统的服务以及新数据库的性能期望值，客户对数据库的期望是非常重要的。新的数据库能在多大程度上方便最终用户，新数据库的近期和长期发展计划是什么，是否所有的手工处理过程都可以自动实现，现有的自动化处理是否可以改善，这些都只是我们定义一个新的数据库设计目标时所必须考虑的一部分问题或因素。

    成功的数据库应用系统应具备如下特点。

    （1）功能强大。

    （2）能准确地表示业务数据。

    （3）使用方便，易于维护。

（4）对最终用户操作的响应时间合理。

（5）便于数据库结构的改进。

（6）便于数据的检索和修改。

（7）维护数据库的工作较少。

（8）具有有效的安全控制机制可以确保数据安全。

（9）冗余数据最少或不存在。

（10）便于数据的备份和恢复。

（11）数据库结构对最终用户透明。

10.1.1　数据库设计的特点

数据库设计的工作烦琐且又比较复杂，它是一项数据库工程也是一项软件工程。数据库设计的很多阶段都可以对应于软件工程的各个阶段，软件工程的很多方法和工具同样也适合于数据库工程。但由于数据库设计是与用户的业务需求紧密相关的，因此，它还有很多自己的特点。

1. 综合性

数据库设计涉及的范围很广，包含计算机专业知识及业务系统的专业知识，同时它还要解决技术及非技术两方面的问题。

非技术问题包括组织机构的调整，经营方针的改变，管理体制的变更等。这些问题都不是设计人员所能解决的，但新的管理信息系统要求必须有与之相适应的新的组织机构、新的经营方针、新的管理体制，这就是一个较为尖锐的矛盾。另一方面，由于同时具备数据库和业务两方面知识的人很少，因此，数据库设计者一般都需要花费相当多的时间去熟悉应用业务系统知识，这一过程有时很麻烦，可能会使设计人员产生厌烦情绪，从而影响系统的最终成功。而且，由于承担部门和应用部门是一种委托雇佣关系，它在客观上存在着一种对立的势态，当在某些问题上意见不一致时会使双方关系比较紧张。这在管理信息系统（MIS）中尤为突出。

2. 结构设计与行为设计相分离

结构设计是指数据库的模式结构设计，包括概念结构、逻辑结构和存储结构等方面的设计；行为设计是指应用程序设计，包括功能组织、流程控制等方面的设计。在传统的软件工程中，比较注重处理过程的设计，不太注重数据结构的设计。在一般的应用程序设计中只要可能就尽量推迟数据结构的设计，这种方法对于数据库设计就不太适用。

数据库设计与传统的软件工程的做法正好相反。数据库设计的主要精力首先是放在数据结构的设计上，比如数据库的表结构、视图等。

10.1.2　数据库设计方法概述

为了使数据库设计更合理、更有效，需要有效的指导原则，这种原则就称为数据库设计方法。

首先，一个好的数据库设计方法，应该能在合理的期限内，以合理的工作量，产生一个有实用价值的数据库结构。这里的"实用价值"是指满足用户关于功能、性能、安全性、完整性及发展需求等方面的要求，同时又服从特定 DBMS 的约束，可以用简单的数据模型来表达。其次，数据库设计方法还应具有足够的灵活性和通用性，不但能够为具有不同经验的人使用，而且不受数据模型及 DBMS 的限制。最后，数据库设计方法应该是可再生的，即不同的设计者使用同一方法设计同一问题时，可以得到相同或相似的设计结果。

多年来，经过人们不断的努力和探索，提出了各种数据库设计方法。其中的新奥尔良（New Orleans）方法就是一种比较著名的数据库设计方法，这种方法将数据库设计分为 4 个阶段：需求分析、概念结构设计、逻辑结构设计和物理结构设计，如图 10-1 所示。这种方法注重数据库的结构设计，而不太考虑数据库的行为设计。

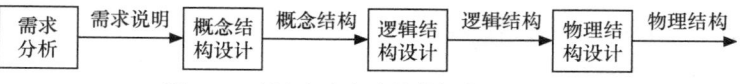

图 10-1　新奥尔良方法的数据库设计阶段

也有人将数据库设计分为 5 个阶段，主张数据库设计应包括设计系统开发的全过程，并在每一阶段结束时进行评审，以便及早发现设计错误，及早纠正。各阶段也不是严格线性的，而是采取"反复探寻、逐步求精"的方法。在设计时从数据库应用系统设计和开发的全过程来考察数据库设计问题，既包括数据库模型的设计，也包括围绕数据库展开的应用处理的设计。在设计过程中努力把数据库设计和系统其他成分的设计紧密结合，把数据和处理的需求、分析、抽象、设计和实现在各个阶段同时进行，相互参照，相互补充，以完善两方面的设计。

基于 E-R 模型的数据库设计方法、基于第三范式的设计方法、基于抽象语法规范的设计方法等都是在数据库设计的不同阶段上使用的具体技术和方法。

数据库设计方法从本质上看仍然是手工设计方法，其基本思想是过程迭代和逐步求精。

10.1.3　数据库设计的基本步骤

一般可将数据库设计分为如下几个阶段。

（1）需求分析。

（2）结构设计，包括概念结构设计、逻辑结构设计和物理结构设计。

（3）行为设计，包括功能设计、事务设计和程序设计。

（4）数据库实施，包括加载数据库数据和调试运行应用程序。

（5）数据库运行和维护阶段。

图 10-2 说明了数据库设计的全过程，从这个图我们也可以看到数据库的结构设计和行为设计是分离进行的。

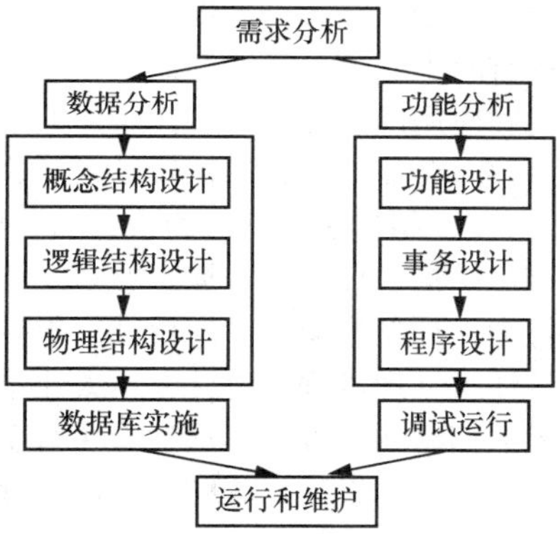

需求分析阶段主要是收集信息并进行分析和整理，为后续的各个阶段提供充足的信息。这个过程是整个设计过程的基础，也是最困难、最耗时间的一个阶段，需求分析做得不好，会导致整个数据库设计重新返工。概念结构设计是整个数据库设计的关键，此过程会对需求分析的结果进行综合、归纳，从而形成一个独立于具体的 DBMS 的概念模型。逻辑结构设计是将概念结构设计的结果转换为某个具体的 DBMS 所支持的数据模型，并对其进行优化。物理结构设计是为逻辑结构设计的结果选取一个最适合应用

图 10-2　数据库设计的全过程

环境的数据库物理结构。数据库的行为设计是设计数据库所包含的功能、这些功能间的关联关系以及一些功能的完整性要求。数据库实施是人们运用 DBMS 提供的数据语言以及数据库开发工具，根据结构设计和行为设计的结果建立数据库，编制应用程序，组织数据入库并进行试运行。数据库运行和维护阶段是指将已经试运行的数据库应用系统投入正式使用，在数据库应用系统的使用过程中不断对其进行调整、修改和完善。

设计一个完善的数据库应用系统不可能一蹴而就，往往要经过上述几个阶段的不断反复才能设计成功。

10.2　数据库需求分析

简单地说，需求分析就是分析用户的要求。需求分析是数据库设计的起点，其结果将直接影

响后续阶段的设计，并影响最终的数据库系统能否被合理地使用。

10.2.1　需求分析的任务

需求分析阶段的主要目的是回答"干什么"的问题，该阶段的主要任务是对现实世界要处理的对象（如公司、部门、企业）进行详细调查，收集和分析各项应用对信息和处理两方面的需求。了解和掌握数据库应用系统开发对象（或称用户）的工作业务流程和每个岗位、每个环节的职责，了解和掌握信息从开始产生或建立，到最后输出、存档或消亡所经过的传递和转换过程，了解和掌握各种人员在整个系统活动过程中的作用。通过同用户的交流和沟通，决定哪些工作应由计算机来做，哪些工作仍由手工来做，决定各种人员对信息和处理各有什么要求，对操作界面和报表输出格式各有什么要求，对数据（信息）的安全性（保密性）和完整性各有什么要求，等等。

用户调查的重点是"数据"需求和围绕这些数据的业务"处理"需求。通过调查要从用户那里获得对数据库的下列要求。

（1）信息需求。定义数据库应用系统会用到的所有信息，明确用户将向数据库中输入什么样的数据，从数据库中要求获得哪些信息，以及将要输出哪些信息。也就是明确在数据库中需要存储哪些数据，对这些数据将进行哪些处理，同时还要描述数据间的联系等。

（2）处理需求。定义系统数据处理的操作功能，描述操作的优先次序，包括操作的执行频率和场合，操作与数据间的联系，还要明确用户要完成哪些处理功能，每种处理的执行频度，用户需求的响应时间以及处理方式（比如是联机处理还是批处理），等等。

（3）安全性与完整性要求。安全性要求描述了系统中不同用户对数据库的使用和操作情况。完整性要求描述了数据之间的关联关系以及数据的取值范围。

需求分析是整个数据库设计（严格讲是管理信息系统设计）中最重要的一步，是其他各步骤的基础。如果把整个数据库设计当成一个系统工程来看待，那么需求分析就是这个系统工程的最原始的输入信息。如果这一步做得不好，那么后续的设计即使再优化也只能前功尽弃，所以这一步特别重要。

需求分析是最困难、最麻烦的一步，其困难之处不是在于技术上，而是在于要了解、分析、表达客观世界并非易事，这也是数据库自动生成工具的研究中最困难的部分。目前，许多自动生成工具都绕过这一步，先假定需求分析已有结果，这些自动工具就以这一结果作为后面几步的输入。

10.2.2　需求分析的方法

需求分析首先要调查清楚用户的实际需求，与用户达成共识，然后再分析和表达这些需求。

调查用户的需求的重点是"数据"和"处理"，为达到这一目的，在调查前要拟定调查提纲。调查时要抓住两个"流"，即"信息流"和"处理流"，而且调查中要不断地将这两个"流"结合起来。调查的任务是调研现行系统的业务活动规则，并提取描述系统业务的现实系统模型。

通常情况下，调查用户的需求包括三方面内容，即系统的业务现状、信息源流及外部要求。

（1）业务现状，包括业务方针政策，系统的组织机构，业务内容，约束条件和各种业务的全过程。

（2）信息源流，包括各种数据的种类、类型及数据量，各种数据的源头、流向和终点，各种数据的产生、修改、查询、更新过程和频率以及各种数据与业务处理的关系。

（3）外部要求，包括对数据保密性的要求，对数据完整性的要求，对查询响应时间的要求，对新系统使用方式的要求，对输入方式的要求，对输出报表的要求，对各种数据精度的要求，对吞吐量的要求，对未来功能、性能及应用范围扩展的要求。

在调查用户的需求时，实际上就是发现现行业务系统的运作事实。常用的发现事实的方法有检查文档、面谈、观察业务的运转、研究和问卷调查等。

（1）检查文档。当要深入了解为什么客户需要数据库应用时，检查用户的已有文档是非常有用的，比如报表、合同、档案、单据等。检查文档可以发现文档中有助于提供与问题相关的业务信息。如果问题与现存系统相关，则一定有与该系统相关的文档。检查与目前系统相关的文档是一种非常好的快速理解系统的方法。

（2）面谈。面谈是最常用的，通常也是最有用的事实发现方法，通过面对面谈话获取有用信息。面谈还有其他用处，比如找出事实、确认事实、澄清事实、标识需求、集中意见和观点等。但是使用面谈这种技术需要良好的交流能力，面谈的成功与否依赖于谈话者的交流技巧。而且面谈也有它的缺点，比如非常消耗时间。为了保证谈话成功，必须选择合适的谈话人选，准备的问题涉及范围要广，要引导谈话有效地进行。

（3）观察业务的运转。观察是用来理解一个系统的最有效的事实发现方法之一。使用这个技术可以参与或者观察做事的人以了解系统。当用其他方法收集的数据的有效性值得怀疑或者系统特定方面的复杂性阻碍了最终用户做出清晰的解释时，这种技术尤其有用。

与其他事实发现技术相比，成功的观察要求做非常多的准备。为了确保成功，要尽可能多地了解要观察的人和活动。例如，记录所观察的活动的低谷、正常以及高峰期分别是什么时候。

（4）研究。研究是通过计算机行业的杂志、参考书和因特网来查找是否有类似的解决此问题的方法，甚至可以查找和研究是否存在解决此问题的软件包。但这种方法也可能因找不到解决此问题的方法而浪费了时间。

（5）问卷调查。问卷是一种有着特定目的的小册子，针对几个给定的答案，来获得一大群人的意见。当与大批用户打交道，其他的事实发现技术都不能有效地把这些事实列成表格时，就可以采用问卷调查的方式。

问卷有两种格式：自由格式和固定格式。在自由格式问卷上，答卷人提供的答案有更大的自由。问题提出后，答卷人在题目后的空白地方写答案。例如，"你当前收到的是什么报表，它们有什么用？""这些报告是否存在问题？如果有，请说明"自由格式问卷存在的问题是答卷人的答案可能难以列成表格，而且，有时答卷人可能会答非所问。

在固定格式问卷上，包含的问题答案是特定的。给定一个问题，回答者必须从提供的答案中选择一个。因此，结果容易列表。但另一方面，答卷人不能提供一些有用的附加信息。例如，"现在的业务系统的报告形式非常理想，不必改动"。答卷人可以选择的答案只有"是"或"否"，或者一组包括"非常赞同""同意""没意见""不同意"和"强烈反对"的选项等。

需求分享可采用自底向上和自顶向下两种方法，如图10-3和图10-4所示。自顶向下分析法是先确定系统的总体需求，然后再逐步细化；自底向上分析法是先分析具体需求，然后再逐步汇总。

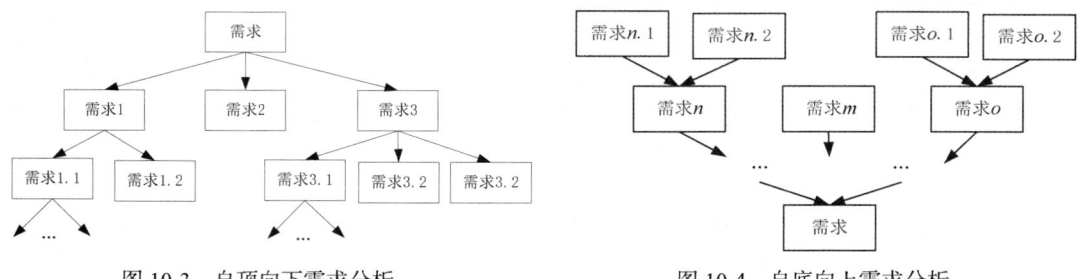

图 10-3　自顶向下需求分析　　　　　　　图 10-4　自底向上需求分析

在数据库应用系统的需求分析中，自顶向下的结构化分析（Structured Analysis，SA）是比较简单实用的方法。SA 方法从最上层的系统组织机构入手，采用逐层分解的方式分析系统，用数据流图（Data Flow Diagram，DFD）和数据字典（Data Dictionary，DD）来描述系统。

10.2.3 需求分析工具

系统需求说明书是需求分析阶段的重要成果，它的主要内容就是画出数据流图，建立数据字典。由于数据流图技术在软件工程或管理信息系统类教材中有专门的讲授，本书不再赘述，仅简要回顾一下相关知识。

1. 数据流图

数据流图（Data Flow Diagram，DFD）是从数据传递和加工角度，以图形方式来表达系统的逻辑功能、数据在系统内部的逻辑流向和逻辑变换过程，是结构化系统分析方法的主要表达工具。DFD 一般有 4 种符号，即外部实体、数据流、加工和存储，如图 10-5 所示。

（1）外部实体一般用矩形框表示，反映数据的来源和去向，可以是人、物或其他软件系统。

（2）数据流用带箭头的连线表示，反映数据的流动方向。

（3）加工一般用椭圆或圆表示（本书用椭圆表示），表示对数据的加工处理操作。

（4）存储一般用两条平行线表示，表示信息的静态存储，可以代表文件、文件的一部分、数据库的元素等表示数据的存档情况。

在绘制单张数据流图时应注意以下原则。

（1）一个加工的输出数据流不应与输入数据流同名，即使它们的组成成分相同。

（2）要保持数据守恒。也就是说，一个加工所有输出数据流中的数据必须能从该加工的输入数据流中直接获得，或者说是通过该加工能产生的数据。

（3）每个加工必须既有输入数据流，又有输出数据流。

（4）所有的数据流必须以一个外部实体开始，并以一个外部实体结束。

（5）外部实体之间不应该存在数据流。

图 10-6 所示是一个数据流图的示例。

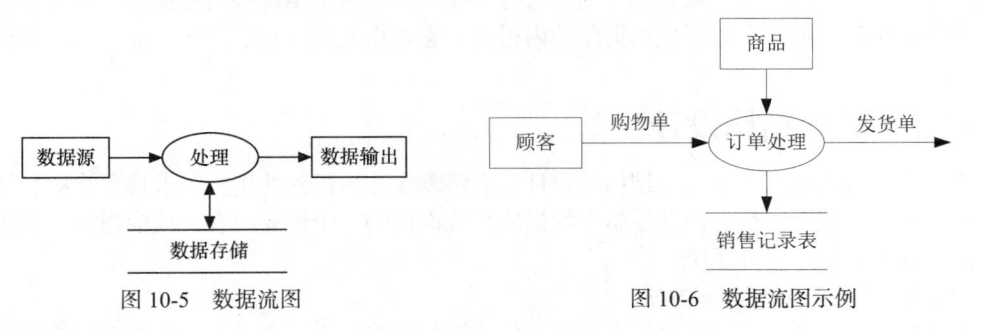

图 10-5 数据流图   图 10-6 数据流图示例

2. 数据字典

数据字典（Data Dictionary，DD）可对数据的数据项、数据结构、数据流、数据存储、处理逻辑、外部实体等进行定义和描述，其目的是对数据流程图中的各个元素做出详细的说明。在数据库应用系统设计中，需求分析得到的数据字典是最原始的数据字典，以后在概念设计和逻辑设计中的数据字典都由它依次变换和修改而得到。

对于图 10-5 所示的数据流图，表 10-1 展示了描述"顾客"包含的数据项的数据字典，表 10-2 展示了描述"订单处理"的数据字典。

表 10-1 "顾客"包含的数据项定义

数据项名	数据项含义	别名	数据类型	取值范围
CustID	唯一标识每个顾客	顾客编号	Char(10)	
CustName		顾客姓名	Nvarchar(20)	

续表

数据项名	数据项含义	别名	数据类型	取值范围
Tel		联系电话	Char(11)	每一位均为数字
Sex		性别	Nchar(1)	"男"或"女"
BirthDate		出生日期	date	

表 10-2   "订单处理"的数据字典

处理名	说明	流入的数据流	流出的数据流	处理
订单处理	对顾客提交的订单进行处理	购物单	发货单	根据客户提交的购物单，查看相应的商品信息，看是否满足顾客的购买要求，若满足，则将销售信息保存到销售记录表中，并产生发货单

10.3 数据库结构设计

数据库设计主要分为数据库结构设计和数据库行为设计。数据库结构设计包括概念结构设计、逻辑结构设计和物理结构设计。数据库行为设计包括设计数据库的功能组织和流程控制。

数据库结构设计是在数据库需求分析的基础上，逐步形成对数据库概念、逻辑、物理结构的描述。概念结构设计的结果是形成数据库的概念层数据模型，它可用语义层模型描述，如 E-R 模型。逻辑结构设计的结果是形成数据库的模式与外模式，它可用结构层模型描述，如基本表、视图等。物理结构设计的结果是形成数据库的内模式，它可用文件级术语描述，如数据库文件、索引等。

10.3.1 概念结构设计

概念结构设计的重点在于信息结构的设计，它将需求分析得到的用户需求抽象为信息结构即概念层数据模型。概念层数据模型是整个数据库系统设计的一个重要内容，该模型独立于逻辑结构设计和具体的数据库管理系统。

1. 概念结构设计的特点和方法

概念结构设计的任务是产生反映企业组织信息需求的数据库概念结构，即概念层数据模型。

（1）概念结构的特点

概念结构应具备如下特点。

① 有丰富的语义表达能力。能够表达用户的各种需求，包括描述现实世界中各种事物以及事物与事物之间的联系，能满足用户对数据的处理需求。

② 易于交流和理解。概念结构是数据库设计人员和用户之间的主要交流工具，因此必须能通过概念模型与不熟悉计算机的用户交换意见，用户的积极参与是数据库成功的关键。

③ 易于修改和扩充。当应用环境和应用要求发生变化时，能方便地对概念结构进行修改，以反映这些变化。

④ 易于向各种数据模型转换，易于导出与 DBMS 有关的逻辑模型。

描述概念结构的一个常用工具是 E-R 模型。有关 E-R 模型的概念已经在第 2 章和第 9 章做过介绍，本章在介绍概念结构设计时也会采用 E-R 模型。

（2）概念结构设计的方法

概念结构设计的方法主要有如下几种。

① 自底向上。先定义每个局部应用的概念结构，然后按一定的规则把它们集成起来，从而得到全局概念结构。

② 自顶向下。先定义全局概念结构，然后逐步细化。

③ 由里向外。先定义最重要的核心结构，然后逐步向外扩展，以滚雪球的方式逐步形成全局概念结构。

④ 混合策略。将自顶向下和自底向上的方法结合起来使用。先用自顶向下的方法设计一个概念结构的框架，然后以它为基础再用自底向上策略设计局部概念结构，最后把它们集成起来。

从这一步开始，需求分析所得到的结果将按"数据"和"处理"分开考虑。概念结构设计的重点在于信息结构的设计，而"处理"可由行为设计来考虑。这也是数据库设计的特点，即"行为"设计与"结构"设计分开进行。但由于两者原本是一个整体，因此在设计概念结构和逻辑结构时，要考虑如何有效地为"处理"服务，而设计应用模型时，也要考虑如何有效地利用结构设计提供的条件。

概念结构设计的主要工作是抽取现实业务系统的元素及其应用语义关联最终形成 E-R 模型。

概念结构设计最常用的方法是自底向上的方法，即自顶向下进行需求分析，然后自底向上进行概念结构设计，其过程如图 10-7 所示。我们这里也只介绍自底向上的概念结构设计方法。自底向上的概念结构设计通常分为两步：第一步是抽象数据并设计局部概念模型；第二步是集成局部概念模型，得到全局概念模型，如图 10-8 所示。

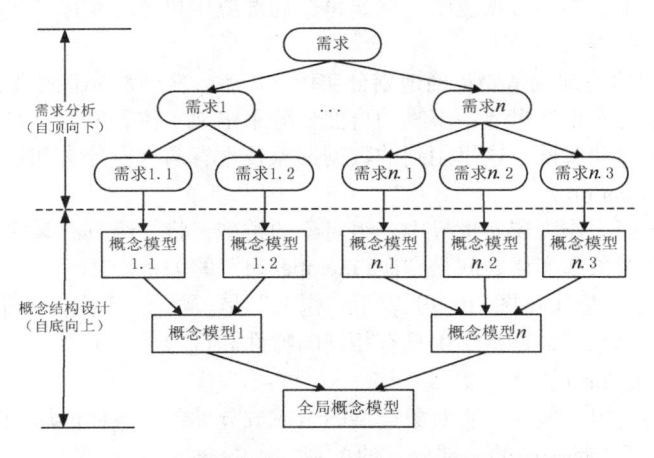

图 10-7　自顶向下需求分析、自底向上概念结构设计

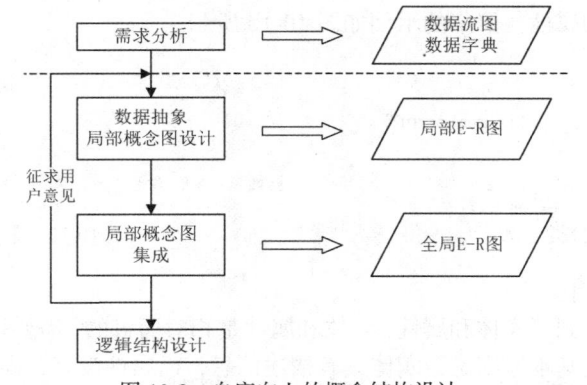

图 10-8　自底向上的概念结构设计

2. 采用 E-R 模型的概念结构设计

设计数据库概念结构的最著名、最常用的方法是 E-R 方法。采用 E-R 方法的概念结构设计可分为如下 3 步。

（1）设计局部 E-R 图。局部 E-R 图的设计内容包括确定局部应用的范围，定义实体、属性及实体间的联系。

（2）设计全局 E-R 图。将所有局部 E-R 图集成为一个全局 E-R 图。

（3）优化全局 E-R 图。

下面分别介绍这 3 个步骤的内容。

（1）数据抽象与设计局部 E-R 图

概念结构是对现实世界的一种抽象。所谓抽象是对实际的人、物、事和概念进行人为处理，抽取所关心的共同特性，忽略非本质细节，并把这些特性用各种概念准确地加以描述，这些概念组成了某种模型。概念结构设计首先要根据需求分析得到的结果（数据流和数据字典等）对现实世界进行抽象，然后设计各个局部 E-R 模型。

① 数据抽象。

在系统需求分析阶段，得到了多层数据流图、数据字典和系统分析报告。建立局部 E-R 图，就是根据系统的具体情况，在多层数据流图中选择一个适当层次的数据流图，作为 E-R 图设计的出发点，让这组图中的每个部分对应一个局部应用。在选好的某一层次的数据流图中，每个局部应用都对应了一组数据流图，具体应用所涉及的数据存储在数据字典中。现在就是要将这些数据从数据字典中抽取出来，参照数据流图，确定每个局部应用包含的实体、实体包含的属性、实体之间的联系以及联系的类型。

设计局部 E-R 图的关键就是要正确地划分实体和属性。实体和属性在形式上并没有可以明显区分的界限，通常是按照现实世界中事物的自然划分来定义实体和属性。对现实世界中的事物进行数据抽象，得到实体和属性。这里用到的数据抽象技术有两种：分类和聚集。

- 分类（classification）

分类定义某一类概念作为现实世界中一组对象的类型，将一组具有某些共同特征和行为的对象抽象为一个实体。对象和实体之间是"is a member of"的关系。

例如，"张三"是学生（见图 10-9）表示"张三"是"学生"（实体）中的一员（实例），即"张三是学生中的一个成员"，这些学生具有相同的特性和行为。

- 聚集（aggregation）

聚集定义某类型的组成成分，将对象类型的组成成分抽象为实体的属性。组成成分与对象类型之间是"is a part of"（是……的一部分）的关系。

在 E-R 模型中，若干个属性的聚集就组成了一个实体的属性。例如，学号、姓名、性别等属性可聚集为学生实体的属性。聚集的示例如图 10-10 所示。

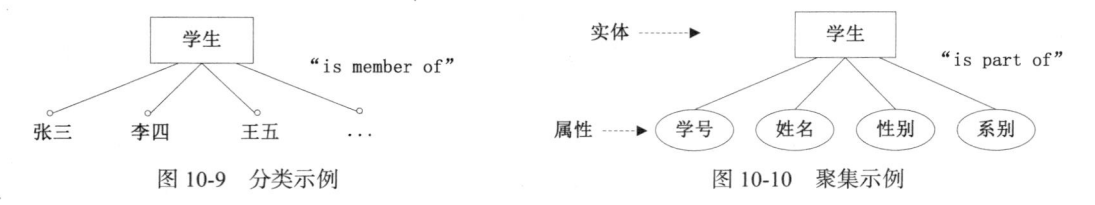

图 10-9　分类示例　　　　　　　　图 10-10　聚集示例

② 局部 E-R 图设计。

经过数据抽象后得到了实体和属性，实体和属性是相对而言的，需要根据实际情况进行调整。对关系数据库而言，其基本原则是：实体具有描述信息，而属性没有，即属性是不可再分的数据项，不能包含其他属性。例如，学生是一个实体，具有属性：学号、姓名、性别、系别等，如果不需要对系再做更详细的分析，则"系别"作为一个属性存在就够了，但如果还需要对系别做更进一步的分析，例如，需要记录或分析系的教师人数、系的办公地点、系的办公电话等，则"系别"就需要作为一个实体存在。图 10-11 说明了"系别"升级为实体后，E-R 图的变化。

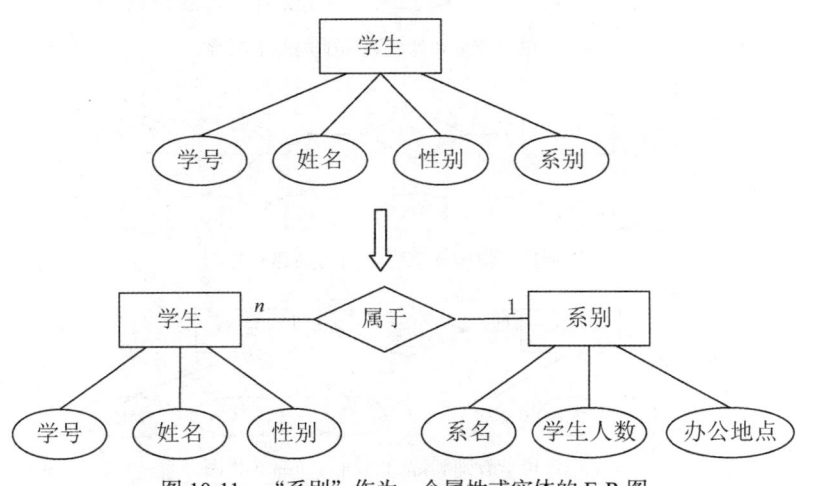

图 10-11　"系别"作为一个属性或实体的 E-R 图

下面举例说明局部 E-R 图的设计。

设在一个简单的教务管理系统中，有如下简化的语义描述。

① 一名学生可同时选修多门课程，一门课程也可同时被多名学生选修。学生选课需要记录考试成绩信息，每个学生每门课程只能有一次考试。对每名学生需要记录学号、姓名、性别信息，对课程需要记录课程号、课程名、课程性质信息。

② 一门课程可由多名教师讲授，一名教师可讲授多门课程。每名教师讲授的每门课程都需要记录授课时数信息。对每名教师需要记录教师号、教师名、性别、职称信息，对每门课程需要记录课程号、课程名、开课学期信息。

③ 一名学生只属于一个系，一个系可有多名学生。对系需要记录系名、系学生人数和办公地点信息。

④ 一名教师只属于一个部门，一个部门可有多名教师。对部门需要记录部门名、教师人数和办公电话信息。

根据上述描述可知该系统共有 5 个实体，分别是学生、课程、教师、系和部门。其中，学生和课程之间是多对多联系；课程和教师之间也是多对多联系；系和学生之间是一对多联系；部门和教师之间也是一对多联系。

这 5 个实体的属性如下，其中的码属性（能够唯一标识实体中每个实例的一个属性或最小属性组，也称为实体的标识属性）用下画线标识。

学生：学号，姓名，性别。

课程：课程号，课程名，开课学期，课程性质。

教师：教师号，教师名，性别，职称。

系：系名，学生人数，办公地点。

部门：部门名，教师人数，办公电话。

学生和课程之间的局部 E-R 图如图 10-12 所示，教师和课程之间的局部 E-R 图如图 10-13 所示。

教师和部门之间的局部 E-R 图如图 10-14 所示，学生和系之间的局部 E-R 图如图 10-15 所示。

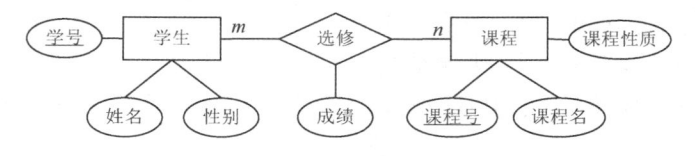

图 10-12　学生和课程之间的局部 E-R 图

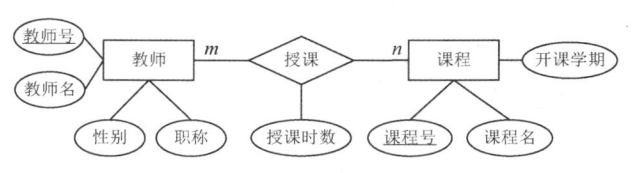

图 10-13　教师和课程之间的局部 E-R 图

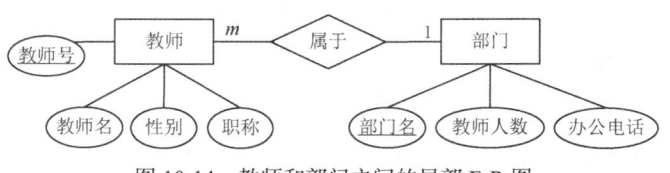

图 10-14　教师和部门之间的局部 E-R 图

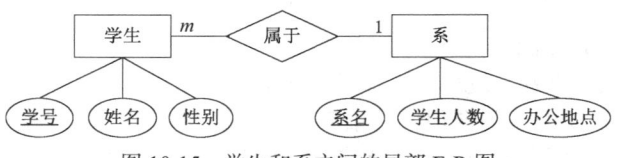

图 10-15　学生和系之间的局部 E-R 图

（2）设计全局 E-R 图

把局部 E-R 图集成为全局 E-R 图时，可以采用一次将所有的 E-R 图集成在一起的方式，也可以用逐步集成、进行累加的方式，即一次只集成少量的几个 E-R 图，这样实现起来会比较容易。

当将局部 E-R 图集成为全局 E-R 图时，需要消除各分 E-R 图合并时产生的冲突。解决冲突是合并 E-R 图的主要工作和关键所在。

各局部 E-R 图之间的冲突主要有 3 类：属性冲突、命名冲突和结构冲突。

① 属性冲突包括如下几种情况。

● 属性域冲突。即属性的类型、取值范围和取值集合不同。例如，在有些局部应用中可能将学号定义为字符型，而在其他局部应用中可能将其定义为数值型。又如，对学生年龄，有些局部应用可能定义为出生日期，有些则定义为整数。

● 属性取值单位冲突。例如，学生身高，有的用"米"为单位，有的用"厘米"为单位。

② 命名冲突包括同名异义和异名同义，即不同意义的实体名、联系名或属性名在不同的局部应用中具有相同的名字，或者具有相同意义的实体名、联系名和属性名在不同的局部应用中具有不同的名字。如科研项目，在财务部门称为"项目"，在科研部门称为"课题"。

属性冲突和命名冲突通常可以通过讨论、协商等方法解决。

③ 结构冲突有如下几种情况。

● 同一数据项在不同应用中有不同的抽象，有的地方作为属性，有的地方作为实体。例如，"所在系"可能在某一局部应用中作为实体，而在另一局部应用中作为属性。

解决这种冲突必须根据实际情况而定，是把属性转换为实体还是把实体转换为属性，基本原则是要保持数据项一致。一般情况下，凡能作为属性对待的，应尽可能作为属性，以简化

E-R 图。

● 同一实体在不同的局部 E-R 图中所包含的属性个数和属性次序不完全相同。

这是很常见的一类冲突，其产生的原因是不同的局部 E-R 模型关心的实体的信息不同。解决的方法是让该实体的属性为各局部 E-R 图中属性的并集，然后再适当调整属性次序。

● 两个实体在不同的应用中呈现不同的联系，比如，E1 和 E2 两个实体在某个应用中可能是一对多联系，而在另一个应用中则是多对多联系。

这种情况应该根据应用的语义对实体间的联系进行合适的调整。

下面以前面叙述的简单教务管理系统为例，说明合并局部 E-R 图的过程。

首先合并图 10-12 和图 10-15 所示的局部 E-R 图，这两个局部 E-R 图中不存在冲突，合并后的结果如图 10-16 所示。

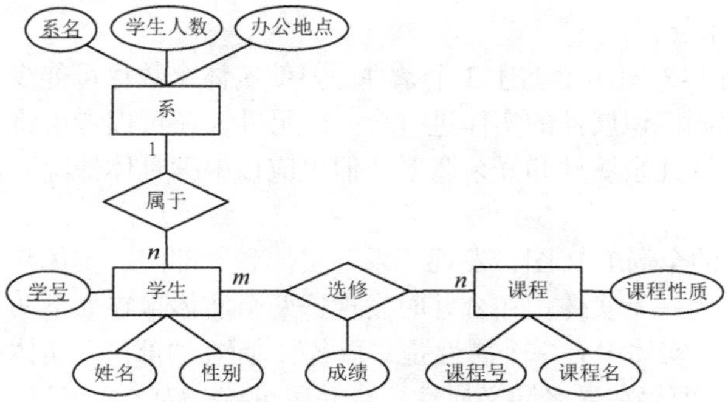

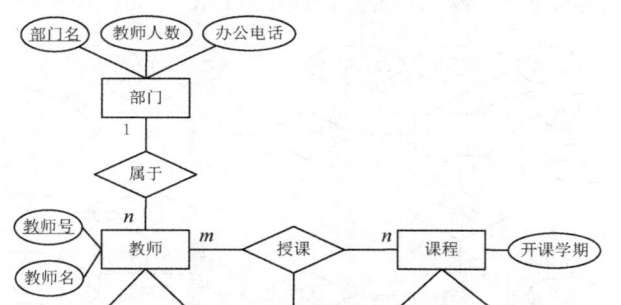

图 10-16 合并学生和课程、学生和系的局部 E-R 图

然后合并图 10-13 和图 10-14 所示的局部 E-R 图，这两个局部 E-R 图也不存在冲突，合并后的结果如图 10-17 所示。

图 10-17 合并教师和课程、教师和部门的局部 E-R 图

最后再将合并后的两个局部 E-R 图合并为一个全局 E-R 图，即合并图 10-16 和图 10-17 两个 E-R 图。在进行这个合并操作时，发现这两个局部 E-R 图中都有"课程"实体，但该实体在两个局部 E-R 图中所包含的属性不完全相同，即存在结构冲突。消除该冲突的方法是：合并后"课程"实体的属性是两个局部 E- R 图中"课程"实体属性的并集。合并后的全局 E-R 图如图 10-18 所示。

（3）优化全局 E-R 图

一个好的全局 E-R 图除了能反映用户的功能需求外，还应满足如下条件。

① 实体个数尽可能少。

② 实体所包含的属性尽可能少。

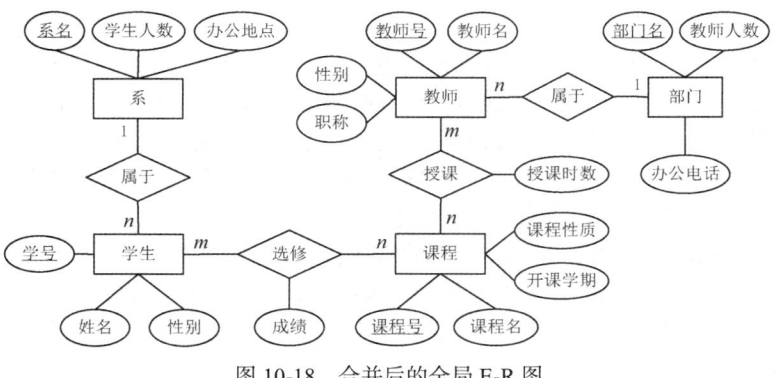

图 10-18　合并后的全局 E-R 图

③ 实体间联系无冗余。

优化的目的就是使 E-R 图满足上述 3 个条件。要使实体个数尽可能少，可以进行相关实体的合并，一般是把具有相同标识属性的实体进行合并，另外，还可以考虑将 1:1 联系的两个实体合并为一个实体，同时消除冗余属性和冗余联系。但也应该根据具体情况而定，有时候适当的冗余可以提高数据查询效率。

分析图 10-18 所示的全局 E-R 图，发现"系"实体和"部门"实体代表的含义基本相同，因此可将这两个实体合并为一个实体。在合并时发现这两个实体存在如下两个问题。

① 命名冲突。"系"实体中有一个属性是"系名"，而在"部门"实体中可将这个含义相同的属性命名为"部门名"，即存在异名同义属性。合并后可统一为"系名"。

② 结构冲突。"系"实体包含的属性是系名、学生人数和办公地点，而"部门"实体包含的属性是部门名、教师人数和办公电话。因此合并后的实体"系"中应包含这两个实体的全部属性。

我们将合并后的实体命名为"系"。优化后的全局 E-R 图如图 10-19 所示。

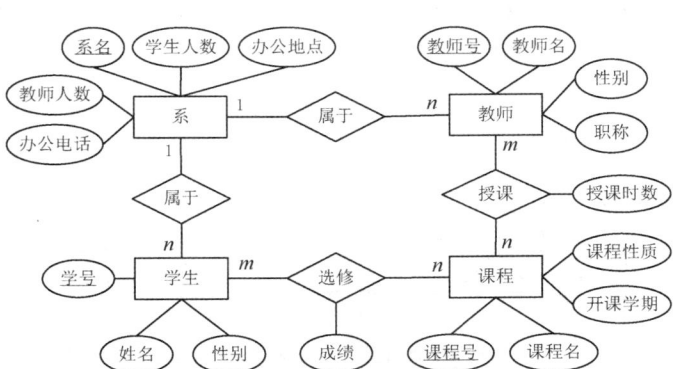

图 10-19　优化后的全局 E-R 图

10.3.2　逻辑结构设计

逻辑结构设计的任务是把在概念结构设计中设计的基本 E-R 模型转换为具体的数据库管理系统支持的组织层数据模型，也就是导出特定的 DBMS 可以处理的数据库逻辑结构（数据库的模式和外模式），这些模式在功能、性能、完整性和一致性约束方面满足应用要求。

特定 DBMS 支持的组织层数据模型包括层次模型、网状模型、关系模型和面向对象模型等。下面仅讨论从概念模型向关系模型的转换。

关系模型的逻辑结构设计一般包含 3 个步骤。

1. E-R 模型向关系模型的转换

E-R 模型向关系模型的转换要解决的问题,是如何将实体以及实体间的联系转换为关系模式,如何确定这些关系模式的属性和主键。

关系模型的逻辑结构是一组关系模式的集合。E-R 模型由实体、实体的属性以及实体之间的联系三部分组成,因此将 E-R 模型转换为关系模型实际上就是将实体、实体的属性和实体间的联系转换为关系模式,转换的一般规则如下:一个实体转换为一个关系模式,实体的属性就是关系的属性,实体的标识属性就是关系的主键。

对于实体间的联系有以下不同的情况。

(1)1:1 联系

可以与任意一端实体(设为实体 A)所对应的关系模式合并,并在该关系模式中加入另一个实体(设为实体 B)的标识属性和联系本身的属性,同时该实体(实体 B)的标识属性作为该关系模式的外键。

(2)1:n 联系

一般是与 n 端实体所对应的关系模式合并,并且在该关系模式中加入一端实体的标识属性以及联系本身的属性,并将一端实体的标识属性作为该关系模式的外键。

(3)m:n 联系

必须转换为一个独立的关系模式,与该联系相连的各实体的标识属性以及联系本身的属性均转换为此关系模式的属性,且该关系模式的主键包含各实体的标识属性,外键为各实体的标识属性。

3 个或 3 个以上实体间的多元联系也可转换为一个关系模式,与该多元联系相连的各实体的标识属性以及联系本身的属性均转换为此关系模式的属性,而此关系模式的主键包含各实体的标识属性,外键为各相关实体的标识属性。

具有相同主键的关系模式可以合并。

在转换后的关系模式中,为表达实体与实体之间的关联关系,通常是通过关系模式中的外键来表达的。

例 10-1　有 1:1 联系的 E-R 模型如图 10-20 所示,设每个部门只有一个经理,一个经理只负责一个部门。请将该 E-R 模型转换为合适的关系模式。

分析:按照上述转换规则,一个实体转换为一个关系模式,该 E-R 模型共包含两个实体——经理和部门。因此,可转换为两个关系模式——"经理"和"部门"。对于"管理"联系,可将它与"经理"实体的关系模式合并,或者与"部门"实体的关系模式合并。

(1)如果将联系与"部门"实体的关系模式合并,则转换后的两个关系模式如下。

部门(部门号,部门名,经理号),"部门号"为主键,"经理号"为外键。

经理(经理号,经理名,电话),"经理号"为主键。

(2)如果将联系与"经理"实体的关系模式合并,则转换后的两个关系模式如下。

部门(部门号,部门名),"部门号"为主键。

经理(经理号,部门号,经理名,电话),"经理号"为主键,"部门号"为外键。

例 10-2　有 1:n 联系的 E-R 模型如图 10-21 所示,请将该 E-R 模型转换为合适的关系模式。

分析:对 1:n 联系,应将联系与 n 端实体的关系模式合并,因此转换后的关系模式如下。

部门(部门号,部门名),"部门号"为主键。

职工(职工号,部门号,职工名,工资),"职工号"为主键,"部门号"为外键。

例 10-3　有 m:n 联系的 E-R 模型如图 10-22 所示,请将该 E-R 模型转换为合适的关系模式。

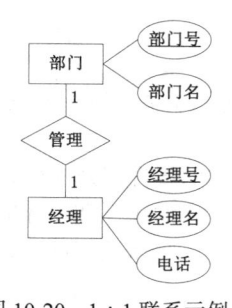

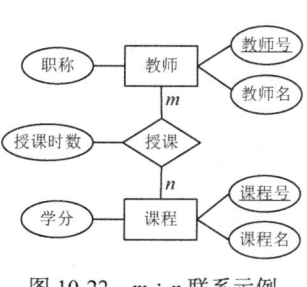

图 10-20　1：1 联系示例　　　图 10-21　1：n 联系示例　　　图 10-22　m：n 联系示例

分析：对 m：n 联系，应将联系转换为一个独立的关系模式。转换后的关系模式如下。

教师（教师号，教师名，职称），"教师号"为主键。

课程（课程号，课程名，学分），"课程号"为主键。

授课（教师号，课程号，授课时数），（教师号，课程号）为主键，"教师号"和"课程号"均为外键。

例 10-4　设有如图 10-23 所示的含多元联系的 E-R 模型，请将该 E-R 模型转换为合适的关系模式，主键用下画线标识。

分析：应将多元联系转换为一个独立的关系模式，因此转换后的关系模式如下。

营业员（职工号，姓名，出生日期）

商品（商品编号，商品名称，单价）

顾客（身份证号，姓名，性别）

销售（职工号，商品编号，身份证号，销售数量，销售时间），"职工号"为引用"营业员"关系模式的外键，"商品编号"为引用"商品"关系模式的外键，"身份证号"为引用"顾客"关系模式的外键。

例 10-5　设有如图 10-24 所示的一对多递归联系，该递归联系表明一个职工可以是管理者，也可以不是。一个职工最多只能被一个人管理，一个管理者可以管理多名职工。请将该 E-R 模型转换为合适的关系模式。

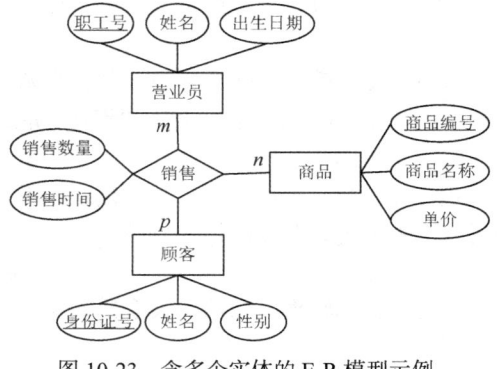

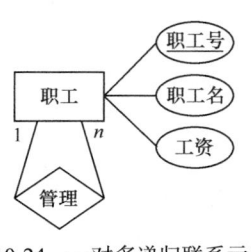

图 10-23　含多个实体的 E-R 模型示例　　　图 10-24　一对多递归联系示例

分析：递归联系的转换规则同非递归联系一样，在这个示例中，我们只需将"管理"联系与"职工"实体合并即可，因此转换后为一个关系模式：

职工（职工号，职工名，工资，管理者职工号），"职工号"为主键，"管理者职工号"为外键，引用自身关系模式中的"职工号"。

2. 数据模型的优化

逻辑结构设计的结果并不是唯一的，为了进一步提高数据库应用系统的性能，还应该根据应用的需要对逻辑数据模型进行适当的修改和调整，这就是数据模型的优化。关系数据模型的优化通常以关系规范化理论为指导，同时考虑系统的性能。具体方法如下。

（1）确定各属性间的函数依赖关系。根据需求分析阶段得出的语义，分别写出每个关系模式的各属性之间的数据依赖以及不同关系模式中各属性之间的数据依赖关系。

（2）对各个关系模式之间的数据依赖进行极小化处理，消除冗余的联系。

（3）判断每个关系模式的范式，根据实际需要确定最合适的范式。

（4）根据需求分析阶段得到的处理要求，分析这些模式对于这样的应用环境是否合适，确定是否要对某些模式进行分解或合并。

注意，如果应用系统的查询操作比较多，而且对查询响应速度的要求也比较高，则可以适当降低规范化的程度，即将几个表合并为一个表，以减少查询操作表的连接个数。甚至可以在表中适当增加冗余数据列，比如把一些经过计算得到的值作为表中的一个列也保存在表中。但这样做时要考虑可能会引起的潜在数据不一致的问题。

对于一个具体的应用来说，到底规范化到什么程度，需要权衡响应时间和潜在问题两者的利弊，从而做出最佳的决定。

（5）对关系模式进行必要的分解，以提高数据的操作效率和存储空间的利用率。常用的分解方法是水平分解和垂直分解。

① 水平分解是以时间、空间、类型等范畴属性取值为条件的，将满足相同条件的数据行作为一个子表。分解的依据一般会以范畴属性取值范围划分数据行。这样在操作同表数据时，时空范围相对集中，便于用户管理。水平分解过程如图 10-25 所示，其中 $K^\#$ 代表主键。

原表中的数据内容相当于分解后各表数据内容的并集。例如，对于保存学生信息的"学生"表，由于经常需要了解的是当前在校学生的信息，而对已毕业学生的信息关心较少，因此可以将"学生"表分解为"历史学生"表和"在册学生"表。"历史学生"表存放已毕业学生的数据，"在册学生"表存放目前在校学生的数据。这就是数据的水平分解。水平分解后，各表的数据行数会减少，数据操作效率相应的会提高。当学生毕业时，再将这些学生从"在册学生"表移动到"历史学生"表中。

② 垂直分解是以非主属性所描述的数据特征为条件的，将描述一类相同特征的属性划分在一个子表中。这样在操作同表数据时，属性范围相对集中，便于用户管理。垂直分解过程如图 10-26 所示，其中 $K^\#$ 代表主键。

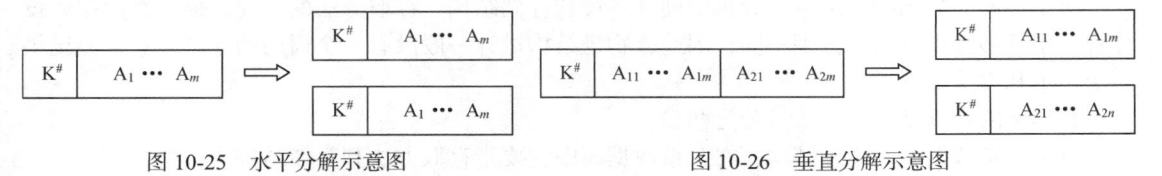

图 10-25　水平分解示意图　　　　　　　　图 10-26　垂直分解示意图

垂直分解后原表中的数据内容相当于分解后各子表数据内容的连接。例如，假设"学生"关系模式的结构为：

学生（学号，姓名，性别，年龄，所在系，专业，联系电话，家庭联系电话，家庭联系地址，邮政编码，父亲姓名，父亲工作单位，母亲姓名，母亲工作单位）

则可将这个关系模式垂直分解为如下两个关系模式：

学生基本信息（学号，姓名，性别，年龄，所在系，专业，联系电话）

学生家庭信息（学号，家庭联系电话，家庭联系地址，邮政编码，父亲姓名，父亲工作单位，母亲姓名，母亲工作单位）

3. 设计面向用户的外模式

将概念模型转换为逻辑数据模型之后，还应该根据局部应用需求，并结合具体的数据库管理系统的特点，设计面向用户的外模式。

外模式的概念对应关系数据库的视图，设计外模式是为了更好地满足各个用户的需求。

定义数据库的模式主要是从系统的时间效率、空间效率、易维护等角度出发的。由于外模式与模式是相对独立的，因此在定义用户外模式时可以从满足每类用户的需求出发，同时考虑数据的安全和用户的操作方便。在定义外模式时应考虑如下问题。

（1）使用更符合用户习惯的别名

在概念模型设计阶段，当合并各 E-R 图时，曾进行了消除命名冲突的工作，以使数据库中的关系和属性都具有唯一的名字。这在设计数据库的全局模式时是非常有必要的。但在修改了某些属性或关系的名字之后，可能会不符合某些用户的习惯，因此在设计用户模式时，可以利用视图的功能，对某些属性重新命名。视图的名字也可以命名成符合用户习惯的名字，使用户的操作更方便。

（2）对不同级别的用户定义不同的视图，以保证数据的安全

假设有以下关系模式：

职工（职工号，姓名，工作部门，学历，专业，职称，联系电话，基本工资，浮动工资）

在这个关系模式上可建立如下两个视图：

职工 1（职工号，姓名，工作部门，专业，联系电话）

职工 2（职工号，姓名，学历，职称，联系电话，基本工资，浮动工资）

"职工 1"视图中只包含一般职工可以查看的基本信息，"职工 2"视图中包含允许领导查看的信息。这样就可以防止用户非法访问不允许他们访问的数据，从而在一定程度上保证了数据的安全。

（3）简化用户对系统的使用

如果某些局部应用经常要使用某些很复杂的查询，为了方便用户，可以将这些复杂的查询定义为一个视图，这样用户每次只对定义好的视图查询，而不必再编写复杂的查询语句，从而简化了用户的使用。

10.3.3 物理结构设计

数据库的物理结构设计是对已经确定的数据库逻辑结构，利用数据库管理系统提供的方法、技术，以较优的存储结构、数据存取路径、合理的数据存储位置以及存储分配，设计出一个高效的、可实现的物理数据库结构。

由于不同的数据库管理系统提供的硬件环境和存储结构、存取方法的不同，提供给数据库设计者的系统参数以及变化范围不同，因此，物理结构设计一般没有一个通用的准则，它只能提供一个技术和方法供参考。

数据库的物理结构设计通常分为两步。

（1）确定数据库的物理结构，在关系数据库中主要指存取方法和存储结构。

（2）对物理结构进行评价，评价的重点是时间和空间效率。

如果评价结果满足原设计要求，则可以进入到数据库实施阶段。否则，需要重新设计或修改物理结构，有时甚至要返回到逻辑设计阶段修改数据模式。

1. 物理结构设计的内容和方法

物理数据库设计得好，可以使各事务的响应时间短、存储空间利用率高、事务吞吐量大。因此，在设计数据库时首先要对经常用到的查询和对数据进行更新的事务进行详细地分析，以获得物理结构设计所需的各种参数。其次要充分了解所使用的 DBMS 的内部特征，特别是系统提供的存取方法和存储结构。

对于数据查询，需要得到如下信息。

（1）查询所涉及的关系。

（2）查询条件所涉及的属性。

（3）连接条件所涉及的属性。

（4）查询列表中涉及的属性。

对于更新数据的事务，需要得到如下信息。

（1）更新所涉及的关系。

（2）每个关系上的更新条件所涉及的属性。

（3）更新操作所涉及的属性。

除此之外，还需要了解每个查询或事务在各关系上的运行频率和性能要求。例如，假设某个查询必须在 1s 之内完成，则数据的存储方式和存取方式就非常重要。

需要注意的是，在数据库上运行的操作和事务是不断变化的，因此需要根据这些操作的变化不断调整数据库的物理结构，以获得最佳的数据库性能。

通常关系数据库的物理结构设计主要包括两方面的内容：确定数据的存取方法、确定数据的存储结构。

（1）确定数据的存取方法

存取方法是快速存取数据库中数据的技术，大型数据库管理系统一般都提供了多种存取方法。具体采取哪种存取方法则由数据库管理系统根据数据的存储方式及数据的操作要求决定，一般用户不能干预。

一般用户可以通过建立索引的方法来加快数据的查询效率，如果建立了合适的索引，数据库管理系统就可以利用索引查找数据。

索引方法实际上是根据应用要求确定在关系的哪个属性或哪些属性上建立索引，在哪些属性上建立复合索引，以及哪些索引要设计为唯一索引，哪些索引要设计为聚集索引。聚集索引是将数据按索引列在物理上进行有序排列。

建立索引的一般原则如下。

① 如果某个（或某些）属性经常作为查询条件，则可考虑在这个（或这些）属性上建立索引。

② 如果某个（或某些）属性经常作为表的连接条件，则可考虑在这个（或这些）属性上建立索引。

③ 如果某个属性经常作为分组的依据列，则可考虑在这个属性上建立索引。

④ 可对经常进行连接操作的表建立索引。

在一个表上可以建立多个索引，但只能建立一个聚集索引。

需要注意的是，索引一般可以提高数据查询性能，但会降低数据修改性能。因为在进行数据修改时，系统要同时对索引进行维护，使索引与数据保持一致。维护索引需要占用相当多的时间，而且存放索引信息也会占用空间资源。因此在决定是否建立索引时，要权衡数据库的操作。如果数据查询多，并且对查询的性能要求比较高，则可以考虑多建一些索引；如果数据更改多，并且对更改的效率要求比较高，则应该考虑少建一些索引。

（2）确定数据的存储结构

物理结构设计中一个重要的考虑就是确定数据记录的存储方式。一般的存储方式如下。

① 顺序存储。这种存储方式的平均查找次数为表中记录数的 1/2。

② 散列存储。这种存储方式的平均查找次数由散列算法决定。

③ 聚集存储。为了提高某个属性（或属性组）的查询速度，可以把这个或这些属性（称为聚集码）上具有相同值的元组集中存放在连续的物理块上，这样的存储方式称为聚集存储。聚集存储可以极大地提高针对聚集码的查询效率。

一般用户可以通过建立索引的方法来改变数据的存储方式。但在其他情况下，数据是采用顺序存储还是散列存储，或其他的存储方式是由数据库管理系统根据数据的具体情况决定的，一般它都会为数据选择一种最合适的存储方式，用户不需要也不能对此进行干预。

2. 物理结构设计的评价

物理结构设计过程中要对时间效率、空间效率、维护代价和各种用户要求进行权衡，其结果可以产生多种方案，数据库设计者必须对这些方案进行细致地评价，从中选择一个较优的方案作为数据库的物理结构。

评价物理结构设计的方法完全依赖于具体的 DBMS，主要考虑操作开销，即为使用户获得及时、准确的数据所需的开销和计算机资源的开销。具体分为如下几类。

（1）查询和响应时间。响应时间是从查询开始到查询结果开始显示之间所经历的时间。一个好的应用程序设计可以减少 CUP 时间和 I/O 时间。

（2）更新事务的开销。它主要是修改索引、重写物理块以及写校验等方面的开销。

（3）生成报告的开销。它主要包括索引、重组、排序和结果显示的开销。

（4）主存储空间的开销。它包括程序和数据所占用的空间。对数据库设计者来说，一般可以对缓冲区进行适当的控制，如缓冲区个数和大小。

（5）辅助存储空间的开销。辅助存储空间分为数据块和索引块两种，设计者可以控制索引块的大小、索引块的充满度等。

实际上，数据库设计者只能对 I/O 和辅助空间进行有效控制。其他方面都是有限的控制或者根本就不能控制。

10.4　数据库行为设计

到目前为止，我们详细讨论了数据库的结构设计问题，这是数据库设计中最重要的任务。前面已经说过，数据库设计的特点是，其结构设计和行为设计是分离的。行为设计与一般的传统程序设计区别不大，软件工程中的所有工具和手段几乎都可以用到数据库行为设计中，因此，多数数据库教科书都没有讨论数据库行为设计的问题。考虑到数据库应用程序设计毕竟有它特殊的地方，而且不同的数据库应用程序设计也有许多共性，因此，这里简单介绍下数据库的行为设计。

数据库行为设计一般分为如下几个步骤。

（1）功能分析。

（2）功能设计。

（3）事务设计。

（4）应用程序设计与实现。

下面主要讨论前 3 个步骤。

10.4.1　功能分析

在进行需求分析时，实际上进行了两项工作，一项是"数据流"的调查分析，另一项是"事务处理"过程的调查分析，也就是应用业务处理的调查分析。数据流的调查分析为数据库的信息结构提供了最原始的依据，而事务处理的调查分析则是行为设计的基础。

对于行为特性要进行如下分析。

（1）标识所有的查询、报表、事务及动态特性，指出对数据库所要进行的各种处理。

（2）指出对每个实体所进行的操作（增、删、改、查）。

（3）给出每个操作的语义，包括结构约束和操作约束，通过下列条件可定义下一步的操作。

① 执行操作要求的前提。

② 操作的内容。

③ 操作成功后的状态。

例如，假设学生获得毕业证书行为的操作特征如下。

① 没有考试不及格的课程。

② 补考门次不超过规定次数。

③ 毕业设计达到要求。

（4）给出每个操作（针对某一对象）的频率。

（5）给出每个操作（针对某一应用）的响应时间。

（6）给出该系统总的目标。

功能需求分析是在需求分析之后、功能设计之前的一个步骤。

10.4.2　功能设计

系统目标是通过系统的各功能模块来实现的。由于每个系统功能又可以划分为若干个更具体的功能模块，因此，用户可以从目标开始，一层一层地分解下去，直到每个子功能模块只执行一个具体的任务。子功能模块是独立的，具有明显的输入和输出信息。当然，也可以没有明显的输入和输出信息，只是动作产生后的一个结果。通常我们按功能关系画成的图称为功能结构图，如图 10-27 所示。

例如，"学籍管理"的功能结构图如图 10-28 所示。

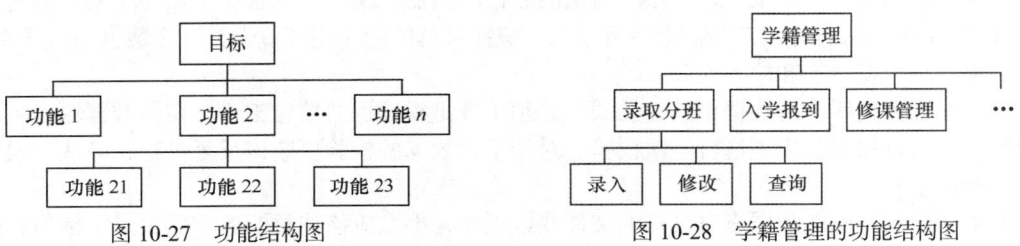

图 10-27　功能结构图　　　　　图 10-28　学籍管理的功能结构图

10.4.3　事务设计

事务处理是计算机模拟人处理事务的过程，它包括输入设计、输出设计等。

1. 输入设计

系统中的很多错误都是由输入不当引起的，因此设计好输入是减少系统错误的一个重要方面。用户在进行输入设计时需要完成如下几方面的工作。

（1）原始单据的设计格式。对于原有的单据，表格要根据新系统的要求重新设计，其设计的原则是：简单明了，便于填写，尽量标准化，便于归档，简化输入工作。

（2）制作输入一览表。将全部功能所用的数据整理成表。

（3）制作输入数据描述文档。它包括数据的输入频率、数据的有效范围和出错校验。

2. 输出设计

输出设计是系统设计中的重要一环。如果说用户看不出系统内部的设计是否科学、合理，那么输出报表是直接与用户见面的，而且输出格式的好坏会给用户留下深刻的印象，它甚至是衡量一个系统好坏的重要标志。因此，要精心设计好输出报表。

在输出设计时需要考虑如下因素。

（1）用途。区分输出结果是给客户的还是用于内部或报送上级领导。

（2）输出设备的选择。它仅仅是显示出来，还是要打印出来或需要永久保存。

（3）输出量。

（4）输出格式。

10.5 数据库实施

完成了数据库的结构设计和行为设计，并编写了实现用户需求的应用程序之后，就可以利用 DBMS 提供的功能实现数据库逻辑结构设计和物理结构设计的结果。然后将一些数据加载到数据库中，运行已编好的应用程序，以查看数据库设计以及应用程序是否存在问题。这就是数据库的实施阶段。

数据库实施阶段包括两项重要的工作，一项是加载数据，另一项是调试和运行应用程序。

1. 加载数据

在一般的数据库系统中，数据量都很大，且数据来源于多个部门，数据的组织方式、结构和格式都与新设计的数据库系统可能有很大的差别，组织数据的录入就是将各类数据从各个局部应用中抽取出来，输入计算机中，然后分类转换，最后综合成符合新设计的数据库结构的形式，输入数据库中。这样的数据转换、组织入库的工作相当耗费人力、物力和财力，特别是原来用手工处理数据的系统，各类数据分散在各种不同的原始表单、凭据和单据之中。在向新的数据库系统中输入数据时，需要处理大量的纸质数据，工作量就更大了。

由于各应用环境差异很大，很难有通用的数据转换器，DBMS 也很难提供一个通用的转换工具。因此，为提高数据输入工作的效率和质量，应针对具体的应用环境设计一个数据录入子系统，专门用来解决数据转换和输入问题。

为了保证数据库中的数据正确、无误，必须十分重视数据的校验工作。在将数据输入系统进行数据转换的过程中，应该进行多次校验。对于重要数据的校验更应该反复进行，确认无误后再输入数据库中。

如果新建数据库的数据来自已有的文件或数据库，那么应该注意旧的数据模式结构与新的数据模式结构之间的对应关系，然后将旧的数据导入新的数据库中。

目前，很多 DBMS 都提供了数据导入的功能，有些 DBMS 还提供了功能强大的数据转换功能，比如 SQL Server 就提供了功能强大、方便易用的数据导入和导出功能。

2. 调试和运行应用程序

一部分数据加载到数据库中后，就可以开始对数据库系统进行联合调试这个过程又称为数据库试运行。

这一阶段要实际运行数据库应用程序，执行对数据库的各种操作，测试应用程序的功能是否满足设计要求。如果不满足，则要对应用程序进行修改、调整，直到达到设计要求为止。

在数据库试运行阶段，还要对系统的性能指标进行测试，分析其是否达到设计目标。在对数据库进行物理结构设计时已经初步确定了系统的物理参数，但一般情况下，设计时的考虑在很多方面只是一个近似的估值，和实际系统的运行还有一定的差距，因此必须在试运行阶段实际测量和评价系统的性能指标。事实上，有些参数的最佳值往往是经过调试后找到的。如果测试的结果与设计目标不符，则要返回到物理结构设计阶段，重新调整物理结构，修改系统参数，某些情况下甚至要返回到逻辑结构设计阶段，对逻辑结构进行修改。

特别要强调的是，首先，由于组织数据入库的工作十分费力，如果试运行后要修改数据库的逻辑结构设计，则需要重新组织数据入库。因此在试运行时应该先输入小批量数据，试运行基本合格后，再大批量输入数据，以减少不必要的工作浪费。其次，在数据库试运行阶段，由于系统还不稳定，随时可能发生软硬件故障，而且系统的操作人员对系统也还不熟悉，误操作不可避免，因此应该首先调试运行 DBMS 的恢复功能，做好数据库的备份和恢复工作。一旦出现故障，可以尽快地恢复数据库，以减少对数据库的破坏。

10.6　数据库的运行和维护

数据库投入运行标志着开发工作的基本完成和维护工作的开始，数据库只要存在一天，就需要不断地对它进行评价、调整和维护。

在数据库运行阶段，对数据库的经常性维护工作主要由数据库系统管理员完成，其主要工作包括如下几个方面。

1. 数据库的备份和恢复

要对数据库进行定期的备份，一旦出现故障，要能及时地将数据库恢复到尽可能的正确状态，以减少数据库的损失。

2. 数据库的安全性和完整性控制

随着数据库应用环境的变化，对数据库的安全性和完整性要求也会发生变化。例如，要收回某些用户的权限，增加、修改某些用户的权限，增加、删除用户，以及某些数据的取值范围发生了变化等，这都需要系统管理员对数据库进行适当地调整，以便及时反映这些新的变化。

3. 监视、分析、调整数据库的性能

监视数据库的运行情况，并对检测数据进行分析，找出能够提高性能的可行性，并适当地对数据库进行调整。目前有些 DBMS 产品提供了性能检测工具，数据库系统管理员可以利用这些工具方便地监视数据库。

4. 数据库的重组

数据库经过一段时间的运行后，随着数据的不断添加、删除和修改，会使数据库的存取效率降低，这时数据库管理员可以改变数据库数据的组织方式，通过增加、删除或调整部分索引等方法，改善系统的性能。注意，数据库的重组不会改变数据库的逻辑结构。

数据库的结构和应用程序设计的好坏只是相对的，它并不能保证数据库应用系统始终处于良好的性能状态。这是因为数据库中的数据随着数据库的使用而发生变化，随着这些变化的不断增加，系统的性能就有可能会日趋下降，所以即使在不出现故障的情况下，也要对数据库进行维护，以便数据库始终能够获得较好的性能。总之，数据库的维护工作与一台机器的维护工作类似，花费的功夫越多，它服务得就越好。因此，数据库的设计工作并非一劳永逸的，一个好的数据库应用系统同样需要精心的维护方能使其保持良好的性能。

习　　题

一、选择题

1. 在数据库设计中，将 E-R 图转换为关系模型是（　　　）阶段的工作。

  A. 需求分析　　　　　　　　B. 概念结构设计

  C. 逻辑结构设计　　　　　　D. 物理结构设计

2. 在进行数据库逻辑结构设计时，不属于逻辑设计应遵守的原则的是（　　　）。

  A. 尽可能避免插入异常　　　B. 尽可能避免删除异常

  C. 尽可能避免数据冗余　　　D. 尽可能避免多表连接操作

3. 在将 E-R 图转换为关系模型时，一般都将 $m:n$ 联系转换成一个独立的关系模式。下列关于这种联系产生的关系模式的主键的说法，正确的是（　　　）。

  A. 只需包含 m 端关系模式的主键即可

    B. 只需包含 n 端关系模式的主键即可

    C. 至少包含 m 端和 n 端关系模式的主键

    D. 必须添加新的属性作为主键

4. 数据流图是从"数据"和"处理"两方面来表达数据处理的一种图形化表示方法，该方法主要用在数据库设计的（　　　　）。

    A. 需求分析阶段　　　　　　　　B. 概念结构设计阶段

    C. 逻辑结构设计阶段　　　　　　D. 物理结构设计阶段

5. 在将局部 E-R 图合并为全局 E-R 图时，可能会产生一些冲突。下列冲突中不属于合并 E-R 图冲突的是（　　　　）。

    A. 结构冲突　　　　　　　　　　B. 语法冲突

    C. 属性冲突　　　　　　　　　　D. 命名冲突

6. 一个银行营业所可以有多个客户，一个客户也可以在多个营业所进行存取款业务，那么客户和银行营业所之间的联系是（　　　　）。

    A. 一对一　　　　　　　　　　　B. 一对多

    C. 多对一　　　　　　　　　　　D. 多对多

7. 设实体 A 与实体 B 之间是一对多联系。下列进行的逻辑结构设计方法中，最合理的是（　　　　）。

    A. 实体 A 和实体 B 分别对应一个关系模式，且外键放在实体 B 的关系模式中

    B. 实体 A 和实体 B 分别对应一个关系模式，且外键放在实体 A 的关系模式中

    C. 为实体 A 和实体 B 设计一个关系模式，该关系模式包含两个实体的全部属性

    D. 分别为实体 A、实体 B 和它们之间的联系设计一个关系模式，外键在联系对应的关系模式中

8. 设有描述学生借书情况的关系模式：借书（书号，读者号，借书日期，还书日期），若一个读者可在不同日期多次借阅同一本书，但不能在同一天对同一本书借阅多次。那么该关系模式的主键是（　　　　）。

    A. 书号　　　　　　　　　　　　B.（书号，读者号）

    C.（书号，读者号，借书日期）　D.（书号，读者号，借书日期，还书日期）

9. 在数据库设计中，进行用户子模式设计是（　　　　）阶段完成的工作。

    A. 需求分析　　　　　　　　　　B. 概念结构设计

    C. 逻辑结构设计　　　　　　　　D. 物理结构设计

10. 数据库物理结构设计完成后就进入到数据库实施阶段。下列不属于数据库实施阶段工作的是（　　　　）。

    A. 调试应用程序　　　　　　　　B. 试运行应用程序

    C. 加载数据　　　　　　　　　　D. 扩充系统功能

二、简答题

1. 试说明数据库设计的特点。

2. 简述数据库结构设计包含的过程。

3. 概念结构设计的策略是什么？

4. 什么是数据库的逻辑结构设计？简述其设计步骤。

5. 把 E-R 模型转换为关系模式的转换规则有哪些？

6. 数据模型的优化包含哪些方法？

7. 将下列给定的 E-R 图转换为符合 3NF 要求的关系模式，并指出每个关系模式的主键和外键。

（1）图 10-29 所示为描述图书、读者以及读者借阅图书的 E-R 图。

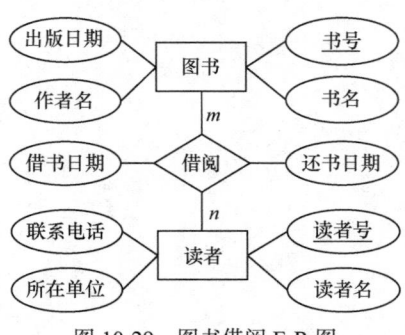

图 10-29 图书借阅 E-R 图

（2）图 10-30 所示为描述商店从生产厂家订购商品的 E-R 图。

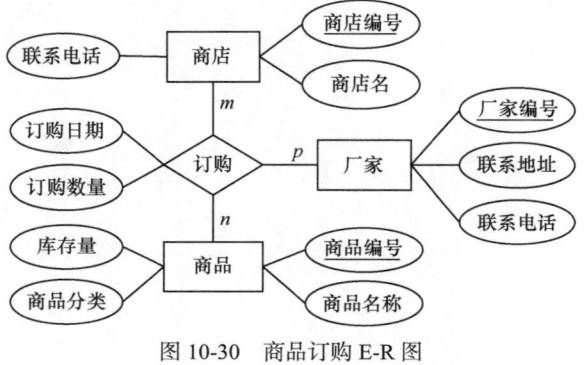

图 10-30 商品订购 E-R 图

（3）图 10-31 为描述学生参加学校社团的 E-R 图。

图 10-31 学生参加社团 E-R 图

8. 根据下列描述画出相应的 E-R 图，并将 E-R 图转换为满足 3NF 的关系模式，指明每个关系模式的主键和外键。设要实现一个顾客购物系统，需求描述如下：一个顾客可去多个商店购物，一个商店可有多名顾客购物；每个顾客一次可购买多种商品，对同一种商品不能同时购买多次，但在不同时间可购买多次；每种商品可销售给不同的顾客。对顾客的每次购物需要记录其购物的商店、购买商品的数量和购买日期。需要记录的"商店"信息包括商店编号、商店名、地址、联系电话；需要记录的"顾客"信息包括顾客号、姓名、住址、身份证号、性别；需要记录的"商品"信息包括商品号、商品名、进货价格、进货日期、销售价格。

第Ⅲ篇 系统篇

本篇主要介绍数据库管理系统所提供的一些内部功能，主要包括管理用户访问数据库的安全控制技术、多用户访问数据库时的事务与并发控制技术、用于数据库灾难恢复防止数据丢失的数据库恢复技术，以及提高数据查询效率的查询处理与优化技术。具体内容如下。

第 11 章，安全管理。介绍了数据库安全管理的基本概念，同时结合 SQL Server 2019 数据库管理系统，介绍了该系统的安全控制机制以及如何在该系统中实现安全控制。

第 12 章，事务与并发控制。介绍了事务的基本概念和 4 个特性，介绍了并发控制操作可能产生的问题，讲解了并发控制的基本概念以及常用的控制方法和技术。

第 13 章，数据库恢复技术。介绍了数据库系统故障的种类，数据库的恢复方法以及各种故障的恢复技术。

第 14 章，查询处理与优化。主要介绍了代数优化和物理优化两种优化技术。在代数优化部分，详细介绍了代数优化的基本规则，并通过一个具体的示例说明了优化规则的应用。在物理优化部分，详细介绍了各种集合操作，包括连接、投影、选择以及集合并、交、差运算的优化方法。

第 **11** 章 安全管理

安全性对于任何使用数据库的用户来说都是至关重要的。数据库通常存储了大量的数据，这些数据可能是个人信息、客户清单或其他机密资料。如果有人未经授权非法侵入了数据库，并窃取了查看和修改数据的权限，将会造成极大的危害。SQL Server 提供了完善的安全控制机制，它能通过身份验证、数据库用户权限确认等一系列措施来保护数据库中的信息资源，以防止这些资源被破坏。

本章首先介绍数据库安全控制的概念，然后讨论如何在 SQL Server 2019 中实现安全控制，包括对用户身份的确认和用户操作权限的管理等。

11.1 安全控制概述

人们经常将数据库安全性问题与数据完整性问题相混淆，但实际上这是两个不同的概念。安全性是指防止因不合法的使用而造成数据被泄露、更改和破坏；完整性是指数据的准确性和有效性。定义如下。

- 安全性（security），保护数据以防止不合法用户故意造成的破坏。
- 完整性（integrity），保护数据以防止合法用户无意中造成的破坏。

也可以简单地说，安全性确保用户被允许做其想做的事情；完整性确保用户所做的事情是正确的。

安全性问题并非数据库应用系统所独有的，实际上许多系统都存在同样的问题。数据库中的安全控制是指，在数据库应用系统的不同层次提供对有意和无意损害行为的安全防范。

在数据库中，对有意的非法活动可采用加密存取数据的方法控制；对有意的非法操作可使用用户身份验证、限制操作权限来控制；对无意的损坏可采用提高系统的可靠性和数据备份等方法来控制。

11.1.1 数据库安全控制的目标

数据库安全控制的目标是保护数据免受意外或故意的丢失、破坏和滥用。对数据库的破坏可能是某些使用人员恶意或无意造成的。这种危害可能是有形的，例如硬件、软件或数据的丢失，也可能是无形的，例如可靠度或客户信用度的丢失。数据库安全包括允许或禁止用户操作数据库及其对象，从而防止数据库被滥用或误用。

数据库管理员（DataBase Administrator，DBA）负责数据库系统的全部安全。因此，数据库系统的 DBA 必须能够识别最严重的威胁，并实施安全措施，采取合适的控制策略以最小化这些威胁。任何需要访问数据库系统的一个用户（一个人）或一组用户（一组人）都必须首先向 DBA 申请账户。然后，DBA 基于合理需求和相关政策，为用户创建访问数据库的账户和密码。之后，当需要访问数据库时，用户可以使用给定的账户和密码登录 DBMS。DBMS 核对登录用户账户和密码的有效性后，才允许有效用户使用 DBMS 并访问数据库。DBMS 用一个加密表来保存用户账户和密码信息。当创建新账户时，DBMS 会向该表中插入一条新记录来保存新账户信息。当删除账户时，DBMS 会从该表中删除账户的记录。

11.1.2　数据库安全的威胁

为了保证数据库的安全，系统的所有部分都必须是安全的，包括数据库、操作系统、网络、用户以及计算机系统所在的建筑和房屋。全面的数据库安全计划必须考虑下列情况。

1. 可用性的损失

可用性的损失意味着用户不能访问数据或系统，或者两者都不能访问。硬件、网络或应用程序的破坏会导致可用性的损失，这种损失会造成系统出现严重的问题。

2. 机密性数据的损失

机密性数据的损失是指数据库中的关键性机密数据的损失，机密性数据的损失可能导致企业失去竞争力。

3. 私密性数据的损失

私密性数据的损失是指个人数据的损失，这种情况可能导致对个人或单位不利的合法行为。

4. 偷窃和欺诈

偷窃和欺诈不仅影响数据库环境，而且也会影响整个企业的运营情况。由于这些情况与人有关，所以必须集中精力减少这类活动发生的可能。例如，加强物理安全性的控制，使得非授权用户不能进入机房。另一个安全措施的例子是，通过安装防火墙防止通过外部通信链路对数据库禁止访问的部分进行非法访问，以防止有意偷窃或欺诈的人入侵。偷窃和欺诈不一定会修改数据，它是机密性或私密性数据的损失。

5. 意外的损害

意外的损害可能是非故意造成的，包括人为的错误、软件和硬件引起的破坏。

11.1.3　安全控制模型

在一般的计算机系统中，安全措施是一级一级层层设置的。图 11-1 显示了计算机系统中从用户使用数据库应用程序开始一直到访问后台数据库数据，需要经过的安全认证过程。

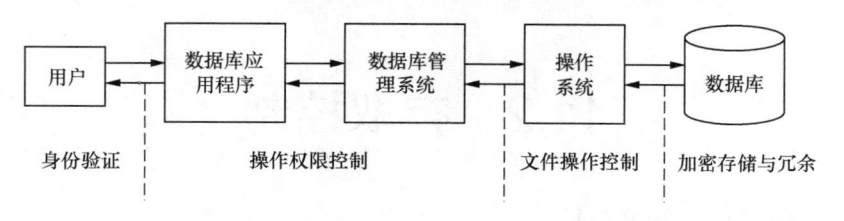

图 11-1　计算机系统的安全控制模型

用户访问数据库数据一般是通过界面友好的应用程序实现的，用户进入数据库应用程序时需要提供其身份（如用户名和密码），然后数据库应用程序将用户的身份递交给数据库管理系统进行验证，只有合法的用户才能进入到下一步的操作。对于合法的用户，当其要在数据库中执行某个操作时，数据库管理系统还要验证此用户是否具有执行该操作的权限。如果有操作权限，才执行操作，否则会拒绝执行用户的操作。操作系统一级也可以有自己的保护措施，如设置文件的访问权限等。对于存储在磁盘上的数据库文件，还可以对其进行加密存储，这样即使数据被人窃取了，也很难读懂数据。另外，还可以将数据库文件保存多份，当出现意外情况时（如磁盘破损），不至于丢失数据。

11.1.4 授权和认证

授权是将访问数据库或数据库对象的权限授予用户的过程，具体授予哪些用户，对数据库的哪些数据具有什么样的操作权限是由企业或单位的实际情况决定的。

认证是一种鉴定用户身份的机制。换言之，认证是检验用户实际是否被准许操作数据库，它会核实连接到数据库的人（用户）或程序的身份。操作系统和数据库广泛使用的是基于口令的认证。对于更多的安全模式，特别是在网络环境下，也使用其他的认证模式，例如，挑战-应答系统、数字签名等。

DBMS 的授权规则限制了用户对数据的访问，同时也限制了用户访问数据时的行为。例如，某个用户可能被授权能够读取数据库中数据的权限，但不一定能够修改数据。因此，授权控制也被认为是访问控制。

现在的 DBMS 通常采用自主存取控制（discretionary control）和强制存取控制（mandatory control）两种方法来解决数据库安全系统的访问控制问题，有的 DBMS 只提供一种方法，有的两种都提供。无论采用哪种存取控制方法，需要保护的数据单元或数据对象包括从整个数据库到某个元组的某个部分。

1. 自主存取控制

用户对不同的数据对象具有不同的存取权限，而且没有固定的关于哪些用户对哪些对象具有哪些存取权限的限制。例如，用户 U1 能操作数据 A 但不能操作数据 B，而用户 U2 能操作数据 B 但不能操作数据 A，这在自主存取控制方式下是允许的。因此，自主存取控制非常灵活。

2. 强制存取控制

每一个数据对象都被标以一定的密级，每一个用户也被授予一个许可证级别。对于任意一个对象，只有具有合法许可证的用户才可以存取。因此，强制存取控制在本质上具有分层的特点，且相对比较严格。例如，如果用户 U1 能操作数据 A 但不能操作数据 B，则说明数据 B 的密级高于数据 A，因此不存在用户 U2 能操作数据 B 但不能操作数据 A 的情况。

不管采用自主存取控制方法还是强制存取控制方法，所有有关哪些用户可以对哪些数据进行哪些操作的决定都是由政策或者说是由使用者决定的，而非 DBMS 决定，DBMS 只是实施这些决定。

11.2 存取控制

11.2.1 自主存取控制

大型数据库管理系统几乎都支持自主存取控制（又称为自主安全模式），目前的 SQL 标准也对自主存取控制提供支持。自主存取控制可通过 SQL 语言中的 GRANT（授予）、REVOKE（收回）和 DENY（拒绝）语句实现。

权限管理是数据库管理系统的 DBA 的职责，DBA 会依照数据的实际使用情况将合适的权限授给相应的用户。

不同的数据库管理系统对自主存取控制的实现方式不尽相同，下面介绍 SQL Server 数据库管理系统支持的自主存取控制方法。

1. 权限种类

通常情况下可将数据库中的权限划分为两类：一类是对数据库管理系统进行维护的权限；另一类是对数据库中的对象和数据进行操作的权限。对数据库中的对象和数据进行操作的权限又分为两类：一类是对数据库对象的操作权限，包括创建、删除和修改数据库对象，我们将这类权限称为语句权限；另一类是对数据库数据的操作权限，包括对表、视图数据的增、删、改、查权限等，我们将这类权限称为对象权限。

（1）语句权限。语句权限主要包括以下几种。

① CREATE DATABASE：具有创建数据库的权限。

② CRAETE TABLE：具有在数据库中创建表的权限。

③ CREATE VIEW：具有在数据库中创建视图的权限。

④ CREATE PROCEDURE：具有在数据库中创建存储过程的权限。

（2）对象权限。对象权限是用户在已经创建好的对象上行使的权限，主要包括以下几种。

① DELETE、INSERT、UPDATE 和 SELECT：具有对表、视图数据进行删除、插入、更改和查询的权限，其中 UPDATE 和 SELECT 可以对表或视图的单个列进行授权。

② EXECUTE：具有执行存储过程的权限。

③ REFERENCES：具有通过外键引用其他表的权限。

2. 数据库用户的分类

数据库中的用户按其操作权限的不同可分为如下 3 类。

（1）系统管理员。系统管理员在数据库服务器上具有全部的权限，包括对服务器的配置和管理权限，也包括对全部数据库的操作权限。当用户以系统管理员身份进行操作时，系统不会对其权限进行检验。数据库管理系统在安装好之后有自己已经建好的默认系统管理员，SQL Server 的默认系统管理员是"sa"。数据库管理系统在安装好之后也可以授予其他用户具有系统管理员的权限。

（2）数据库对象拥有者。创建数据库对象的用户即为数据库对象拥有者。数据库对象拥有者对其所拥有的对象具有全部权限。

（3）普通用户。普通用户是只具有对数据库数据的增、删、改、查权限以及存储过程执行权的用户。

在数据库管理系统中，权限一般分为对象权限、语句权限和隐含权限 3 种，其中，语句权限和对象权限是可以授予数据库用户的权限，隐含权限是用户自动具有的权限。

3. 权限管理语句

用于权限管理的语句主要有如下 3 个，这 3 个语句均可用于对象权限管理和语句权限管理。

- GRANT：授予权限。
- REVOKE：收回已授予的权限。
- DENY：拒绝某用户具有某种操作权限。

（1）对象权限管理。

① 授权语句。授权语句的格式如下：

```
GRANT 对象权限名[ , …] ON { 表名 | 视图名 | 存储过程名 }
   TO  用户名  [ , …]
  [WITH GRANT OPTION]
```

其语义为：将在指定对象上的指定权限授予指定的用户。其中的"WITH GRANT OPTION"表示获得该权限的用户还可以把其权限授给其他用户，即该用户同时还具有权限的转授权。如果没有指定"WITH GRANT OPTION"选项，则获得某权限的用户只能使用该权限，而不能转授该权限。

执行 GRANT 语句的用户可以是 DBA，可以是数据库对象拥有者，也可以是拥有转授权限的用户。

② 收权语句。收权语句的格式如下：

```
REVOKE 对象权限名[ , …]  ON { 表名 | 视图名 | 存储过程名 }
  FROM  用户名[ , …]
```

③ 拒绝权限语句。拒绝权限语句的格式如下：

```
DENY 对象权限名[, …] ON {表名 | 视图名 | 存储过程名 }
  TO 用户名[, …]
```

其中的对象权限包括以下几种。

① 对表和视图主要是：INSERT、DELETE、UPDATE 和 SELECT 权限。

② 对存储过程是：EXECUTE 权限。

例 11-1 为用户 user1 授予 Student 表的查询权。

```
GRANT SELECT ON Student TO user1
```

例 11-2 为用户 user1 授予 SC 表的查询权和插入权。

```
GRANT SELECT,INSERT ON SC TO user1
```

例 11-3 为用户 user1 授予 Student 表的插入权，并允许该用户将该权限转授给其他用户。

```
GRANT INSERT ON Student TO user1 WITH GRANT OPTION
```

例 11-4 收回用户 user1 对 SC 表的查询权。

```
REVOKE SELECT ON SC FROM user1
```

例 11-5 拒绝用户 user1 获得 SC 表的更改权。

```
DENY UPDATE ON SC TO user1
```

（2）语句权限管理。

① 授权语句。授权语句的格式如下：

```
GRANT 语句权限名[ , …]  TO  用户名[, …]
WITH GRANT OPTION
```

② 收权语句。收权语句的格式如下：

```
REVOKE 语句权限名[ , …]  FROM  用户名[ , …]
```

③ 拒绝权限语句。拒绝权限语句的格式如下：

```
DENY  语句权限名[ , …]  TO  用户名[ , …]
```

其中的语句权限主要包括：CREATE TABLE、CREATE VIEW、CREATE PROCEDURE 等。

例 11-6 授予 user1 具有创建表的权限。

```
GRANT CREATE TABLE TO user1
```

例 11-7 授予 user2 具有创建表和视图的权限。

```
GRANT CREATE TABLE, CREATE VIEW TO user2
```

例 11-8 收回 user1 创建表的权限。

```
REVOKE CREATE TABLE FROM user1
```

例 11-9　拒绝 user1 具有创建视图的权限。

```
DENY CREATE VIEW TO user1
```

11.2.2　强制存取控制

自主存取控制能够通过授权机制来有效控制对敏感数据的存取，但由于用户对数据的存取是"自主"的，因此，用户可以自由地决定将数据的存取权限授予何人、决定是否将"授权"权限授予其他人。在这种授权机制下，仍可能存在数据的"无意泄露"。例如，用户 U1 将自己权限范围内的某些数据的存取权限转授给了用户 U2，U1 的意图是只允许 U2 本人操作这些数据。但 U1 的这种安全性要求并不能得到保证，因为 U2 一旦获得了对数据的访问权限，就可以获得自己权限内的数据的副本，然后在不征得 U1 同意的情况下传播数据副本。造成这一问题的根本原因在于，这种机制仅仅通过对数据的存取权限来进行安全控制，而数据本身并没有安全性标记。要解决这个问题，就需要对系统控制下的所有主客体实施强制存取控制策略。

在强制存取控制中，DBMS 将全部实体划分为主体和客体两大类。

主体是系统中的活动实体，既包括 DBMS 所管理的实际用户，也包括代表用户的各个进程。**客体**是系统中的被动实体，是受主体操纵的，包括文件、基本表、索引、视图等。对于主体和客体，DBMS 为它们的每个实例指派一个敏感度标记（Label）。

敏感度标记分为若干级别，例如，绝密（Top Secret，TS）、秘密（Secret，S）、可信（Confidential，C）和公开（Public，U）等。主体的敏感度标记被称为**许可证级别**（Clearance Level），客体的敏感度标记被称为**密级**（Classificaltion Level）。强制存取控制机制就是对比主体的 Label 和客体的 Label，最终确定主体是否能够存取客体。

当某一用户（或某一主体）以标记 Label 注册到系统时，系统要求他对任何客体的存取必须遵循如下规则。

（1）仅当主体的许可证级别大于或等于客体的密级时，该主体才能读取相应的客体。

（2）仅当主体的许可证级别等于客体的密级时，该主体才能写相应的客体。

在某些系统中，第二条规则与这里的规则（2）有些差别。这些系统规定：仅当主体的许可证级别小于或等于客体的密级时，该主体才能写相应的客体，即用户可以为写入的数据对象赋予高于自己的许可证级别的密级。这样数据一旦被写入，该用户自己也不能再读取该数据对象了。这两种规则的共同点是，它们均禁止了拥有高许可证级别的主体更新低密级的数据对象，从而防止了敏感数据的泄露。

强制存取控制是对数据本身进行密级标记，无论数据如何被复制，标记与数据都是一个不可分的整体。只有符合密级标记要求的用户才能操作数据，从而提供了更高级别的安全性。

较高安全性级别提供的安全保护要保护较低级别的所有保护，因此，在实现强制存取控制时首先要实现自主存取控制，即自主存取控制与强制存取控制共同构成了 DBMS 的安全机制。系统首先对要进行的数据操作进行自主存取控制检查，通过后再对要存取的数据库对象进行强制存取控制检查，只有通过了强制存取控制检查的数据库对象方可存取。强制安全模式本质上是分层次的，它与自主安全模式相比更严格，它强调自主访问控制机制的核心。

早在 20 世纪 90 年代初期，强制存取控制就引起了数据库领域的注意，因为美国国防部要求其所购买的所有系统都必须支持这样的控制，这就促使各大 DBMS 厂商竞相提供这样的支持。美国国防部颁布了"橘皮书"和"紫皮书"对强制存取控制作了全面的描述和定义，"橘皮书"定义了任意"可信橘色基"应当遵从一系列安全性要求；而"紫皮书"则定义了这些要求在数据库系统中的相应解释。

上述两份文献给出了通用安全性分级模式，并定义了 4 类安全级别：D、C、B 和 A，从 D

类到 A 类级别依次增高。D 类提供最小（minimal）保护，C 类提供自主（discretionary）保护，B 类提供强制（mandatory）保护，A 类提供验证（verified）保护。

1. 最小保护

D 类是最低的安全级别，对系统提供最小的安全防护。系统的访问控制没有限制，无须登录系统就可以访问数据，这个级别的系统包括 DOS，Windows 98 等。

2. 自主保护

C 类分为两个子类 C1 和 C2，C1 安全级别低于 C2。每个子类都支持自主存取控制，即存取权限由数据对象的所有者决定。

（1）C1 子类能对所有权与存取权限加以区分，虽然它允许用户拥有自己的私有数据，但仍然支持共享数据的概念。

（2）C2 子类还要求通过注册、审计及资源隔离来支持责任说明（Accountability）。

3. 强制保护

B 类分为 3 个子类 B1、B2 和 B3，B1 安全级别最低，B3 最高。

（1）B1 子类要求"标识化安全保护"，并要求每个数据对象都必须标以一定的密级，同时还要求安全策略的非形式化说明。

（2）B2 子类要求安全策略的形式化（formal）说明，它能识别并消除隐蔽通道（covert channel）。隐蔽通道的例子有：从合法查询的结果中推断出不合法查询的结果；通过合法的计算推断出敏感信息。

（3）B3 子类要求支持审计和恢复以及指定安全管理者。

4. 验证保护

A 类要求安全机制是可靠的且足够支持对指定的安全策略给出严格的数学证明。

有些 DBMS 产品提供 B1 级强制存取控制及 C2 级自主存取控制。支持强制存取控制的 DBMS 也称为**多级安全系统**（multi-level secure system）或**可信系统**（trusted system）。

11.3　审计跟踪

审计跟踪实质上是一种特殊的文件或数据库，系统会在上面自动记录下用户对常规数据的所有操作。它是记录对数据库所有修改（如更新、删除、插入等）的日志，包括何时由何人修改等信息。在一些系统中，审计跟踪与事务日志在物理上是集成的；在另外一些系统中，审计跟踪和事务日志是分开的。一种典型的审计跟踪记录包含的信息如图 11-2 所示。

1.	操作请求
2.	操作终端
3.	操作人
4.	操作日期和时间
5.	元组、属性和影响
6.	旧值
7.	新值

图 11-2　典型的审计跟踪文件记录

审计跟踪对数据库安全有辅助作用。例如，如果发现银行账户的余额错误，银行希望追溯所有对该账户的修改信息，从而发现发生错误的修改以及执行该修改的人员。那么，银行就可以使用审计跟踪来追溯这些人员进行的所有修改，从而找到错误。许多 DBMS 提供内嵌机制来创建审计跟踪，也可以使用系统定义的用户名和时间变量来定义适当的用于修改操作的触发器，从而创建审计跟踪。

11.4　防火墙

防火墙是用来防止来自专业网的非法访问或对专用网的非法访问设计的一个系统。防火墙可以用硬件实现，也可以用软件实现，甚至可以通过软硬件相结合的方式来实现。它们通常用于阻止未授权的用户访问连接到 Internet 的专用网，特别是企业内部网。防火墙会检查每一个通过它进出企业网的信息并阻塞不符合安全标准的信息。以下是数据库安全中常用的防火墙技术。

（1）数据包过滤。数据包过滤会查看每一个进入或离开网络的数据包，并根据用户定义的规则接受或拒绝它们。数据包过滤是相当有效的机制，且对用户是透明的。数据包过滤对 IP Spooling 很敏感，IP Spooling 技术可以使计算机入侵者获得未授权访问。

（2）应用级网关。将安全机制应用到指定的应用，例如，文件传输协议（FTP）、远程登录服务器。这是一种非常有效的安全机制。

（3）电路级网关。在建立传输控制协议（TCP）或用户数据报协议（UDP）连接时使用安全协议。一旦连接建立，数据包就可以在主机间传送而不需要进一步的检查。

（4）代理服务器。代理服务器能截获所有进入或离开网络的消息。代理服务器有效地隐匿了真正的网址。

11.5　统计数据库的安全性

统计数据库提供基于各种标准的统计信息或汇总数据，而统计数据库安全系统可用来控制对统计数据库的访问。统计数据库允许用户查询聚合类型的信息，如总和、平均值、数量、最大值、最小值、标准差等，例如查询"职工的平均工资是多少？"，但不允许查询个人信息，例如查询"职工张三的工资是多少？"。

在统计数据库中存在着特殊的安全性问题，即可能存在隐藏的信息通道，使得可以从合法的查询中推导出不合法的信息。例如，下面两个查询都是合法的。

（1）本单位有多少个女教授？

（2）本单位女教授的工资总和是多少？

如果第 1 个查询的结果是"1"，那么第 2 个查询的结果显然就是这个女教授的工资数额。这样的统计数据库的安全性机制就失效了。为了解决这个问题，可以规定任何查询至少要涉及 N 个记录（N 要足够大）。但即使如此，也还是存在另外的泄密途径。例如，如果某个职工 A 想知道另一个职工 B 的工资数额，他可以通过下面两个合法的查询得到结果。

（1）职工 A 和其他 N 个职工的工资总和是多少？

（2）职工 B 和其他 N 个职工的工资总和是多少？

假设第一个查询的结果是 X，第二个查询的结果是 Y，由于 A 知道自己的工资是 Z，因此他可以计算出职工 B 的工资 $= Y - (X - Z)$。

这个例子的关键之处在于两个查询之间有很多重复的数据项（即其他 N 个职工的工资），因此可以再规定任意两个查询的相交数据项不能超过 M 个，这样就不容易获得其他人的数据了。

此外还有一些其他的方法可用来解决统计数据库的安全性问题，但无论采用什么安全机制，都可能存在绕过这些机制的途径。好的安全措施应该使得那些试图破坏安全的人所花费的代价远远超过它们所能得到的利益，这也是整个数据库安全机制设计的目标。

11.6　数据加密

对于高度敏感的数据，如财务数据、证券数据、军事数据等，除了以上安全措施外，还可以采用数据加密技术。

　　数据加密是防止数据库中的数据在存储和传输过程中失密的手段。加密的基本思想是根据一定的算法将原始数据（称为**明文**，Plain text）变换为不可直接识别的格式（称为**密文**，Cipher test），从而使不知道解密算法的人无法知道数据的内容。

　　数据加密一般是对数据进行编码和置换，从而使他人不能读懂数据。在加密方法中，用特殊算法对数据进行编码，使得任何没有解密密钥的人都不能读懂数据。数据加密技术可以防止某些尝试避开系统的验证而直接访问数据所带来的威胁。

　　加密的方法有很多种，有一些是简单的加密方法，还有一些提供高级数据保护的复杂加密方法。下面是数据库安全中经常使用的一些加密方法。

1. 简单替换法

　　在简单替换法中，纯文本中的每一个字母都被转换为字母表中该字母的后一个字母（称为直接继元），字母"z"被替换为空格。现在假设希望加密下面给出的纯文本信息：

```
Well done.
```

　　上面的可读纯文本信息将被加密（转换为密文）为：

```
xfmmaepof.
```

　　这样，假如一个入侵者或未经授权的用户看到了信息"xfmmaepof"，可能就没有足够的信息来破解编码。但如果检验大量的文字，通过统计字母出现的频率还是可以很容易地破解密码的。

2. 多字母替换法

　　多字母替换法使用了加密密钥。假设希望加密消息"Well done"，给出的加密密钥是"safety"，则具体的加密过程如下。

　　（1）密钥在纯文本下面并与之对齐，不断重复直到纯文本被完全"覆盖"。这个例子中的密钥如下：

```
Well done
safetysaf
```

　　（2）在字母表中，空格占据第 27 个（倒数第二个）和第 28 个（最后一个）位置。对于每一个要加密的字符，可先把纯文本字符在字母表中的位置加上密钥字符在字母表中的位置，再将结果除以 27，然后分开保存余数。在上边所举的例子中，纯文本的第一个字母"W"在字母表中的第 23 个位置，而密钥的第一个字母"s"在第 19 个位置。因此，(23+19)= 42。42 被 27 除后的余数为 15。这个过程叫作除模 27。字母表中的第 15 个字母是"O"，因此，字母"W"被加密为"O"。最后用同样的方法加密所有字母。

　　多字母替换法也属于比较简单的加密方法，但它能够保护更高级别的数据。

11.7　SQL Server 提供的安全控制

　　在 SQL Server 数据库管理系统提供的自主存取控制模式中，用户访问数据库数据要经过 3 个安全认证过程。第 1 个过程，确认用户是否是数据库服务器的合法用户（具有登录名，有连接到数据库服务器的权限）；第 2 个过程，确认用户是否是要访问的数据库的合法用户（是数据库用户，有访问数据库的权限）；第 3 个过程，确认用户是否具有合适的操作权限（权限认证）。这个过程的示意图如图 11-3 所示。

　　从图 11-3 中可以看出，用户在登录到数据库服务器后，并不具有访问用户数据库的权限，还需要让用户成为某个数据库的合法用户。用户成为数据库合法用户之后，对数据库中的用户数据没有任何操作权限，还需要被授予合适的操作权限。下面介绍在 SQL Server 2019 中如何实现这 3 个认证过程。

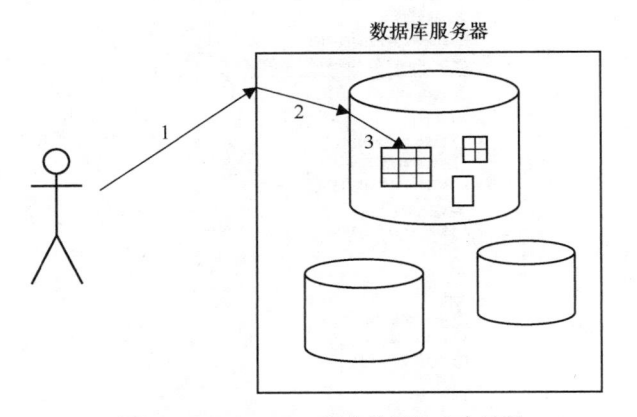

图 11-3　SQL Server 安全认证的 3 个过程

11.8　登录名管理

登录名是一个可由安全系统进行身份验证的安全主体或实体。用户需要使用登录名连接到 SQL Server。可以基于 Windows 主体（例如，域用户或 Windows 域组）创建登录名，也可创建一个不基于 Windows 主体的登录名（例如，SQL Server 登录名）。

11.8.1　身份验证模式

SQL Server 2019 支持两种身份验证模式：Windows 身份验证模式和混合模式。Windows 身份验证模式会启用 Windows 身份验证并禁用 SQL Server 身份验证。混合模式会同时启用 Windows 身份验证和 SQL Server 身份验证。Windows 身份验证始终可用，并且无法禁用。

如果在安装过程中选择混合模式，则必须为 sa（SQL Server 内置的系统管理员账户）设置一个强密码。sa 账户可使用 SQL Server 身份验证模式进行连接。

如果在安装过程中选择了 Windows 身份验证模式，则安装程序会为 SQL Server 身份验证创建 sa 账户，但会禁用该账户。如果以后更改为混合模式并要使用 sa 账户，则必须启用该账户。由于 sa 账户广为人知且经常成为恶意用户的攻击目标，因此除非应用程序需要使用 sa 账户，否则不要启用该账户，更不要为 sa 账户设置空密码或弱密码。

用户可以在安装 SQL Server 时设置身份验证模式，也可以在安装完成之后更改身份验证模式。在 SQL Server 2019 中更改身份验证模式的方法是：打开 SSMS 工具，在要设置身份验证模式的 SQL Server 实例上右击鼠标，在弹出的快捷菜单中选择"属性"命令，弹出"服务器属性"窗口，在窗口左边的"选择页"上，单击"安全性"选项，然后在显示窗口（见图 11-4）的"服务器身份验证"部分，可以设置身份验证模式（其中的"SQL Server 和 Windows 身份验证模式"即为混合身份验证模式）。

在设置完身份验证模式之后，必须重新启动 SQL Server 才能使设置生效。通过在 SQL Server 实例上右击鼠标，然后从弹出的快捷菜单中选择"重新启动"命令，可让 SQL Server 按新的设置启动服务。

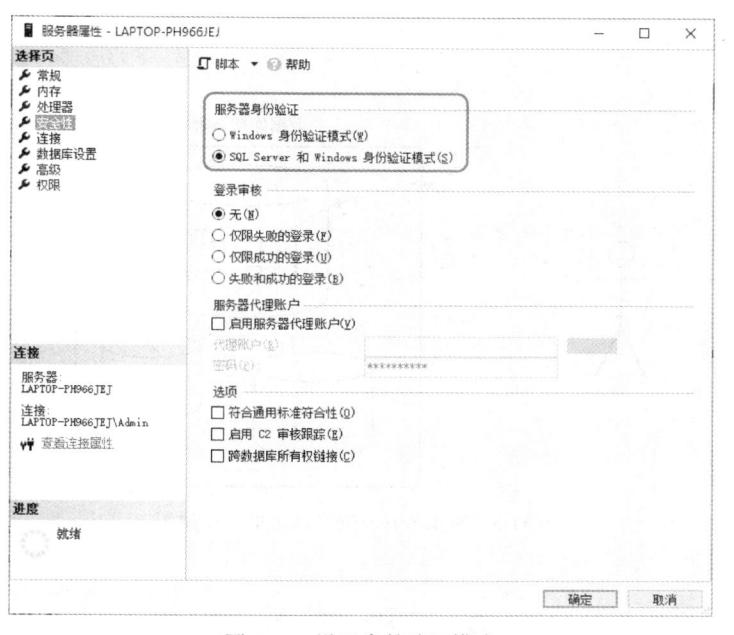

图 11-4　设置身份验证模式

1. 通过 Windows 身份验证连接

当用户通过 Windows 用户账户进行连接时，SQL Server 使用操作系统中的 Windows 主体标记验证账户名和密码。也就是说，用户身份由 Windows 进行确认，SQL Server 不要求提供密码，也不执行身份验证。Windows 身份验证是 SQL Server 默认的身份验证模式，该验证模式比 SQL Server 身份验证更安全。通过 Windows 身份验证创建的连接也称为可信连接，因为 SQL Server 信任是由 Windows 提供的凭据。

SQL Server 数据库管理系统建议尽可能使用 Windows 身份验证模式，因为这种安全模式能够与 Windows 操作系统的安全系统集成在一起，以提供更多的安全功能。

2. 通过 SQL Server 身份验证连接

当使用 SQL Server 身份验证进行连接时，在 SQL Server 中创建的登录名并不基于 Windows 用户。登录名和密码均通过使用 SQL Server 创建并存储在 SQL Server 中。使用 SQL Server 身份验证进行连接的用户每次连接时都必须提供其凭据（登录名和密码）。我们必须为所有 SQL Server 账户设置强密码。

SQL Server 身份验证的优点如下。

（1）允许 SQL Server 支持那些需要进行 SQL Server 身份验证的旧版应用程序和由第三方提供的应用程序。

（2）允许 SQL Server 支持具有混合操作系统的环境，在这种环境中并不是所有用户都是 Windows 用户。

（3）可让用户从未知或不受信任的域进行连接。

（4）允许 SQL Server 支持基于 Web 的应用程序，在这些应用程序中用户可创建自己的标识。

（5）允许软件开发人员通过使用基于已知的预设 SQL Server 登录名的复杂权限层次结构来分发应用程序。

SQL Server 身份验证的缺点如下。

（1）如果用户是拥有 Windows 登录名和密码的 Windows 域用户，则使用 SQL Server 身份验证时还必须提供另一个（SQL Server）登录名和密码才能连接。记住多个登录名和密码对于许多用户而言是较困难的一件事。

（2）SQL Server 登录名不能使用 Windows 提供的其他密码策略。

（3）必须在连接时通过网络传递已加密的 SQL Server 身份验证登录密码，一些自动连接的应用程序将密码存储在客户端，则可能产生其他攻击点。

11.8.2　建立登录名

SQL Server 数据库服务器支持两种类型的登录名，一类是 Windows 用户，另一类是 SQL Server 用户（非 Windows 用户）。这里只介绍建立 SQL Server 身份验证的登录名的方法。

在建立 SQL Server 身份验证的登录名之前，必须确保 SQL Server 实例支持的身份验证模式是混合模式的。通过 SSMS 工具建立 SQL Server 身份验证的登录名的具体步骤如下。

（1）以系统管理员身份连接到 SSMS，在 SSMS 的对象资源管理器中，依次展开"安全性"→"登录名"节点。在"登录名"节点上右击鼠标，在弹出的菜单中选择"新建登录名"命令，弹出新建登录窗口，如图 11-5 所示。

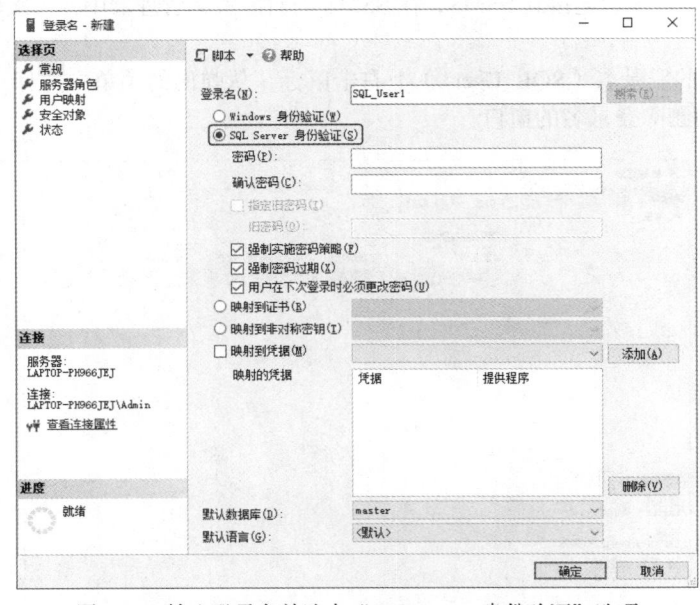

图 11-5　输入登录名并选中"SQL Server 身份验证"选项

（2）在图 11-5 的"登录名"文本框中输入"SQL_User1"（假设新建的登录名为 SQL_User1），在身份验证模式部分选中"SQL Server 身份验证"选项，表示新建一个 SQL Server 身份验证模式的登录名。选中该选项后"密码""确认密码"等选项呈可用状态。

（3）在"密码"和"确认密码"文本框中输入该登录名的密码。中间几个复选框的说明如下。

① 强制实施密码策略：表示对该登录名强制实施密码策略，这样可强制用户的密码具有一定的复杂性。

② 强制密码过期：对该登录名强制实施密码过期策略。必须先选中"强制实施密码策略"后才能启用此复选框。

③ 用户在下次登录时必须更改密码：首次使用新登录名时，SQL Server 将提示用户输入新密码。

SQL Server 的强密码的要求如下。

① 长度至少为 8 个字符。

② 密码应组合使用字母、数字和符号字符。

③ 字典中查不到。

④ 不是命令名。

⑤ 不是人名。

⑥ 不是用户名。

⑦ 不是计算机名。

⑧ 要定期更改。

⑨ 与以前的密码不同。

11.8.3 删除登录名

如果不再需要某登录名，可将其删除。由于 SQL Server 的登录名可以是多个数据库中的合法用户，因此在删除登录名时，应该先将该登录名在各个数据库中映射的数据库用户删掉（如果有的话），然后再删除登录名。否则会产生没有对应的登录名的孤立的数据库用户。

下面以删除 SQL_User1 登录名为例（假设系统中已有此登录名），说明删除登录名的步骤。

（1）以系统管理员身份连接到 SSMS，在 SSMS 的对象资源管理器中，依次展开"安全性"→"登录名"节点。

（2）在要删除的登录名（SQL_User1）上右击鼠标，从弹出的菜单中选择"删除"命令，将弹出图 11-6 所示的删除登录名的窗口。

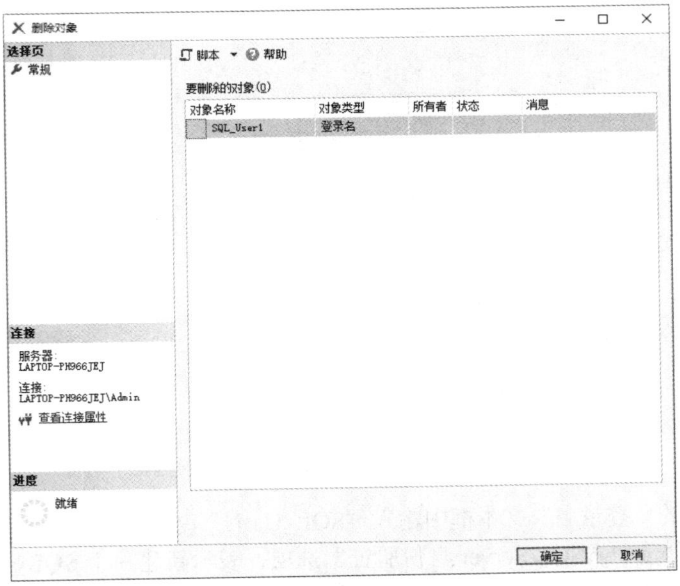

图 11-6 删除登录名的窗口

（3）在图 11-6 所示的窗口，若确实要删除此登录名，可以单击"确定"按钮，否则单击"取消"按钮。我们这里单击"确定"按钮，系统会弹出图 11-7 所示的提示窗口，该窗口提示用户删除登录名并不会删除对应的数据库用户。在此窗口中单击"确定"按钮，删除 SQL_User1 登录名。

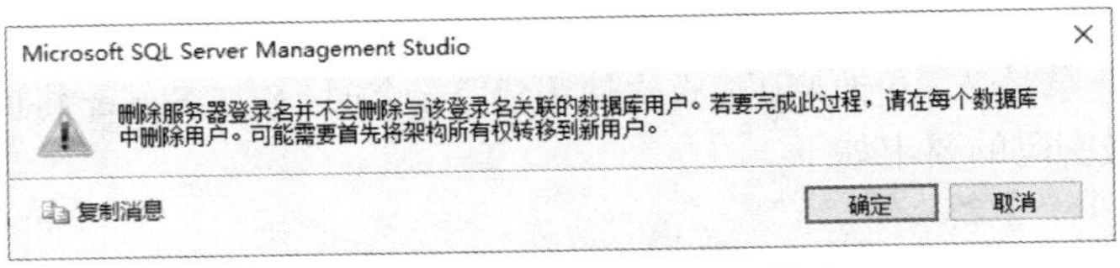

图 11-7 确认是否删除登录账户的窗口

11.9　数据库用户管理

数据库用户是数据库级别上的主体。用户在有了登录名之后，只能连接到 SQL Server 数据库服务器，并不具有访问任何用户数据库的权限，只有成为了数据库的合法用户后，才能访问此数据库。本节介绍如何对数据库用户进行管理。

数据库用户一般都来自服务器上已有的登录名，让登录名成为数据库用户的操作称为"映射"。一个登录名可以作为不同用户映射到不同的数据库，但在每个数据库中只能作为一个用户进行映射。管理数据库用户的过程主要就是建立登录名与数据库用户之间的映射关系的过程。

11.9.1　建立数据库用户

在 SSMS 工具中建立数据库用户的步骤如下。

（1）以系统管理员身份连接到 SSMS，在 SSMS 工具的对象资源管理器中，展开要建立数据库用户的数据库（假设这里展开的是 Students 数据库）。

（2）展开"安全性"节点，在其下的"用户"节点上右击鼠标，在弹出的菜单上选择"新建用户"命令，弹出图 11-8 所示的"数据库用户–新建"窗口。

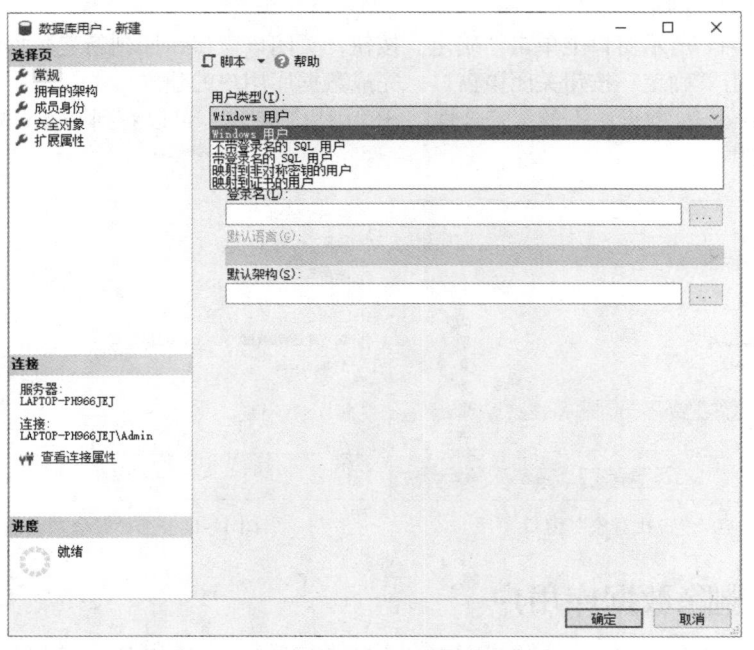

图 11-8　"数据库用户–新建"窗口

（3）在图 11-8 所示窗口中，"用户类型"下拉列表框中有如下用户类型可供选择。

① Windows 用户：是已经具有 SQL Server 登录名的 Windows 用户或 Windows 组用户。

② 不带登录名的 SQL 用户：如果需要访问数据库的用户和组没有登录名，并且他们只需要访问一个或少数几个数据库，则可选择此选项。这种类型的用户也称为包含的数据库用户，它与主数据库的登录名不相关。当想在 SQL Server 的实例间移动数据库时，这是一个理想的选择。

说明，使用包含的数据库用户进行连接时，必须在连接字符串中提供数据库名。若要在 SSMS 中指定数据库，可在"连接到"对话框中单击"选项"，然后单击"连接属性"选项卡。

③ 带登录名的 SQL 用户：如果需要访问数据库的用户或组已有登录名，可选择此选项。这种情况下数据库用户名可以使用与登录名相同的名称，也可以不相同。

④ 映射到非对称密钥的用户。

⑤ 映射到证书的用户。

我们这里选择"带登录名的 SQL 用户"，在"用户名"文本框中输入一个与登录名对应的数据库用户名；在"登录名"文本框中指定将要成为此数据库用户的登录名，也可以通过单击"登录名"文本框右边的▢按钮，来查找某个存在的登录名。

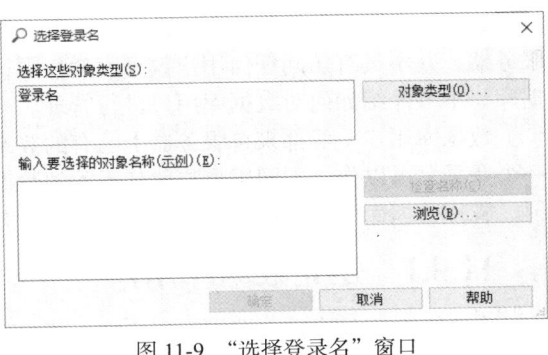

图 11-9 "选择登录名"窗口

这里我们在"用户名"文本框中输入"SQL_User1"，然后单击"登录名"文本框右边的▢按钮，将弹出图 11-9 所示的"选择登录名"窗口。

（4）在图 11-9 所示窗口中，单击"浏览"按钮，将弹出图 11-10 所示的"查找对象"窗口。

（5）在图 11-10 所示窗口中，选中"[SQL_User1]"前的复选框，表示让该登录账户成为 Students 数据库中的用户。单击"确定"按钮关闭"查找对象"窗口，回到"选择登录名"窗口，这时该窗口的形式如图 11-11 所示。

（6）在图 11-11 所示窗口上单击"确定"按钮，关闭该窗口，回到新建数据库用户窗口。在此窗口上再次单击"确定"按钮关闭该窗口，完成数据库用户的建立。

这时展开 Students 数据库下的"安全性"→"用户"节点，可以看到 SQL_User1 已经在该数据库的用户列表中。

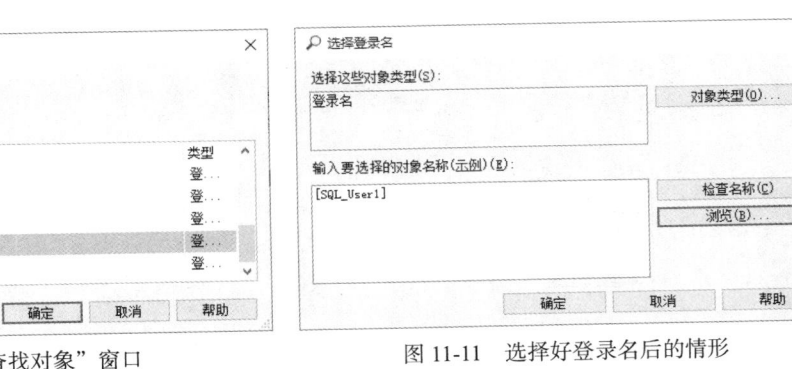

图 11-10 "查找对象"窗口   图 11-11 选择好登录名后的情形

11.9.2 删除数据库用户

删除数据库用户可以用 SSMS 工具实现，也可以使用 T-SQL 语句实现，这里只介绍使用 SSMS 工具删除数据库用户的方法。

下面以删除 Students 数据库中的 SQL_User2 用户为例，说明使用 SSMS 工具删除数据库用户的步骤。

（1）以系统管理员身份连接到 SSMS，在 SSMS 工具的"对象资源管理器"中，依次展开"数据库"→"Students"→"安全性"→"用户"节点。

（2）在要删除的"SQL_User2"用户名上右击鼠标，在弹出的菜单上选择"删除"命令，会弹出一个与图 11-6 类似的"删除对象"窗口。在窗口中单击"确定"按钮，可以删除此用户。

如果被删除的数据库用户有对应的登录名，则删除该数据库用户之后，其对应的登录名仍然存在。

11.10　权限管理

在现实生活中，每个单位的职工都有一定的工作职能以及相应的配套权限。在数据库中也是一样的，为了让数据库中的用户能够进行合适的操作，SQL Server 提供了一套完整的权限管理机制。

数据库的合法用户除了具有一些系统视图的查询权限外，并不对数据库中的用户数据和对象具有任何操作权限，因此，下一步就需要为数据库用户授予数据库数据及对象的操作权限。

1. 对象权限管理

下面以在 Students 数据库中，授予 SQL_User1 用户具有 Student 表的 SELECT 和 INSERT 权限、Course 表的 SELECT 权限为例，说明在 SSMS 工具中授予用户对象权限的过程。

在授予 SQL_User1 用户权限之前，我们先做个实验。用 SQL_User1 建立一个新的数据库引擎查询（在工具栏上单击"数据库引擎查询"图标，弹出"连接到服务器引擎"窗口，在此窗口中将"身份验证"设为"SQL Server 身份验证"，在"登录名"文本框中输入"SQL_User1"，然后再单击"连接"按钮，如图 11-12 所示）。

在 SSMS 工具栏的"可用数据库"下拉列表框中选择 Students 数据库，然后输入并执行如下代码：

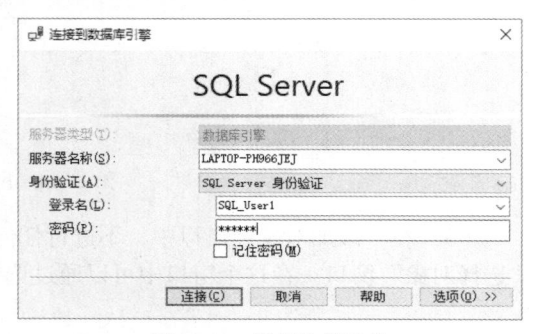

图 11-12　设置连接身份

```
SELECT * FROM Student
```

执行该代码后，SSMS 的界面如图 11-13 所示。

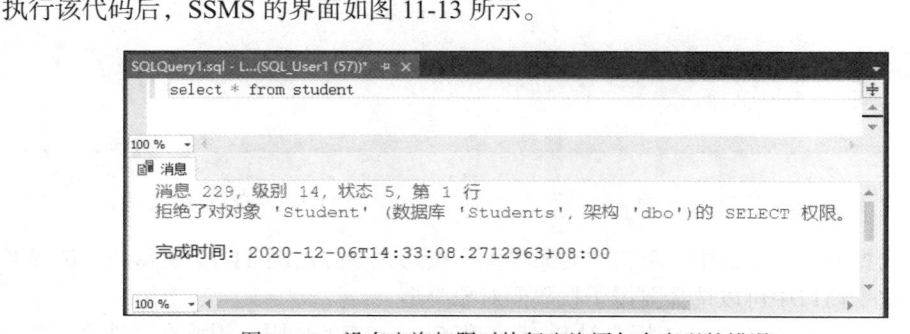

图 11-13　没有查询权限时执行查询语句会出现的错误

这个实验表明，在授权之前数据库用户在数据库中对用户数据是没有任何操作权限的。

下面介绍在 SSMS 工具中对数据库用户授权的方法。

（1）在 SSMS 工具的对象资源管理器中，依次展开"数据库"→"Students"→"安全性"→"用户"，在"SQL_User1"上右击鼠标，在弹出的快捷菜单中选择"属性"命令，弹出"数据库用户—SQL_User1"窗口。在此窗口中单击左边"选择页"中的"安全对象"选项，会出现图 11-14 所示的窗口。

（2）在图 11-14 所示窗口中，单击"搜索"按钮，弹出图 11-15 所示的"添加对象"窗口，在这个窗口中可以选择要添加的对象类型。默认是添加"特定对象"。

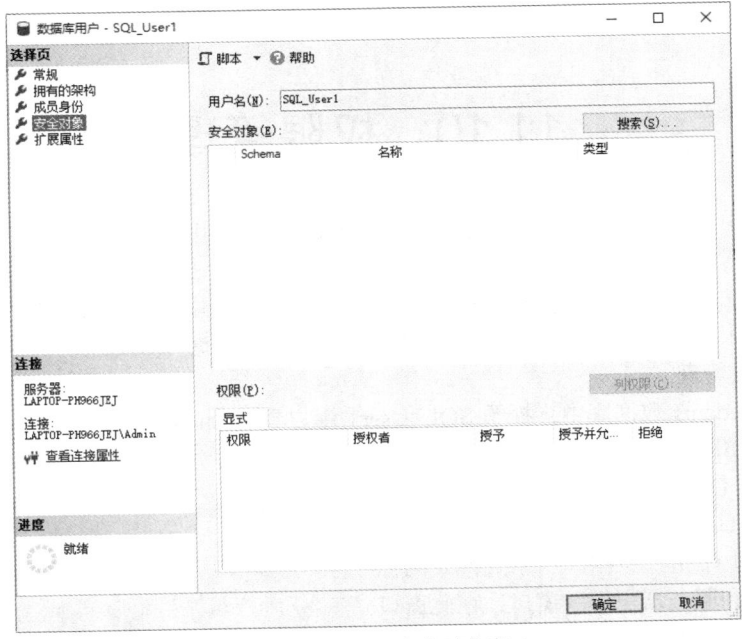

图 11-14　用户的安全对象窗口

（3）在"添加对象"窗口中，不进行任何修改，单击"确定"按钮后会弹出图 11-16 所示的"选择对象"窗口。在这个窗口中可以通过选择对象类型来对对象进行筛选。

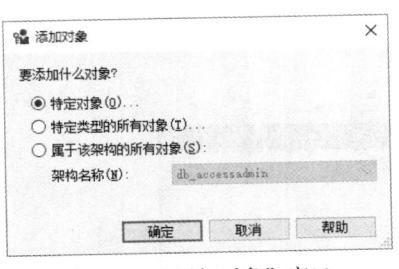

图 11-15　"添加对象"窗口

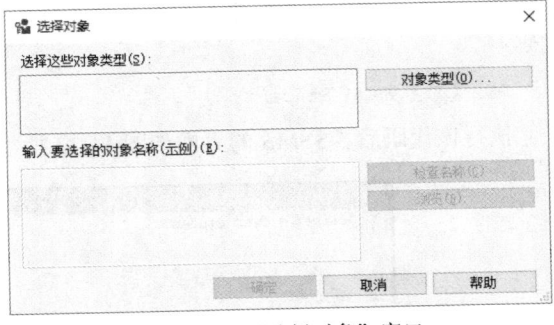

图 11-16　"选择对象"窗口

（4）在"选择对象"窗口中，单击"对象类型"按钮，会弹出图 11-17 所示的"选择对象类型"窗口。在这个窗口中可以选择要授予权限的对象类型。

由于我们是要授予 SQL_User1 用户对 Student 和 Course 表的权限，因此在"选择对象类型"窗口中，选中"表"前边的复选框。单击"确定"按钮，回到"选择对象"窗口，这时在该窗口的"选择这些对象类型"列表框中会列出所选的"表"对象类型。

（5）在"选择对象"窗口中，单击"浏览"按钮，会弹出图 11-18 所示的"查找对象"窗口。该窗口中列出了当前可以被授权的全部表。这里我们选中"Student"和"Course"前边的复选框。

（6）在"查找对象"窗口中指定要授权的表之后，单击"确定"按钮，回到"选择对象"窗口，此时该窗口的形式如图 11-19 所示。

（7）在图 11-19 所示窗口上，单击"确定"按钮，回到数据库用户属性中的"安全对象"窗口，此时该窗口形式如图 11-20 所示。现在可以在这个窗口上对选择的对象授予相关的权限。

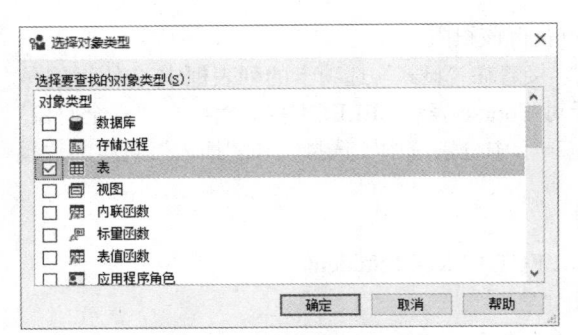

图 11-17　"选择对象类型"窗口

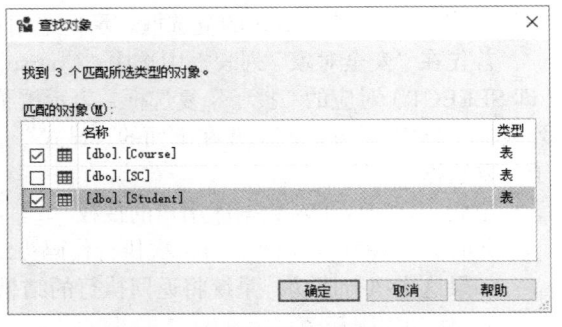

图 11-18　选择要授权的表

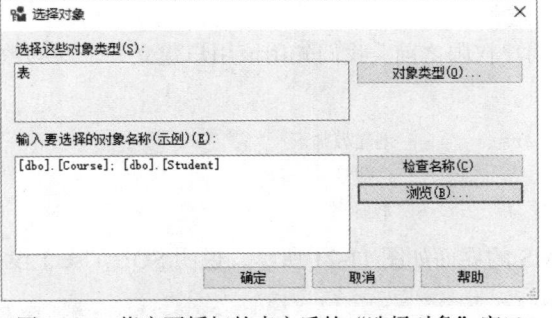

图 11-19　指定要授权的表之后的"选择对象"窗口

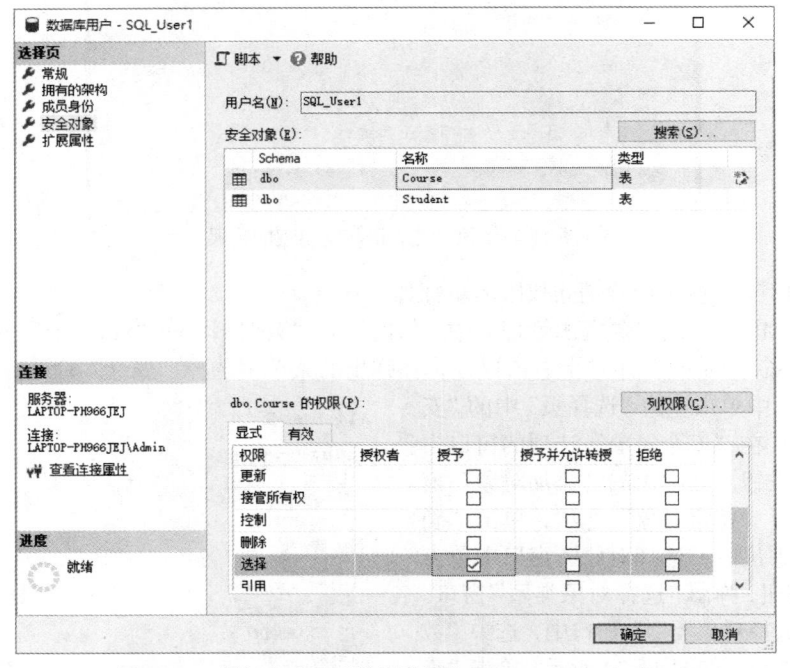

图 11-20　授权之后的"数据库用户 —SQL_User1"窗口

（8）在图 11-20 窗口下边的"显式"选项卡中：

① 选中"授予"对应的复选框表示授予该项权限；

② 选中"授予并允许转授"对应的复选框表示在授权的同时授予用户该权限的转授权，即该用户可以将其获得的权限授予其他人；

③ 选中"拒绝"对应的复选框表示拒绝用户获得该权限。

首先在"安全对象"列表框中选中"Course"。接着在"显式"选项卡的列表框中选中"选择"（即 SELECT）对应的"授予"复选框，表示授予对 Course 表的 SELECT 权。然后在"安全对象"列表框中选中"Student"，并在下面的"显式"选项卡中分别选中"选择"和"插入"对应的"授予"复选框。

至此，就完成了对数据库用户的授权。

此时，以 SQL_User1 身份再次执行代码：SELECT * FROM Student

如果这次执行成功，系统将返回执行的结果。

2. 语句权限管理

下面以在 Students 数据库中，授予 SQL_User1 用户具有创建表的权限为例，说明在 SSMS 工具中授予用户语句权限的过程。

在授予 SQL_User1 用户权限之前，我们先用该用户建立一个新的数据库引擎查询，然后输入并执行如下代码：

```
CREATE Table Teachers(      -- 创建教师表
  Tid char(6),              -- 教师号
  Tname varchar(10) )       -- 教师名
```

执行该代码后，SSMS 的界面如图 11-21 所示，说明 SQL_User1 没有创建表的权限。

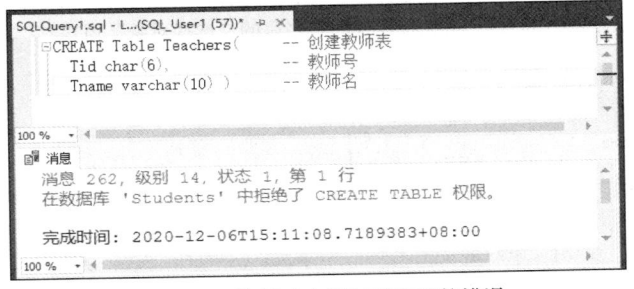

图 11-21 执行建表语句时出现的错误

使用 SSMS 工具授予用户语句权限的步骤如下。

（1）在 SSMS 工具的对象资源管理器中，依次展开"数据库"→"Students"→"安全性"→"用户"，在"SQL_User1"用户上右击鼠标，在弹出的菜单中选择"属性"命令，弹出用户属性窗口，在此窗口中单击左边"选择页"中的"安全对象"选项，在"安全对象"选项的窗口中单击"搜索"按钮。在弹出的"添加对象"窗口中确保选中了"特定对象"选项，单击"确定"按钮，在弹出的"选择对象"窗口中单击"对象类型"按钮，弹出"选择对象类型"窗口。

（2）在"选择对象类型"窗口中，选中"数据库"前的复选框，如图 11-22 所示。单击"确定"按钮，回到"选择对象"窗口，此时"选择对象类型"列表框中已经列出了"数据库"。

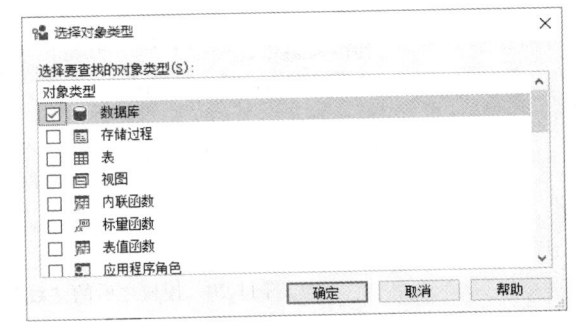

图 11-22 选中"数据库"复选框

（3）在"选择对象"窗口中，单击"浏览"按钮，弹出图 11-23 所示的"查找对象"窗口，在此窗口中可以选择要进行授权操作的数据库。由于我们是要为 SQL_User1 授予在 Students 数据库中具有建表权，因此在此窗口中选中"[Students]"前的复选框名称（示例）。单击"确定"按

钮，回到"选择对象"窗口，此时在该窗口的"输入要选择的对象名称（示例）"列表框中已经列出了"[Students]"数据库，如图 11-24 所示。

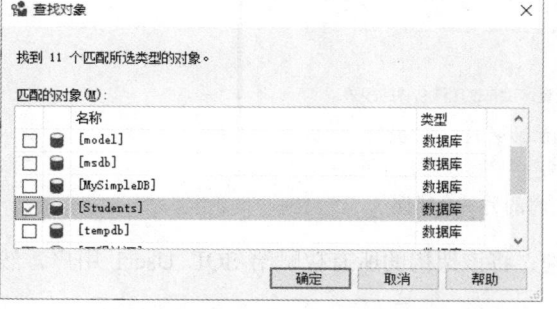

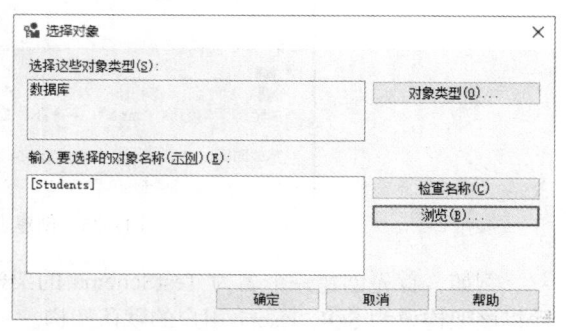

图 11-23　查找对象窗口（选中"[Students]"前的复选框）　　图 11-24　指定好授权对象后的窗口

（4）在"选择对象"窗口上单击"确定"按钮，回到数据库用户属性窗口，在此窗口中可以选择合适的语句权限授予相关用户。

（5）在此窗口下边的权限列表框中，选中"创建表"对应的"授予"复选框，如图 11-25 所示。

（6）单击"确定"按钮，完成授权操作，关闭此窗口。

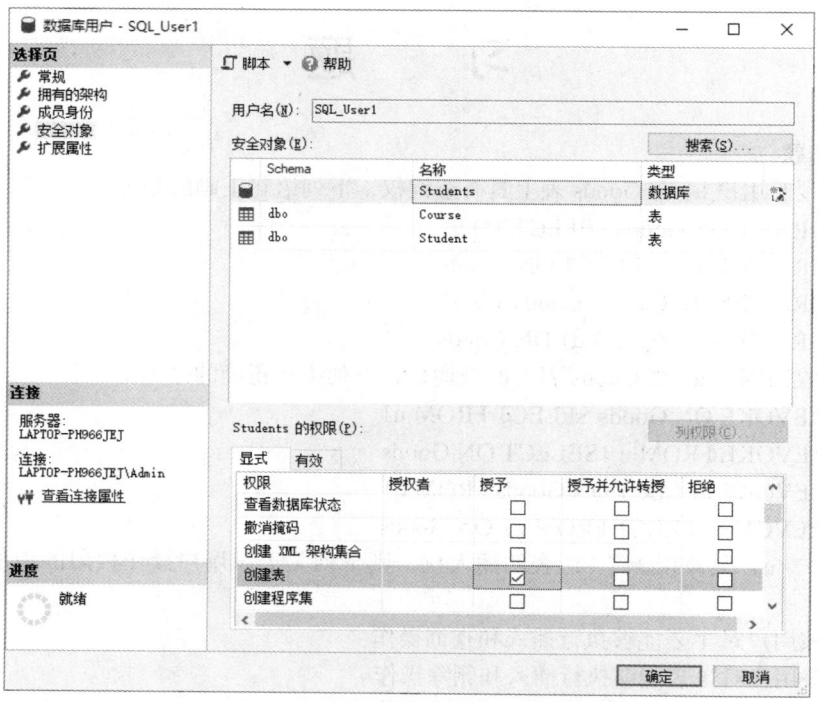

图 11-25　指定好授权对象后的窗口

注意，如果此时在SQL_User1建立的数据库引擎查询中，再次执行之前的Create Table Teachers建表语句，则系统会出现图 11-26 所示的错误信息。

出现这个错误的原因是 SQL_User1 用户没有在 dbo 架构中创建对象的权限，而且也没有为SQL_User1 用户指定默认架构，因此创建 dbo.Teachers 失败了。

解决此问题的一个办法是先让数据库系统管理员定义一个架构，并将该架构的所有权赋给SQL_User1 用户，再将新建架构设为 SQL_User1 用户的默认架构。

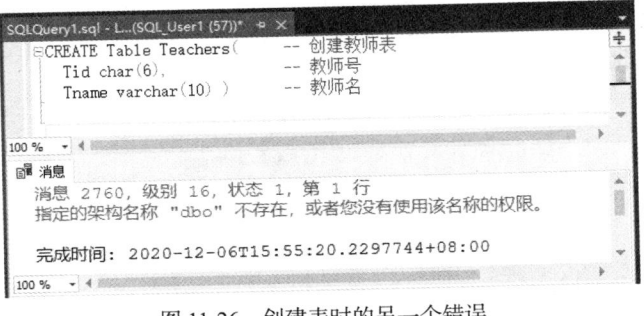

图 11-26　创建表时的另一个错误

例如，首先创建一个名为 TestSchema 的架构，将该架构的所有权赋给 SQL_User1 用户，然后将该架构设为 SQL_User1 用户的默认架构。

```
CREATE SCHEMA TestSchema AUTHORIZATION SQL_User1
GO
ALTER USER SQL_User1 WITH DEFAULT_SCHEMA = TestSchema
```

最后让 SQL_User1 用户执行创建表的语句，这时就不会出现错误了。这时创建的表的名字为：TestSchema.Teachers。

习　　题

一、单选题

1. 若要授予用户 u1 在 Goods 表上具有查询权，下列语句正确的是（　　　）。

    A.　GRANT ON Goods SELECT TO u1

    B.　GRANT TO u1 SELECT ON Goods

    C.　GRANT SELECT ON Goods TO u1

    D.　GRANT SELECT TO u1 ON Goods

2. 若要收回用户 u1 在 Goods 表上的查询权，下列语句正确的是（　　　）。

    A.　REVOKE ON Goods SELECT FROM u1

    B.　REVOKE FROM u 1SELECT ON Goods

    C.　REVOKE SELECT ON Goods FROM u1

    D.　REVOKE SELECT FROM u1 ON Goods

3. 若用户 u1 只被授予了 T 表的插入权，则下列关于该用户操作权限的说法，正确的是（　　　）。

    A.　该用户对 T 表能够执行插入和查询操作

    B.　该用户对 T 表能够执行插入和删除操作

    C.　该用户对 T 表能够执行插入和更改操作

    D.　该用户对 T 表只能执行插入操作

4. 设 u1 是 SQL Server 某数据库中的用户，下列关于 u1 在该数据库中权限的说法，正确的是（　　　）。

    A.　u1 默认仅具有该数据库中用户数据的查询权

    B.　u1 默认具有该数据库中用户数据的增、删、改、查权

    C.　u1 默认仅具有该数据库中用户数据的更改权

  D. u1 默认不具有该数据库中用户数据的操作权

5. 下列关于 SQL Server 身份验证模式的说法，错误的是（ ）。

  A. Windows 身份验证模式仅允许 Windows 用户登录到 SQL Server

  B. 混合身份验证模式仅允许 SQL Server 授权用户登录到 SQL Server

  C. 混合身份验证模式允许 Windows 和 SQL Server 授权用户登录到 SQL Server

  D. 混合身份验证模式包括 Windows 身份验证模式和 SQL Server 身份验证模式

二、简答题

1. 什么是数据库安全？数据库安全控制的目标是什么？

2. 授权和认证的区别是什么。

3. 什么是数据加密？它是如何用在数据库安全中的？

4. 自主存取控制和强制存取控制的区别是什么？

5. 通常情况下，数据库中的权限被划分为哪几类？

6. 数据库中的用户按其操作权限可分为哪几类，每一类的权限是什么？

7. 权限的管理包含哪些内容？

8. 写出实现下述权限管理的 SQL 语句。

（1）授予用户 u1 具有对 Course 表的插入和删除权。

（2）授予用户 u1 具有对 Course 表的删除权。

（3）收回 u1 对 Course 表的删除权。

（4）拒绝用户 u1 获得对 Course 表的更改权。

（5）授予用户 u1 具有创建表和视图的权限。

（6）收回用户 u1 创建表的权限。

第 12 章　事务与并发控制

事务（Transaction）是由对数据的一些操作组成，这些操作是一个完整的执行单元。事务处理技术主要包括数据库恢复技术和并发控制技术。数据库是一个多用户的共享资源，因此在多个用户同时操作相同区域的数据时，保证数据的正确性是并发控制要解决的问题。如果数据库在使用过程中出现了故障，比如硬件损坏，那么保证数据库数据不丢失就是备份和恢复操作要解决的问题。大型数据库管理系统的事务处理子系统执行数据库事务，处理并发用户。事务处理和并发控制构成了数据库系统的主要活动。

本章将介绍数据库事务的主要特性，讨论并发控制问题以及数据库管理系统如何增强并发控制，以防止并行执行的事务在执行期间可能出现的各种问题，最后给出并发控制采用的一些方法。

12.1　事务

数据库中的数据是共享的资源，允许多个用户同时访问相同的数据。但当多个用户同时操作相同的数据时，如果不采取任何措施，则可能会造成数据异常。事务是为防止这种情况发生而产生的一个概念。

12.1.1　事务的基本概念

事务是数据库处理的一个逻辑工作单元，它由定义用户业务的一个或多个访问数据库的操作组成，这些操作一般包括检索（读）、插入（写）、删除和修改数据。一个事务内的所有操作会被视为一个整体，要么全部执行，要么全部不执行。事务既可以嵌入到应用程序中，也可以通过 SQL 语句交互地指定。

例如，设有用户转账业务，A 账户（假设 A 账户目前有 10000 元）转账给 B 账户（假设 B 账户目前有 3000 元）n 元（假设 n 为 2000），这个业务活动包含如下两个操作。

（1）A 账户-2000。

（2）B 账户+2000。

假设第一个操作成功了，第二个操作由于某种原因没有成功（比如突然停电）。那么在系统恢复运行后，A 账户的金额是减 2000 之前的值还是减 2000 之后的值呢？如果 B 账户的金额没有变化（没有加上 2000），则正确的情况是 A 账户的金额也应该是没有做减 2000 操作之前的值（如果 A 账户是减 2000 之后的值，则 A 账户中的金额和 B 账户中的金额就对不上了，这显然是不允许的）。怎样保证在系统恢复正常之后，A 账户中的金额是减 2000 前的值呢？这就需要用到事务的概念。事务可以保证在一个事务中的全部操作或者全部成功，或者全部失败。也就是说，当第二个操作没有成功时，系统会自动将第一个操作撤销，使数据恢复到第一个操作未做之前的状态。这样当系统恢复正常时，A 账户和 B 账户中的数值就是正确的。这个过程如图 12-1 所示。

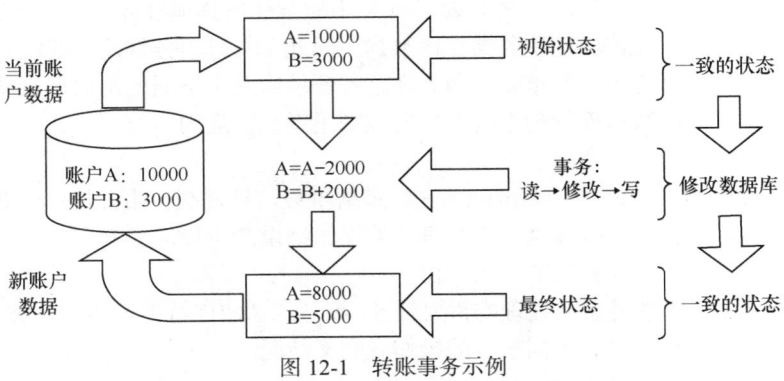

图 12-1 转账事务示例

如何显式地告诉数据库管理系统哪些操作属于一个事务，这可以通过标记事务的开始与结束来实现。不同的事务处理模型中，事务的开始标记不完全一样（我们将在 12.1.3 节介绍事务处理模型），但不管是哪种事务处理模型，事务的结束标记都是一样的。事务的结束标记有两个：一个是正常结束，用 COMMIT（提交）表示，也就是事务中的所有操作都会被保存到数据库中，成为永久的操作；另一个是异常结束，用 ROLLBACK（回滚）表示，也就是事务中的操作被全部撤销，数据库回到事务开始之前的状态。事务中的操作一般是对数据的更改操作。

对于单个数据操作来说事务不是必须的，事务是一系列的数据操作，这些操作将数据库从一个一致性状态转换到另一个一致性状态，而且不需要保持所有中间点的一致性。事务处理系统的最简单情形是强制所有的事务顺序执行，并且在一个事务的全部操作执行完成之后再执行下一个事务，这种执行机制完全不允许有并发操作。这对大型多用户数据库来说是不可行的，因此，必须要有机制来保证允许多个事务并发执行，并且能保证并发执行时不引起事务冲突和数据不一致。

12.1.2 事务的特性

事务具有 4 个特性，即原子性（Atomicity）、一致性（Consistency）、隔离性（Isolation）和持久性（Durability）。这 4 个特征也可简称为事务的 ACID 特性。这些特性可用来保证事务执行之后数据库仍是正确的状态。

1. 原子性

事务的原子性是指事务是数据库的一个单一的、独立的逻辑工作单位，事务中的操作要么都做，要么都不做。

2. 一致性

事务的一致性是指事务执行的结果必须是使数据库从一个一致性状态变到另一个一致性状态。如前面所述的转账事务，必须保证转账之后 A 账户和 B 账户的总金额与转账之前是一致的。因此，当事务成功提交时，数据库就从事务开始前的一致性状态转到了事务结束后的一致性状态。同样，如果由于某种原因，在事务尚未完成时就出现了故障，那么就会出现事务中的一部分操作已经完成，而另一部分操作还没有完成，这样就可能使数据库产生不一致的状态（参考前面的转账示例）。因此，事务中的操作如果有一部分成功，一部分失败，为避免产生数据不一致的状态，数据库管理系统会自动将事务中已完成的操作撤销，使数据回到事务开始之前的状态。由此可见，事务的一致性和原子性是密切相关的。

3. 隔离性

事务的隔离性是指数据库中一个事务的执行不能被其他事务干扰，即一个事务内部的操作及使用的数据对其他事务是隔离的，并发执行的各个事务之间不能相互干扰。例如，假设事务 T_1 正在修改数据项 X，则在事务 T_1 结束之前数据项 X 不能被任何其他事务访问。即在修改数据项 X 的事务完全终止之前，不允许其他事务操作该数据。因此，并行事务彼此之间没有干扰。事务的隔离性在多用户数据库环境中非常重要，因为在这种环境中几个不同的用户可以同时访问和更改相同的数据。隔离性是由数据库管理系统的并发控制子系统实现的。

4. 持久性

事务的持久性也称为永久性（Permanence），是指事务一旦提交，那么其对数据库中数据的改变就是永久的，以后的操作或故障也不会对事务的操作结果产生任何影响。

事务是数据库并发控制和恢复的基本单位。

保证事务的 ACID 特性是事务处理的重要任务。事务的 ACID 特性可能遭到破坏的因素如下。

（1）多个事务并行运行时，不同事务的操作有交叉情况。

（2）事务在运行过程中被强迫停止。

在第一种情况下，数据库管理系统必须保证多个事务在交叉运行时不影响这些事务的原子性。在第二种情况下，数据库管理系统必须保证被强迫终止的事务对数据库和其他事务没有任何影响。

以上这些工作都由数据库管理系统中的恢复和并发控制机制完成。

12.1.3 事务处理模型

美国标准化组织（ANSI）给出了管理数据库事务的定义，有两个 SQL 语句能提供对事务的支持，它们是：COMMIT 和 ROLLBACK。ANSI 标准要求，当用户或者是应用程序开始一个事务序列后，它必须连续地执行全部后续的 SQL 语句，直到出现下列 4 个事件之一。

（1）到达一个 COMMIT 语句。在这种情况下，事务进行的所有更改都会被永久保存到数据库中。COMMIT 语句自动结束一个事务表明其成功地完成了事务。

（2）到达一个 ROLLBACK 语句。这种情况下，事务进行的所有更改都夭折了，并且数据库被回滚到之前的一个一致性状态。ROLLBACK 操作表明没有成功地完成事务。

（3）成功地到达程序的结束。在这种情况下，事务进行的所有更改都会被永久记录到数据库中。这个操作等同于 COMMIT。

（4）程序被异常终止。在这种情况下，事务进行的所有对数据库的更改都会被终止，而且数据库被回滚到之前的一个一致性状态。这个操作等同于 ROLLBACK。

事务有两种类型，一种是显式事务，另一种是隐式事务。隐式事务是指每一条数据操作语句都自动地成为一个事务，显式事务是有显式的开始和结束标记的事务。对于显式事务，不同的数据库管理系统有不同的表达形式，一类是采用国际标准化组织（ISO）制定的事务处理模型，另一类是采用 T-SQL 的事务处理模型。下面分别介绍这两种模型。

1. ISO 事务处理模型

ISO 的事务处理模型是明尾暗头，即事务的开始是隐式的，而事务的结束有明确的标记。在这种事务处理模型中，程序的首条 SQL 语句或事务结束语句后的第一条 SQL 语句自动作为事务的开始，而在程序正常结束处或在 COMMIT 或 ROLLBACK 语句处是事务的终止。

根据图 12-1 所示的事务，用 ISO 事务处理模型可将之描述为：

```
UPDATE 账户表 SET 账户金额 = 账户金额 - 2000
    WHERE 账户号 = 'A'
UPDATE 账户表 SET 账户金额 = 账户金额 + 2000
```

```
    WHERE 账户号 = 'B'
COMMIT
```

2. T-SQL 事务处理模型

T-SQL 使用的事务处理模型对每个事务都有显式的开始和结束标记（语句）。事务的开始语句是：

```
BEGIN TRAN[SACTION] [事务名]
```

如前面的转账例子用 T-SQL 事务处理模型可描述为：

```
BEGIN TRANSACTION
  UPDATE 账户表 SET 账户金额 = 账户金额 - 2000
    WHERE 账户号 = 'A'
  UPDATE 账户表 SET 账户金额 = 账户金额 + 2000
    WHERE 账户号 = 'B'
COMMIT
```

12.1.4 事务日志

为支持事务处理，DBMS 对数据库所做的每个更改操作都会形成一个事务记录，并保存到事务日志中。DBMS 用事务日志来持续跟踪所有影响数据库值的操作，以使 DBMS 能够从由事务引起的失败中恢复数据库。日志是所有事务对数据库的更改记录，存储在日志中的信息由数据库管理系统使用和维护。一般的大型关系数据库管理系统都可以使用事务日志将数据库恢复到当前的一致性状态。在服务器失败之后，这些数据库管理系统（如 ORACLE、SQL Server 等）自动回滚（即撤销）未提交的事务，并重做已提交但没有写到物理数据库存储的事务。

当执行有更改数据库操作的事务时，数据库管理系统会自动更改事务日志，并在事务日志中存储数据库被更改之前和更改之后的数据，以及所有参与到事务中的表、行和属性值。事务的开始和结束也会记录在事务日志中。事务日志的使用增加了 DBMS 的处理工作，并因此增加了整个系统的开销，但其恢复受损数据库的能力对于增加的开销是值得的。对于每个事务，在事务日志中一般都会记录下列信息。

（1）事务的开始标记。

（2）事务标识符。

（3）操作的记录标识符。

（4）在记录上实现的操作（如插入、删除和修改操作等）。

（5）记录被更改之前的值，这个信息是撤销事务已完成的操作所需要的，它称为**撤销部分**。如果事务的修改是插入一个新记录，则之前的值可以假定是空值。

（6）记录被更改之后的值，这个信息可确保已提交的事务进行的更改确实是数据库中所需要的，同时也可用于重做这些更改。这个信息被称为日志的**重做部分**。如果事务进行的更改是删除记录，则更改后的值可以假定是空值。

（7）如果事务被提交的话，则或者是终止或回滚事务。

在对数据库进行更改前先写日志，后写数据库，这称为**先写日志策略**。在这个策略中，在日志的重做部分被写到稳定的数据库日志之前，不允许事务修改物理数据库。表 12-1 说明了根据 12.1.3 节给出的转账事务示例所记录的事务日志的例子。在这个例子中，两个 UPDATE 语句均是在"账户表"上执行的。如果系统失败了，DBMS 会对所有未提交或未完成的事务检查事务日志，并根据事务日志中的信息将数据库恢复（ROLLBACK）到之前的状态。恢复过程完成后，DBMS 将所有在失败发生之前没有真正写到物理数据库的所有已提交的事务写到事务日志中。事务 ID 是 DBMS 自动赋予的。如果在事务完成之前出现了 ROLLBACK，则 DBMS 仅为这个特定的事务恢复数据库，而不是为所有的事务恢复数据库，以维护之前事务的持久性。换句话说，已提交的事务是不能被回滚的。

表 12-1　　　　　　　　　　　　　　　　事务日志的例子

事务 ID	表	行 ID	属性	修改之前	修改之后
100	***开始事务				
100	账户表	A	账户金额	10000	8000
100	账户表	B	账户金额	3000	5000
100	***结束事务：COMMITED				

　　事务日志本身也是数据库的一部分，也由数据库管理系统管理。事务日志被保存在磁盘上，因此除了磁盘故障外，它不受任何类型的系统故障的影响，只受比如磁盘满以及磁盘故障的影响。由于事务日志包含了 DBMS 中的大部分关键数据，因此有些数据库管理系统（如 SQL Server）支持对事务日志进行定期的备份，以降低系统失败的风险。

12.2　并发控制

　　数据库系统一个明显的特点是多个用户共享数据库资源，尤其是多用户可以同时存取相同的数据，火车订票系统的数据库、银行系统的数据库等都是典型多用户共享的数据库。在这样的系统中，在同一时刻同时运行的事务可能很多。若对多用户的并发操作不加控制，就会造成数据存取的错误，破坏数据的一致性和完整性。

　　如果事务是顺序执行的，即一个事务完成之后，再开始另一个事务，则称这种执行方式为串行执行，串行执行事务的示意图如图 12-2（a）所示。如果数据库管理系统可以同时接受多个事务，并且这些事务在时间上可以重叠执行，则称这种执行方式为并发执行。在单 CPU 系统中，同一时间只能有一个事务占据 CPU，各个事务交叉地使用 CPU，这种并发方式称为交叉并发，如图 12-2（b）所示。在多 CPU 系统中，多个事务可以同时占有 CPU，这种并发方式称为同时并发。这里主要讨论单 CPU 中交叉并发的情况。

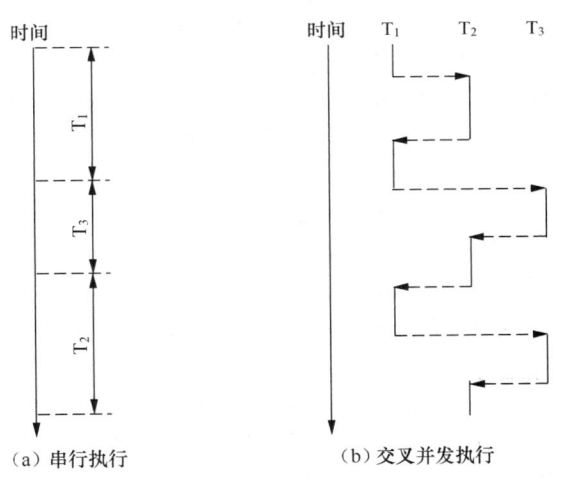

（a）串行执行　　　　　　（b）交叉并发执行

图 12-2　多个事务的执行情况

12.2.1　并发控制概述

　　数据库中的数据是可以共享的资源，因此会有很多用户同时使用数据库中的数据。也就是说，在多用户系统中，可能同时运行着多个事务，而事务的运行需要时间，并且事务中的操作需要在一定的数据上完成。当系统中同时有多个事务运行时，特别是当这些事务使用同一段数据时，彼此之间就有可能产生相互干扰的情况。

　　12.1 节中介绍了事务是并发控制的基本单位，保证事务的 ACID 特性是事务处理的重要任务，而事务的 ACID 特性会因多个事务对数据的并发操作而遭到破坏。为保证事务之间的隔离性和一致性，数据库管理系统应该对并发操作进行正确的调度。

下面我们看一下并发事务之间可能出现的相互干扰情况。

设有两个用户 A 和 B 同时订购同一时间同一车次的火车票。假设其操作过程及顺序如下。

（1）A 用户（事务 T_1）读出目前的车票余额数，假设为 16 张。

（2）B 用户（事务 T_2）读出目前的车票余额数，也为 16 张。

（3）A 用户订走 1 张车票，修改车票余数为 16−1 = 15，并将 15 写回到数据库中。

（4）B 用户订走 4 张车票，修改车票余数为 16−4 = 12，并将 12 写回到数据库中。

由此可见，这两个事务不但不能反映出火车票数不够的情况，而且 T_2 事务还覆盖了 T_1 事务对于数据的更改，使数据库中的数据不正确。这种情况称为数据的不一致，这种不一致是由并发操作引起的。并发操作会产生数据的不一致，是因为系统对 T_1、T_2 两个事务的操作序列的调度是随机的。这种数据不一致的情况在现实当中是不允许发生的，因此，数据库管理系统必须想办法避免出现数据不一致的情况，这就是数据库管理系统在并发控制中要解决的问题。

并发操作所带来的数据不一致情况大致可以概括为四种，即丢失数据修改、读"脏"数据、不可重复读和产生"幽灵"数据，下面分别介绍这四种情况。

1. 丢失数据修改

丢失数据修改（简称"丢失修改"）是指两个事务 T_1 和 T_2 读入同一数据并进行修改，T_2 提交的结果破坏了 T_1 提交的结果，导致 T_1 的修改被 T_2 覆盖掉。上面的火车订票就属这种情况，如图 12-3 所示。

时间	事务 T_1	事务 T_2
t_1	A = 16	
t_2		读 A = 16
t_3	计算 A = A − 1 = 15 写回 A = 15	
t_4		计算 A = A − 4 = 12 写回 A = 12（覆盖了 T_1 对 A 的修改）

图 12-3　丢失数据修改

2. 读"脏"数据

读"脏"数据是指一个事务读了某个失败事务运行过程中的数据。即事务 T_1 修改了某一数据的值，并将修改结果写回到磁盘，然后事务 T_2 读取了同一数据（是 T_1 修改后的结果），但后来 T_1 由于某种原因撤销了它所做的操作，这样被 T_1 修改过的数据又恢复为原来的值，那么 T_2 读到的值就与数据库中实际的数据值不一致了。这种情况就是 T_2 读的数据为 T_1 的"脏"数据，或不正确的数据。读"脏"数据的情况如图 12-4 所示。

时间	事务 T_1	事务 T_2
t_1	读 B = 100 计算 B = B * 2 = 200 写回 B = 200	
t_2		读 B = 200（读入 T_1 的"脏"数据）
t_3	ROLLBACK B 恢复为 100	

图 12-4　读"脏"数据

3. 不可重复读（不一致的检索）

不可重复读是指事务 T_1 读取数据后，事务 T_2 执行了更新操作，修改了 T_1 读取的数据，T_1 操作完数据后，又重新读取了同样的数据，但这次读取之后，当 T_1 再对这些数据进行相同操作时，所得的结果与前一次不一样。不可重复读的情况如图 12-5 所示。

时间	事务 T_1	事务 T_2
t_1	读 A = 50 读 B= 100 求和 A + B = 150	
t_2		读 B = 100 计算 B = B * 2 = 200 写回 B = 200
t_3	读 A = 50 读 B = 200 求和 A + B = 250 （与前一次统计的值不同）	

图 12-5　不可重复读

4. 产生"幽灵"数据

产生"幽灵"数据实际属于不可重复读的范畴。它是指当事务 T_1 按一定条件从数据库中读取了某些数据记录后，事务 T_2 删除了其中的部分记录，或者在其中添加了部分记录，那么当 T_1 再次按相同条件读取数据时，发现其中莫名其妙地少了（删除）或多了（插入）一些记录。这样的数据对 T_1 来说就是"幽灵"数据（或称"幻影"数据）。

产生这 4 种数据不一致现象的主要原因是并发操作破坏了事务的隔离性。并发控制就是要用正确的方法来调度并发操作，使一个事务的执行不受其他事务的干扰，避免造成数据的不一致情况。

12.2.2　可交换的活动

一个活动就是一个处理单元，从 DBMS 角度来说它是不可再分割的。在粒度是页的系统中，典型的活动是读页和写页。

如果在相同的粒度下，活动 A_i 在活动 A_j 后的执行与 A_j 在 A_i 后的执行有相同的结果，则称这两个活动对是可交换的。在不同的粒度下的活动都是可交换的。在相同的粒度下，对于读和写活动有如下 3 种情况。

（1）读-读：可交换的。

（2）读-写：不可交换的，因为先读还是先写，其结果是不一样的。

（3）写-写：不可交换的，因为第二个写总是使第一个写的结果无效。

12.2.3　调度

调度是一个活动（例如，读、写、终止或提交）的操作序列，这个序列由事务集合的活动及事务内部活动的顺序构建。正如本章前边讨论中说明的，如果两个事务 T_1 和 T_2 访问不同或不相关（彼此没有依赖关系）的数据，就不会有冲突，而且事务的执行顺序与最终的结果无关。但如果两个事务操作相同或相关（相互依赖）的数据，则事务间就有可能产生冲突，而且选择不同的操作顺序可能会产生非预期的结果。因此，DBMS 内嵌了一个软件，称为**调度**，这个软件决定了事务操作的正确执行顺序。调度建立事务执行顺序使得并发事务间的操作是可执行的，它交叉执行数据库的操作并确保事务之间没有相互干扰，使多个事务的执行结果是正确的。调度以在并发控制算法（比如加锁或时间戳方法）上的活动为基础，确保能充分有效地利用计算机的 CPU。

图 12-6 是一个包含两个事务的调度示例。如果不同事务的活动是不交叉的，即从开始到结束事务都是一个接一个地执行的，这样的调度称为**串行调度**。非串行调度是一组并发事务中的操作交叉地进行。

串行调度在没有放弃并发性的同时给出了并发执行的

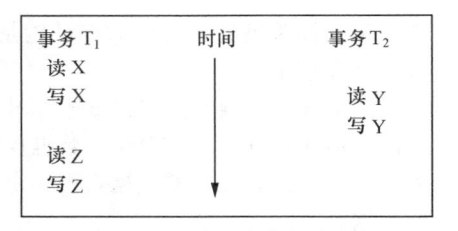

图 12-6　包含两个事务的调度

好处，串行调度的缺点是它的处理效率很低，因为它不允许不同事务中的操作有交叉。当事务等待磁盘输入/输出（I/O），或者等待其他事务结束时，串行调度将导致 CPU 利用率很低，因此，很大程度上降低了处理效率。

12.2.4　可串行化调度

并发控制的目的是安排或调度事务操作的执行顺序以避免事务之间的相互干扰，以串行方式顺序执行和提交的事务可以达到这个目的。但在多用户环境中，同时可能会有成百上千甚至数万个事务，显然以串行方式执行事务是不可行的。因此，数据库管理系统应对事务进行合理调度，使在没有相互干扰的情况下可以并行地执行多个事务，以便提高系统的并发性。

调度是一组并发事务的操作序列，它决定了每个事务中的操作的执行顺序。可串行化调度是一种使得事务以某种并发形式执行，但其结果与它们以某种串行调度方式执行的结果一致的调度方式。在可串行化调度中事务的执行是防止冲突的充分条件。事务的串行执行会使数据库处于一致性状态。

可串行化描述了几个事务的并发执行，可串行化的目的是找到一个非串行调度，这个调度允许事务并发执行且与其他事务没有相互干扰，使并行执行产生的数据库状态与串行执行产生的状态一样。可串行化调度必须要保证能够防止事务间的相互干扰，读、写操作的顺序在可串行化中是非常重要的。可串行化调度的规则如下。

（1）如果两个事务 T_1 和 T_2 只是读数据项，则它们没有冲突，其执行顺序是不重要的。

（2）如果两个事务 T_1 和 T_2 读或写完全不同的数据项，则它们没有冲突，其执行顺序是不重要的。

（3）如果事务 T_1 写数据项，而事务 T_2 读或者写相同的数据项，则它们之间有可能会产生冲突，其执行顺序是很重要的。

12.3　并发控制中的加锁方法

在数据库环境下，并发控制的主要实现方式是使用封锁机制，即加锁（Locking），加锁是一种并发控制技术，是用来调整对共享目标（如数据库中的数据）的并行存取的技术。

以火车订票系统为例，若事务 T 要订票，就需要修改剩余票数，则在读取剩余票数之前先封锁该数据，然后对数据进行读取和修改操作。在事务 T 的操作过程中，其他事务不能读取和修改剩余票数，直到事务 T 修改完成且将数据写回到数据库，并解除了对该数据的封锁之后，其他事务才能访问这些数据。

锁是与数据项有关的一个变量，它描述了数据项的状态，这个状态是关于在数据项上可进行的操作。它防止了第一个事务在完成它的全部活动之前第二个事务对数据项的访问。通常，在数据库中每个数据项都有一个锁。锁是作为控制并发事务对数据项访问的一种手段，加锁是并发控制最常使用的方法，而且它也是大多数应用程序选择的方法。锁由一个锁管理器来加锁和解锁。锁管理器的主要数据结构是一个锁表，在锁表中，每一项都由事务标识符、粒度标识符和锁类型组成。

加锁就是限制事务内和事务外对数据的操作。加锁是实现并发控制的一项非常重要的技术。所谓加锁就是事务 T 在对某项数据操作之前，先向系统发出请求，封锁其所要使用的数据。加锁后事务 T 对其要操作的数据具有一定的控制权，在事务 T 释放它的锁之前，其他事务不能操作这些数据。

具体的控制权由锁的类型决定。基本的锁类型有两种：排他锁（Exclusive Locks，也称为 X 锁或写锁）和共享锁（Share Locks，也称为 S 锁或读锁）。

1. 共享锁

若事务 T 给数据项 A 加了 S 锁，则事务 T 可以读 A，但不能修改 A，其他事务可以再给 A 加 S 锁，但不能加 X 锁，直到 T 释放了 A 上的 S 锁为止。即对于读操作（检索数据）来说，可以有多个事务同时获得共享锁，但阻止其他事务对已获得共享锁的数据进行排他封锁。

共享锁的操作基于这样的事实：查询操作并不会改变数据库中的数据，而更新操作（插入、删除和修改）才会真正使数据库中的数据发生变化。加锁的真正目的在于防止更新操作带来的使数据不一致的问题，而对查询操作则可放心地并行进行。

2. 排他锁

若事务 T 给数据项 A 加了 X 锁，则允许 T 读取和修改 A，但不允许其他事务再给 A 加任何类型的锁和进行任何操作。即一旦一个事务获得了对某一数据的排他锁，则任何其他事务均不能对该数据进行任何封锁，其他事务只能进入等待状态，直到第一个事务撤销了对该数据的封锁。

锁管理器拒绝不兼容的加锁请求。

（1）如果事务 T_1 在数据项 A 上加了 S 锁，则允许事务 T_2 在 A 上的 S 锁请求，即允许其他事务对 A 再加 S 锁。换句话说，读-读操作是可交换的。

（2）如果事务 T_1 在数据项 A 上加了 S 锁，则拒绝事务 T_2 在 A 上的 X 锁请求，即不允许其他事务再对 A 加 X 锁。换句话说，读-写操作是不可交换的。

（3）如果事务 T_1 在数据项 A 上加了 X 锁，则事务 T_2 在 A 上的任何加锁请求都将被拒绝，即不允许其他事务再对 A 加任何锁。换句话说，写-写操作是不可交换的。

12.3.1 锁的粒度

数据库是命名的数据项的集合，由并发控制程序选择的作为保护单位的数据项的大小称为粒度。粒度可以是数据库中一些记录的一个字段，也可以是更大的单位，如记录行、数据表、磁盘块。粒度是由并发控制子系统控制的独立的数据单位，在基于锁的并发控制机制中，粒度是一个可加锁单位。锁的粒度表明加锁使用的级别。尽管也可以使用更小的或更大的单位（如元组、关系），但在最通常的情况下，锁的粒度是数据页。大多数商业数据库管理系统都提供了不同的加锁粒度，主要有以下几种类型。

锁的粒度会影响数据库的并发程度，一个数据项可以小到一个属性（或字段）值，也可以大到一个磁盘块，甚至是一个文件或整个数据库。

1. 数据库级锁

数据库级锁是对整个数据库进行加锁。因此，在某个事务执行期间将防止其他任何事务使用数据库。

2. 表级锁

表级锁是对整个表进行加锁。因此，当一个事务使用这个表时将防止任何其他事务访问表。如果某个事务希望访问一些表，则每个表都会被加锁。但两个事务可以访问相同的数据库，只要它们访问的表不同即可。

表级锁的限制比数据库级锁少，但当有很多事务等待访问相同表时也会引起阻塞，尤其是当事务需要访问相同表的不同部分而且彼此没有相互干扰时，这个条件就成为一个问题。因此表级锁不适合多用户的数据库管理系统。

3. 页级锁

页级锁是对整个磁盘页（或磁盘块）进行加锁。一页有固定的大小，如 4KB、8KB、16KB、32KB 等。一个表可以使用多个页，而一个页可以包含一个或多个表的若干行数据（元组）。

页级锁最适合多用户数据库管理系统使用。

4. 行级锁

行级锁是对特定的行（或元组）进行加锁，数据库管理系统允许并发事务同时访问同一个表的不同行数据，即使这些行位于相同的页上。

行级锁比数据库级锁、表级锁或页级锁的限制要少很多，因此行级锁提高了数据的并发性，但对行级锁的管理需要很高的成本。

5. 属性（或字段）级锁

属性级锁是对特定的属性（或字段）进行加锁。属性级锁允许并发事务访问相同的行，只要这些事务是访问行中的不同属性即可。

属性级锁为多用户数据访问产生了最大的灵活性，但它需要很高的计算机开销。

12.3.2　封锁协议

在运用 X 锁和 S 锁给数据项加锁时，还需要约定一些规则，如何时申请 X 锁或 S 锁、持锁时间、何时释放锁等，这些规则称为**封锁协议**或**加锁协议**（Locking Protocol）。对封锁方式规定不同的规则，就形成了各种不同级别的封锁协议。不同级别的封锁协议所能达到的系统一致性级别是不同的。

1. 一级封锁协议

对事务 T 要修改的数据加 X 锁，直到事务结束（包括正常结束和异常结束）时才释放。

一级封锁协议可以防止丢失数据修改，并保证事务 T 是可恢复的，如图 12-7 所示。

事务 T_1	时间	事务 T_2
请求对 A 加 X 锁，获得	t_1	
读 A = 16	t_2	
	t_3	请求对 A 加 X 锁，等待
修改 A = A − 1 = 15，写回 A = 15	t_4	等待
释放 A 的 X 锁	t_5	等待
	t_6	获得 A 的 X 锁
	t_7	读 A = 15
	t_8	修改 A = A − 4 = 11，写回 A = 11
	t_9	释放 A 的 X 锁

图 12-7　避免丢失数据修改

在图 12-7 中，事务 T_1 要对 A 进行修改（执行 A=A-1），因此，它在读 A 之前先对 A 加了 X 锁，当 T_2 要对 A 进行修改时（执行 A=A-4），它申请给 A 加 X 锁，但由于 A 已经被事务 T_1 加了 X 锁，因此 T_2 申请对 A 加 X 锁的请求被拒绝，T_2 只能等待，直到 T_1 释放了对 A 加的 X 锁为止。当 T_2 能够读取 A 时，它所得到 A 的已经是 T_1 更新后的值了。因此，一级封锁协议可以防止丢失数据修改。

在一级封锁协议中，如果事务 T 只是读数据而不对其进行修改，则不需要加锁，因此，它不能保证可重复读和不读"脏"数据。

2. 二级封锁协议

在一级封锁协议的基础上，增加事务 T 对要读取的数据加 S 锁，读完后即释放 S 锁。

二级封锁协议除了可以防止丢失数据修改外，还可以防止读"脏"数据。图 12-8 所示为使用二级封锁协议防止读"脏"数据的情况。

在图 12-8 中，事务 T_1 要对 C 进行修改（执行 C = C * 2），因此，先对 C 加了 X 锁，修改完后将值写回到数据库中。这时 T_2 要读 C 的值，因此，申请对 C 加 S 锁，由于 T_1 已对数据 C 加了 X 锁，因此 T_2 只能等待。当 T_1 由于某种原因撤销了它所做的操作时，C 恢复为原来的值，然后 T_1 释放对 C 加的 X 锁，因而 T_2 获得了 C 的 S 锁。当 T_2 能够读 C 时，C 的值仍然是原来的值，即 T_2 读到的是 50 而不是 100。因此避免了读"脏"数据。

在二级封锁协议中，由于事务 T 读完数据即会释放 S 锁，因此，不能保证可重复读数据。

3. 三级封锁协议

在一级封锁协议基础上，增加事务 T 对要读取的数据加 S 锁，并到事务结束时才释放。

三级封锁协议除了可以防止丢失修改和不读"脏"数据外，还进一步防止了不可重复读。图 12-9 所示为使用三级封锁协议防止不可重复读的情况。

事务 T_1	时间	事务 T_2
请求对A、B分别加S锁，获得	t_1	
读A = 50, B = 100		
计算A + B = 150	t_2	
	t_3	请求对B加X锁，等待
		等待
读A = 50, B = 100	t_4	
计算A + B = 150		
将计算结果写回数据库	t_5	等待
释放A的S锁，释放B的S锁	t_6	等待
	t_7	获得B的X锁
	t_8	读B = 100
	t_9	修改B = B * 2 = 200
		写回B = 200
	t_{10}	释放B的X锁

图 12-9 可重复读数据

事务 T_1	时间	事务 T_2
C 加 X 锁，获得	t_1	
读 C = 50	t_2	
计算 C = C×2 = 100		
写回 C = 100	t_3	
	t_4	请求对C加S锁，等待
撤销，恢复 C 为 50 释放 C 的 X 锁	t_5	等待
	t_6	获得 C 的 S 锁
	t_7	读 C = 50
	t_8	释放 C 的 S 锁

图 12-8 不读"脏"数据

在图 12-9 中，事务 T_1 要读取 A、B 的值，因此先对 A、B 加了 S 锁，这样其他事务只能再对 A、B 加 S 锁，而不能加 X 锁，即其他事务只能对 A、B 进行读操作，而不能进行修改操作。因此，当 T_2 为修改 B（执行 B=B*2）而申请对 B 加 X 锁时被拒绝了，T_2 只能等待。T_1 为验算再读 A、B 的值，这时读出的仍是 A、B 原来的值，因此求和的结果也不会变，即可重复读。直到 T_1 释放了在 A、B 上加的锁，T_2 才能获得对 B 的 X 锁。

3 个封锁协议的主要区别在于读操作是否需要加锁以及何时释放锁。表 12-2 列出了 3 个级别的封锁协议的加锁和释放锁的情况以及实现的并发控制功能。

表 12-2 不同级别的封锁协议

封锁协议	X 锁（对写数据）	S 锁（对读数据）	不丢失修改（写）	不读脏数据（读）	可重复读（读）
一级	事务全程加锁	不加	√		
二级	事务全程加锁	事务开始加锁，读完后释放锁	√	√	
三级	事务全程加锁	事务全程加锁	√	√	√

12.3.3 活锁和死锁

和操作系统一样，并发控制的封锁方法可能会引起活锁和死锁等问题。

1. 活锁

如果事务 T_1 封锁了数据 R，事务 T_2 也请求封锁 R，则 T_2 等待数据 R 上的锁的释放。这时又有 T_3 请求封锁数据 R，也进入等待状态。当 T_1 释放了数据 R 上的锁之后，若系统首先批准了 T_3 对数据 R 的封锁请求，则 T_2 继续等待。然后又有 T_4 请求封锁数据 R。若 T_3 释放了 R 上的锁之后，系统又批准了 T_4 对数据 R 的封锁请求，……，则 T_2 可能永远在等待，这就是活锁的情形，如图 12-10 所示。

时间	T_1	T_2	T_3	T_4
t_1	对R加X锁			
t_2	……	申请对R加锁		
t_3	……	等待	申请对R加X锁	
t_4	释放X锁	等待	等待	
t_5		等待	获得R的X锁	申请对R加X锁
t_6		等待	……	等待
t_7		等待	释放X锁	等待
t_8		等待		获得R的X锁
t_9		等待		……

图 12-10 活锁示意图

避免活锁的简单方法是用先来先服务的策略。当多个事务请求封锁相同数据项时，数据库管理系统按先请求先满足的事务排队策略，当数据项上的锁被释放后，让事务队列中第一个事务获得锁。

2. 死锁

如果事务 T_1 封锁了数据项 R_1，T_2 封锁了数据项 R_2，随后 T_1 又请求封锁 R_2，由于 T_2 已经封锁了 R_2，因此 T_1 等待 T_2 释放 R_2 上的锁。然后 T_2 又请求封锁 R_1，由于 T_1 已经封锁了 R_1，因此 T_2 也只能等待 T_1 释放 R_1 上的锁。这样就会出现 T_1 等待 T_2 先释放 R_2 上的锁，而 T_2 又等待 T_1 先释放 R_1 上的锁的情形，此时 T_1 和 T_2 都在等待对方先释放锁，因而形成死锁，如图 12-11 所示。

死锁问题在操作系统和一般并行处理中已经有了深入的阐述，这里不作过多解释。目前在数据库中解决死锁问题的方法主要有两类，一类是采取一定的措施来预防死锁的发生，另一类是允许死锁的发生，但会采用一定的手段定期诊断系统中有无死锁，若有则解除之。

时间	T_1	T_2
t_1	对R_1加X锁	
t_2	……	对R_2加X锁
t_3	请求对R_2加X锁	……
t_4	等待	……
t_5	等待	请求对R_1加X锁
t_6	等待	等待

图 12-11 死锁示意图

3. 预防死锁

在数据库中，产生死锁的原因是两个或多个事务都对一些数据进行了封锁，然后请求为已被其他事务封锁的数据进行加锁，从而出现循环等待的情况。由此可见，预防死锁的发生就是解除产生死锁的条件，通常有两种方法。

（1）一次封锁法

一次封锁法是每个事务一次将所有要使用的数据项全部加锁，否则就不能继续执行。例如，对于图 12-11 所示的死锁例子，如果事务 T_1 将数据项 R_1 和 R_2 一次全部加锁，则 T_2 在加锁时就只能等待，这样就不会造成 T_1 等待 T_2 释放锁的情况，从而也就不会产生死锁。

一次封锁法的问题是封锁范围过大，降低了系统的并发性。而且，由于数据库中的数据不断变化，使原来可以不加锁的数据，在执行过程中可能变成了被封锁对象，进一步扩大了封锁范围，从而更进一步降低了并发性。

（2）顺序封锁法

顺序封锁法是预先对数据规定一个封锁顺序，所有事务都按这个顺序封锁。这种方法的问题是若封锁对象很多，则随着插入、删除等操作的不断变化，使维护这些资源的封锁顺序很困难，另外事务的封锁请求可随事务的执行而动态变化，因此很难事先确定每个事务的封锁数据及其封锁顺序。

4. 死锁的诊断和解除

在数据库管理系统中诊断死锁的方法与操作系统类似，一般使用超时法和事务等待图法。

（1）超时法

如果一个事务的等待时间超过了规定的时限，则认为发生了死锁。超时法的优点是实现起来比较简单，但不足之处也很明显。一是可能产生误判的情况，例如，如果事务因某些原因造成等待时间比较长，超过了规定的等待时限，则系统会误认为发生了死锁。二是若时限设置得比较长，则不能对发生的死锁进行及时处理。

（2）等待图法

事务等待图是一个有向图 G=(T，U)。T 为节点的集合，每一个节点都表示一个正在运行的事务；U 为边的集合，每条边都表示事务等待的情况。若 T_1 等待 T_2，则在 T_1 和 T_2 之间画一条有向边，从 T_1 指向 T_2，如图 12-12 所示。

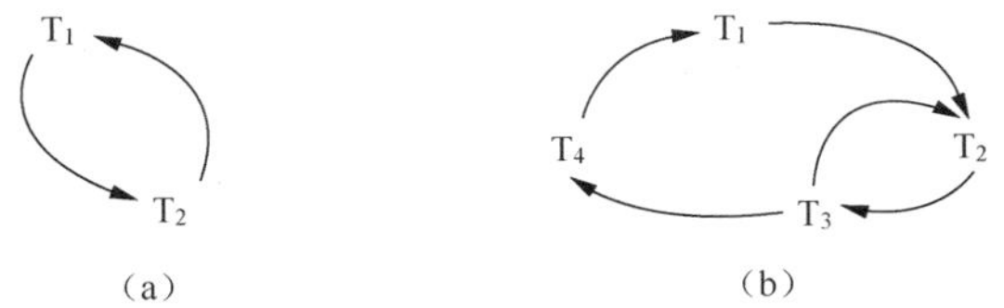

图 12-12　事务等待图

图 12-12（a）表示事务 T_1 等待 T_2，T_2 等待 T_1，因此产生了死锁。图 12-12（b）表示事务 T_1 等待 T_2，T_2 等待 T_3，T_3 等待 T_4，T_4 又等待 T_1，因此也产生了死锁。

事务等待图动态地反映了所有事务的等待情况。数据库管理系统中的并发控制子系统周期性地（比如每隔几秒）生成事务的等待图，并进行检测。如果发现图中存在回路，则表示系统中出现了死锁。

数据库管理系统的并发控制子系统一旦检测到系统中产生了死锁，就要设法解除。通常采用的方法是选择一个处理死锁代价最小的事务，将其撤销，释放此事务所持有的全部锁，使其他事务可以继续运行下去。而且，对撤销事务所执行的数据修改操作必须加以恢复。

12.3.4　两阶段锁

数据库管理系统对并发事务中的操作的调度是随机的，而不同的调度会产生不同的结果，那么哪个结果是正确的？哪个是不正确的？直观地说，如果多个事务在某个调度下的执行结果与这些事务在某个串行调度下的执行结果相同，那么这个调度就一定是正确的。因为所有事务的串行调度策略一定是正确的调度策略。虽然以不同的顺序串行执行事务可能会产生不同的结果，但都不会将数据库置于不一致的状态，因此都是正确的。

多个事务的并发执行是正确的，当且仅当其结果与按某一顺序的串行执行的结果相同，将这种调度称为可串行化的调度。

可串行性是并发事务正确性的准则，根据这个准则可知，一个给定的并发调度，当且仅当它是可串行化的调度时，才认为是正确的调度。

例如，假设有两个事务，分别包含如下操作。

事务 T_1：读 B；A＝B＋1；写回 A；

事务 T_2：读 A；B = A + 1；写回 B。

假设 A、B 的初值均为 4，如果按 $T_1 \to T_2$ 的顺序执行，则结果为 A = 5，B = 6；如果按 $T_2 \to T_1$ 的顺序执行，则其结果为 A = 6，B = 5。当并发调度时，如果执行的结果是这两者之一，则认为都是正确的结果。

图 12-13 给出了这两个事务的串行调度，图 12-14 给出了这两个事务的并行调度策略。

T_1	T_2	T_1	T_2
对 B 加 S 锁			对 A 加 S 锁
读 B = 4			读 A = 4
释放 B 的 S 锁			释放 A 的 S 锁
对 A 加 X 锁			对 B 加 X 锁
A = B+1=5			B = A+1=5
写回 A(=5)			写回 B(=5)
释放 A 的 X 锁			释放 B 的 X 锁
	对 A 加 S 锁	对 B 加 S 锁	
	读 A = 5	读 B = 5	
	释放 A 的 S 锁	释放 B 的 S 锁	
	对 B 加 X 锁	对 A 加 X 锁	
	B = A+1=6	A = B+1=6	
	写回 B(=6)	写回 A(=6)	
	释放 B 的 X 锁	释放 A 的 X 锁	
（a）串行调度		（b）串行调度	

图 12-13　并发事务的不同调度

T_1	T_2	T_1	T_2
对 B 加 S 锁		B 加 S 锁	
读 B = 4		读 B = 4	
	对 A 加 S 锁	B 释放 S 锁	
	读 A = 4	A 加 X 锁	
释放 B 的 S 锁			对 A 加 S 锁
	释放 A 的 S 锁	A = B+1=5	等待
对 A 加 X 锁		写回 A(5)	等待
A = B+1=5		A 释放 X 锁	等待
写回 A(=5)			读 A = 5
	对 B 加 X 锁		释放 A 的 S 锁
	B = A+1=5		对 B 加 X 锁
	写回 B(=5)		B = A+1=6
释放 A 的 X 锁			写回 B(=6)
	释放 B 的 X 锁		释放 B 的 X 锁
（a）不可串行化调度		（b）可串行化调度	

图 12-14　并发事务的不同调度

为了保证并发操作的正确性，数据库管理系统的并发控制机制必须提供一定的手段来保证调度是可串行化的。

从理论上讲，若在某一事务执行过程中禁止执行其他事务，则这种调度策略一定是可串行化的，但这种方法实际上是不可取的，因为这样不能让用户充分共享数据库资源，降低了系统的并发性。目前的数据库管理系统普遍采用封锁方法来实现并发操作的可串行性，从而保证调度的正确性。

两阶段锁（Two-Phase Locking，2PL）协议是保证并发调度的可串行性的封锁协议。除此之外还可以采用其他方法（比如乐观方法等）来保证调度的正确性。两阶段锁是控制并发处理的一个方法或一个协议，也称为两段锁协议。在两阶段锁中，所有的加锁操作都在第一个解锁操作之前完成，因此，如果事务中的所有加锁操作都在第一个解锁操作之前，则称此事务是遵守两段锁协议的。两阶段锁是用于维护级别 3 一致性使用的标准协议。两阶段锁定义了事务如何获得和释放锁，基本的规则就是在事务已经释放了锁之后就不能再获得任何其他的锁。两阶段锁有如下 3 个阶段。

（1）加锁阶段：在这个阶段事务获得所有需要的锁，并且不释放任何锁。

（2）持锁阶段：在这个阶段事务不加锁也不释放任何锁。

（3）解锁阶段：在这个阶段事务释放全部的锁，并且也不能再获得任何新锁。

可以证明，若并发执行的所有事务都遵守两段锁协议，则这些事务的任何并发调度策略都是可串行化的。

事务遵守两段锁协议是可串行化调度的充分条件，而不是必要条件。也就是说，如果并发事务都遵守两段锁协议，则对这些事务的任何并发调度策略都是可串行化的。但若并发事务的某个调度策略是可串行化的，并不意味着这些事务一定遵守两段锁协议，如图 12-14 所示。在图 12-14 中，有两个事务。

T_1：$A = B + 1$

T_2：$B = A + 1$

假设 A 和 B 的初值均为 4。则图 12-15（a）为遵守两段锁协议的调度，图 12-15（b）为没有遵守两段锁协议的调度，但它们都是可串行化的调度。

T_1	T_2	T_1	T_2
对 B 加 S 锁		对 B 加 S 锁	
对 A 加 X 锁		读 B = 4	
	请求对 A 加 S 锁	释放 B 的 S 锁	
读 B = 4	等待	对 A 加 X 锁	
A = B+1=5	等待		对 A 加 S 锁
写回 A(=5)	等待	A = B+1=5	等待
释放 B 的 S 锁	等待	写回 A(=5)	等待
释放 A 的 X 锁	等待	释放 A 的 X 锁	等待
	对 A 加 S 锁		读 A = 5
	读 A = 5		释放 A 的 S 锁
	对 B 加 X 锁		对 B 加 X 锁
	B = A+1=6		B = A+1=6
	写回 B(=6)		写回 B(=6)
	释放 A 的 S 锁		释放 B 的 X 锁
	释放 B 的 X 锁		
（a）遵守两段锁协议		（b）不遵守两段锁协议	

图 12-15　可串行化调度

12.4　并发控制中的时间戳方法

时间戳是由数据库管理系统创建的唯一标识符，用于标识事务的相对启动时间。一般被赋予时间戳值的顺序就是事务提交给系统的顺序。因此，时间戳可以看成是事务的启动时间。

由此，时间戳是并发控制的一个方法，在这个方法中，每个事务都被赋予了一个事务时间戳。事务时间戳是一个单调增长的数字，它通常是基于系统时钟的。事务被管理成按时间戳顺序运行。

时间戳必须有两个性质：唯一性和单调性。唯一性假设不存在相同的时间戳值，单调性假设时间戳的值总是递增的。在相同事务中对数据库的 READ 和 WRITE 操作必须有相同的时间戳，数据库管理系统按时间戳顺序执行冲突操作，因此确保了事务的可串行性。如果两个事务冲突了，则通常是停止一个事务，重新调度这个事务并赋予一个新的时间戳值。

12.4.1　粒度时间戳

粒度时间戳是最后一个事务访问它的时间戳的一个记录，一个活动的事务访问的每个粒度必须有一个粒度时间戳。如果存储包括粒度的话，则粒度时间戳可能对读访问引起额外的写操作。为避免这个问题，可以将粒度时间戳作为内存中的一个表来维护。表的大小可以是有限的，因为冲突可能仅发生在当前事务中。粒度时间戳表中有一个由粒度标识符和事务时间戳组成的项，同时维护从表中删除的包含最近的粒度时间戳的记录。对粒度时间戳的查找可以使用粒度标识符，也可以使用最近的被删除的时间戳。

12.4.2　时间戳排序

基于时间戳的并发控制方法中有以下 3 个基本变量。

1. 总的时间戳排序

总时间戳排序算法依赖于在时间戳排序中对访问粒度的维护，它是在冲突访问中终止一个事务。读和写访问之间没有区别，因此，对每个粒度时间戳来说只需要一个值。

2. 部分时间戳排序

在部分时间戳排序中，只排序不可交换的活动来提高总的时间戳排序，在这种情况下，可以同时存储读和写粒度时间戳。这个算法允许比最后一个更改粒度的事务晚的任何事务读取粒度。如果某个事务试图更改之前已经被更晚的事务访问的粒度，则终止该事务。部分时间戳排序算法比总时间戳排序算法终止的事务少，但其代价是需要额外存储粒度时间戳。

3. 多版本时间戳排序

多版本时间戳排序算法存储几个被更改粒度的版本，允许事务为它访问的所有粒度查看一致的版本集合。因此，这个算法降低了重新启动那些有写-写冲突的事务而产生的冲突。每次对粒度的更新都创建一个新的版本，这个版本包含相关的粒度时间戳。需要读访问粒度的事务查看比这个事务旧的最新的版本。因此，版本时间戳等于或只刚刚小于此事务的时间戳。

12.4.3　解决时间戳中的冲突

为处理时间戳算法中的冲突，让包含在冲突中的一些事务等待并终止其他的一些事务。下述是时间戳中主要的冲突解决策略。

1. 等待-死亡（wait-die）

如果新的事务已经首先访问了粒度的话，则旧的事务等待新的事务。如果新的事务试图在旧的并发事务之后访问粒度，则新的事务被终止（死亡）并等待被重新启动。

2. 受伤-等待（wound-wait）

如果新的事务试图在旧的并发事务之后访问一个粒度，则先悬挂旧的事务。如果新的事务已经访问了两者都希望的粒度的话，则旧的事务将等待新的事务提交。

终止事务的处理是冲突解决方案中一个重要的方面，在这种情况下，被终止的事务是正在请求访问的事务，这个事务必须用一个新的时间戳重新启动。如果与其他事务有冲突的话，事务有可能被重复终止。由于出现冲突而使得之前访问粒度被终止的事务可以用相同的时间戳重新启动，因此，为消除出现事务被持续地关在外面的可能性，可以让被终止的事务获得高的优先权。

12.4.4　时间戳的缺点

时间戳具有如下缺点。

（1）存储在数据库中的每个值需要两个附加的时间戳字段，一个用于存储最后读此字段（属性）的时间，一个用于存储最后更改此字段的时间。

（2）增加了内存需求以及处理数据库的开销。

12.5　乐观的并发控制方法

乐观的并发控制方法建立在假设数据库操作冲突很少的情况下，而且最好是让事务完全执行并只在事务提交前检查冲突。乐观的并发控制方法也称为**确认方法**或**验证方法**。当事务正在执行时不检查冲突。乐观的并发控制方法不需要加锁或时间戳技术，相反，它会让事务没有限制的执行直到事务被提交。

12.5.1　乐观的并发控制方法的 3 个阶段

在乐观的并发控制方法中，每个事务都会经历下列 3 个阶段。

1. 读阶段

在读阶段，更改使用私有的（或局部的）粒度副本，在这个阶段，事务从数据库读取已提交的值，执行需要的计算，并对数据库值的私有副本进行更改。事务的所有更改操作都会被记录在一个临时更改文件中，这个文件不能被其余的事务访问。在读结束后给每个事务分配一个时间戳是很方便的，以确定这个事务集合必须被验证过程检验。这些事务集合是那些待验证的事务在启动之后已经完成了读阶段的事务。

2. 验证阶段

在验证（或确认）阶段，验证事务以确保所做的更改不影响数据库的完整性和一致性。如果验证测试是正确的，则事务进入写阶段。如果验证测试是不正确的，则事务被重新启动，并忽略所做的更改。因此，在这个阶段为冲突检查粒度列表。如果在这个阶段检测到了冲突，则事务将被终止和重新启动。验证算法必须检查事务是否具有以下情况：

（1）查看在事务启动后事务提交的全部更改；

（2）在事务启动后没有读取由事务提交更改的粒度。

3. 写阶段

在写阶段，更改被永久地存储到数据库中，而且更改的粒度成为公共的，否则，更改将被忽略，并且事务被重新启动。这个阶段只针对读-写事务，而不针对只读事务。

12.5.2　乐观的并发控制方法的优缺点

1. 优点

乐观的并发控制方法有如下优点。

（1）当冲突很少时这个技术非常有效，它只撤销产生偶然冲突的事务。

（2）撤销只涉及数据的本地副本，不涉及数据库，因此不会有级联撤销。

2. 缺点

乐观的并发控制方法有如下缺点。

（1）处理冲突的开销很大，因为冲突事务必须被回滚。

（2）长的事务更可能有冲突，而且会因为与短的事务有冲突而被重复地回滚。

因此，乐观的并发控制方法仅适合冲突很少且没有长事务的情况，对于包含的事务大多数是读和查询数据库而很少有更改操作的应用系统，尤其合适。

习　题

一、选择题

1. 如果事务 T 获得了数据项 A 的排他锁，则其他事务对 A（　　　）。

    A. 只能读不能写　　　　　　　　　B. 只能写不能读

    C. 可以写也可以读　　　　　　　　D. 不能读也不能写

2. 设事务 T_1 和 T_2 执行图 12-16 所示的并发操作，这种并发操作存在的问题是（　　　）。

时间	事务 T_1	事务 T_2
t_1	读 A=100，B=10	
t_2		读 A=100 计算 A=A*2=200 写回 A=200
t_3	计算 A+B=110	
t_4	读 A=200，B=10 再次计算 A+B=210	

图 12-16　并发操作

    A. 丢失修改　　　　B. 不能重复读　　　　C. 读"脏"数据　　D. 产生幽灵数据

3. 下列不属于事务特征的是（　　　）。

    A. 完整性　　　　　B. 一致性　　　　　C. 隔离性　　　　　D. 原子性

4. 事务一旦提交，其对数据库中数据的修改就是永久的，以后的故障不会对事务的操作结果产生任何影响。这个特性是事务的（　　　）。

    A. 原子性　　　　　B. 一致性　　　　　C. 隔离性　　　　　D. 持久性

5. 在多个事务并发执行时，如果事务 T_1 对数据项 A 的修改覆盖了事务 T_2 对数据项 A 的修改，这种现象称为（　　　）。

    A. 丢失修改　　　　　　　　　　　B. 读"脏"数据

    C. 不可重复读　　　　　　　　　　D. 数据不一致

6. 若事务 T 对数据项 D 已加了 S 锁，则其他事务对数据项 D（　　　）。

    A. 可以加 S 锁，但不能加 X 锁　　　B. 可以加 X 锁，但不能加 S 锁

    C. 可以加 S 锁，也可以加 X 锁　　　D. 不能加任何锁

7. 在数据库管理系统的三级封锁协议中，二级封锁协议的加锁要求是（　　　）。

    A. 读数据时不加锁，写数据是在事务开始时加 X 锁，事务完成后释放 X 锁

    B. 读数据时加 S 锁，读完即释放 S 锁；写数据时加 X 锁，写完即释放 X 锁

    C. 读数据时加 S 锁，读完即释放 S 锁；对写数据是在事务开始时加 X 锁，事务完成后释放 X 锁

    D. 在事务开始时即对要读、写的数据加锁，等事务结束后再释放全部锁

8. 在数据库管理系统的三级封锁协议中，一级封锁协议能够解决的问题是（　　　）。

A. 丢失修改   B. 不可重复读

C. 读"脏"数据   D. 死锁

9. 在多个事务并发执行时，如果并发控制措施不好，则可能会造成事务 T_1 读了事务 T_2 的"脏"数据。这里的"脏"数据是指（　　）。

A. T_1 回滚前的数据   B. T_1 回滚后的数据

C. T_2 回滚前的数据   D. T_2 回滚后的数据

10. 若系统中存在 4 个等待事务 T_0、T_1、T_2 和 T_3，其中，T_0 正等待被 T_1 锁住的数据项 A_1，T_1 正等待被 T_2 锁住的数据项 A_2，T_2 正等待被 T_3 锁住的数据项 A_3，T_3 正等待被 T_0 锁住的数据项 A_0。则此时系统所处的状态是（　　）。

A. 活锁   B. 死锁   C. 封锁   D. 正常

二、简答题

1. 什么是事务？它有哪些特性？每个特性的含义是什么？

2. 什么是调度？它的作用是什么？

3. 什么是并发控制？它的目的是什么？

4. 解释下列概念。

（1）丢失修改。

（2）读"脏"数据。

（3）不可重复读。

5. 什么是两阶段锁？

6. 什么是可串行化调度？可串行化的目的是什么？

7. 设有 3 个事务 T_1、T_2 和 T_3，其所包含的操作如下。

T_1：$A = A + 2$

T_2：$A = A * 2$

T_3：$A = A - 2$

设 A 的初值为 5，若这 3 个事务并行执行，则可能的调度策略有几种？对每种调度方法 A 最终的结果分别是什么？

8. 什么是死锁？如何预防死锁的产生？

第**13**章　数据库恢复技术

计算机同其他任何设备一样，都有可能发生故障。故障的原因多种多样，包括磁盘故障、电源故障、软件故障、灾害故障、人为破坏等。这些情况一旦发生，就有可能造成数据的丢失。因此，数据库管理系统必须有必要的措施，以保证即使发生故障也不会造成数据丢失，或尽可能地减少数据的丢失。

数据库恢复作为数据库管理系统必须提供的一种功能，保证了数据库的可靠性，并保证在故障发生时，数据库总是处于一致的状态。这里的可靠性指的是数据库管理系统对各种故障的适应能力，也就是从故障中进行恢复的能力。

本章讨论各种故障的类型以及针对不同类型的故障采用的数据库恢复技术。

13.1　恢复的基本概念

数据库恢复是指当数据库发生故障时，将数据库恢复到正确（一致性）状态的过程。换句话说，它是将数据库恢复到发生系统故障之前最近的一致性状态的过程。故障可能是软硬件错误引起的系统崩溃，例如存储介质的故障、数据库应用程序的逻辑错误等应用软件的故障。恢复是将数据库从一个给定状态（通常是不一致的）恢复到先前的一致性状态。

数据库恢复是基于事务的原子性特性。事务是一个完整的工作单元，它所包含的操作必须都被应用，并且产生一个一致的数据库状态。如果因为某种原因，事务中的某个操作不能执行，则必须终止该事务并回滚（撤销）其对数据库的所有修改。因此，事务恢复是指在事务终止前撤销事务对数据库的所有修改。

数据库恢复过程通常遵循一个可预测的方案。首先它会确定所需恢复的类型和程度。如果整个数据库都需要恢复到一致性状态，则将使用最近的一次处于一致性状态的数据库的备份进行恢复。通过使用事务日志信息，向前回滚备份以恢复所有的后续事务。如果数据库需要恢复，但数据库已提交的部分仍然不稳定，则恢复过程将通过事务日志撤销所有未提交的事务。

恢复机制有两个关键的问题：第一，如何建立备份数据；第二，如何利用备份数据进行恢复。

数据转储（也称为数据库备份）是数据库恢复中采用的基本技术。所谓转储就是数据库管理员定期地将整个数据库复制到辅助存储设备上，比如移动硬盘或另一个计算机磁盘。当数据库遭到破坏后可以利用转储的数据库进行恢复，但这种方法只能将数据库恢复到转储时的状态。如果想恢复到故障发生时的状态，则必须利用转储之后的事务日志，并重新执行日志中的事务。转储是一项非常耗费资源的活动，因此不能频繁地进行。数据库管理员应该根据实际情况制定合适的转储周期。

转储可分为静态转储和动态转储两种。

（1）**静态转储**是在系统中无运行事务时进行的转储操作。即在转储操作开始时数据库处于一致性状态，而在转储期间不允许对数据库进行任何操作。因此，静态转储得到的一定是数据库的一个一致性副本。

静态转储实现起来比较简单，但转储必须要等到正在运行的所有事务结束才能开始，而且在转储期间也不允许有新的事务运行，因此，这种转储方式会降低数据库的可用性。

（2）**动态转储**是不用等待正在运行的事务结束就可以进行的，而且在转储过程中也允许运行新的事务，因此转储过程中不会降低数据库的可用性。但它不能保证转储结束后的数据库副本是正确的，例如，假设在转储时数据 A=100，但在转储的过程中，有另一个事务将 A 改为 200，如果对更改后的 A 值没有再进行转储，则数据库转储结束后，数据库副本上的 A 就是过时的数据了。因此，必须把转储期间各事务对数据库的修改操作记录下来，这个保存事务对数据库的修改操作的文件就称为事务日志文件（log file）。这样就可以利用数据库的备份和日志文件把数据库恢复到某个一致性状态。

转储还可以分为海量转储和增量转储两种：海量转储是指每次都转储所有的数据库；增量转储是指每次只转储上一次转储之后修改过的数据。从恢复的角度来看，使用海量转储得到的数据库副本进行恢复一般会比较方便，但如果数据量很大，事务处理又比较频繁，则增量转储方式会更有效。

海量转储和增量转储可以是动态的，也可以是静态的。

13.2　数据库故障的种类

数据库故障是指导致数据库值出现错误描述状态的情况，影响数据库运行的故障有很多种，有些故障仅影响内存，而有些故障还会影响辅存。数据库系统中可能发生的故障种类有很多，大致可以分为如下几类。

1. 事务内部的故障

事务内部的故障有些是可以预期的，这样的故障可以通过事务程序本身发现。例如，在银行转账事务中，当把一笔金额从 A 账户转给 B 账户时，如果 A 账户中的金额不足，则不能进行转账，否则可以进行转账。这个对金额的判断就可以在事务的程序代码中进行。如果发现不能转账，对事务进行回滚即可。这种事务内部的故障就是可预期的。

但事务内部的故障也有很多是非预期性的，这样的故障就不能由应用程序来处理。如运算溢出或因并发事务死锁而被撤销的事务等。我们后边所讨论的事务故障均指这类非预期性的故障。

事务故障意味着事务没有达到预期的终点（COMMIT 或 ROLLBACK），因此，数据库可能处于不正确的状态。数据库的恢复机制要在不影响其他事务运行的情况下，强行撤销该事务中的全部操作，使得该事务就像没发生过一样。这类恢复操作就称为事务撤销（UNDO）。

2. 系统故障

系统故障是指造成系统停止运转、系统要重启的故障。例如，硬件错误（CPU 故障）、操作系统故障、突然停电等。这样的故障会影响正在运行的所有事务，但不会破坏数据库。发生系统故障后，可能会出现两种情况：一些未完成事务的结果可能已经送入物理数据库中，从而造成数据库处于不正确状态；有些已经提交的事务可能有一部分结果还保留在缓冲区中，尚未写到物理数据库中，这样的系统故障会丢失这些事务对数据的修改，也使数据库处于不一致状态。

因此，恢复子系统必须在系统重新启动时撤销所有未完成的事务，并重做所有已提交的事务，以保证将数据库恢复到一致状态。

3. 其他故障

介质故障或由计算机病毒引起的故障及破坏，我们将之归为其他故障。

介质故障指外存故障，如磁盘损坏等。这类故障会对数据库造成破坏，并影响正在操作的数据库的所有事务。这类故障虽然发生的可能性很小，但破坏性很大。

计算机病毒的破坏性很大，而且极易传播，它也会对数据库造成毁灭性的破坏。

不管是哪类故障，对数据库的影响都有两种可能性：一种是数据库本身遭到破坏；另一种是数据库没有被破坏，但数据可能不正确（因事务非正常终止）。

数据库恢复就是保证数据库的正确和一致，其原理很简单，就是通过冗余数据，即数据库中任何一部分被破坏或不正确的数据均可根据存储在数据库之外的冗余数据来重建。尽管恢复的原理很简单，但实现的技术细节却很复杂。

13.3　数据库恢复的类型

无论出现何种类型的故障，都必须终止或提交事务，以维护数据完整性。事务日志在数据库恢复中起重要的作用，它使数据库在发生故障时能回到一致性状态。事务是数据库系统恢复的基本单元。恢复管理器能保证发生故障时事务的原子性和持久性。在从故障中进行恢复的过程中，恢复管理器确保了一个事务的所有影响要么都被永久地记录到数据库中，要么都没被记录。

事务的恢复类型有两种。

（1）向前恢复。

（2）向后恢复。

13.3.1　向前恢复

向前恢复（也称为重做，REDO）用于物理损坏情形的恢复，例如，磁盘损坏、向数据库缓冲区（数据库缓冲区是内存中的一块空间）写入数据时的故障、将缓冲区中的信息传输到磁盘时出现的故障。事务的中间结果被写入数据库缓冲区中，数据在缓冲区和数据库的物理存储之间进行传输。当缓冲区的数据被传输到物理存储器后，更新操作才被认为是永久性的。该传输操作可通过事务的 COMMIT 语句触发，或当缓冲区存满时自动触发。如果在写入缓冲区和传输缓冲数据到物理存储器的过程中发生了故障，则恢复管理器必须确定故障发生时执行 WRITE 操作的事务的状态。如果事务已经执行了 COMMIT 语句，则恢复管理器将重做（也称为前滚）事务的操作从而将事务的更新结果保存到数据库中。向前恢复保证了事务的持久性。

为了重建由于上述原因而造成损坏的数据库，系统首先读取最新的数据转储和修改数据的事务日志。然后开始读取日志记录，从数据转储之后的第一条记录开始，一直读到物理损坏前的最后一条记录。对每一条日志记录，程序将把数据转储中相关的数据值修改为日志记录中修改后的值，使得数据库中的值是事务执行完成后的最终结果。从数据转储之后，每个修改数据库的事务操作（日志中的每条记录）都会按照事务最初执行的顺序被记录下来，因此数据库可以恢复到被损坏时的最近状态。图 13-1 说明了向前恢复的示例。

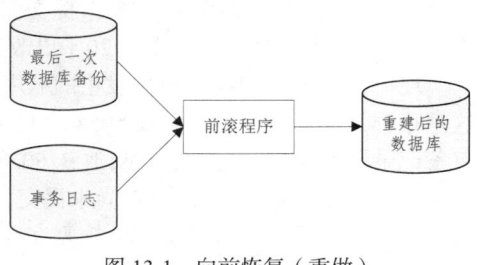

图 13-1　向前恢复（重做）

13.3.2　向后恢复

向后恢复（也称为撤销，UNDO）是用于数据库正常操作过程中发生错误时的恢复过程。这种错误可能是人为输入的数据，或是程序异常结束而留下的未完成的修改操作。如果在故障发生时事务尚未提交，则将导致数据的不一致性。因为在这期间，其他程序可能读取并使用了错误的数据。因此恢复管理器必须撤销（回滚）事务对数据的所有影响。向后恢复保证了事务的原子性。

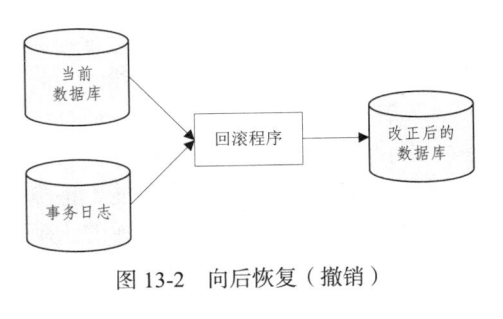

图 13-2   向后恢复（撤销）

图 13-2 说明了向后恢复的示例。向后恢复时，从数据库的当前状态和事务日志的最后一条记录开始，程序按从前向后的顺序读取日志，将数据库中已更新的数据值改为记录在日志中的更新前的值，直至错误发生点。因此，程序按照与事务中的操作执行相反的顺序撤销每一个事务。

例 13-1   撤销和重做操作可以用图 13-3 所示的例子来解释。图中并发执行的事务有 T_1，T_2，…，T_6。现在假设 DBMS 在 t_S 时刻开始执行事务，在 t_c 时刻发生磁盘损坏而导致 t_f 时刻的执行失败。同时假设在 t_f 时刻的故障前，事务 T_2 和 T_3 的数据已经写入物理数据库中。

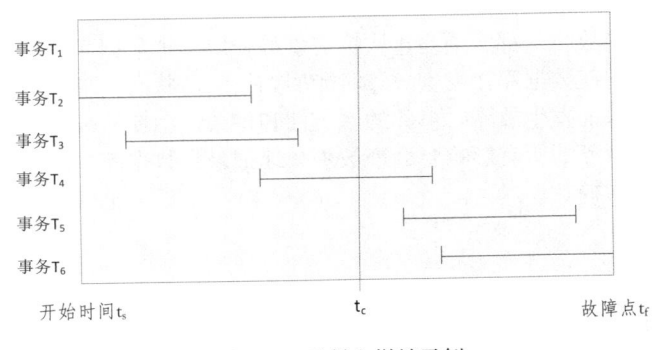

图 13-3   重做和撤销示例

从图 13-3 可以观察到，在故障点时，事务 T_1 和 T_6 尚未提交，而 T_2、T_3、T_4 和 T_5 事务均已提交。因此，恢复管理器必须撤销事务 T_1 和 T_6 的操作。但从图 13-3 中无法得知，其他已提交的事务对数据库的修改被传输到物理磁盘（数据库）上的程度，这种不确定性源于数据的修改是在缓冲区中进行的，当发生故障时，我们不能确定缓冲区中的数据是否已被传送到磁盘中。因此，恢复管理器必须重新执行事务 T_2、T_3、T_4 和 T_5。

例 13-2   表 13-1 所示为事务操作历史及相应的日志记录，该表除了操作记录外，还列出了用于数据库恢复记入的日志记录（保存在内存或物理存储器上）。其中，在"事务操作"列，$R(\cdots)$ 代表读数据的操作，$W(\cdots)$ 代表修改数据的操作。例如，$R_1(A, 50)$ 表示事务 T_1 读 A 的数据为 50，$W_1(A, 20)$ 表示事务 T_1 修改 A 的数据为 20。在"日志记录"列，读数据不需要写日志，$(S, 1)$ 表示事务 T_1 开始，$(C, 2)$ 表示事务 T_2 提交。而 $(W, 1, A, 50, 20)$ 表示事务 T_1 执行的是一个更改操作，将 A 的值从 50（更改前）改为 20（更改后）。

现在，按照表 13-1 中事件发生的顺序，假定在 $W_1(B, 80)$ 操作完成后立即发生了系统崩溃。这意味着，日志记录 $(W, 1, B, 50, 80)$ 已被放入日志缓冲区，但在日志缓冲区中，写入磁盘的最后一条记录是 $(C, 2)$，而不是 $(W, 1, B, 50, 80)$。这也是故障恢复时可用的最后一条日志记录。这时，由于事务 T_2 已经提交而事务 T_1 尚未提交，因此，有关事务 T_2 的所有更新都要被存入磁盘，而有关事务 T_1 的所有更新都要被撤销。恢复完成之后这些数据项的最终值应为：A=50，B=50，C=50。

表 13-1   事务操作历史及对应的日志记录

时间	事务操作	日志记录	说明
时刻 1	$R_1(A, 50)$	$(S, 1)$	启动事务 T_1 的日志记录，无须在日志中记录读操作，但这个操作表示事务 T_1 的开始

续表

时间	事务操作	日志记录	说明
时刻 2	W_1（A, 20）	（W, 1, A, 50, 20）	将事务 T_1 修改 A 的操作记入日志。A 修改前的值是 50，修改后的值是 20
时刻 3	R_2（C, 100）	（S, 2）	启动事务 T_2 的日志记录
时刻 4	W_2（C, 50）	（W, 2, C, 100, 50）	将事务 T_2 修改 C 的操作记入日志。C 修改前的值是 100，修改后的值是 50
时刻 5	C_2	（C, 2）	提交 T_2（将日志缓冲区中的信息写入日志文件）
时刻 6	R_1（B, 50）	没有日志项	
时刻 7	W_1（B, 80）	（W, 1, B, 50, 80）	将事务 T_1 修改 B 的操作记入日志。B 修改前的值是 50，修改后的值是 80
时刻 8	C_1	（C, 1）	提交 T_1（将日志缓冲区中的信息写入日志文件）

在发生故障的系统被重新启动后，数据库的恢复过程经历了两个阶段：一个是向后恢复或叫撤销；另一个是向前恢复或叫重做。在撤销阶段，按逆向顺序读取日志文件中的记录直至第一条记录。在重做阶段，顺序向前读取日志文件中的记录直到最后一条记录。大多数商业数据库管理系统，如 IBM 的 R 系统和 DB2，都是先进行撤销，再进行重做。

表 13-2 和表 13-3 列出了所有的日志记录以及在撤销和重做阶段发生的活动。在表 13-2 中标出了撤销的步骤序号，并且与表 13-3 的重做步骤序号连在一起。在撤销阶段，系统向后顺序读取日志文件中的记录，并且将所有已提交和未提交的事务分别列入不同的已提交事务列表和未提交事务列表中。已提交事务列表在重做阶段使用，未提交事务列表用于确定何时撤销更新。由于当系统处理到最后一条日志记录（向后读）时便知道哪些事务没有提交，因此它可以立即开始撤销未提交事务的写操作，并将更新前的值写入被影响的行从而将所有被影响的数据项恢复到所有未提交事务更新前的值。

表 13-2　　　　　　　　　　　　在 W_1（B, 80)发生故障后的事务操作撤销过程

序号	日志记录	完成的撤销操作
1	（C, 2）	将事务 T_2 放入事务提交列表
2	（W, 2, C, 100, 50）	由于事务 T_2 在提交列表中，因此不进行任何操作
3	（S, 2）	记录事务 T_2 不再活动
4	（W, 1, A, 50, 20）	事务 T_1 还未提交。最后一步是写操作，因此系统执行撤销操作，把 A 改为修改前的值（50）。将事务 T_1 放入未提交事务列表
5	（S, 1）	到达事务 T_1 的开始点，现在没有可撤销的活动了，因此撤销阶段结束

表 13-3　　　　　　　　　　表 13-2 所示的撤销过程完成后发生的重做过程

序号	日志记录	重做操作
6	（S, 1）	无动作
7	（W, 1, A, 50, 20）	事务 T_1 未提交，无动作
8	（S, 2）	无动作
9	（W, 2, C, 100, 50）	由于事务 T_2 已提交，因此重做该修改，即把 C 的值改为 50
10	（C, 2）	无动作，恢复结束

在表 13-3 所示的重做阶段，系统仅根据撤销阶段搜集到的已提交事务列表，来重做可能没有被写入磁盘的事务的修改操作。表 13-3 的第 9 步就是一个重做的例子。重做阶段完成后，数据库中的数据项都具有了正确的值，所有已提交事务的更新均被应用，所有未完成事务的更新均被撤销。注意，表 13-2 中撤销的第 4 步，数据项 A 被赋值为 50。在表 13-3 重做的第 9 步，数据项 C 被赋值为 50。回顾一下，故障恰好发生在操作 $W_1(B, 80)$ 之后。从表 13-1 中可以看出，由于该操作的日志记录没有写入磁盘，B 更新前的值不能恢复，将 B 的值修改为 80 的更新也不能写入磁盘。因此，事务日志中涉及的 3 个数据项的最终值为：A=50，B=50，C=50。

13.3.3 介质故障恢复

当发生介质故障时，磁盘上的物理数据和日志文件均会遭到破坏，这是破坏最严重的一种故障。要想从介质故障中恢复数据库，则必须要在故障前对数据库进行定期转储，否则很难恢复。

从介质故障中恢复数据库的方法是，首先排除介质故障，如用新的磁盘更换损坏的磁盘；然后重新安装数据库管理系统，使数据库管理系统能正常运行；最后再利用介质损坏前对数据库已做的转储或镜像设备恢复数据库。

13.4 恢复技术

数据库管理系统使用的恢复技术依赖于数据库损坏的类型和程度。基本原则是事务的所有操作必须作为一个逻辑工作单元来对待，事务包含的操作都必须执行，并且要保证数据库的一致性。下面是可能发生的两种数据库损坏类型。

1. 物理损坏

如果数据库发生物理损坏，如磁盘损坏，则需要利用数据库的最新转储进行恢复。如果事务日志文件没有损坏，还可利用事务日志重新执行已提交事务的更新操作。

2. 非物理或事务故障

在事务的执行过程中，如果由于系统故障导致了数据库不一致，则需要撤销（回滚）引起不一致的修改。为了确保更新已到达物理存储设备，有必要重做（前滚）一些事务。这种情况下，通过使用事务日志文件中更新前的值（称为前像）和更新后的值（称为后像），使数据库恢复到一致性状态。这种技术也称为基于日志的恢复技术。下面是两种用于非物理或事务故障的恢复技术。

（1）延迟更新。

（2）立即更新。

13.4.1 延迟更新技术

采用延迟更新技术时，只有到达事务的提交点，更新才被写入数据库。换言之，数据库的更新要延迟到事务执行成功并提交时。在事务执行过程中，更新只被记录在事务日志和缓冲区中。当事务提交后，事务日志被写入磁盘，更新被记录到数据库。如果一个事务在到达提交点之前出现故障，它将不会修改数据库，因此也没必要进行撤销操作。然而，可能有必要重做某些已提交事务的更新，因为这些事务的更新可能还未写入数据库。使用延迟更新技术时，事务日志的内容如下。

（1）当事务 T 启动时，将"事务开始"（<T, BEGIN>）记录写入事务日志文件。

（2）在事务 T 执行期间，写入一条新的日志记录，该新记录包含所有之前指定的日志数据，例如为属性 A 赋新值 ai，则用<WRITE（A, ai)>表示。每一条记录都包括事务的名称 T、属性的名称 A 和属性的新值 ai。

（3）当事务 T 的所有活动都成功提交时，将记录<T, COMMIT>写入事务日志，并将该事务的所有日志记录写到磁盘上，然后提交该事务。使用日志记录来完成对数据库的真正更新。

（4）如果事务 T 被撤销了，则忽略该事务的事务日志，并且不执行写操作。

注意，是在事务真正提交之前将日志记录写到磁盘，因此，如果在数据库的真正更新过程中发生了故障，日志记录不会受损，因此可在稍后再进行更新。当故障发生时，检查日志文件，找到故障发生时正在执行的所有事务。从日志文件的最后一个入口开始，回滚到最近的一个检查点（检查点技术将在 13.4.4 节介绍）记录。

所有出现了事务开始和提交日志记录的事务都必须被重做。重做的顺序是按日志记录被写入日志的顺序。如果在故障发生前已经执行了写操作，由于该写操作对数据项没有影响，因此即使再次写该数据也不会有问题。而且这种方法保证一定会更新所有在故障发生前没有被正确更新的数据项。

对所有出现了事务开始和事务撤销的日志记录的事务，不必进行特别的操作，因为它们实际上并没有被写入数据库，所以这些事务也不必被撤销。

如果在恢复过程中又发生了系统崩溃，则可以再次使用日志记录来恢复数据库。写日志记录的方式决定了重写的次数。

考虑一个转账事务的例子，账户 A 要转账给账户 B 2000 元，假设账户 A 现有余额 10000 元，账户 B 现有余额 3000 元。表 13-4 列出了完成这个转账业务的步骤，相应的事务日志记录可参见表 13-5。

表 13-4   事务 T 的正常执行

时间	事务步骤	动作
时刻 1	READ（A, a_1）	读取账户 A 的当前余额
时刻 2	$a_1 = a_1 - 2000$	将账户 A 的余额减去 2000
时刻 3	WRITE（A, a_1）	将新的余额写入账户表中
时刻 4	READ（B, b_1）	读取账户 B 的当前余额
时刻 5	$b_1 = b_1 + 2000$	将账户 B 的余额加上 2000
时刻 6	WRITE（B, b_1）	将新的余额写入账户表中

表 13-5   事务 T 的延迟更新日志记录

时间	日志记录	数据库存储的值
事务开始之前		A = 10000 B = 3000
时刻 1	<T, BEGIN>	
时刻 2	<T, A, 8000>	
时刻 3	<T, B, 5000>	
时刻 4	<T, COMMIT>	
事务执行之后		A = 8000 B = 5000

现在假设数据库在下列情况发生故障。

（1）恰好在 COMMIT 记录被写入事务日志之后和更新记录被写入数据库之前。

（2）恰好在 WRITE 操作执行之前。

表 13-6 说明了在<T, COMMIT>记录被写入事务日志之后、更新记录被写入数据库之前发生故障时，事务 T 的延迟更新日志记录。由于延迟更新日志中有事务 T 的 COMMIT 记录，因此当系统进行恢复时，重做事务 T 的操作，账户 A 和 B 的新值 8000 和 5000 被写入数据库中。

表 13-6　　　　当更新被写入数据库前发生故障时，事务 T 的延迟更新日志记录

时间	日志记录	数据库存储的值
事务开始之前		A = 10000 B = 3000
时刻 1	<T, BEGIN>	
时刻 2	<T, A, 8000>	
时刻 3	<T, B, 5000>	
时刻 4	<T, COMMIT>	

表 13-7 说明在 WRITE（B，b_1）操作执行之前发生故障的事务日志。因为事务日志中没有事务 T 的 COMMIT 记录，所以当系统进行恢复时，不用执行任何操作。数据库中账户 A 和 B 的值仍为 10000 和 3000。在这种情况下，必须重新开始该事务。

表 13-7　　　　当在写数据库操作执行之前发生故障时，事务 T 的延迟更新日志记录

时间	日志记录	数据库存储的值
事务开始之前		A = 10000 B = 3000
时刻 1	<T, BEGIN>	
时刻 2	<T, A, 8000>	
时刻 3	<T, B, 5000>	

通过事务日志，数据库管理系统能够处理任何不丢失日志信息的故障。预防事务日志丢失的方法是，将其同步备份到多个磁盘或其他辅助存储器上。由于事务日志丢失的可能性非常小，因此这种方法通常被称为稳定存储。

13.4.2　立即更新技术

采用立即更新技术时，更新一旦发生即被施加到数据库中，而无须等到事务提交点以及所有的更改被保存在事务日志时。除了需要重做故障之前已提交的事务所做的更改外，现在还需要撤销当故障发生时仍未提交的事务所造成的影响。在这种情况下，可使用日志文件从以下几个方面来防止系统故障。

（1）当事务 T 开始时，"事务开始"（或<T, BEGIN>）被写入事务日志文件。

（2）当执行一个写操作时，向日志文件中写入一条包含必要数据的记录。

（3）一旦写入了事务日志记录，就会对数据库缓冲区进行写更新。

（4）当缓冲区数据被转入辅助存储器时，写入对数据库的更新。

（5）读数据库自身的更新在缓冲区下一次被刷新到辅助存储时进行。

（6）当事务 T 提交时，"事务提交"（<T, COMMIT>）记录被写入事务日志。

实际上，日志记录（或者部分日志记录）是在对应的写操作施加到数据库之前被写入的，这称为先写日志协议（write-ahead log protocol）。因为如果先对数据库进行更新，而在日志记录被写入之前发生了故障，则恢复管理器将无法进行撤销或重做。通过使用先写日志协议，恢复管理器

可以大胆假设，如果在日志文件中不存在某个事务的提交记录，则该事务在故障发生时一定处于活动状态，因此必须被撤销。

如果事务被撤销，则可利用日志撤销事务所做的修改，因为日志中包含了所有被更新字段的原始值（前像）。由于一个事务可能对一个数据项进行过多次更改，因此对写的撤销应该按逆序进行。无论事务的写操作是否被施加到了数据库本身，写入数据项的前像保证了数据库被恢复到事务开始前的状态。

如果系统发生了故障，恢复过程使用日志对事务进行如下撤销或重做操作。

（1）对于任何"事务开始"和"事务提交"记录都出现在日志中的事务，用日志记录来重做，按日志记录的方式写入更新字段的后像值。注意，即使新的值已经被写入数据库中，这里的写虽然没有必要，但也不会造成任何不良影响。但这种操作却保证了之前所有被施加到数据库的写操作，现在都会被执行。

（2）对于任何"事务开始"记录出现在日志中，而"事务提交"记录未出现在日志中的事务，必须撤销它。这里使用日志记录得到被修改字段的前像值，并将前像值写入数据库，从而将数据库恢复到事务开始之前的状态。撤销操作按它们被写入日志的逆序进行。

对表 13-4 所示的事务 T，其立即更新日志记录如表 13-8 所示。

表 13-8　　　　　　　　　　　　　　事务 T 的立即更新日志记录

时间	日志记录	数据库存储的值
事务开始之前		A = 10000 B = 3000
时刻 1	<T, BEGIN>	
时刻 2	<T, A, 10000, 8000>	
时刻 3		A = 8000
时刻 4	<T, B, 3000, 5000>	
时刻 5		B = 5000
时刻 6	<T, COMMIT>	

现在假设数据库故障发生在下列情况中。

（1）恰好在写操作 WRITE（B, b₁)之前。

（2）恰好在<T, COMMIT>被写入事务日志之后且新值被写入数据库之前。

表 13-9 说明了在表 13-4 中的写操作 WRITE（B, b₁)执行之前发生故障时的事务日志。当系统进行回滚时，它能找到记录<T, BEGIN>，却没有相应的<T, COMMIT>。这意味着事务 T 必须被撤销，因此执行 UNDO（T）（撤销 T）操作，使 A 的值恢复为 10000，且事务 T 需要重新开始。

表 13-9　　　　　　　　　在写数据库之前发生故障时，事务 T 的立即更新日志记录

时间	日志记录	数据库存储的值
事务开始之前		A = 10000 B = 3000
时刻 1	<T, BEGIN>	
时刻 2	<T, A, 10000, 8000>	
时刻 3		A = 8000

表 13-10 说明了当<T, COMMIT>被写入事务日志之后且新值被写入数据库之前发生故障时的事务日志。当系统再次恢复时，事务日志显示相应的<T, BEGIN>和<T, COMMIT>记录。因此，执行 REDO（T）（重做 T）操作，则 A 和 B 的值分别为 8000 和 5000。

表 13-10　　　　　　　　在提交动作之后发生故障时，事务 T 的立即更新日志记录

时间	日志记录	数据库存储的值
事务开始之前		A = 10000 B = 3000
时刻 1	<T, BEGIN>	
时刻 2	<T, A, 10000, 8000>	
时刻 3		A = 8000
时刻 4	<T, B, 3000, 5000>	
时刻 5		B = 5000
时刻 6	<T, COMMIT>	

13.4.3　镜像页技术

作为基于日志恢复模式的替代，镜像页技术于 1977 年被提出。在镜像页模式中，数据库被认为是由固定大小的磁盘页（或磁盘分区）的逻辑存储单元组成的。通过页表将页映射到物理存储分区，数据库中的每个逻辑页对应页表中的一条记录。每条记录包含页所存储的物理（辅助）存储的分区号。因此，镜像页模式是间接页分配的一种形式。在单用户环境下，镜像页技术不需要使用事务日志，但在多用户环境下可能需要事务日志来支持并发控制。

镜像页技术在事务的生存期内为其维护了两个页表，一个是当前页表，另一个是镜像页表。当事务刚启动时，两个页表是一样的。此后镜像页表不再改变，并在系统故障时用于恢复数据库。在事务执行过程中，当前页表被用于记录对数据库的所有更新。但事务结束时，当前页表会转变成镜像页表。镜像页模式如图 13-4 所示。

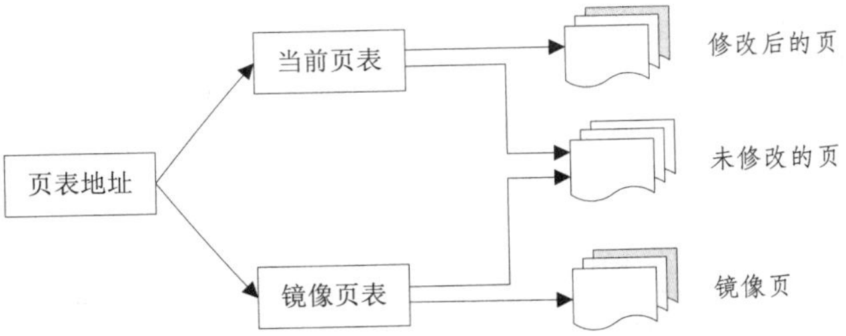

图 13-4　镜像页模式

如图 13-4 所示，被事务影响的页被复制到新的物理存储区中，通过当前页表，这些分区和那些没有被修改的分区是事务可以访问的。被更改的页的老版本保持不变，并且通过镜像页表事务仍然可以访问这些页。镜像页表包含事务开始之前页表中存在的记录以及指向从未被事务修改的分区记录。镜像页表在事务发生时保持不变，撤销事务时才会用到它。

相对于基于日志的方法，镜像页技术有很多优点：它消除了维护事务日志文件的开销，而且，由于不需要对操作进行撤销或重做，因此其恢复速度也非常快。但它也有缺点，比如数据碎片或分散，需要定期进行垃圾收集以回收不能访问的分区。

13.4.4　检查点技术

在利用日志进行数据库恢复时，恢复子系统必须搜索日志，以确定哪些需要重做，哪些需要撤销。一般来说，需要检查所有的日志记录。这样做有两个问题：一是搜索整个日志会耗费大

量的时间，二是很多需要重做处理的事务实际上可能已经将它们的更新结果写到了数据库中，而恢复子系统又重新执行了这些操作，同样浪费了大量时间。为了解决这些问题，又发展了具有检查点的恢复技术。这种技术在日志文件中增加两个新的记录——检查点（checkpoint）记录、重新开始记录，并让恢复子系统在登记日志文件期间动态地维护日志。

检查点记录的内容包括以下几项。

（1）建立检查点时刻所有正在执行的事务列表。

（2）这些事务最近一个日志记录的地址。

重新开始文件用于记录各个检查点记录在日志文件中的地址。图 13-5 说明了建立检查点 C_i 时对应的日志文件和重新开始文件。

动态维护日志文件的方法是周期性地执行建立检查点和保存数据库状态的操作。

具体步骤如下。

（1）将日志缓冲区中的所有日志记录写入磁盘日志文件。

（2）在日志文件中写入一个检查点记录，该记录包含所有在检查点运行的事务的标识。

（3）将数据缓冲区中所有修改过的数据写入磁盘数据库中。

（4）将检查点记录在日志文件中的地址写入一个重新开始文件，以便在发生系统故障而重启时可以利用该文件找到日志文件中的检查点记录地址。

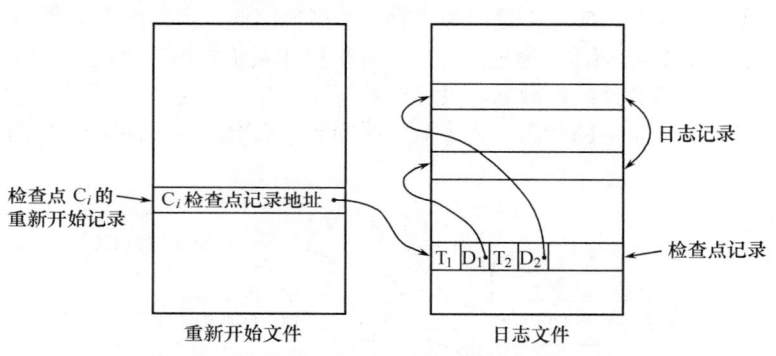

图 13-5　具有检查点的日志文件和重新开始文件

恢复子系统可以定期或不定期地建立检查点来保存数据库的状态。检查点可以按照预订的时间间隔建立，如每隔 15 分钟、30 分钟或 1 小时建立一个检查点，也可以按照某种规则建立检查点，如在日志文件写满一半时建立一个检查点。

使用检查点方法可以改善恢复效率。如果事务 T 在某个检查点之前提交，则 T 对数据库所做的修改均已写入数据库，写入时间是在这个检查点建立之前或在这个检查点建立之时。这样，在进行恢复处理时，就没有必要对事务 T 执行重做操作了。

在系统出现故障时，恢复子系统将根据事务的不同状态采取不同的恢复策略，如图 13-6 所示。

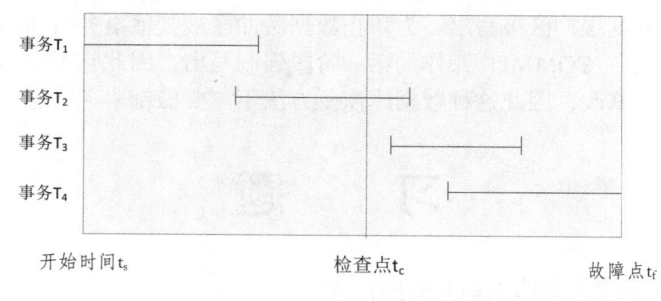

图 13-6　检查点的例子

假设使用事务日志进行立即更新，同时考虑图 13-6 所示的事务 T_1、T_2、T_3 和 T_4 的时间线。当系统在 t_f 时刻发生故障时，只需扫描事务日志至最近的一个检查点 t_c。

（1）事务 T_1 是在检查点之前提交的，因此没有问题，不需要重做。

（2）事务 T_2 是在检查点之前开始的，但在故障点时已经完成，因此需要重做。

（3）事务 T_3 是在检查点之后开始的，但在故障点时已经完成，因此也需要重做。

（4）事务 T_4 也是在检查点之后开始的，而且在故障点时还未完成，因此需要撤销。

13.5 缓冲区管理

对数据库缓冲区的管理，在恢复过程中起着重要的作用。缓冲区是主存中预留的一个区域。负责对主存区进行分配和管理的工具称为缓冲区管理器。缓冲区管理器负责对在主存和辅存间传送数据页的数据库缓冲区进行高效的管理，包括从磁盘（辅存）读页到缓冲区（物理内存）直到缓冲区满，然后使用一种替代策略来决定将哪个或哪些缓冲的数据强制写到磁盘，以此来为从磁盘上读取的新页的操作提供空间。缓冲区管理器使用的一些替代策略有先进先出（FIFO）和最近最少使用（LRU）。另外，当某页已经存在于数据库缓冲区时，缓冲管理器不会再从磁盘上读取该页。

计算机系统使用的缓冲区实际上是虚拟内存缓冲区。因此，虚拟内存的缓冲区与物理内存之间需要进行映射，如图 13-7 所示。物理内存由计算机操作系统的内存管理组件管理。在虚拟内存管理中，缓冲区中正被事务修改的数据库页可以被写入辅存。何时写入缓冲区由操作系统的内存管理组件决定，且独立于事务的状态。为了减少缓冲区错误次数，缓冲区替代策略一般采用最近最少使用策略。

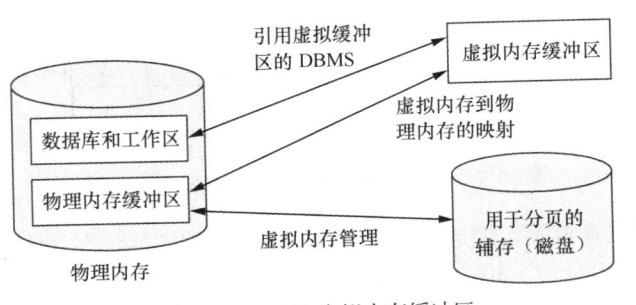

图 13-7 DBMS 虚拟内存缓冲区

缓冲区管理器有效地提供了数据库页的临时副本。因此，它被应用到了数据库恢复系统中，在这种模式中，修改是在临时副本中完成的，原始的页仍然保留在辅存中不被修改。事务日志和数据页则被写入虚拟内存的缓冲区中。事务的 COMMIT 操作分两个阶段完成，因此它又被称为二阶段提交。在 COMMIT 操作的第一个阶段，事务日志缓冲区被写出（先写日志）。在 COMMIT 操作的第二个阶段，数据缓冲区被写出。为防止数据缓冲区被其他事务所使用，该阶段的写操作被延迟。由于日志总是在 COMMIT 操作的第一阶段强制写出，因此它不会引起任何问题。由于数据库中没有未提交的修改，因此这种数据库恢复方法不需要撤销事务日志。

习 题

1. 数据库环境中的事务故障类型有哪些？

2. 什么是数据库恢复？向前恢复和向后恢复的含义是什么？

3. 恢复管理器是如何保证事务的原子性和持久性的？

4. 系统故障和介质故障的区别是什么？

5. 试描述在向前恢复和向后恢复中是如何使用事务日志文件的？

6. 在系统发生故障时，如何恢复正在运行的事务已经完成的部分修改？

7. 立即更新和延迟更新恢复技术有什么区别？

8. 假设有一个立即更新的事务日志，请创建与表 13-11 所示的事务对应的日志记录。

表 13-11　　　　　　　　　　　　　　　　事务 T 的操作

时间	事务步骤	动作
时刻 1	READ（A, a_1）	读取职工的账户余额
时刻 2	$a_1 = a_1 - 1000$	将账户余额减去 1000
时刻 3	WRITE（A, a_1）	写入新的账户余额
时刻 4	READ（B, b_1）	读取该职工的已还款额
时刻 5	$b_1 = b_1 + 1000$	将已还款额加上 1000
时刻 6	WRITE（B, b_1）	写入新的已还款额

9. 假设在第 8 题中，恰好在将 WRITE（B,b_1）操作写入事务日志记录后发生了故障。

（1）写出故障点的事务日志内容。

（2）哪些操作是必须的？为什么？

（3）A 和 B 的最终结果值是多少？

10. 假设在第 8 题中，恰好在将<T, COMMIT>记录写入事务日志后发生了故障。

（1）写出故障点的事务日志内容。

（2）哪些操作是必须的？为什么？

（3）A 和 B 的最终结果值是多少？

11. 考虑在表 13-12 中列出的数据库系统发生故障时，恢复日志中的记录。

（1）假设有一个延迟更新的日志，对每个实例（A,B,C）描述需要采取哪些恢复活动，为什么？指出恢复活动完成后给定属性的值？

（2）假设有一个立即更新的日志，描述对于每一个实例（A,B,C）需要采取什么恢复活动，为什么？指出恢复活动完成后给定属性的值？

表 13-12　　　　　　　　　　在 W_1(B, 80)发生故障后的事务操作撤销过程

序号	日志记录	完成的撤销操作
1	(C, 2)	将事务 T_2 放入事务提交列表
2	(W, 2, C, 100, 50)	由于事务 T_2 在提交列表中，因此不进行任何操作
3	(S, 2)	记录事务 T_2 不再活动
4	(W, 1, A, 50, 20)	事务 T_1 还未提交。最后一步是写操作，因此系统执行撤销操作，把 A 改为修改前的值（50）。将事务 T_1 放入未提交事务列表
5	(S, 1)	到达事务 T_1 的开始点，现在没有可撤销的活动了，因此撤销阶段结束

12. 什么是检查点？当发生系统故障时，如何在恢复操作中使用检查点信息？

13. 描述镜像页恢复技术。在什么条件下这个技术不需要事务日志文件？列出镜像页的优缺点。

第14章 查询处理与优化

数据查询操作是数据库中使用最多的操作，提高数据的查询效率、优化查询是数据库管理系统的一项重要工作。

本章将介绍 DBMS 中通用的一些查询优化技术，主要包括代数优化和物理优化两部分，目的是让读者了解查询优化的内部实现技术和实现过程。

14.1 概述

数据查询操作是数据库中使用最多的操作，也是最基本、最复杂的操作。数据库查询一般都用查询语言表示，比如 SQL 语言。从查询语句出发到获得最终的查询结果，需要一个处理过程，这个过程称为**查询处理**。关系数据库的查询语言一般都是非过程化语言，即仅表达查询要求，而不说明查询的执行过程。也就是说用户不必关心查询语言的具体执行过程，DBMS 自会确定合理的、有效的执行策略。DBMS 在这方面的作用称为**查询优化**。对于执行非过程化语言的 DBMS，查询优化是查询处理中一项重要和必要的工作。

查询优化有多种途径。一种途径是对查询语句进行变换，例如改变基本操作的次序，使查询语句执行起来更有效，这种查询优化的方法仅涉及查询语句本身，而不涉及存取路径，称为**代数优化**，或称为独立于存取路径的优化。另一种途径是根据系统提供的存取路径，选择合理的存取策略，例如，选用顺序搜索或者索引搜索，这称为**物理优化**，或称为依赖于存取路径的优化。有些查询优化仅根据启发式规则，选择执行的策略，如先做选择、投影等一元操作，后做连接操作，这称为**规则优化**。除根据一些基本规则外，还能对可供选择的执行策略执行代价估算，从中选出代价最小的执行策略，这称为**代价估算优化**。上述查询优化的途径都是可行的。事实上，DBMS会综合运用上述优化方法，以获得最好的优化效果。

本章首先介绍查询处理过程，然后介绍代数优化和物理优化技术。

14.2 关系数据库的查询处理

查询处理的任务是把用户提交给 RDBMS 的查询语句转换为高效的查询执行计划。

14.2.1 查询处理的步骤

查询处理是将高层查询（比如 SQL）转换为一个低层语义表达正确并且有效执行计划的过程，

低层语义完成对数据库的检索和操作。查询处理器从相应数据库请求的计划中选择最合适的计划。
当数据库管理系统收到一个检索信息的查询时，在数据库管理系统开始执行之前，先经过一系列的
复杂查询步骤，这些步骤称为**执行计划**。查询步骤中的第一个阶段是语法检查，在这个阶段系统会
先解析查询语句并检查它是否符合语法规则，再用系统表（数据字典）中已有的视图、表和列来匹
配查询语句中的对象；然后系统验证用户是否有合适的权限并且操作不违反相关的完整性约束；最
后执行查询计划。查询处理是一个逐步处理的过程，图 14-1 说明了查询处理的各个步骤。

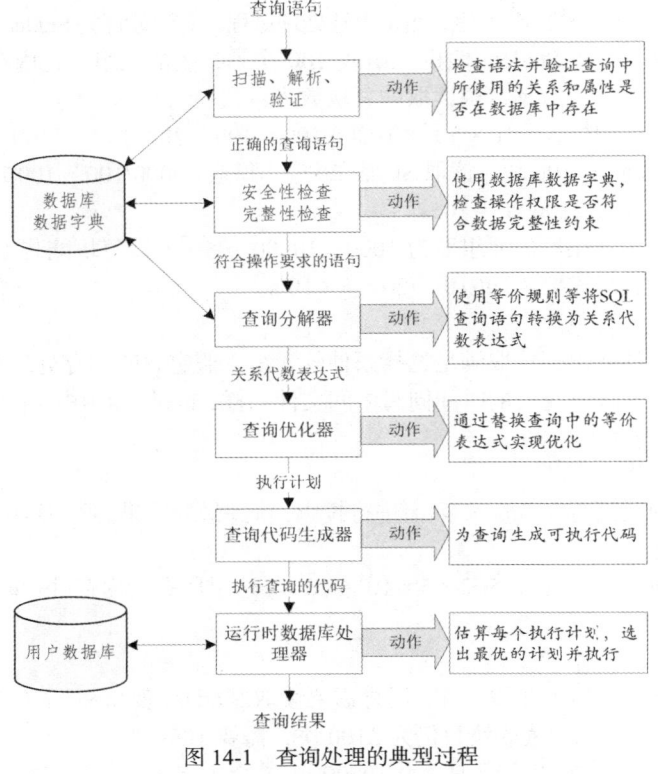

图 14-1 查询处理的典型过程

14.2.2 查询优化的一个简单示例

下面通过一个简单的例子，来看一下为什么要进行查询优化。

假设要查询选修了"C001"课程的学生的姓名。相应的 SQL 语句为：

```
SELECT Sname
  FROM Student S JOIN SC ON S.Sno = SC.Sno
  WHERE Cno = 'C001'
```

假设数据库中有 1000 条学生记录，10000 条选课记录，其中选修了"C001"课程的记录有
50 条。

则与该查询等价的关系代数表达式可以有如下几种典型形式：

$Q_1 = \prod_{Sname} (\sigma_{SC.Cno = 'C001'} (\sigma_{Student.Sno = SC.Sno} (Student \times SC)))$

$Q_2 = \prod_{Sname} (\sigma_{SC.Cno = 'C001'} (Student \bowtie SC))$

$Q_3 = \prod_{Sname} (Student \bowtie \sigma_{SC.Cno = 'C001'} (SC))$

这 3 种形式是典型的与该查询语句等价的代数表达式，下面分析这 3 种查询执行策略在查询

时间上的差异。

1. Q_1 的执行过程

（1）进行广义笛卡儿积操作

把 Student 表的每个元组和 SC 表的每个元组连接起来。一般的连接做法是：在内存中尽可能多地装入某个表（比如 Student 表）的若干块，并留出一块存放另一个表（比如 SC 表）的元组。把 SC 表中的每个元组与 Student 表中的每个元组进行连接，连接后的元组装满一块后就写到中间文件上，再从 SC 表中读入一块数据，然后再和内存中的 Student 元组进行连接，直到 SC 表处理完。然后再一次读入若干块 Student 元组，再读入一块 SC 元组，重复上述处理过程，直到处理完 Student 表的所有元组。

假设一个块能装 10 个 Student 表的元组或 100 个 SC 表的元组，在内存中最多可存放 5 块 Student 表数据和 1 块 SC 表数据，则读取的总块数为：

$$1000/10 + 1000/（10 \times 5）\times 10000/100 = 100 + 20 \times 100 = 2100（块）$$

其中，读取 Student 表 100 块，读取 SC 表 20 遍，每遍 10000/100 = 100 块。设每秒能读写 20 块，则该过程总共要花费 2100/20 = 105s。

Student 表和 SC 表连接后的元组数为 $1000 \times 10000 = 10^7$。设每块能装 10 个连接后的元组，则写出这些连接后的元组需要 $（10^7/10）/20 = 5 \times 10^4$s。

（2）进行选择操作

依次读入连接后的元组，选取满足选择条件的元组。假定忽略内存处理时间，则这一步读取存放连接结果的中间文件需花费的时间同写中间文件一样，也是 5×10^4s。假设满足条件的元组只有 50 个，均可放在内存中。

（3）进行投影操作

将上一步得到的结果再在 Sname 列上进行投影，得到最终结果。这一步由于不需要读写磁盘，因此时间可忽略不计。

则 Q_1 的总执行时间约为：$105 + 2 \times 5 \times 10^4 \approx 10^5$s。这里所有的内存处理时间均忽略不计。

2. Q_2 的执行过程

（1）进行自然连接操作

进行自然连接同进行笛卡儿积一样，同样需要读取 Student 表和 SC 表的所有元组，假设这里的读取策略同 Q_1，则 Q_2 总的读取块数仍为 2100 块，需要 105s。

但自然连接的结果比 Q_1 大大减少，为 $10000 = 10^4$ 个（即 SC 表元组数）。因此，写出这些元组需要的时间为：$（10^4/10）/20 = 50$s。仅为 Q_1 执行时间的千分之一。

（2）进行选择操作

读取中间文件块，这同写元组一样，也是 50s。

（3）进行投影操作

将上一步的结果在 Sname 列上进行投影，花费的时间忽略不计。

则 Q_2 的总执行时间约为：105 + 50 + 50 = 205s。

3. Q_3 的执行过程

（1）对 SC 表进行选择运算

这只需读一遍 SC 表，共计 100 块数据，所花费时间为 100/20 = 5s。由于满足条件的元组仅有 50 个，因此不必使用中间文件。

（2）进行自然连接操作

读取 Student 表，把读入的 Student 元组和内存中的 SC 元组进行连接操作，只需读取一遍 Student 表共计 100 块，花费时间为 100/20 = 5s。

（3）对连接的结果进行投影操作

将上一步的结果在 Sname 列上进行投影，花费的时间忽略不计。

则 Q₃ 的总执行时间约为：5 + 5 = 10s。

对于 Q₃ 的执行过程，如果 SC 表的 Cno 列上建有索引，则第一步就不需要读取 SC 表的所有元组，而只需读取 Cno ='C001'的 50 个元组。若 Student 表在 Sno 列上也建有索引，则第二步也不必读取 Student 表的所有元组，因为满足条件的 SC 表记录仅 50 条，因此，最多涉及 50 条 Student 记录，这也可以极大地减少读取 Student 表的块数，从而减少总体的读取时间。

从这个简单的例子中可以看出查询优化的必要性，同时该例子也给出了一些查询优化的初步概念。把关系代数表达式 Q₁ 变换为 Q₂ 和 Q₃，即先进行选择操作，后进行连接操作，这样就可以极大地减少参与连接的元组数，这就是代数优化的含义。对于 Q₃ 的执行过程，对 SC 表的选择操作有全表扫描和索引扫描两种方法，经过初步估算，索引扫描的方法更优。同样对于 Student 表和 SC 表的连接操作，如果能利用 Student 表上的索引，则会提高连接操作的效率，这就是物理优化的含义。

14.3　代数优化

代数优化是对查询进行等价变换，以减少执行的开销。所谓等价是指变换后的关系代数表达式与变换前的关系代数表达式所得到的结果是相同的。

14.3.1　转换规则

查询优化器使用的转换规则就是将一个关系代数表达式转换为另一个等价的能更有效执行的表达式。

最常用的变换原则是尽可能减少查询过程中产生的中间结果。由于选择、投影等一元操作分别从水平和垂直方向减少关系的大小，而连接等二元操作不但操作本身开销很大，而且还会产生大的中间结果，因此在变换时，总是尽可能地先做选择和投影操作，然后做连接操作。在连接时，也是先做小关系之间的连接，再做大关系之间的连接。

两个关系代数表达式 E_1 和 E_2 是等价的，记作：$E_1 \equiv E_2$。

假设有关系 R、S 和 T，R 的属性集为 $A = \{A_1, A_2, \cdots, A_n\}$，S 的属性集为 $B = \{B_1, B_2, \cdots, B_n\}$，$c = \{c_1, c_2, \cdots, c_n\}$ 代表选择条件，L、L_1 和 L_2 代表属性集合。

下面介绍一些常用的等价转换规则。

1. 多重选择（σ）

设 R 是某个关系，则有：

$$\sigma_{C1 \wedge C2 \wedge \cdots \wedge Cn}(R) \equiv \sigma_{C1}(\sigma_{C2}(\cdots(\sigma_{Cn}(R))\cdots))$$

示例：

$$\sigma_{Sdept = '计算机系' \wedge Ssex = '男'}(Student) \equiv \sigma_{Sdept = '计算机系'}(\sigma_{Ssex = '男'}(Student))$$

2. 选择（σ）的交换律

$$\sigma_{C1}(\sigma_{C2}(R)) \equiv \sigma_{C2}(\sigma_{C1}(R))$$

示例：

$$\sigma_{Sdept = '计算机系'}(\sigma_{Ssex = '男'}((Student))) \equiv \sigma_{Ssex = '男'}(\sigma_{Sdept = '计算机系'}(Student))$$

3. 多重投影（∏）

$$\prod_{A1}(\prod_{A1, A2}(\cdots\prod_{A1, A2, \cdots, An}(R))) \equiv \prod_{A1}(R)$$

示例：

$$\prod_{sname}(\prod_{Sdept, Sname}(Student)) \equiv \prod_{Sname}(Student)$$

4. 选择（σ）与投影（∏）的交换律

$$\sigma_C(\prod_{A1, A1, \cdots, An}(R)) \equiv \prod_{A1, A1, \cdots, An}(\sigma_C(R))$$

示例：

$$\sigma_{Sage>=20}\left(\prod_{sname,sdept,sage}\left(Student\right)\right) \equiv \prod_{sname,sdept,sage}\left(\sigma_{Sage>=20}\left(Student\right)\right)$$

5. 连接（⋈）和笛卡儿积（×）的交换律

$$R \times S \equiv S \times R$$

$$R \bowtie S \equiv S \bowtie R$$

$$R \underset{c}{\bowtie} S \equiv S \underset{c}{\bowtie} R$$

示例：

$$Student \underset{Student.Sno=SC.Sno}{\bowtie} SC \equiv SC \underset{Student.Sno=SC.Sno}{\bowtie} Student$$

6. 并（∪）和交（∩）运算的交换律

$$R \cup S \equiv S \cup R$$

$$R \cap S \equiv S \cap R$$

7. 选择（σ）和连接（⋈）的交换律

$\sigma_c\left(R \bowtie S\right) \equiv \left(\sigma_c\left(R\right)\right) \bowtie S$，假设 c 只涉及 R 中的属性。

同样，如果选择条件是（$c_1 \wedge c_2$）这种形式的，并且 c_1 只涉及 R 中的属性，c_2 只涉及 S 中的属性，则选择和连接操作可变换成如下形式：

$$\sigma_{c1 \wedge c2}\left(R \bowtie S\right) \equiv \sigma_{c1}\left(R\right) \bowtie \sigma_{c2}\left(S\right)$$

示例：

$$\sigma_{Sdept='计算机系' \wedge Grade>=90}\left(Student \bowtie SC\right) \equiv$$
$$\left(\sigma_{Sdept='计算机系'}\left(Student\right)\right) \bowtie \left(\sigma_{Grade>=90}\left(SC\right)\right)$$

8. 投影（∏）和连接（⋈）的分配律

设 R 和 S 的连接属性在 L_1 和 L_2 中，则有 $\prod_{L1 \cup L2}\left(R \bowtie S\right) \equiv \prod_{L1}\left(R\right) \bowtie \prod_{L2}\left(S\right)$

示例：

$$\prod_{Sdept,Sno,Sname,Grade}\left(Student \bowtie SC\right) \equiv \left(\prod_{Sdept,Sno,Sname}\left(Student\right)\right) \bowtie \left(\prod_{Sno,Grade}\left(SC\right)\right)$$

如果 R 和 S 的连接属性不在 L_1 和 L_2 中，则在进行 $\prod_{L1}\left(R\right)$ 和 $\prod_{L2}\left(S\right)$ 操作时，必须保留连接属性。

示例：

$$\prod_{Sdept,Sname,Grade}\left(Student \bowtie SC\right) \equiv \left(\prod_{Sno,Sdept,Sname}\left(Student\right)\right) \bowtie \left(\prod_{Sno,Grade}\left(SC\right)\right)$$

9. 选择（σ）与集合并、交、差运算的分配律

设 R 和 S 有相同的属性，则：

$$\sigma_c\left(R \cup S\right) \equiv \sigma_c\left(R\right) \cup \sigma_c\left(S\right)$$

$$\sigma_c\left(R \cap S\right) \equiv \sigma_c\left(R\right) \cap \sigma_c\left(S\right)$$

$$\sigma_c\left(R - S\right) \equiv \sigma_c\left(R\right) - \sigma_c\left(S\right)$$

10. 投影（∏）与并运算的分配律

设 R 和 S 有相同的属性，则：

$$\prod_L\left(R \cup S\right) \equiv \prod_L\left(R\right) \cup \prod_L\left(S\right)$$

11. 连接（⋈）和笛卡儿积（×）的结合律

$$\left(R \times S\right) \times T \equiv R \times \left(S \times T\right)$$

$$\left(R \bowtie S\right) \bowtie T \equiv R \bowtie \left(S \bowtie T\right)$$

如果连接条件 c 仅涉及来自关系 R 和 T 的属性，则连接以下列方式结合：

$$\left(R \underset{c1}{\bowtie} S\right) \underset{c2 \wedge c3}{\bowtie} T \equiv R \underset{c1}{\bowtie} \left(S \underset{c2 \wedge c3}{\bowtie} T\right)$$

12. 并（∪）和交（∩）的结合律

（R∪S）∪T≡R∪（S∪T）

（R∩S）∩T≡R∩（S∩T）

14.3.2　启发式规则

启发式规则（heuristic rules）作为一个优化技术，可用于对关系代数表达式的查询树进行优化。查询树也称为关系代数树，它用形象的树的形式来表达关系代数的执行过程。

查询树包括如下几个部分。

（1）叶节点：代表查询的基本输入关系。

（2）非叶节点：代表在关系代数表达式中应用操作的中间关系。

（3）根节点：代表查询的结果。

查询树的操作顺序为：从叶到根。

例如，关系代数表达式：

$$Q_2 = \prod_{Sname}(\sigma_{SC.Cno = 'C001'}(Student \bowtie SC))$$

对应的查询树如图 14-2 所示。

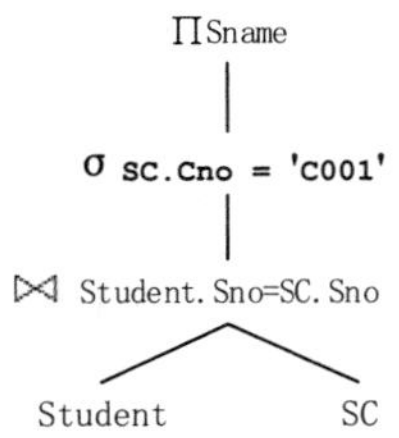

一个 SQL 查询可以有多种不同形式的关系代数表达式，因此也会有多种不同的查询树。一般情况下，查询解析器首先产生一个与 SQL 查询对应的初始标准查询树，这个查询树是没有经过任何优化的。然后运用启发式规则对查询树进行优化。典型的启发式规则如下。

（1）尽可能先做选择运算。在优化策略中这是最重要、最基本的一条。它常常可以节省几个数量级的执行时间，因为选择运算一般会极大地减少中间结果。

图 14-2　与 Q_2 表达式对应的查询树

（2）投影运算和选择运算同时进行。如有若干投影运算和选择运算，并且它们都在同一个关系上进行操作，则可以在扫描此关系的同时完成所有的投影运算和选择运算，以避免重复扫描。

（3）把投影运算和其之前或之后的二元运算结合起来，这样可以减少关系的扫描次数。

（4）把某些选择同在它前面要执行的笛卡儿积结合起来成为一个连接运算，特别是等值连接，要比在同样关系上进行笛卡儿积节省很多时间。

（5）找出公共子表达式。如果某个重复出现的子表达式的结果不是很大的关系，并且从外存读入这个关系比计算该子表达式的时间少得多，则先计算一次公共子表达式并把结果写入中间文件是比较合算的。当对视图进行查询时，定义视图的语句就是公共子表达式。

下面通过一个查询示例说明代数优化的过程。

例 14-1　查询计算机系 VB 课程考试成绩大于等于 90 分的学生的姓名和成绩。

查询语句为：

```
SELECT Sname, Grade FROM Student JOIN SC ON Student.Sno = SC.Sno
    JOIN Course ON Course.Cno = SC.Cno
WHERE Sdept = '计算机系' AND Cname = 'VB' AND Grade >= 90
```

优化过程如下。

（1）转换为初始关系代数表达式（未经优化的）

$$\prod_{Sname,Grade}(\sigma_{Student.Sno=SC.Sno \wedge Course.cno=SC.cno \wedge Sdept='计算机系' \wedge Cname='VB' \wedge Grade>=90}(Student \times SC \times Course))$$

该查询的初始查询树如图 14-3 所示。

（2）利用转换规则进行优化

① 用转换规则 1 将选择操作的连接操作部分分解到各个选择操作中，使其尽可能先执行选择

操作。用转换规则 2 和 6 重新排列选择操作，然后交换选择和笛卡儿积，得到的关系代数表达式如下，对应的查询树如图 14-4 所示。

$$\prod_{Sname,Grade}((\sigma_{Student.Sno=SC.Sno}(\sigma_{Sdept='计算机}(Student)) \times \sigma_{Grade>=90}(SC)) \times (\sigma_{Course.cno=SC.cno}(\sigma_{Cname='VB'}(Course))))$$

② 将笛卡儿积操作替换为等值连接操作。得到的关系代数表达式如下，对应的查询树如图 14-5 所示。

$$\prod_{Sname,Grade}(\sigma_{Sdept='计算机系'}(Student) \bowtie \sigma_{Grade>=90}(SC)) \bowtie \sigma_{Cname='VB'}(Course)$$

③ 由于"WHERE Cname='VB'"返回的结果行数（如果 VB 只开设一次的话，则返回的行数就是 1）远远小于"WHERE Sdept='计算机系'"返回的结果行数（计算机系的学生一定有很多个），因此先执行对 Course 表的选择可以减少参与连接的元组数。用转换规则 11 重新排列等值连接，先执行"WHERE Cname='VB'"部分，产生的关系代数表达式如下，对应的查询树如图 14-6 所示。

$$\prod_{Sname,Grade}((\sigma_{Cname='VB'}(Course) \bowtie \sigma_{Grade>=90}(SC)) \bowtie \sigma_{Sdept='计算机系'}(Student))$$

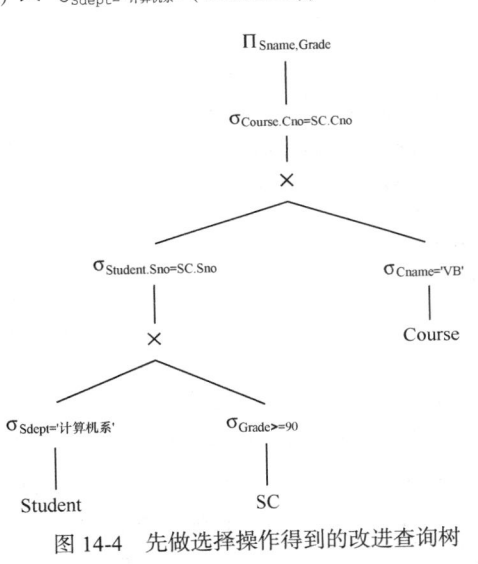

图 14-4 先做选择操作得到的改进查询树

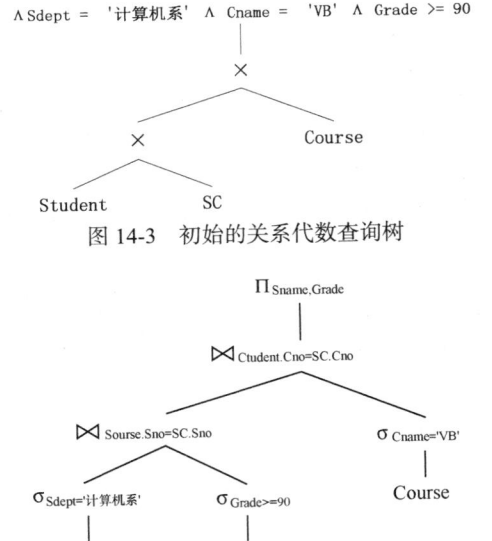

图 14-3 初始的关系代数查询树

图 14-5 将笛卡儿积改为等值连接得到的改进查询树

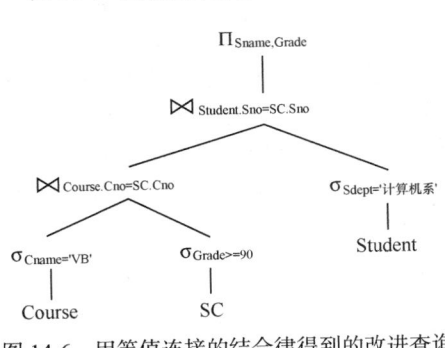

图 14-6 用等值连接的结合律得到的改进查询树

④ 用转换规则 4 和转换规则 7 将投影向下移动到等值连接下面以减少连接产生的中间结果所占用的空间，并根据需要创建一个新的投影等式，新的投影等式保留用于连接的列以及查询列。得到的关系代数表达式如下，对应的查询树如图 14-7 所示。

$$\prod_{Sname,Grade}(\prod_{Cno}(\sigma_{Cname='VB'}(Course)) \bowtie \sigma_{Grade>=90}(SC)) \bowtie (\prod_{Sno,Sname}(\sigma_{Sdept='计算机系'}(Student)))$$

至此该查询语句优化结束。

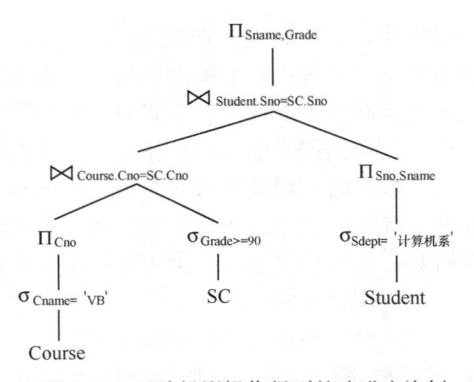

图 14-7　下移投影操作得到的改进查询树

14.4　物理优化

代数优化不涉及底层的存取路径。因此，对各种操作的执行策略无从选择，只能在操作次序和组合上根据启发式规则做一些变换和调整。单纯依靠代数优化是不完善的，优化的效果也是有限的。实践证明，合理地选择存取路径，往往能收到显著的优化效果，应成为优化的重点。本节将讨论依赖于存取路径的优化规则，即物理优化。结合存取路径，讨论各种操作执行的策略以及选择原则。

14.4.1　选择操作的实现和优化

选择操作的执行策略与选择条件、可用存取路径以及选取的元组数在整个关系中所占的比例有关。

选择条件有等值、范围和集合操作等。等值条件即属性等于某个给定值。范围条件指属性在某个给定范围内，一般由比较运算符（＞、＞=、＜、＜= 或 BETWEEN…AND…）构成。集合条件指用集合关系表示的条件，如用 IN、NOT IN、EXISTS、NOT EXISTS 表示的条件。集合条件比较的一方往往是一些常量的集合或者是子查询块。验证这些条件一般没有专门的存取路径。复合条件由简单选择条件通过 AND、OR 连接而成。

选择操作最原始的实现方法是顺序扫描被选择的关系，即按关系存放的自然顺序读取各元组，逐个按选择条件进行检验，选取满足条件的元组。这种方法不需要特殊的存取路径，如果选择的元组较多或者是关系本身很小，则这种方法不失为是一种有效的方法。在无其他存取路径时，这也是唯一可行的方法。

对于记录数很多的、大的关系，顺序扫描非常费时，为此，DBMS 在技术上支持建立各式各样的存取路径，供数据库设计人员根据需要进行配置。目前使用最多的存取路径是以 B⁺ 树或其他变种结构的各种索引。近年来，也有些 DBMS 支持动态散列及其各种变种。散列技术对于散列属性的等值查询很有效，但对于散列属性的范围查询、整个关系的顺序访问以及非散列属性的查询都很慢，加之不能充分利用存取空间，因此，除特殊情况外，一般不使用这种技术。

索引是使用最多的一种存取路径。从数据访问的角度来看，索引分为两大类：一类是无序索引，即非聚集索引；另一类是有序索引，即聚集索引。

非聚集索引是建立在堆文件上的。在这种存取结构中，具有相同索引值的元组被分散存放在堆文件中，每读取一个元组，一般都需要访问一个物理块。如果仅查询一个关系中的少量元组，则这种索引很有效，它比顺序扫描节省了大量的 I/O 操作。但如果查询一个关系中的较多元组，则可能要访问这个关系的大部分物理块，再加上索引本身的 I/O 操作，可能还不如顺序扫描有效。

聚集索引是排序索引，即关系按某个索引属性排序，具有相同索引属性值的元组聚集（即连续）存放在一起。如果查询的是聚集索引的属性，则聚集存放在同一个物理块中的元组的索引属性值是依次相邻的。这种存放方式对按主键进行的范围查询非常有利，因为每访问一个物理块就可以获得多个所需的元组，从而大大减少 I/O 次数。如果查询语句要求查询结果按主键排序，则可以省去对结果进行排序的操作。对数据按索引属性值排序和聚集存放虽然对某些查询有利，但不利于插入新数据，因为每次插入数据时都可能造成对其他元组的移动，并且有可能需要修改该关系上的所有索引，这项工作非常耗时。由于一个关系只能有一种物理排序或聚集方式，因此，只对包含这些排序属性的查询有利，对其他属性的查询可能不会带来任何好处。

连接操作可按下列启发式规则选用存取路径。

（1）对于小关系，不必考虑其他存取路径，直接用顺序扫描。

（2）如果没有索引或散列等存取路径可用，或估计选择的元组数在关系中占有较大的比例（例如大于 15%），且有关属性无聚集索引，则直接用顺序扫描。

（3）对于主键的等值条件查询，最多只有一个元组可以满足条件，因此应优先采用主键上的索引或散列。

（4）对于非主键的等值条件查询，要估计选择的元组数在关系中所占的比例。如果比例较小（例如小于 15%），可用非聚集索引，否则只能用聚集索引或顺序扫描。

（5）对于范围条件查询，一般先通过索引找到范围的边界，再通过索引的有序集沿相应的方向进行搜索。例如，对于条件 Sage>=20，可先找到 Sage=20 的有序集的节点，再沿有序集向后搜索。若选择的元组数在关系中所占的比例较大，且没有有关属性的聚集索引，则宜采用顺序扫描。

（6）对于用 AND 连接的合取选择条件，若有相应的多属性索引，则应先采用多属性索引。否则，可检查各个条件中是否有多个可用的二次索引检索的，若有，则用预查找法处理。即通过二次索引找出满足条件的元组 id（用 tid 表示）集合，然后再求出这些 tid 集合的交集。最后取出交集中 tid 所对应的元组，并在获取这些元组的同时，用合取条件中的其余条件检查。凡能满足所有其余条件的元组即为所检索的元组。如果上述途径都不可行，但合取条件中有个别条件具有规则（3）、（4）、（5）所描述的存取路径，则可用此存取路径来选择满足条件的元组，再将这项元组用合取条件中的其他条件筛选。若在所有合取条件中，没有一个具有合适的存取路径，则只能用顺序扫描。

（7）对于用 OR 连接的析取选择条件，还没有好的优化方法，只能按其中各个条件分别选出一个元组集，然后再计算这些元组的并集。并操作是开销大的操作，而且在 OR 连接的诸条件中，只要有一个条件无合适的存取路径，就必须采用顺序扫描来处理查询。因此，在编写查询语句时，应尽可能避免采用 OR 运算符。

（8）有些选择操作只要访问索引就可以获得结果。例如查询索引属性的最大值、最小值、平均值等。在这种情况下，应优先利用索引，避免访问数据。

14.4.2　连接操作的实现和优化

连接操作是开销很大的操作，一直以来它是查询优化研究的重点。本节主要讨论二元连接的优化，这也是最基本、使用最多的连接操作。多元操作也是以二元为基础的。

实现连接操作一般有嵌套循环（nested loop）、利用索引和散列寻找匹配元组、排序归并（sort-merge）以及散列连接（hash join）4 种方法，下面分别介绍这 4 种方法。

1. 嵌套循环法

设有关系 R 和 S 进行了如下连接操作：

$$R \underset{R.A=S.B}{\bowtie} S$$

最基本的方法是读取 R 中的一个元组，然后与 S 的所有元组进行比较，凡满足连接条件的元组就进行连接并作为结果输出。然后再读取 R 中的下一个元组，再与 S 的所有元组进行比较，直至 R 的所有元组与 S 的所有元组全部比较完为止。算法描述如下：

```
/* 设R有n个元组，S有m个元组 */
i←1, j←1;
while(i <= n)
do {
  while(j <= m)
  do {
    if R(i)[A] = S(j)[B]
      then 输出<R(i),S(j)>至中间文件T;
    j←j + 1;
  }
  j←1, i←i + 1;
}
/* 最终T为R与S连接的结果 */
```

事实上，将一个关系中的数据从磁盘读取到内存中不是以元组为单位的，而是以物理块为单位，一个物理块可包含多个元组。我们将一个物理块所包含的元组个数称为该关系的**块因子**。设系统为关系 R 和 S 分别提供了一个缓冲区。设 R 的缓冲区最多可存放一个 R 的物理块，设一个物理块可包含 R 的 p_R 个元组，则每次对 R 的 I/O 不是读取一个元组，而是 p_R 个元组。因此 S 的一次扫描可与 R 中的 p_R 个元组进行比较。S 的扫描次数就不是 R 中的元组数，而是 R 的物理块数 b_R，$b_R = \lceil n/p_R \rceil$（$n$ 为 R 的元组个数）。由此可得到一个启发，如果增加 R 的缓冲区大小，使得每次可读取 R 的多个物理块，那么就可以进一步减少对 S 的扫描次数。理想而言，如果缓冲区大到足以容纳 R 的全部元组，则只需要对 S 扫描一次即可实现与 R 的全部元组的比较。设 b_R、b_S 分别为 R 和 S 的物理块数，n_B 为可供连接用的缓冲区块数，其中用（n_B-1）块作为外关系（先读入的关系）的缓冲区，一块作为内关系（被用来查找匹配元组的关系）的缓冲区。设用 R 作为外关系，S 作为内关系，则用嵌套循环法进行连接时所需访问的物理块数为：

$$b_R + \lceil b_R / (n_B-1) \rceil \times b_S \qquad (14\text{-}1)$$

若以 S 为外关系，R 为内关系，则所需访问的物理块数为：

$$b_S + \lceil b_S / (n_B-1) \rceil \times b_R \qquad (14\text{-}2)$$

比较式（14-1）和式（14-2）可知，应将物理块少的关系作为外关系，以减少内关系的扫描次数。

2. 利用索引和散列寻找匹配元组法

在嵌套循环法中，可通过多次顺序扫描内关系来查找匹配的元组。如果内关系有合适的存取路径，比如在连接属性上有索引，则可以考虑使用这些存取路径来代替顺序扫描，以减少 I/O 次数，尤其是当连接属性上有聚集索引或散列时，优化效果会更加明显。如果连接属性上只有无序的索引（非聚集索引），一般情况下也比嵌套循环法要好，但不如聚集索引和散列那样效果明显。当可供连接使用的缓冲块增多时，内关系的扫描次数将减少，每次循环从内关系中选取的匹配元组数将增大。当每次循环所选的匹配元组数在内关系中占有较大的比例（如 15%）时，用无序索引还不如用顺序扫描。

3. 排序归并法

如果关系 R 和 S 按连接属性排序，则可按排序顺序比较 R.A 和 S.B（设 R.A 和 S.B 是连接属性），并找出所有匹配的元组。在此方法中，R 和 S 都只需要扫描一次。排序归并法的示意图如图 14-8 所示。

在图 14-8 中，假设 A、B 的属性域均为正整数，在比较时首先选取 A、B 属性中较小的一个值。例如，S.B 中第一个值是 1，R.B 中第一个值是 2，则选取 S.B 中的 1，然后用这个值与另一个关系 R 中的属性 A 进行比较，看是否有值相等的元组，若有，则组合成连接元组；若没有，则跳过该元组，继续处理下一个元组。如此重复直至处理完全部元组。

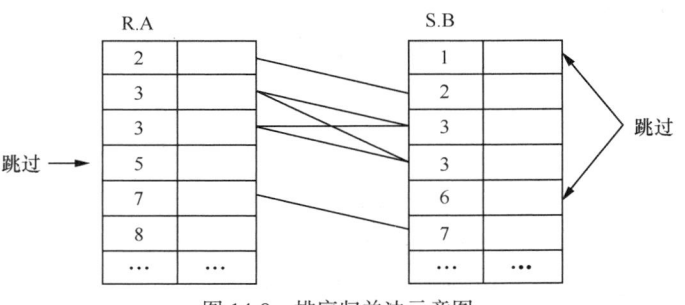

图14-8　排序归并法示意图

如果A、B不是主键列，则A和B中可能存在重复值，比如图14-8中的3就是重复值。按照连接运算的要求，R.A=3的一个元组必须与S.B=3的所有元组相匹配，同样，S.B=3的一个元组也必须与R.A=3的所有元组相匹配。

排序归并的算法描述如下：

```
R按属性A排序    /* 设R有n个元组*/
S按属性B排序    /* 设S有m个元组*/
i←1, j←1;
while (i <= n) and (j <= m)
do {
   if R(i)[A] > S(j)[B]
     then j←j + 1;
   else {  /* R(i)[A]=S(j)[B]，输出连接元组 */
    输出<R(i),S(j)>至中间文件T;
    /* 输出R(i)与S中除S(j)外的其他元组所组成的连接元组 */
    p←j + 1;
    while (p<=m) and (R(i)[A]=S(p)[B])
    do {
      输出<R(i),S(p)>至中间文件T;
      p←p + 1;
    }
    /* 输出S(j)与R(i)外的其他元组所组成的连接元组 */
    k←i + 1;
    while (k<=n) and (R(k)[A]=S(j)[B])
    do {
      输出<R(k),S(j)>至中间文件T;
      k←k + 1;
    }
    i←i + 1, j←j + 1;
   }
}
```

如果R和S事先已经按连接属性进行了排序，则排序归并方法是很有效的；如果R和S事先没有按连接属性排序，则在做连接操作前必须特别为之进行排序。由于排序是开销很大的操作，因此，在这种情况下是否值得采用排序归并法，就需要进行权衡了。

4. 散列连接法

由于连接属性R.A和S.B具有相同的属性域，因此，可以用A、B作为R、S的散列键，用相同的散列函数把R、S散列到同一个散列文件中。符合连接条件的R和S的元组必然位于同一个桶中，但同一个桶中R和S的元组未必都满足连接条件。因为，如果A=B，则必有hash（A）

= hash（B）；但如果 hash（A）= hash（B），则 A 未必等于 B。只要把桶中所有匹配的元组取出，就可以获得连接的结果。由于桶中的元组一般不会有很多，因此在匹配时可以使用嵌套循环法。散列连接法的关键是建立一个供连接使用的散列文件。在建立散列文件时，R 和 S 虽然只需要扫描一次，但散列时需要较多的 I/O 操作。在建立散列文件时，由于 R、S 一般不会对连接属性建立聚集索引，因此，一个桶的元组不可能被集中地写入，而是按其在 R、S 中出现的次序逐个填入。每当在桶中填入一个元组，均需要一次 I/O。尽管如此，如果经常需要进行这种连接操作，还是值得建立这样的散列文件的。

　　建立散列文件时，也可以在桶中不填入 R 和 S 的实际元组，而是只填入它们的元组 id（tid），这样可以极大地缩小散列文件大小，甚至有可能在内存中建立散列文件，这样所付出的 I/O 代价就仅仅是对 R 和 S 各扫描一次。在扫描 R 和 S 时，可将$\prod_A$（R）和$\prod_B$（S）与相应的 tid 一起放入桶中。在连接时，可以桶为单位，按$\prod_A$（R）=$\prod_B$（S）条件找出匹配的 tid 对。如果一个桶中只有 R 或 S 的元组，则不必进行匹配。在得到匹配的元组 id 后，可按 tid 对中的 tid，取出相应元组进行连接。为减少 I/O 次数，使每个物理块在连接时最多被访问一次，可以将各桶中匹配的 tid 按块分类，一次集中取出同一块中所需的所有元组，但这需要较大的内存开销。

　　以下是选用连接方法的启发式规则。

　　（1）如果两个关系都已按连接属性排序，则优先选用排序归并法。如果两个关系中有一个关系已按连接属性排序，而另一个关系很小，则可以考虑先对此关系按连接属性排序，然后用排序归并法进行连接。

　　（2）如果两个关系中有一个关系在连接属性上有索引（特别是聚集索引）或散列，则可以将另一个关系作为外关系，顺序扫描，并利用内关系上的索引或散列寻找与之匹配的元组，以代替多遍扫描。

　　（3）如果应用上述两个规则的条件都不具备，且两个关系都比较小，则可以应用嵌套循环法。

　　（4）如果规则（1）、（2）、（3）都不适用，则可以选用散列连接法。

　　上述启发式规则仅在一般情况下可以选取合理的连接方法，要获得好的优化效果，还需进行代价比较等优化方法。

14.4.3　投影操作的实现

　　投影操作一般与选择、连接等操作同时进行，不需要附加的 I/O 开销。如果投影的属性集中不包含主键，则投影结果中可能出现重复元组。消除重复元组是比较费时的操作，一般需要将投影结果按其所有属性排序，使重复元组连续存放，以便发现重复元组。散列也是消除重复元组的一个可行的方法。将投影结果按其一个或多个属性散列成一个文件，当一个元组被散列到一个桶中时，可以检查是否与桶中已有元组重复。如果重复，则舍弃之。如果投影结果不太大，则这种散列可在内存中进行，这样可省去 I/O 开销。

14.4.4　集合操作的实现

　　在数据库系统中，常用的集合操作有笛卡儿积、并、交、差等几种。笛卡儿积是将两个关系的元组无条件地相互拼接。设 R 有 n 个元组和 j 个属性，S 有 m 个元组和 k 个属性，则 R×S 有 $n×m$ 个元组和 $j+k$ 个属性。笛卡儿积一般用嵌套循环的方法实现，实现起来很费时，结果要比参与运算的关系大很多，因此应尽量少用笛卡儿积运算。集合的并、交、差 3 种操作要求参与操作的关系属性相同。设 R 和 S 是具有相同属性的两个关系，在计算 R∩S、R∪S 和 R−S 时，可先将 R、S 按同一属性（一般选用主键）排序，然后扫描这两个关系，并选出所需的元组。

　　在这 3 种集合操作中，关键是发现 R 和 S 的共同元组，排序是一种可行的方法，散列是另一种可行的方法。在散列方法中，先将 R 按主键散列到一散列文件中，然后将 S 也按主键和同一散列函数散列到同一散列文件中。每当将 S 的一个元组散列到一个桶中时，可以检查桶中是否有与之重复的元组。若有，则对于并操作，不再插入重复的元组；对于交操作，选取重复的元组；对于差操作，从桶中取消与 S 重复的元组。

14.4.5 组合操作

上面讨论的都是单个操作。在一个查询中可以包含多个用 AND 和 OR 连接起来的操作，如果孤立地执行各个操作，则势必要为每个操作建立一个临时文件来存放中间结果，并作为下一个操作的输入。这在时间和空间上都是不经济的。因此，在处理查询时，应尽可能把其中的操作组合起来执行。当然，对投影后消除重复元组的操作需要单独执行。实际上，还可以在更大范围内把多个操作组合起来执行。图 14-9 所示是一个组合操作的例子。R_1、R_2 经选择、投影后，不会再有索引等存取路径问题。设连接用嵌套循环执行，R_1 为外关系，R_2 为内关系。R_1 的选择、投影操作可在扫描 R_1 时完成，R_2 的选择、投影操作可在扫描 R_2 时完成。但 R_2 要扫描多次，每次扫描都要重复执行选择、投影一次，多花一些 CPU 时间。若要避免这种重复操作，可在 R_2 首次扫描后，将选择、投

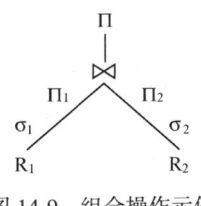

图 14-9　组合操作示例

影的结果存入临时文件，以后只扫描临时文件即可。由于选择、投影后的结果要比 R_2 小，因此，这样做不仅可以节省 CPU 时间，而且还可以减少 I/O 开销，唯一不足的就是需要建立一个临时文件。最后一个投影操作可在生成连接结果的同时进行。如果 R_1、R_2 已按连接属性排序，则可用排序归并法进行连接，选择、投影操作仍可在扫描 R_1、R_2 的同时进行。按组合操作执行，可省去创建许多临时文件，因而也省去了许多 I/O 操作。

本书所介绍的代数优化和物理优化都是规则优化。规则优化比较简单，开销也比较小，在一般情况下可以收到比较好的优化效果。在小型和解释执行的 DBMS 中，规则优化用得比较多。因为在解释执行的数据库管理系统中，优化时间包含在事务的执行时间里，因此不宜采用开销大的优化方法。但在编译执行的代码中，一次编译可供多次执行，查询优化和查询执行是分开的，而且编译时间不包括在事务执行时间中，因此值得采用更精细的复杂一些的基于代价的优化方法。一般优化过程是先选用规则优化，选择几个可取的执行策略，然后再进行代价比较，从中选出最优的。本书不对代价估算优化进行介绍，有兴趣的读者可参考相关数据。

习　题

1. 简要说明什么是代数优化，什么是物理优化。

2. 设有如下查询：

```
SELECT Sname,Cname
  FROM Student JOIN SC ON Student.Sno = SC.Sno
  JOIN Course ON Course.Cno = SC.Cno
  WHERE Ssex = '男' AND Semester = 2
```

（1）画出此查询对应的初始关系代数查询树。

（2）利用代数优化转换规则对此查询的初始关系代数表达式进行优化，画出优化过程中的关系代数表达式和对应的查询树。

3. 设有两个关系 R 和 S，R 有 10000 个元组，块因子为 10；S 有 200 个元组，块因子为 5。设一个缓冲区最多可存放 6 个物理块。设 R 和 S 事先已按连接属性进行了排序。请分别就下列两种情况比较 I/O 次数。

（1）用嵌套循环法计算 R ⋈ S。

（2）用排序归并法计算 R ⋈ S。

第IV篇 发展篇

了解当前数据库技术的发展，知道各种新型数据库系统的特点，对数据库技术的应用具有重大意义。数据库技术从 20 世纪 60 年代中期产生到现在短短的几十年内，其发展速度之快、使用范围之广，是其他技术远不能及的。

本篇内容如下。

第 15 章，大规模数据库架构。介绍当前数据库技术的发展状况，包括分布式数据库、并行数据库、NoSQL 数据库以及云计算架构的数据库技术等。

第 15 章　大规模数据库架构

近年来，数据存储技术不断进步，尤其是基于云的数据存储技术发展迅猛，这些技术互相结合、相互渗透，导致更多新的技术和成果出现，这为数据库技术更加广泛的应用奠定了基础。

本章将简要介绍分布式数据库、并行数据库、NoSQL 数据库、云计算数据库及 XML 数据库架构。

15.1　分布式数据库

15.1.1　分布式数据库系统概述

随着计算机网络技术的迅猛发展，许多数据库应用已经建立在计算机网络之上，传统的集中式数据库已无法适应地理上的分布，由此，分布式数据库应运而生。

在进一步讲述分布式数据库之前，我们必须分清分布式数据库系统和分布式数据库的概念。

分布式数据库系统是物理上分散、逻辑上集中的数据库系统，这种系统中的数据分布在物理位置不同的计算机上（通常称为场地、站点或节点，本章均用场地来描述），由通信网络将这些场地连接起来，每个场地既具有独立处理的能力，又可以和其他场地协同工作。

分布式数据库则是分布式数据库系统中各场地上数据库的逻辑集合。

例如，商场连锁经营管理模式的分布式应用。商场可能有许多分散在各地的子商场，每个子商场都有该商场的销售和存货数据库。每个子商场既可以对本地的销售及出入库进行单独处理，也可以协同其他子商场进行全局事务的处理，比如调拨货物、统计总体销售情况等。

15.1.2　分布式数据库的目标与数据分布策略

1. 分布式数据库要达到的目标

1987 年，关系数据库技术领域著名学者提出了分布式数据库要达到的 12 个目标。

（1）本地自治。

（2）非集中式管理。

（3）高可用性。

（4）位置独立性。

（5）数据分片独立性。

（6）数据复制独立性。

（7）分布式查询处理。

（8）分布式事务管理。

（9）硬件独立性。

（10）操作系统独立性。

（11）网络独立性。

（12）数据库管理系统独立性。

本地自治、非集中式管理以及高可用性是分布式数据库最基本的特征，位置独立性、数据分片独立性和数据复制独立性形成了分布式数据库系统中的分布透明性，使用户完全感觉不到数据是分布的，与使用集中式数据库完全一样。分布式查询和事务管理给分布式数据库系统带来了一定的复杂性，这也是分布式数据库领域比较热门的技术话题。

2. 数据分布策略

分布式数据库中的数据分布策略可以从数据分片和数据分配两个角度来考虑，一般是先进行数据分片，再进行数据分配。数据分片按照一定规则将某一个全局关系划分为片段，数据分配再在此基础上将这些片段分配存储在各个场地上。由此可知，分片是对关系的操作，而分配则是对分片的操作。

（1）数据分片

对某一个关系进行分片是将关系划分为多个片段，这些片段中包含足够的信息可以使关系重构。数据分片有 4 种基本方法。

① 水平分片：是在关系中从行的角度（元组）依据一定条件划分为不同的片段，关系中的每一行必须至少属于一个片段，以便在需要时可以重构关系。

② 垂直分片：是在关系中从列的角度（属性）依据一定条件划分为不同的片段，各片段中应该包含关系的主键属性，以便通过连接方法恢复关系。

③ 导出分片：是导出水平分片，分片的依据不是本关系的属性条件，而是其他关系的属性条件。

④ 混合分片：是指以上 3 种方法的混合运用。

（2）数据分配

数据分配是分布式数据库的特征，解决数据分配有以下几种方法。

① 集中式：所有数据片段都安排在一个场地上。

② 分割式：所有全局数据有且只有一份，它们被分割成若干片段，每个片段都会被分配到一个特定场地上。

③ 全复制式：全局数据有多个副本，每个场地上都有一个完整的数据副本。

④ 混合式：全局数据被分为若干个数据子集，每个子集都会被安排在一个或多个不同的场地上，但是每个场地未必会保存所有数据。这是一种介于分割式和全复制式之间的一种分布方式。

以上 4 种分配方式各有千秋。集中式策略便于控制，但数据过于集中，负载过重，易形成瓶颈，可靠性较差；分割式策略对局部数据控制灵活，但对全局数据存取效率较低；全复制式策略可靠性高，响应速度快，但数据冗余量大，同步维护复杂；混合式策略灵活性较大，可依据不同情况扬长避短，取得较高的效率。

15.1.3　分布式数据库系统的体系结构

1. 分布式数据库的参考模式结构

图 15-1 是分布式数据库的一种参考模式结构示意图，其中包括以下模式。

（1）全局外模式：它们是全局应用的用户视图，即终端用户看到的逻辑上并未分布的表、视图等。

（2）全局概念模式：描述全体数据的逻辑结构和特征。

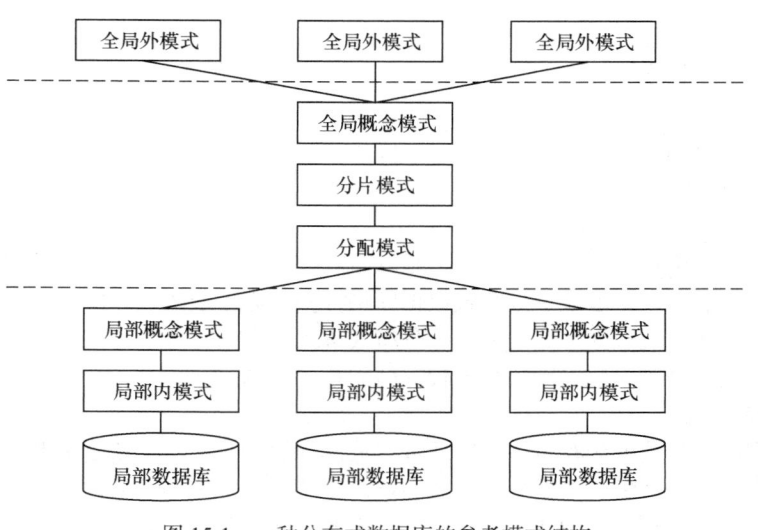

图 15-1 一种分布式数据库的参考模式结构

（3）分片模式：描述每个数据片段以及全局关系到片段的映像，是分布式数据库系统中全局数据的逻辑划分视图。

（4）分配模式：描述各片段到物理存放场地的映像。

（5）局部概念模式：描述全局关系在场地上存储的物理片段的逻辑结构以及特征。

（6）局部内模式：描述局部概念模式涉及的数据在本场地的物理存储。

2. 分布透明性

分布透明性有如下几种级别。

（1）分片透明性

分片透明性是最高级别的透明性，位于全局概念模式与分片模式之间。分片透明性是指数据分片是用户无须考虑的、完全透明的，在编写程序时用户只需对全局关系进行操作，这样简化了应用程序的维护，当数据分片发生变化时，应用程序不会受到影响。

（2）位置透明性

位置透明性是指数据分片的分配位置对用户是透明的，用户编写程序时只需要考虑数据分片情况，不需要了解各分片在各个场地的分配情况。

（3）局部数据模型透明性

局部数据模型透明性处于分配模式与局部概念模式之间，它使用户在编写应用程序时不但要了解全局数据的分片情况，还要了解各片段的副本复制情况以及各片段和其副本的场地位置分配情况，但它不需要了解各场地上数据库的数据模型。

3. 分布式数据库管理系统

分布式数据库管理系统是用于支持分布式数据库的创建、运行、管理和维护的一种数据库管理软件，它能够对各个场地的软硬件资源进行管理，为用户提供数据接口。

图 15-2 所示是一个典型的分布式数据库管理系统的结构图，它包括 4 个部分：全局数据库管理系统（GDBMS）、全局数据字典（GDD）、局部数据库管理系统（LDBMS）和通信管理（CM）。

全局数据库管理系统是分布式数据库管理系统的核心，它为终端用户提供分布透明性，协调全局事务在各个场地的执行，为全局应用提供支持。

全局数据字典提供系统的各种描述、管理和控制信息，如为系统提供各级模式描述、存取权限定义、事务优先级、完整性约束与相容性约束、数据的分割及其定义、副本数据及其所在场地、存取路径、死锁检测、预防及故障恢复，以及与数据库运行质量有关的统计信息等。

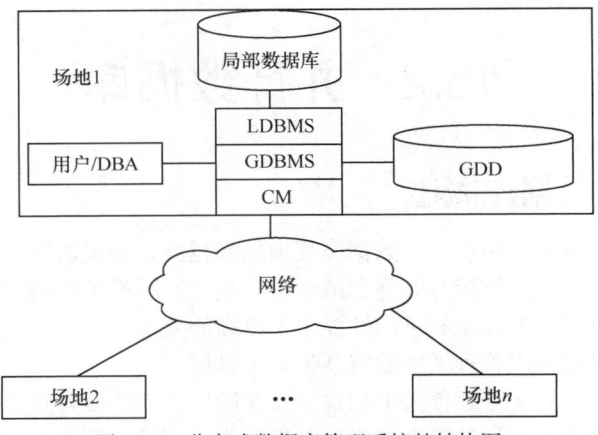

图 15-2 分布式数据库管理系统的结构图

局部数据库管理系统负责创建和管理局部数据库，提供场地自治能力，执行全局应用以及全局查询的子查询。

通信管理负责在各个场地之间传送数据和消息，为各场地的协同工作提供可靠通信。

15.1.4 分布式数据库的相关技术

1. 分布式查询

分布式数据库系统的查询处理是用户与分布式数据库系统的接口，也是分布式数据库系统中研究的主要问题之一。

在集中式数据库系统中，查询代价主要是由 CPU 代价和 I/O 代价来衡量的；在分布式数据库系统中，由于数据分布在多个不同的场地上，使得查询处理中还要考虑站点间传输数据的通信代价。

一般来说，分布式查询优化主要考虑以下策略。

（1）操作执行的顺序。

（2）操作的执行算法（主要是连接操作和并操作）。

（3）不同场地间数据流动的顺序。

在分布式数据库的查询中，导致数据传输量大的主要原因是数据间的连接操作和并操作，因此有必要对连接操作进行优化。目前，广泛使用的优化策略有两种：基于半连接的优化策略和基于连接的优化策略。

2. 分布式事务管理

分布式事务管理主要包括恢复控制和并发控制。由于在分布式数据库系统中一个全局事务的完成需要多个场地共同参与，为了保持事务的原子性，参与事务执行的所有场地或者全部提交，或者全部撤销，实现这一点相比集中式数据库较为复杂。

分布式系统的恢复控制采用的策略最典型的是基于两阶段的提交协议。该协议将场地的事务管理器分为协调者和参与者，通过协调者在第一阶段询问所有参与者事务是否可以提交，参与者做出应答；在第二阶段协调者根据参与者的回答决定事务是否提交。协调者与参与者都在稳定的存储器中维护一份日志信息，当系统发生故障时，各场地利用各自有关的日志信息便可以执行恢复操作。两阶段提交协议的主要缺点是在协调者发生故障时可能导致阻塞。针对这个缺点，提出了三阶段提交协议。三阶段提交协议在某种前提条件下可以避免阻塞问题，但是由于其开销较大而没有被广泛使用。

对并发控制而言，在大多数分布式系统中并发控制主要是基于封锁协议的。集中式数据库系统中的各种封锁协议都可以用于分布式系统，需要改变的是锁管理器处理复制数据的方式。

15.2　并行数据库

15.2.1　并行数据库概述

随着计算机应用领域的不断扩大，数据库规模越来越大，联机访问的用户越来越多，数据查询也越来越复杂，提高数据库系统吞吐率和减少事务响应时间成为数据库系统发展的关键问题，数据库应用的发展对数据库的性能和可用性提出了更高的要求。以并行计算机为基础的并行数据库系统的出现为高性能数据库管理系统的实现带来了希望。

并行数据库的出现不只在于软件需求的推动，在硬件方面，微处理器的性能愈来愈高，而价格日益下降，以多处理器并行处理提高速度很自然的成为新的技术条件下的合理选择，使用多个处理器构造的廉价并行机器比传统的大型机器具有更好的性能。最近几年，通用并行计算机上并行数据库系统的研究出现了高潮，很多数据库厂商也都成功打开了并行数据库产品的市场。

目前，并行数据库系统的研究基本围绕着关系数据库进行，本节将对并行数据库的系统结构以及核心技术进行简单介绍。

15.2.2　并行数据库系统结构

并行数据库有多种体系结构，主要可分为以下 4 种（图 15-3～图 15-6 中均用 P 表示处理机，M 表示内存，D 表示磁盘）。

1. 共享内存结构（shared memory）

共享内存结构是所有的处理机通过互联网共享一个公共的主存储器，如图 15-3 所示。

这种并行结构与单机系统的差别只是在于以多个处理器代替单个处理器，并行执行事务，通过共享内存传送消息和数据，实现对一个或多个磁盘的访问。这种结构的优势是实现简单，尤其是当用户想从原来的单机系统直接扩展到并行系统时，这是一种最简单最经济的解决方案。但是，由于共享内存，如果处理器数量过多，容易造成访问内存冲突，因此处理器数量必须限制在 32 或 64 个之内，这就在一定程度上限制了并行能力的扩展。

2. 共享磁盘结构（shared disk）

共享磁盘结构是所有的处理机都拥有独立的主存储器，它通过互联网共享磁盘，如图 15-4 所示。

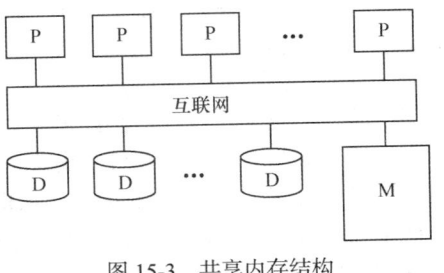

图 15-3　共享内存结构　　　　　　图 15-4　共享磁盘结构

共享磁盘结构相比共享内存结构具有更大的优势，由于每个处理器都有独立内存，因此访问内存不再会产生冲突。而且从一定程度上克服了由于内存发生故障时系统崩溃的问题，一旦某个处理器内存发生故障，其他处理器可以代替它工作，提高了系统可用性。但是，这种结构是通过互联网络实现各个处理器之间的信息和数据交换，会产生一定的通信代价。

3. 无共享结构（shared nothing）

无共享结构是每个处理机都拥有独立的主存储器和磁盘，它不共享任何资源，如图 15-5 所示。

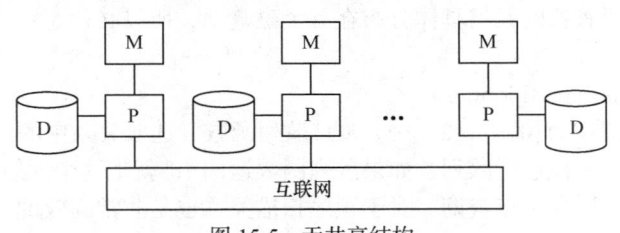

图 15-5 无共享结构

无共享结构被认为是支持并行数据库系统的最好的并行结构，它通过最小化共享资源来降低资源竞争的概率，具有极高的可扩展性，处理器数量可多达几千甚至上万个，并可在复杂数据库查询处理和联机事务处理过程中达到近线性的加速比。因此，无共享结构比较适用于如银行出纳、民航售票等 OLTP 类的应用。这种结构的主要缺点是通信的代价和非本地磁盘访问的代价高。

4. 层次结构（hierarchical）

这种结构是前 3 种体系结构的结合，如图 15-6 所示。

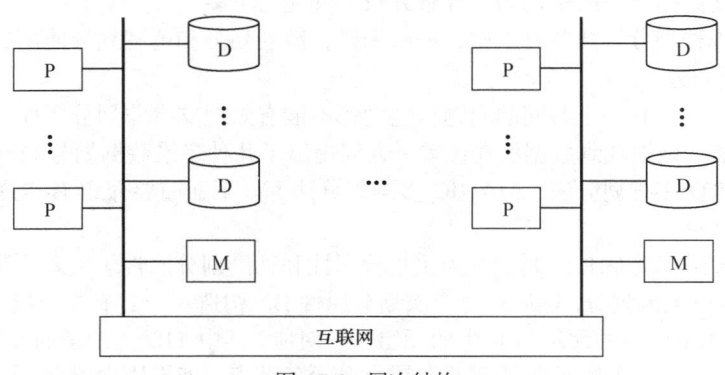

图 15-6 层次结构

该结构综合了共享内存、共享磁盘和无共享结构的特点。从全局角度来考虑，可以分为两层，顶层是由若干节点组成的无共享结构，底层是共享内存或共享磁盘结构。这种结构的灵活性很大，可以根据用户不同的需求配置成不同结构的系统，当然，它也集成了以上 3 种结构的优缺点。

15.2.3 数据划分与并行算法

并行数据库仅仅依靠采用多处理器、共享硬件资源等手段是无法实现真正意义上的并行处理的，只有当数据分布合理，易于并行处理才能将并行数据库的性能最优化。数据划分对于并行数据库系统的性能和伸缩性有很大的影响，合理的数据划分可以使查询处理时间最小化、并行处理性能最大化。下面我们首先介绍一维数据划分和多维数据划分，之后对一些常用的并行算法进行简单介绍，优化的并行算法也是影响数据库并行处理能力的一个重要因素。

1. 一维数据划分

一维数据划分是根据关系中某个属性的值来划分整个关系的，这个属性称为划分属性。主要有以下几种划分方法（假设我们要把数据划分到 n 个磁盘上，如 D_0，D_1，D_2，…，D_{n-1}）。

（1）轮转法（round-robin）

该策略顺序扫描整个关系，将元组依次划分到 n 个磁盘上，即元组 r_0 分配到 D_0，r_1 分配到 D_1，…，r_{n-1} 分配到 D_{n-1}，r_n 分配到 D_0。一般来讲，r_i 分配到 $D_{i \bmod n}$ 上。轮转法保证了元组在多个磁盘上的平均分配，最多相差 1。该策略最适合于扫描整个关系的应用，在扫描时可以并行的从 n 个磁盘读取数据，负载均衡，充分发挥并行性。但是这种策略对于点查询和范围查询的处理非常复杂，由于不知道所要查找的元组具体分布在哪个磁盘上，所以必须对所有磁盘都进行查找，明显降低了查询效率。

（2）散列划分（hash partitioning）

该策略使用一个值域为 {0，1，2，…，n-1} 散列函数，选取关系中的一个或多个属性作为划分属性，根据这个划分属性进行散列，如果散列函数返回 i，就把这个元组分配到磁盘 D_i 中。散列划分方法比轮转法更适合于点查询。对于顺序扫描关系也是非常高效的。该方法的缺点在于，如果散列函数选得不合理，则可能会引起数据划分的不均衡，因此，选择一个优良的散列函数是该策略的关键。

（3）范围划分（range partitioning）

该策略按照关系中某个属性的取值范围将数据文件划分为 n 部分，分别存放到磁盘上。举例来讲，对于划分属性为整型的关系来讲，可以将属性值小于 10 的元组分配到磁盘 0，将属性值大于 10 小于 50 的元组分配到磁盘 1，将属性值大于 100 小于 200 的划分到磁盘 2，以此类推，直至按范围将所有元组分配到 n 个磁盘上。这种划分方法明显有利于范围查询以及点查询。但是，范围划分也可能引起数据分布的不均匀，导致并行处理能力下降。

综上所述，每种划分方法各有千秋，一般来讲，散列划分和范围划分使用更普遍。

2. 多维数据划分

一维数据划分方法有一个共同的问题，它们都不能有效地支持非划分属性上具有选择谓词的查询。为了尽可能准确地找到数据所在位置，人们提出了几种多维数据划分的方法。例如，CMD 多维划分法、BERD 多维划分法、MAGIC 多维划分法等。下面简要介绍 BERD 方法，其他方法读者可参考相关文献。

BERD 划分方法将关系 R 的属性分为主划分属性和辅助划分属性。主划分属性只有一个，令为 A。首先按其进行范围划分。然后对每个次划分属性 B_i，构造一个具有 3 个属性的辅助关系 RB_i（B_i，TID，ProcID），RB_i 中的元组与 R 中的元组一一对应，其中 TID 为记录的元组标识符，ProcID 为其实际存储节点，将 RB_i 按属性 B_i 进行范围划分至各节点。如果用户提交一个基于辅助划分属性上的条件查询，则查询处理器首先利用辅助关系 RB_i 确定元组所处的节点位置，然后令这些节点并行处理该查询。

3. 并行算法

排序和连接是数据库系统中开销较大的运算，本节主要围绕这两种运算介绍一些并行算法。

（1）并行排序

如果关系是按照范围划分的方法分配到各个磁盘上的，而且排序属性恰好为划分属性，那么直接将各个划分中的数据串接起来，便可得到完全排好序的关系。如果关系是以其他方式划分的，则可以用下面的方法之一来进行排序。

① 重新按排序属性进行范围划分，然后分别对每一个划分进行排序，最后将结果直接合并。

② 采用并行外排序归并算法，即每个处理器首先对本地数据进行排序，然后，系统对每个处理器上已排序的数据进行合并，从而得到最终排好序的关系。

（2）并行连接

① 划分连接

对于等值连接和自然连接，可以将输入的两个关系划分到多个处理器中，然后在每个处理器上进行本地连接。例如，假设有两个关系 R 和 S 要进行等值连接，可先将 R 和 S 分别按照连接属性进行范围划分或散列划分，当然，所选取的范围划分向量和散列函数必须相同，这样才能保证连接属性上相同范围的元组被划分到同一处理器上。然后每一处理器分别进行本地连接，此时可以选用散列连接、归并连接或嵌套连接中的任一方法。

② 分片—复制连接

上述划分连接不适用于普遍的 θ 连接，可能具有不同连接属性的元组也可以匹配，分片—复制连接很好地解决了这个问题。分片—复制的一般情况是分别将关系 R 和 S 划分为 R_0，R_1，…，R_{n-1} 以及 S_0，S_1，…，S_{m-1}，对 R 和 S 可以采用任意划分技术，m 和 n 可以不同，但必须保证有至少 $m \times n$ 个处理器，设这些处理器分别为 $P_{0,0}$，$P_{0,1}$，…，$P_{0,m-1}$，$P_{1,0}$，…，$P_{n-1,m-1}$，处理器 $P_{i,j}$ 负责计算 R_i 和 S_j 的连接，然后将连接结果合并即可。

特殊情况，当 R 和 S 相比其中 R 要小得多的时候，可以不对 R 进行划分，只对 S 划分，然后直接将 R 复制到所有处理器与 S_i 进行连接，最终合并得到结果。

（3）其他的关系操作

① 选择

由于关系已经通过某种划分方法分散到了各个处理器中，因此选择操作可以在所有处理器上并行执行。特殊情况下，当选择具有某个属性值或某一范围属性值的元组时，如果关系采用了基于该属性的范围划分或散列划分，则可以只有一个或少数几个处理器参与选择。

② 消除重复

消除重复可以嵌入到排序过程中，一旦发现重复就消除掉。因此，我们可以结合并行排序算法来实现消除重复的并行化。

③ 投影

不进行消除重复的投影可以在元组从磁盘读入时并行进行投影，如果需要消除重复，则可以采用上述消除重复的方法，在消除重复的同时进行投影。

④ 聚合

聚合函数的并行化计算可以采取"先分后合"的方法。对于聚合函数 SUM、MIN、MAX，各节点先并行计算部分结果，然后再对各部分结果按同一聚合函数计算一次即可。对于 AVG，在并行计算时保留 AVG 的部分结果和 COUNT 的部分结果，然后计算出最终的 AVG 结果。

15.3　NoSQL 数据库

15.3.1　NoSQL 数据库概述

NoSQL 数据库泛指非关系型的数据库。随着互联网 Web 2.0 网站的兴起，传统的关系数据库在应付 Web 2.0 网站，特别是超大规模和高并发的 SNS 类型的 Web 2.0 纯动态网站已显得力不从心，暴露了很多难以克服的问题，而非关系型的数据库则由于其本身的特点得到了非常迅速的发展。

对于 NoSQL 并没有一个明确的范围和定义，但是它们普遍存在一些共同的特征。

1. 不需要预定义模式

不需要事先定义数据模式，预定义表结构。数据中的每条记录都可能有不同的属性和格式。当插入数据时，并不需要预先定义它们的模式。

2. 无共享架构

相对于将所有数据存储的网络中的全共享架构，NoSQL 往往将数据划分后存储在各个本地服务器上。因为从本地磁盘读取数据的性能往往好于通过网络传输读取数据的性能，从而提高了系统的性能。

3. 弹性可扩展

可以在系统运行的时候动态增加或者删除节点。不需要停机维护，数据可以自动迁移。

4. 分区

相对于将数据存放于同一个节点，NoSQL 数据库需要将数据进行分区，将记录分散在多个节点上面，并且在分区时还要做复制。这样既提高了并行性能，又能保证没有单点失效的问题。

5. 异步复制

和 RAID 存储系统不同的是，NoSQL 中的复制，往往是基于日志的异步复制。这样，数据就可以尽快地写入一个节点，而不会因网络传输引发迟延。缺点是并不总能保证一致性，这样的方式在出现故障的时候，可能会丢失少量的数据。

6. BASE

相对于事务严格的 ACID 特性，NoSQL 数据库保证的是 BASE 特性。BASE 是最终一致性和软事务。

NoSQL 数据库并没有一个统一的架构，两种 NoSQL 数据库之间的不同，甚至远远超过两种关系型数据库的不同。可以说，NoSQL 各有所长，成功的 NoSQL 必然特别适用于某些场合或者某些应用，在这些场合中会远远胜过关系型数据库和其他的 NoSQL。

15.3.2　NoSQL 数据库的分类

由于 NoSQL 数据库没有明确的定义，因此无法精确地对 NoSQL 进行分类。在现阶段，常用的 NoSQL 数据库根据其存储特点及存储内容可以分为以下 4 类。

1. 键值（Key-Value）存储数据库

这一类数据库主要会用到一个哈希表，这个表中有一个特定的键和一个指针指向特定的数据。Key/Value 模型对于 IT 系统来说其优势在于简单、易部署。但是如果 DBA 只对部分值进行查询或更新的时候，Key/Value 就显得效率低下了。常见的键值存储数据库包括 Tokyo Cabinet/Tyrant、Redis、Voldemort 和 Oracle BDB 等。

2. 列存储数据库

这部分数据库通常是用来应对分布式存储的海量数据的。键仍然存在，但是它们的特点是指向了多个列。这些列是由列族来安排的。如 Cassandra、HBase、Riak。

3. 文档型数据库

文档型数据库的灵感是来自 Lotus Notes 办公软件的，它与第一种键值存储类似。该类型的数据模型是版本化的文档、半结构化的文档以特定的格式存储，比如 JSON。文档型数据库可以看作是键值数据库的升级版，允许之间嵌套键值。而且文档型数据库比键值数据库的查询效率更高。常见的文档型数据库有 CouchDB、MongoDB。

4. 图形（Graph）数据库

图形结构的数据库同其他行列以及刚性结构的 SQL 数据库不同，它是使用灵活的图形模型，并且能够扩展到多个服务器。

15.3.3　NoSQL 数据库发展现状及挑战

随着互联网业务的不断发展，现阶段 NoSQL 数据库的应用也越来越多，不同种类的 NoSQL 数据库也层出不穷。由于 NoSQL 数据库本身是针对某类特定问题提出的，因此在实际使用中，仅仅依靠 NoSQL 数据库可能很难完成用户的所有需求，于是就出现了 NoSQL 数据库和传统关系数据库同时使用的情况。

归结起来，NoSQL 数据库仍然存在着如下一些挑战。

（1）已有 Key-Value 数据库的产品大多是面向特定应用自治构建的，缺乏通用性。

（2）已有产品支持的功能有限（不支持事务特性），导致其应用具有一定的局限性。

（3）已有的一些研究成果和改进的 NoSQL 数据存储系统，都是针对不同应用需求而提出的相应解决方案，如支持组内事务特性、弹性事务等，很少从全局考虑系统的通用性，也没有形成系列化的研究成果。

（4）缺乏类似关系数据库所具有的强有力的理论、技术（如成熟的基于启发式的优化策略、两段封锁协议等）、标准规范（如 SQL 语言）的支持。

（5）缺乏足够的安全措施，很多数据库都需要采用网络控制等方式进行安全控制。但随着 NoSQL 的发展，越来越多的人开始意识到安全的重要性，部分 NoSQL 产品开始提供一些对安全方面的支持。

15.4　云计算数据库架构

15.4.1　云计算概述

云计算（Cloud Computing）是分布式处理（Distributed Computing）、并行处理（Parallel Computing）和网格计算（Grid Computing）的进一步发展，或者说是这些计算机科学概念的商业实现。云计算是一种商业计算模型，它通过集中所有的计算资源，采用硬件虚拟化技术，为云计算使用者提供强大的计算能力、存储资源和带宽资源等，它将计算任务分布在大量计算机构成的资源池上，使各种应用系统能够根据需要获取计算能力、存储空间和信息服务，获得与传统大型服务器相同或者更高的计算能力。企业数据中心的运行将与互联网相似，这使得企业能够将资源切换到需要的应用上，根据需求访问计算机和存储系统。

云计算中包含互联网上的应用服务及在数据中心提供这些服务的软硬件设施，如软件即服务（Software as a Service，SaaS）、平台即服务（Platform as a Service，PaaS）、基础设施即服务（Infrastructure as a Service，IaaS）。互联网上的应用服务一直被称作软件即服务，它是一种软件分配模式。其中，应用程序由供应商或服务供应商托管，并通过网络（通常是因特网）提供给用户。平台即服务是指通过网络提供操作系统及相关服务，而无须下载或安装软件。基础设施即服务指将用于支持运作的设备对外提供服务，这些设备包括存储、硬件、服务器和网络组件等。云计算的目标就是通过网络提供越来越多的服务，实现一切即服务的目标。

云计算提供商的数据中心的软硬件设施就是通常所说的云（Cloud）。云可分为公共云、私有云、混合云。当云以即用即付的方式提供给公众的时候，我们称其为公共云，这里出售的是效用计算以及各种服务。当前典型的效用计算有 Amazon Web Services、Google AppEngine 和微软的 Azure。不对公众开放的企业或组织内部数据中心的资源称作私有云。因此云计算就是 XaaS 和效用计算，但通常不包括私有云。

从硬件上看，云计算在以下 3 个方面突破了传统。

（1）云计算能为应用系统提供似乎无限的计算资源，云计算终端用户无须再为计算能力准备预算。

（2）SaaS 的服务供应商可以根据需要逐步追加硬件资源，而不需要预先给出承诺。

（3）云计算具有为其用户提供短期使用资源的灵活性（例如，按小时购买或按天购买处理器）。当不再需要这些资源时，用户可以方便地释放这些资源。

这 3 方面的突破，都可使云计算为技术和经济带来重要的变革。

15.4.2　云数据库体系结构

云计算作为一种基于互联网的超级计算模式，同时也构建起一种全新的商业模式。虽然在运行方式上与现有应用存在很大差别，但它们仍有许多共同点。在云环境下，计算的主要对象仍是数据，因此"云+数据库"的结合产生了云数据库（即 CloudDB，简称为"云库"）。

由于云计算是新兴技术，有着很强的应用前景以及商业价值，因此各大软件厂商纷纷推出自己的云计算平台。目前主要的云计算平台有 Amazon 的 AWS（Amazon Web Services）、Google 的 GAE（Google App Engine）以及开放的云计算平台 Hadoop。目前，云计算技术仍处于发展中，尚不存在标准的体系结构。各个云计算提供商都有各自的解决方案，并有各自所解决问题的侧重点。而 Google 的云数据库 Bigtable、Hadoop、Hbase 以及 Amazon 的 simpleDB 在实现上虽然有所不同，但其体系结构基本相似。因此，这里只简要介绍一下 Google 的云数据库构架。

Google 一直从事于云计算的研究与应用，近几年来其框架已基本成型，但其云的体系结构是为 Google 本身的应用程序设计的。Google 使用的云计算基础架构模式包括 4 个相互独立又紧密结合在一起的系统。它包括 Google 建立在集群之上的文件系统 Google File System、分布式编程环境 MapReduce、分布式的锁机制 Chubby 以及 Google 开发的模型简化的大规模分布式数据库 BigTable。其结构框架如图 15.7 所示

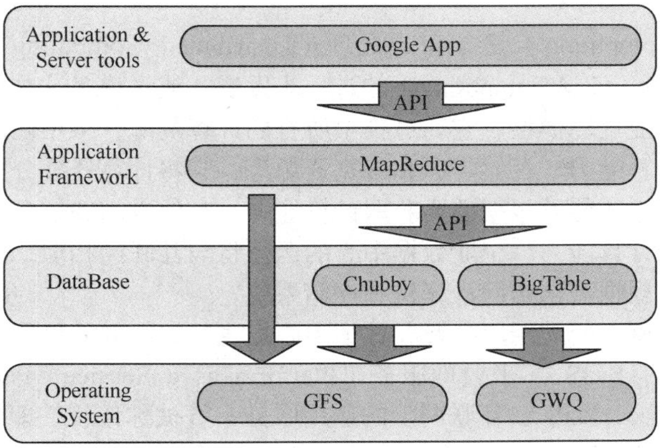

图 15-7　Google 云计算体系结构

在应用层上，Google 是云计算的最大实践者，Google 在云计算基础设施之上建立了一系列新型网络应用程序。Google 提供的应用程序接口，将 Google 的云计算的硬件基础设施分享给用户使用，如 GWT（Google Web Toolkit）及 Google Map API 等，但 Google 并没有将其设施全部共享出来，其大部分基础设施仍然都是私有的。因此提供给用户的设施是有限的。

作为分布式编程环境，MapReduce 提供了一种在大规模集群基础上编写大型分布式应用程序的机制，Google 还设计并实现了一套大规模数据处理的编程规范 MapReduce 系统。这样非分布式专业的程序编写人员也能够为大规模的集群编写应用程序，而不用顾虑集群的可靠性、可扩展性等问题。应用程序编写人员只需要将精力放在应用程序本身，而关于集群的处理问题则交由平台来处理。

Google 文件系统（Google File System，GFS）是为了满足 Google 迅速增长的数据处理需求而产生的，Google 设计并实现了 GFS。GFS 与分布式文件系统在许多方面具有相同的性质，如性能、可伸缩性、可靠性以及可用性。但 GFS 的设计还受到 Google 应用负载和自身技术环境的影响。它充分地考虑到云集群中单节点失效、文件规模、I/O 负载以及文件系统操作不透明等因素。

BigTable 是 Google 的云数据库，这是一个分布式的结构化数据存储系统，用于对海量数据的处理、存储和查询。它的数据一般分布在不同地域内的大量集群服务器上。目前，Google 的许多应用都使用 BigTable 存储数据，其中就包括 Web 索引、Google Earth、Google Finance 等。无论是在数据量上还是在响应速度上，针对这些应用对数据的不同需求，BigTable 都能提供一个有效的解决方案。

1. BigTable 数据模型

BigTable 表的索引是行关键字（Row Key）、列关键字（Column Key）和时间戳（Timestamp），

每个单元（Cell）均由行关键字、列关键字和时间戳共同定位，即 cell contents（row, column, timestamp）。用户在表格中存储的数据，每一行都有且仅有一个可排序的主键和任意多的列。由于 BigTable 是稀疏存储的，所以表中每行数据的列都可能是截然不同的。在 BigTable 中，不仅可以随意地增减行的数量，而且在一定的约束条件下，还可以对列的数量进行扩展。BigTable 在每个单元还引入一个时间标签，可以存储多个不同时间版本的不同数据。

如图 15-8 显示的是一个表的应用示例，它需要存储海量的网页及其相关信息，这些数据可能应用在不同的程序中。在这个表中，反向的 URL "com.cnn.www（www.cnn.com ）" 是行关键字；contents 列存储网页内容，每个内容有一个时间戳；因为有两个反向连接，所以 anchor 列族有两个列：anchor:cnnsi.com 和 anchor:my.look.ca。列族使得表可以横向扩展，anchor 的列数并不固定。

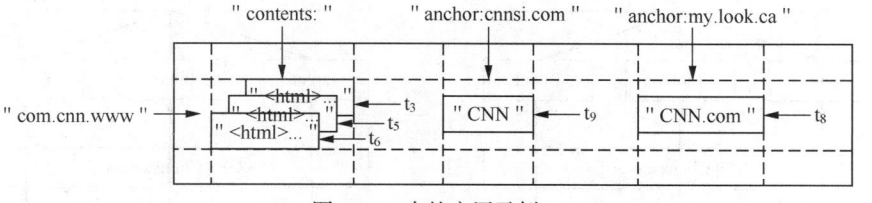

图 15-8　表的应用示例

BigTable 数据模型的特点如下。

（1）表中的行关键字可以是任意的字符串。对同一个行关键字的读或写操作都是原子操作，这个设计能够使用户很容易地理解程序在对同一行进行并发更新操作时的行为。

BigTable 通过行关键字的字典顺序来组织数据。表中的每一行都可以动态分区。每个分区都叫作一个 "Tablet"。Tablet 是数据分布和负载均衡调整的最小单位。通过使用这种方法，当只读取行中较少几列数据时，效率很高，通常只需要几次机器间的通信就可完成数据的读取。用户可以通过选择合适的行关键字，在数据访问时，有效利用数据的位置相关性，从而实现数据高效率访问。

（2）列族是由列关键字组成的集合，是访问控制的基本单位。在同一列族下，通常存放属于同一类型的数据。根据设计的需求，要适当地设计列族，在同一张表中，列族不能过多。在列族层面上分别进行访问控制、磁盘和内存的使用统计。在图 15-8 所示的例子中，上述控制权限能帮助我们管理不同类型的应用：一些应用允许添加新的基本数据，一些应用允许读取基本数据并创建继承的列族，一些应用则只允许浏览数据。

（3）时间戳记录了 BigTable 中每一个数据项所包含的不同版本的数据的时间标识。通过时间戳可以实现对不同版本的数据的索引。BigTable 可以设置时间戳的值，用来表示相应数据的准确时间，可以精确到毫秒；用户程序也可以给时间戳进行赋值，以表示数据的版本信息。数据项中，系统按照时间戳顺序对数据进行排序，把最新的数据排在最前面。

2. BigTable 的体系结构

BigTable 就像是一个巨大的表格，但其架构与传统的 DBMS 不同。BigTable 的体系结构如图 15-9 所示。在 BigTable 中，包含了多个 Table，每个 Table 都是一个多维的稀疏表。为了对巨大的 Table 实现高效的管理，系统对 Table 进行水平分片，分片后的表单元称为 Tablet。每个 Tablet 的大小不定，每个机器都可存储多个 Tablet。BigTable 使用 SSTable 作为底层存储数据的格式，它按照列优先的方式进行存储。SSTable 文件是不可修改的，当 SSTable 被创建后，如果要写入新的数据，则只能重新合并生成一个更大的 SSTable 文件。

SSTable 由 Google 文件系统（GFS）组织存储，GFS 负责存储日志文件和数据文件。由于 GFS 是一种分布式的文件系统，其本身就具有一定的负载均衡能力，因此 BigTable 也具有一定的负载均衡能力。

BigTable 使用了 Chubby 服务实现锁功能。Chubby 是一个高可用性的、序列化的分布式锁服务组件。一个 Chubby 服务包含了多个活动副本，其中的一个副本被选为 Master，处理各种请求。

Chubby 提供一个包含目录和小文件的名字空间。每个目录或者文件可以当成一个锁，读写文件都是原子操作。Chubby 客户程序库提供对 Chubby 文件的一致性缓存。每个 Chubby 客户程序都维护一个与 Chubby 服务的会话。

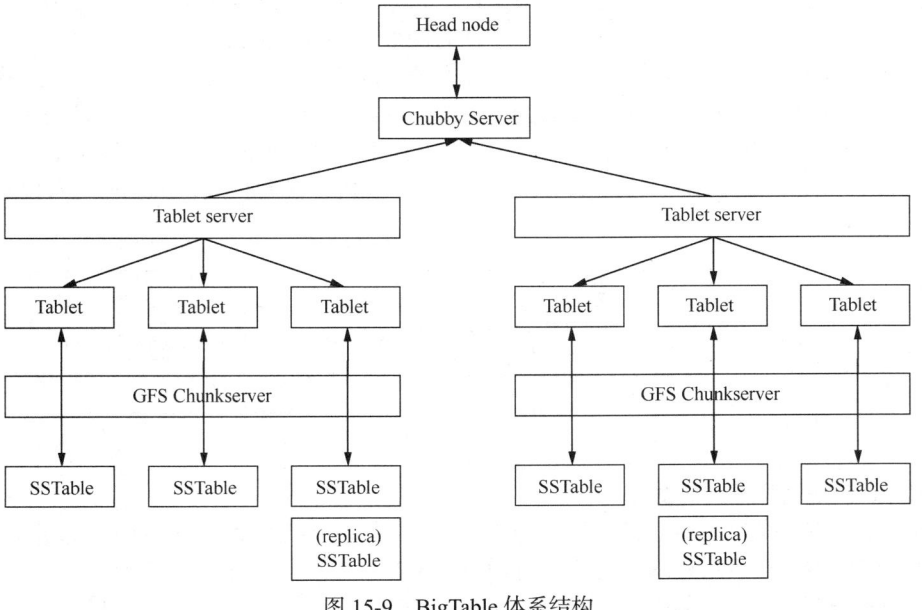

图 15-9　BigTable 体系结构

BigTable 服务器分为一个 Master 服务器和多个 Tablet 服务器。根据系统工作负载的变化情况，BigTable 可以动态地向集群中添加或者删除 Tablet 服务器。

Master 服务器主要负责为 Tablet 服务器分配 Tablets、检测新加入的或者过期失效的 Tablet 服务器、对 Tablet 服务器进行负载均衡，以及对保存在 GFS 上的文件进行垃圾收集。

每个 Tablet 服务器都管理一个 Tablet 的集合。Tablet 服务器负责处理它所加载的 Tablet 的读写操作，以及在 Tablets 过大时，对其进行分割。

一个 BigTable 集群存储了很多表，每个表都包含了一个 Tablet 的集合，而每个 Tablet 都包含了某个范围内行的所有相关数据。初始状态下，一个表只有一个 Tablet。随着表中数据的增长，它被自动分割成了多个 Tablet。

Tablet 的位置信息使用了三层结构存储，如图 15-10 所示。

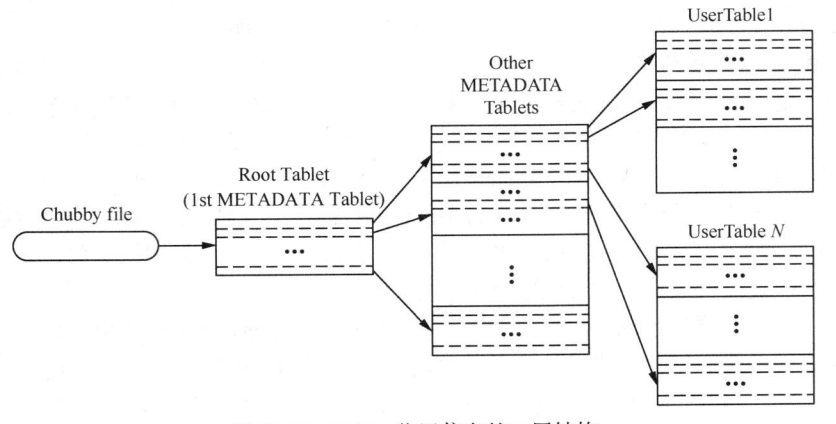

图 15-10　Tablet 位置信息的三层结构

第一层是一个存储在 Chubby 中的文件，它包含了 Root Tablet 的位置信息。Root Tablet 包含了一个特殊的 METADATA 表的所有 Tablet 的位置信息。而 METADATA 表的每个 Tablet 均包含了一个用户 Tablet 的集合。通过这三层结构，系统可以快速找到对应的 Tablet。

15.4.3　云数据库与传统数据库的比较

云数据库与现有的 RDBMS 存在较大差别，虽然都是关系数据模型，但通常的云数据库就是一系列的二维表格，其操作方式也是基于简化版本的类 SQL 或访问对象。云数据库解决了数据集中共享的问题，剩下的是前端设计、应用逻辑和各种应用层开发资源的问题。作为广义云计算的一种高级应用，云数据库蕴含着前所未有的数据服务交付能力。在理想状态下，它能够支持无限的并发用户，提供永不枯竭的数据应用资源。

虽然云数据库看似"简陋"，但在使用上它的扩展性却更好。数据库实例对于并发用户的支持是有限的，即便是在基于近乎无限的云存储环境中进行操作；而云数据库的使用使用户不必购买托管服务器、自己安装和维护数据库，也不必关心服务器的地理位置及其他信息，用户只需存取我们所要的信息。但是云数据库不是无所不能，也不是没有任何缺点的。

（1）数据安全问题。由于数据都存储在云端，且数据脱离了用户的控制，这就容易产生数据安全与隐私的问题。因此在云数据库中，能否确保数据的安全性是一个重要的问题。

（2）对云的管理问题。云是对硬件进行虚拟化，这使得管理员不能直接对硬件进行管理，这大大增加了管理的难度。

（3）对因特网的依赖。由于用户的数据都是存储在云端，用户使用数据时必须从云数据库中获得，这就对网络有了较高的要求。如果网速过慢、甚至没有网络，在获取数据时会产生很大的问题。

总之，云数据库有它自身的优点，也有其缺点，我们要正确地认识它。作为新生事物，我们必须接受它，相信它会慢慢发展得更加完美。

15.4.4　对云数据库的展望

云计算经过数年的发展与积累，即将进入蓬勃的发展期。在可见的未来，云服务将能够提供应用程序、计算能力、存储容量、联网、编程工具，甚至是通信服务和协作工具等几乎所有的 IT 资源。云计算与云数据库必然会对数据的存储方式带来革命性的变革，云数据库把以往数据库中的逻辑设计简化为基于一个地址的简单访问模型。但正如上面所说，云数据库也仍然存在很多问题，这些问题都直接影响了云数据库的应用。只有将这些问题解决了，云数据库才有可能得到更广泛的应用。

15.5　XML 数据库

15.5.1　XML 数据库概述

XML（eXtensible Markup Language，可扩展标识语言）的语法与 HTML 类似，都是用标签来描述数据的。XML 一般用于标记电子文件，使其具有结构性的标记语言，可以用来标记数据、定义数据类型，是一种允许用户对自己的标记语言进行定义的源语言。XML 是标准的通用标记语言 (SGML) 的子集，非常适合于 Web 传输。XML 提供统一的方法来描述和交换独立于应用程序或供应商的结构化数据。XML 与数据库不同，数据库提供了强有力的数据存储和分析能力，例如，数据索引、排序、查找等，XML 仅仅是存储数据。XML 常用来传送及携带数据信息，而非用来表现或展示数据，HTML 则是用来表现数据的，所以 XML 用途的焦点在于，它说明数据是什么以及携带的数据信息。

XML 数据库是一种支持对 XML 格式文档进行存储和查询等操作的数据库管理系统。在系统中，开发人员可以对数据库中的 XML 文档进行查询、导出和指定格式的序列化。XML 数据库是 XML 文档及其部件的集合，并通过一个具有能力管理和控制这个文档集合本身及其所表示信息的系统来维护。XML 数据库不仅是结构化数据和半结构化数据的存储库，像管理其他数据一样，持久的 XML 数据管理包括数据的独立性、集成性、访问权限、视图、完备性、冗余性、一致性以及数据恢复等。这些文档是持久的，并且是可以操作的。

当前着重于页面显示格式的 HTML 标记语言和基于它的关键词检索等技术已经不能满足用户日益增长的信息需求。近年来的研究致力于将数据库技术应用于网上数据的管理和查询，使查询可以在更细的粒度上进行，并集成多个数据源的数据。但困难在于网上的数据缺乏统一、固定的模式，数据往往是不规则且经常变动的。因此，XML 数据作为一种自描述的半结构化数据为 Web 的数据管理提供了新的数据模型，如果将 XML 标记数据放入一定的结构中，对数据的检索、分析、更新和输出就能够在更加容易管理的、系统的和较为熟悉的环境下进行，因而我们将数据库技术应用于 XML 数据处理领域，通过 XML 数据模型与数据库模型的映射来存储、提取、综合和分析 XML 文档中的内容。这为数据库的研究开拓了一个新的方向，将数据库技术的研究扩展到对 Web 数据的管理。

目前 XML 数据库有 3 种类型。

（1）能处理 XML 的数据库（XML Enabled Database，XEDB）。其特点是在原有的数据库系统上扩充对 XML 数据的处理功能，使之能适应 XML 数据存储和查询的需要。一般的做法是在数据库系统之上增加 XML 映射层，这可以由数据库供应商提供，也可以由第三方厂商提供。映射层管理 XML 数据的存储和检索，但原始的 XML 数据和结构可能会丢失，而且数据检索的结果不能保证是原始的 XML 形式。XEDB 的基本存储单位与具体的实现紧密相关。

（2）纯 XML 数据库（Native XML Database，NXD）。其特点是以自然的方式处理 XML 数据，以 XML 文档作为基本的逻辑存储单位，针对 XML 的数据存储和查询特点专门设计适用的数据模型和处理方法。

（3）混合 XML 数据库（Hybrid XML Database，HXD）。根据应用的需求，可以视其为 XEDB 或 NXD 的数据库。

与传统数据库相比，XML 数据库具有以下优势。

（1）XML 数据库能够对半结构化数据进行有效的存取和管理。如网页内容就是一种半结构化数据，而传统的关系数据库对于类似网页内容这类半结构化数据无法进行有效的管理。

（2）提供对标签和路径的操作。传统数据库语言允许对数据元素的值进行操作，但不能对元素名称进行操作，半结构化数据库提供了对标签名称的操作，包括对路径的操作。

（3）当数据本身具有层次特征时，由于 XML 数据格式能够清晰表达数据的层次特征，因此 XML 数据库便于对层次化的数据进行操作。XML 数据库适合管理复杂数据结构的数据集，如果已经以 XML 格式存储信息，则 XML 数据库利于文档存储和检索；可以用方便实用的方式检索文档，并能够提供高质量的全文搜索引擎。另外，XML 数据库能够存储和查询异种的文档结构，提供对异种信息存取的支持。

虽然 XML 数据库中的纯 XML 数据库和混合型 XML 数据库已经有了商用产品，但是相对关系数据库的市场占有率和使用情况仍然存在很大的距离。现阶段在生产环境中，一般使用的是原有的关系数据库厂商在其传统商业产品中进行相关的扩充，使其能够处理 XML 数据产品。

15.5.2　SQL Server 与 XML

微软在 SQL Server 2000 中推出了与 XML 相关的功能，以及相关的 Transact-SQL 关键字 FOR XML 和 OPENXML，这使得开发人员可以编写 Transact-SQL 代码来获取 XML 流形式的查询结果，并将一个 XML 文档分割成一个 rowset。SQL Server 2005 扩展了这些 XML 功能，它推出了一个支持 XSD schema 验证、基于 XQuery 操作和 XML 索引的本地的 XML 数据类型。SQL Server 2019 是建立在之前版本的 XML 功能基础上的，它还对 XML 功能进行了进一步的改进。

对 XML 的支持已集成到 SQL Server 的所有组件中，具体包括下面几项。

（1）可将 XML 值存储在根据 XML 架构集合类型化或保持非类型化的 XML 数据类型列中，还可为 XML 列编制索引。

（2）可以为 XML 类型的列和变量中存储的 XML 数据指定 XQuery 查询。

（3）增强了 OPENROWSET 以允许大容量加载 XML 数据。

（4）FOR XML 子句可用来检索 XML 格式的关系数据。

（5）OPENXML 函数可用来检索关系格式的 XML 数据。

1. SQL Server 中的 XML 语句

在关系数据库中，SELECT 语句返回的查询结果是一个标准的行集，也就是由字段与记录组成的数据表格式的数据集。如果希望将查询结果以 XML 形式返回，可以通过在 SELECT 语句中指定 FOR XML 子句，将返回结果变为 XML 格式。FOR XML 子句可以用在顶级查询和子查询中。顶级 FOR XML 子句只能用在 SELECT 语句中。而在子查询中，FOR XML 却可以用在 INSERT、UPDATE 和 DELETE 语句中。此外，SQL Server 还提供了一个 OPENXML 函数用于处理 XML 数据流。

FOR XML 子句的基本语法如下：

```
[ FOR { BROWSE | <XML> } ]
<XML> ::=
XML
    {
      { RAW [ ('ElementName') ] | AUTO }
      [
         <CommonDirectives>
         [ , { XMLDATA | XMLSCHEMA [ ('TargetNameSpaceURI') ]} ]
         [ , ELEMENTS [ XSINIL | ABSENT ]
      ]
    | EXPLICIT
      [
         <CommonDirectives>
         [ , XMLDATA ]
      ]
    | PATH [ ('ElementName') ]
      [
         <CommonDirectives>
         [ , ELEMENTS [ XSINIL | ABSENT ] ]
      ]
    }
  <CommonDirectives> ::=
  [ , BINARY BASE64 ]
  [ , TYPE ]
  [ , ROOT [ ('RootName') ] ]
```

参数说明如下。

（1）RAW[('ElementName')]采用查询结果并将结果集中的每一行都转换为将通用标识符 <row/>作为元素标记的 XML 元素。使用此指令时，可以选择指定行元素的名称。产生的 XML 将把指定的 ElementName 作为每行生成的行元素。

（2）AUTO 以简单的嵌套 XML 树返回查询结果。FROM 子句中的每个表（在 SELECT 子句中至少为其列出了一列）都可表示为一个 XML 元素。

（3）EXPLICIT 指定显式定义产生的 XML 树的形状。使用此模式时，必须以一种特定的方式编写查询，以便显式指定所需嵌套的其他信息。

（4）PATH 提供了一种更简单的方式来混合元素和属性，并引入表示复杂属性的其他嵌套。可以使用 FOR XML EXPLICIT 模式查询从行集中构造这种 XML，但 PATH 模式针对可能很烦琐的 EXPLICIT 模式查询提供了一种更简单的替代方式。通过 PATH 模式，以及用于编写嵌套 FOR XML 查询的功能和返回 XML 类型实例的 TYPE 指令，可以编写一个简单的查询。它为编写大多数 EXPLICIT 模式的查询提供了一个替代方式。默认情况下，PATH 模式为结果集中的每一行生成一个<row>元素包装。用户还可以选择指定元素名称。如果指定了元素名称，则指定的名称将作为包装元素名称。如果提供空字符串（FOR XML PATH ('')），则不会生成任何包装元素。

（5）XMLDATA 指定应返回内联 XML 数据简化 (XDR) 架构。文档的架构被预置为内联架构。

（6）XMLSCHEMA 指定应返回内联 W3C XML 架构 (XSD)。指定此指令时，可以选择指定目标命名空间 URI。这样将返回架构中指定的命名空间。

（7）如果指定 ELEMENTS 选项，则列会作为子元素返回。否则，列将映射到 XML 属性。只在 RAW、AUTO 和 PATH 模式中支持此选项。

（8）如果指定 BINARY Base64 选项，则查询所返回的任何二进制数据都用 base64 编码格式表示。若要使用 RAW 和 EXPLICIT 模式检索二进制数据，必须指定此选项。

（9）TYPE 指定查询以 XML 类型返回结果。

（10）ROOT [('RootName')]指定向产生的 XML 中添加单个顶级元素。可以选择指定要生成的根元素名称。默认值为 "root"。

例 15-1 使用 FOR XML RAW 参数，查询年龄在 20～22 岁的学生姓名、性别和所在系。

```
SELECT Sname, Ssex, Sdept FROM Student
    WHERE Sage BETWEEN 20 AND 22 FOR XML RAW
```

	XML_F52E2B61-18A1-11d1-B105-00805F49916B
1	<row Sname="李勇　　" Ssex="男" Sdept="计算机系"/><row Sname="刘晨　　" Ssex="男...

例 15-2 使用 FOR XML AUTO 参数，查询年龄在 20～22 岁的学生姓名、性别和所在系。

```
SELECT Sname, Ssex, Sdept FROM Student
    WHERE Sage BETWEEN 20 AND 22 FOR XML AUTO
```

	XML_F52E2B61-18A1-11d1-B105-00805F49916B
1	<Student Sname="李勇　　" Ssex="男" Sdept="计算机系"/><Student Sname="刘晨　　" Ssex=...

例 15-3 使用 FOR XML AUTO 参数，查询年龄在 20～22 岁的学生姓名、性别和所在系，同时输出 XML 的 XSD。

```
SELECT Sname, Ssex, Sdept FROM Student
    WHERE Sage BETWEEN 20 AND 22 FOR XML AUTO, XMLSCHEMA
```

2. SQL Server 中的 XML 数据类型

在 SQL Server 中，可以使用 XML 数据类型，也可以将 XML 文档或片段存储在 SQL Server 数据库中。XML 片段是没有根元素的 XML 实例。数据库管理员可以创建 XML 类型的列和变量，并将 XML 实例存放在列和变量中。在创建数据表时，可以定义 XML 类型的字段，声明 XML 数据类型字段的方法与声明其他数据类型字段的方法一样。

例 15-4 创建一个包含 XML 字段类型的表。

```
CREATE TABLE 文档表
(
    文档编号  int,
    文档标题  nvarchar(50),
```

```
文档内容    xml
)
```

例 15-5 声明一个 XML 数据类型的变量。

```
DECLARE @myXML xml
```

例 15-6 将 FOR XML 的查询结果赋值给 XML 变量并进行查询显示。

```
SET @myXML = (SELECT 文档内容 FROM 文档表 WHERE 文档编号=1)
SELECT @myXML
```

XML 实例通常较大，因此是作为二进制大型对象（BLOB）存储在数据库中的，存储在 XML 类型列里面的 XML 数据最大可以达到 2GB，如果没有索引，在查询 XML 数据时将会非常耗时。因此需要在 XML 类型字段上建立索引。XML 索引与普通索引不同，可以分为两种类型：主 XML 索引和辅助 XML 索引。主 XML 索引是 XML 数据类型字段中的 XML BLOB 的已拆分和持久的表示形式。对于字段中每个 XML 实例，索引都会创建几个数据行，数据行数约等于 XML 实例中的节点数。数据行中存储了 XML 实例的节点信息，具体包括以下几项。

（1）元素名或属性名。

（2）区分元素节点、属性节点、文本节点的节点类型。

（3）节点的值。

（4）由内部节点标示符标示的文档顺序信息。

（5）从根节点到每个节点的路径。

（6）其他信息。

XML 字段的第一个索引必须是主 XML 索引，为了增强搜索性能，在使用了主 XML 索引的基础上还可以使用辅助 XML 索引。辅助 XML 索引可以分为 PATH（路径）辅助 XML 索引、VALUE（值）辅助 XML 索引和 PROPERTY（属性）辅助 XML 索引 3 种类型。

（1）如果对 XML 字段中的实例经常进行指定路径的查询，使用 PATH 辅助索引可以提高搜索速度。

（2）如果对 XML 字段中的实例经常进行基于值的查询，使用 VALUE 辅助索引可以提高搜索速度。

（3）如果对 XML 字段中的实例经常进行一个或多个属性值的查询，使用 PROPERTY 辅助索引可以提高搜索速度。

3. 查询 XML 数据类型

SQL Server 支持使用 XQuery 语言来查询 XML 数据类型，其常用的方法包括：用于查询 XML 实例中 XML 节点的 Query 方法；用于描述 XML 实例中获取节点或元素值的 Value 方法；用于判断查询是否返回空结果的 Exist 方法；用于在 XML 实例中插入、修改和删除节点的 Modify 方法。XQuery 语言本身内容较多，由于篇幅限制，本章不对相关方法进行详细介绍，感兴趣的读者可以查询 SQL Server 的相关文档来获得相关操作的使用方法。

附录 A   SQL Server 2019 基础

SQL Server 是微软推出的数据库管理系统，SQL Server 2019 是目前较新的一个版本。SQL Server 从 2017 版开始支持在 Linux、基于 Linux 的 Docker 容器和 Windows 上运行（之前的 SQL Server 只支持在 Windows 上运行），用户可以在 SQL Server 平台上选择开发语言、本地开发或云端开发，以及操作系统开发。

本附录 A 主要介绍 SQL Server 2019 主要的主要服务，在 Windows 平台上安装 SQL Server 2019 的过程，如何配置 SQL Server，以及在该软件中创建数据库的方法。

A.1   SQL Server 2019 简介

为了满足不同用户在性能、功能、价格等因素上的不同要求，SQL Server 2019 提供了不同的版本系列和不同的组件。

根据应用程序以及用户业务的需要，用户可以选择安装不同的 SQL Server 版本以及不同的服务。本节将介绍 SQL Server 2019 提供的主要服务。

A.1.1   SQL Server 2019 提供的主要服务

SQL Server 数据库管理系统的各项功能是通过不同的服务来完成的。下面简单介绍 SQL Server 2019 提供的主要服务。

1. 数据库引擎

数据库引擎是用于存储、处理和保护数据的核心服务，利用数据库引擎服务可以实现控制访问权限、快速处理事务、数据操作等，从而满足企业内大多数需要处理大量数据的应用程序的要求。使用数据库引擎可以创建用于联机事务处理（OLTP）或联机分析处理（OLAP）数据的关系数据库，包括创建用于存储数据的表和用于查看、管理和保护数据安全的数据库对象（如索引、视图和存储过程）。

2. 分析服务

分析服务是 SQL Server 的一个服务组件。分析服务在日常的数据库设计与操作中应用并不是很广泛，只有在大型的商业智能项目中才会涉及分析服务。

数据处理大致可分为两大类：联机事务处理和联机分析处理，联机事务处理是传统的关系型数据库的主要应用，主要包括基本的、日常的事务处理。联机分析处理是数据仓库系统的主要应用，它支持复杂的分析操作，侧重于决策支持。

3. 集成服务

SQL Server 集成服务（SQL Server Integration Services，SSIS）是一个数据集成平台，负责完成有关数据的提取、转换和加载等操作。使用集成服务可以高效地处理各种各样的数据源。例如，

SQL Server、Oracle、Excel、XML 文档、文本文件等。这个服务为构建数据仓库提供了强大的数据清理、转换、加载与合并等功能。

4. 复制技术

复制是将一组数据从一个数据源拷贝到多个数据源的技术，是将一份数据发布到多个存储站点上的有效方式。通过数据同步复制技术、VPN 技术、简单宽带技术就可构建起各异地分公司的集中交易模式，数据必须实时同步，从而保证数据的一致性。

5. 通知服务

通知服务是一个应用程序，可以向上百万的订阅者发布个性化的消息，通过文件、邮件等方式向各种设备传递信息。

6. 报表服务

报表服务（Reporting Services，SSRS）可从多种关系数据源和多维数据源中提取数据、生成报表。该服务提供了多种工具和服务，可帮助数据库管理员创建、部署和管理单位的报表，并提供了能够扩展和自定义报表功能的编程功能。

7. 服务代理

代理服务（SQL Server Agent）是 SQL Server 的一个标准服务，其作用是代理执行所有 SQL 的自动化任务和无人值守任务。这个服务在默认安装情况下是停止状态，需要用户手动启动，或改为自动启动，否则 SQL 的自动化任务都不会执行。

8. 全文搜索

SQL Server 的全文搜索（Full-Text Search）是基于分词的文本检索功能，依赖于全文索引。全文索引不同于传统的平衡树（B-Tree）索引和列存储索引，它是由数据表构成的，称为倒转索引（Invert Index），存储分词和行的唯一键的映射关系。

A.1.2 实例

在安装 SQL Server 之前，需要理解一个概念——实例。在 SQL Server 中可以这样理解实例：当在一台计算机上安装一次 SQL Server 时，就生成了一个实例。

1. 默认实例和命名实例

如果是在计算机上第一次安装 SQL Server（并且此计算机上也没有安装过其他的 SQL Server 版本），则 SQL Server 安装向导会提示用户选择把这次安装的 SQL Server 实例作为默认实例还是命名实例（默认情况下是默认实例）。命名实例只是表示在安装过程中为实例指定了一个名称，然后就可以用该名称访问该实例。默认实例会将当前使用的计算机的网络名作为 SQL Server 实例名。

在客户端访问默认实例的方法是，在 SQL Server 客户端工具中输入"计算机名"或者是计算机的 IP 地址。访问命名实例的方法是，在 SQL Server 客户端工具中输入"计算机名\命名实例名"。

一台计算机上只能安装一个默认实例，但可以有多个命名实例。

2. 多实例

SQL Server 的一个实例代表一个独立的数据库管理系统，SQL Server 2019 支持在同一台服务器上安装多个实例，或者在同一个服务器上同时安装 SQL Server 2019 和 SQL Server 的早期版本。在安装过程中，数据库管理员可以选择安装一个不指定名称的实例（默认实例），在这种情况下，实例名将采用服务器的机器名作为默认实例名。在相同的计算机上除了安装 SQL Server 的默认实例外，如果还要安装多个其他实例，则必须给其他实例取不同的名称，这些实例均是命名实例。在一台服务器上安装 SQL Server 的多个命名实例，可以使不同的用户将自己的数据放置在不同的实例中，从而避免不同用户数据之间的相互干扰。

但并不是说在一台服务上安装的 SQL Server 实例越多越好，因为安装多个实例会增加管理开销，导致组件重复，也会占用额外的计算机资源，包括内存和处理能力。

A.2 安装和配置 SQL Server 2019

A.2.1 安装 SQL Server 2019

建议不要在使用 FAT32 文件系统的计算机上安装 SQL Server，因为它没有 NTFS 或 ReFS 文件系统安全。

本节以在 Windows 10 操作系统中安装 64 位 SQL Server 2019 开发版为例，介绍其安装过程。注意，运行 SQL Server 2019 安装程序的用户必须是 Windows 的系统管理员。

首先下载 SQL Server 2019。在微软官网上找到并下载 SQL Server 2019 Developer 版。下载完成后，双击 SQL2019-SSEI-Dev 压缩包，安装软件出现的第一个安装窗口如图 A-1 所示。在这个窗口中有两种安装方式：一种是"基本"安装方式，这种安装方式比较简单，用户干预内容少，适合希望系统自动完成安装的用户使用；另一种是"自定义"安装方式，这种安装方式需要用户在安装过程中进行一些设置。我们这里选择"基本"安装。

1. 基本安装

在图 A-1 所示窗口上单击"基本"按钮后，进入图 A-2 所示的"许可条款"窗口，在该窗口的"选择语言"下拉列表框中可以指定要使用的语言，我们这里选择"中文（简体）"，然后单击"接受"按钮，进入图 A-3 所示的"指定 SQL Server 安装位置"窗口。

图 A-1 安装程序的第一个窗口

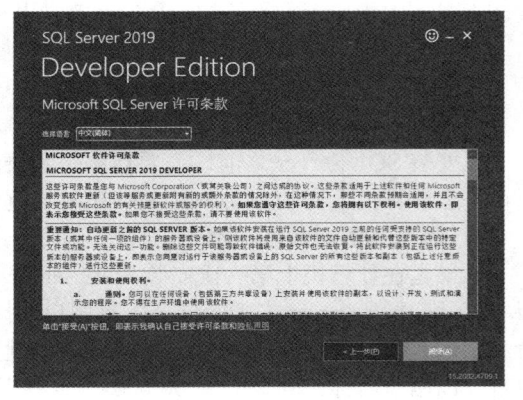

图 A-2 "许可条款"窗口

在图 A-3 所示窗口中指定 SQL Server 安装的位置后，单击"安装"按钮进入下载安装程序包窗口。下载完成后自动进入安装过程，安装完成之后的窗口如图 A-4 所示。

上述安装过程是安装了 SQL Server 的服务，之后还需要继续安装 SQL Server Management Studio（简称 SSMS）工具。SSMS 是一个图形化的工具，使用这个工具可以方便地实现对数据库的各种操作。

在图 A-4 窗口上单击"安装 SSMS"按钮，安装程序将自动跳转到下载 SSMS 的网址，在此网址界面上单击"下载 SQL Server Management Studio（SSMS）"，进入图 A-5 所示的安装 SQL Server Management Studio 窗口，在此窗口中可以设置 SQL Server Management Studio 的安装位置，然后单击"安装"按钮开始进行安装。

需要注意的是，安装完成之后需要重启计算机才能完成所有的安装。

2. 自定义安装

在图 A-1 所示的"选择安装类型"窗口上单击"自定义"按钮，进入"指定 SQL Server 媒体下载目标位置"窗口。在此窗口上指定所用语言和安装位置后，单击"安装"按钮，进入图 A-6 所示的"SQL Server 安装中心"窗口。在此窗口的左边列表框中选中"安装"选项，然后在右边列表框中单击"全新 SQL Server 独立安装或向现有安装添加功能"按钮，进入图 A-7 所示的"安装规则"窗口（注意，根据安装机器已安装内容的不同，后续所示界面与实际安装界面可能会略有不同）。

图 A-3 "指定 SQL Server 安装位置"窗口

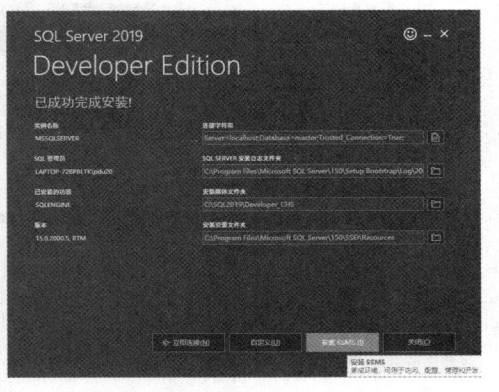

图 A-4 安装完成之后的窗口

图 A-5 指定 SSMS 的安装位置

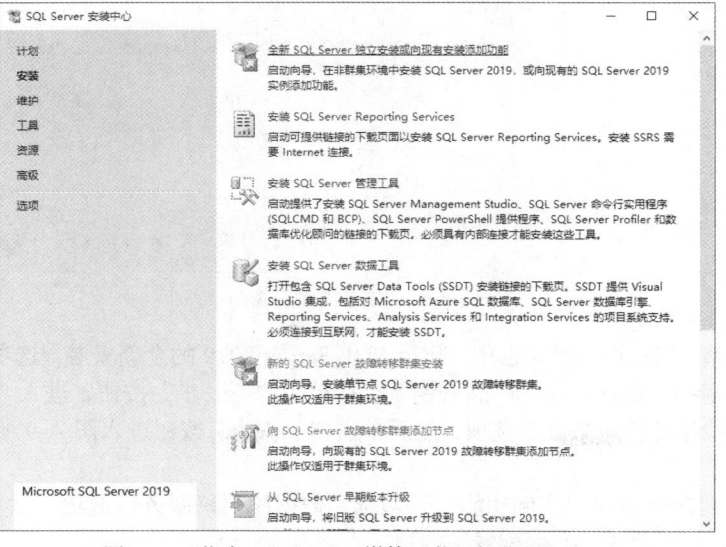

图 A-6 "指定 SQL Server 媒体下载目标位置"窗口

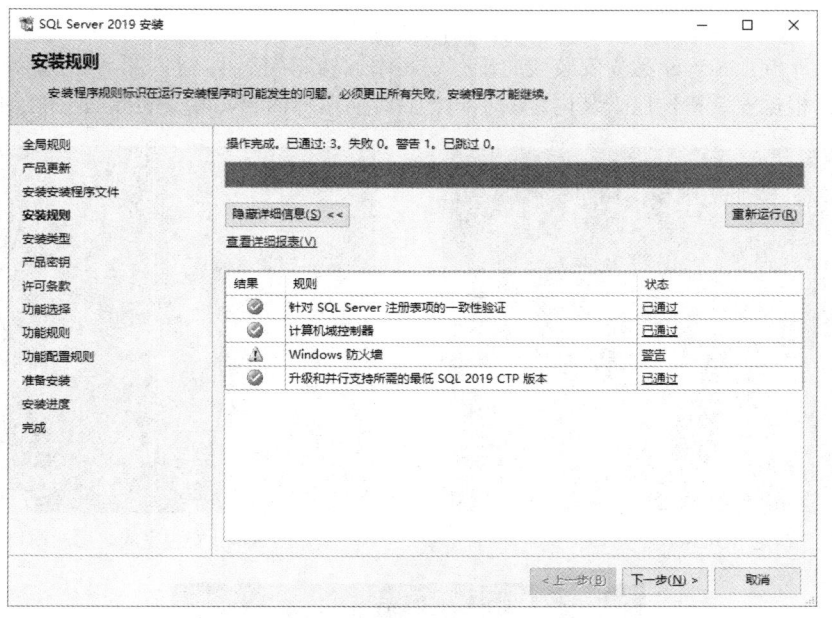

图 A-7　"安装规则"窗口

在"安装规则"窗口单击"下一步"按钮，即可进入图 A-8 所示的"安装类型"窗口。

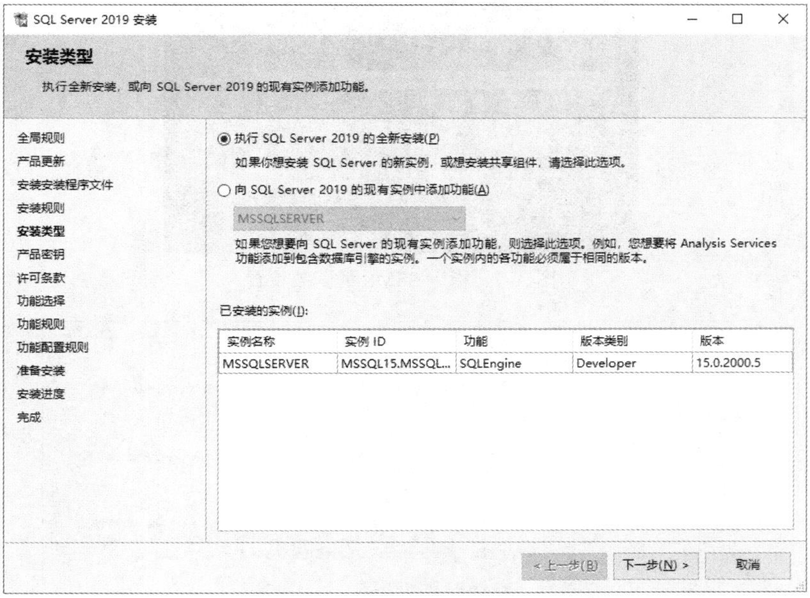

图 A-8　"安装类型"窗口

在"安装类型"窗口中，确保选中"执行 SQL Server 2019 的全新安装"选项，单击"下一步"按钮进入"产品密钥"窗口。在"产品密钥"窗口单击"下一步"按钮，进入"许可条款"窗口，在此窗口勾选"我接受许可条款"选项，然后单击"下一步"按钮进入图 A-9 所示的"功能选择"窗口。

在"功能"列表框中的"实例功能"下勾选"数据库引擎服务"选项，然后单击"下一步"按钮，进入图 A-10 所示的"实例配置"窗口。

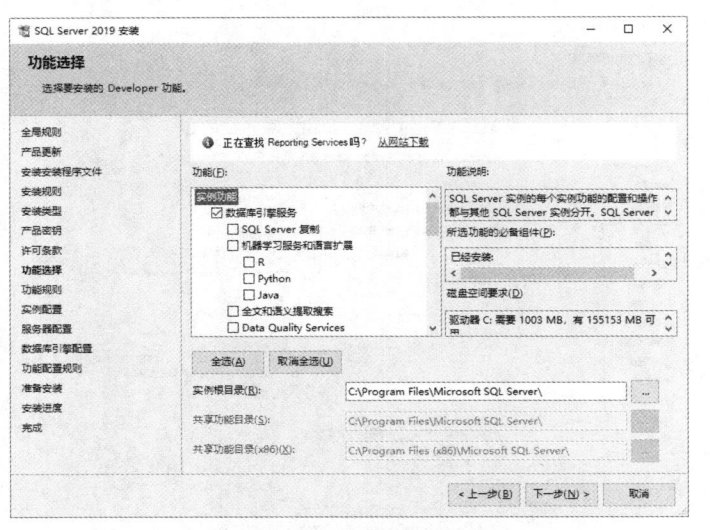

图 A-9　"功能选择"窗口

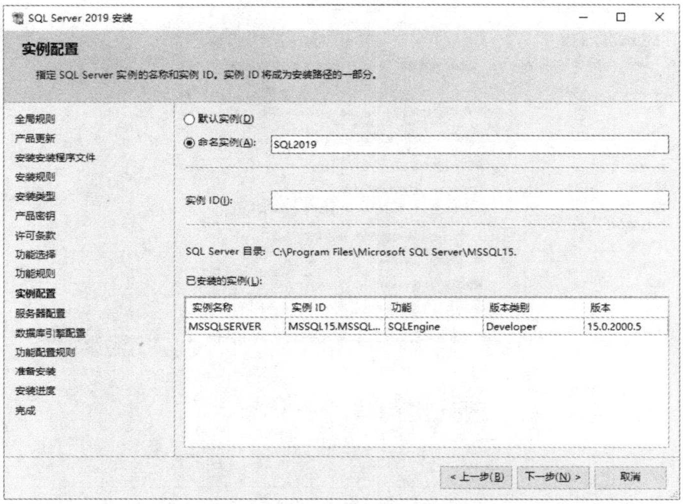

图 A-10　"实例配置"窗口

　　由于之前已经用"基本"安装方式安装了 SQL Server 的一个默认实例，则后续只能安装命名实例。在"实例配置"窗口中，我们在"命名实例"文本框中输入一个实例名，这里输入的是"SQL2019"。单击"下一步"按钮，进入"服务器配置"窗口，在该窗口不进行任何操作，直接单击"下一步"按钮，进入图 A-11 所示的"数据库引擎配置"窗口。

　　在"数据库引擎配置"窗口的"身份验证模式"区域选中"混合模式（SQL Server 身份验证和 Windows 身份验证）"选项，然后在"输入密码"和"确认密码"文本框中输入 sa 的密码。密码输入完后单击下边的"添加当前用户"按钮，将当前登录 Windows 的用户添加为 SQL Server 的系统管理员。设置好后的窗口形式如图 A-12 所示。

　　设置好"数据库引擎配置"窗口后，单击"下一步"按钮，进入"准备安装"窗口。在此窗口单击"安装"按钮开始 SQL Server 的安装；安装完成之后将进入"完成"窗口，单击窗口上的"关闭"按钮关闭此窗口。至此，用"自定义"方式完成了安装 SQL Server 的一个命名实例。

　　系统环境的不同、安装次数的不同及所选安装功能的不同，使得各安装步骤所显示的窗口及窗口内容可能有所不同。

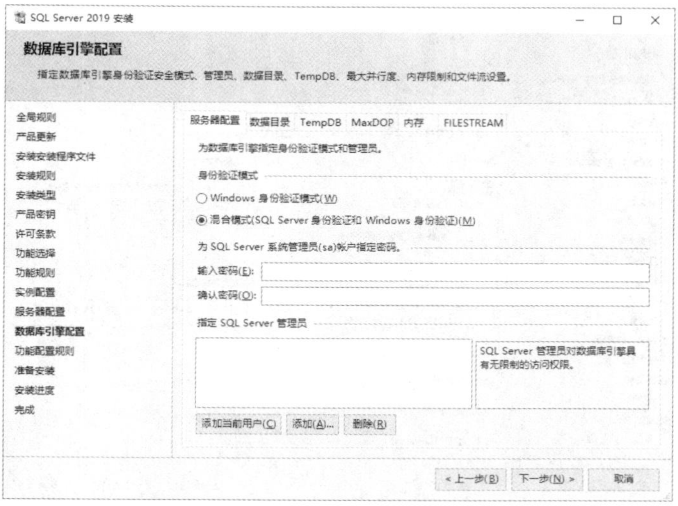

图 A-11　"数据库引擎配置"窗口

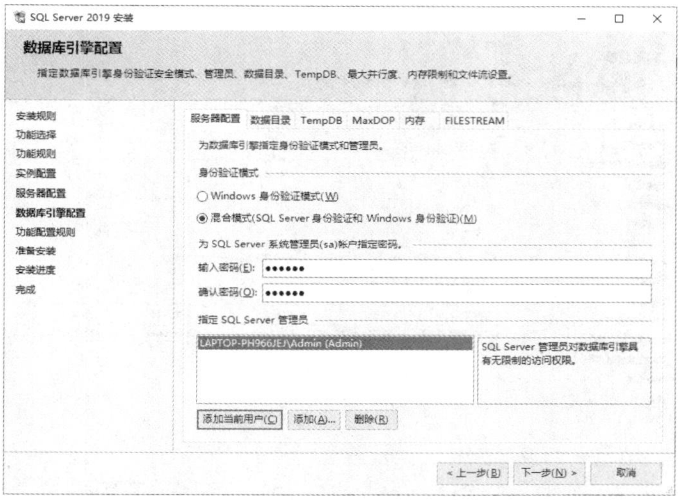

图 A-12　设置好"数据库引擎配置"后的窗口

A.2.2　设置 SQL Server 服务启动方式

成功安装 SQL Server 2019 之后，根据需要用户可对 SQL Server 2019 的服务器端和客户端进行适当的配置，以便更符合自己的要求。本节介绍使用配置管理器工具设置 SQL Server 服务启动方式的方法。

单击"开始"→"Microsoft SQL Server 2019"→"SQL Server 2019 配置管理器"，打开 SQL Server 配置管理器工具（见图 A-13），此工具可以对 SQL Server 服务、网络、协议等进行配置，配置好后客户端才能顺利地连接和使用 SQL Server。

单击图 A-13 所示窗口左边的"SQL Server 服务"节点，窗口右边的"名称"列表框将列出已安装的 SQL Server 服务，每个服务右边括号里的名字表示该服务属于哪个实例。这里显示了两个 SQL Server，代表安装了两个实例，"MSSQLSERVER"是默认实例名，"SQL2019"是安装时命名的命名实例名。每个服务左边的图标代表了该服务的当前状态，带绿色三角的图标表示该服务处于启动状态，带红色方块的图标表示该服务处于停止状态。

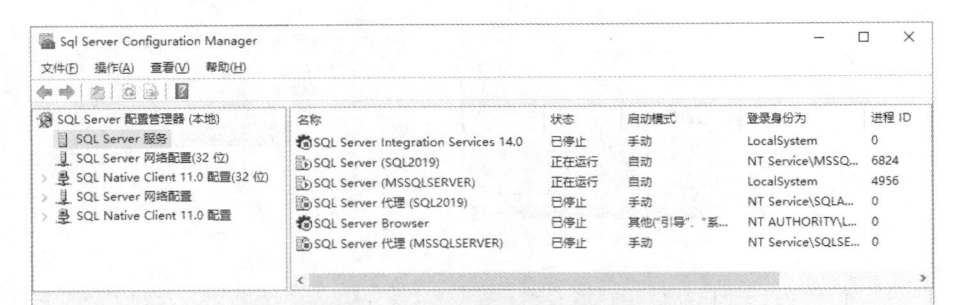

图 A-13　SQL Server 2019 配置管理器窗口

"SQL Server"服务是 SQL Server 中最核心的服务，也是我们所说的数据库引擎或数据库管理系统。只有启动了该服务，SQL Server 数据库管理系统的功能才能有效，用户也才能建立与 SQL Server 数据库服务器的连接。

通过配置管理器可以启动、停止、暂停所安装的服务。具体操作方法为，在要启动或停止的服务上右击鼠标，然后在弹出的快捷菜单中选择"启动""停止"等命令。

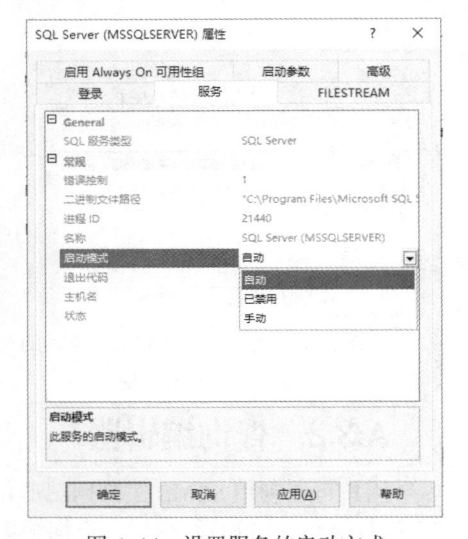

双击某个服务，比如"SQL Server"服务，或者是在某服务上右击鼠标，在弹出的快捷菜单中选择"属性"命令，均会弹出"SQL Server 属性"窗口，在此窗口中选择"服务"选项卡，设置服务的启动方式如图 A-14 所示。这里有 3 种启动方式，分别为自动、手动和已禁用。

（1）自动：表示每当操作系统启动时都会自动启动该服务。

（2）已禁用：表示禁止该服务启动。

（3）手动：表示需要用户手工启动该服务。

设置好服务的启动方式后，单击"确定"按钮关闭此窗口。

图 A-14　设置服务的启动方式

A.3　SQL Server Management Studio 工具

SQL Server Management Studio 是一个集成环境，用于访问和管理所有的 SQL Server 组件，它组合了大量的图形工具和丰富的脚本编辑器，通过这个工具可以访问和管理 SQL Server。

A.3.1　连接到数据库服务器

单击"开始"→"程序"→"Microsoft SQL Server Management Studio 2018"命令，打开 SQL Server Management Studio 工具，首先弹出的是"连接到服务器"窗口，如图 A-15 所示。

在"连接到服务器"窗口中，单击"服务器名称"下拉列表框，然后在下拉列表中选择"浏览更多"选项，SQL Server 将在弹出的"查找服务器"窗口中列出该服务器上的所有 SQL Server 实例，如图 A-16 所示。

从图 A-16 中可看到本系统安装了两个实例，选中要连接的服务器实例（我们这里选中的是命名实例 SQL2019），然后单击"确定"按钮，回到"连接服务器"窗口，此时该窗口的样式如图 A-17 所示。选择要连接的实例后，单击"连接"按钮，进入图 A-18 所示的 SSMS 主界面。

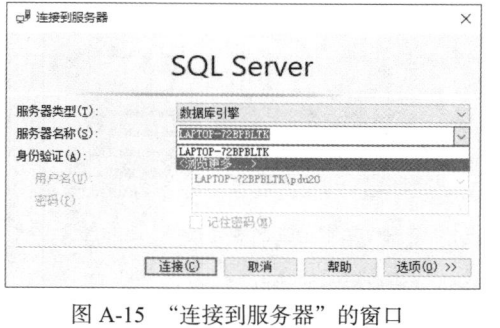

图 A-15　"连接到服务器"的窗口

图 A-16　"查找服务器"窗口

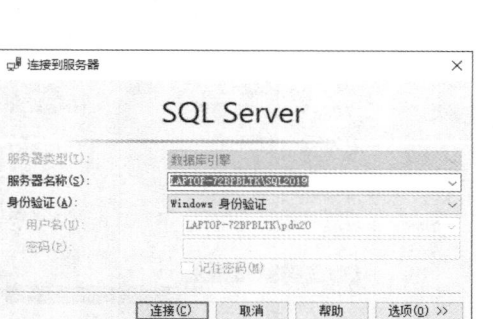

图 A-17　选择好要连接的实例后的
"选择到服务器"窗口

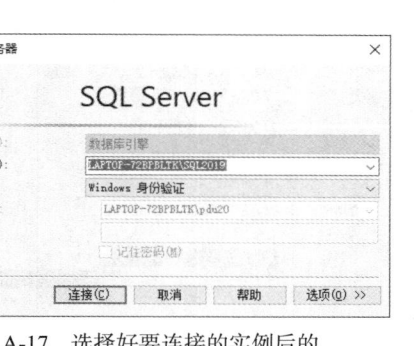

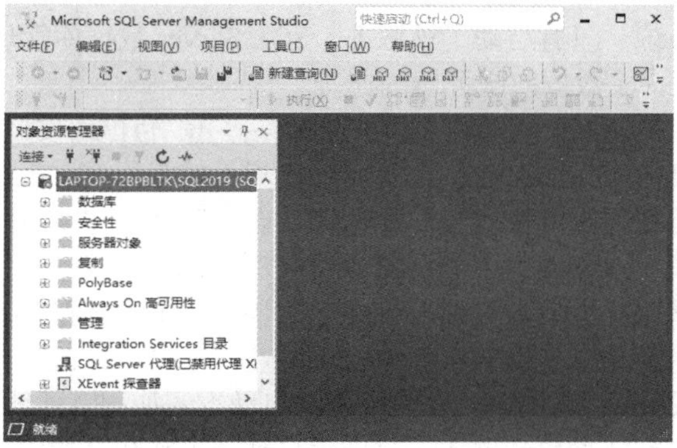

图 A-18　连接成功后的 SSMS 操作界面

A.3.2　查询编辑器

用户可以利用 SSMS 工具用图形化方法创建和维护数据库对象以及编写 SQL 代码，并通过执行 SQL 语句创建和管理对象。查询编辑器以选项卡窗格的形式存在于 SSMS 窗口右边的文档窗格中，如图 A-19 所示，用户可以通过如下方式打开查询编辑器。

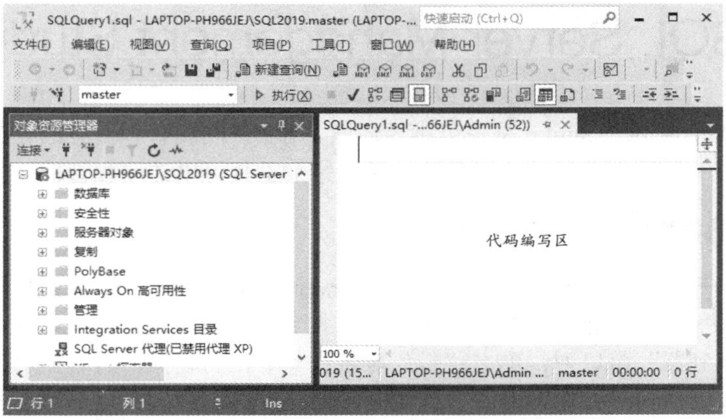

图 A-19　打开了查询编辑器后的 SSMS 操作窗口

（1）单击标准工具栏上的"新建查询"图标按钮  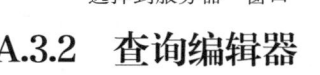。

（2）单击标准工具栏上的"数据库引擎查询"图标按钮 。

（3）选择"文件"菜单中"新建"命令下的"数据库引擎查询"命令。

"查询编辑器"的工具栏如图 A-20 所示。

"master"的下拉列表框 master 中列出了当前所连接数据库服务器上已创建的所有数据库，列表框上显示的数据库是当前连接的正在操作的数据库。如果要在不同的数据库上执行操作，可以在"master"下拉列表框中选择不同的数据库。选择一个数据库就代表要执行的 SQL 代码都是在此数据库上进行的。

master 后边的 4 个图标按钮与查询编辑器中所输入的代码有关。

（1） ▷ 执行(X) 图标按钮用于执行在编辑区选中的代码（如果没有选中任何代码，则执行全部代码）。

图 A-20 "查询编辑器"工具栏

（2） 调试(D) 图标按钮用于对代码进行调试。

（3） 图标按钮默认是灰色的 ，在执行代码时它将成为红色 。如果在执行代码的过程中，希望取消代码的执行，可单击此图标按钮。

（4） ✓ 图标按钮用于对编辑区中选中的代码（如果没有选中任何代码，则表示全部代码）进行语法分析。

例如，在查询编辑器中输入如下代码。

```
select * from sys.sysdatabases
```

然后单击"执行" ▷ 执行(X) 按钮，SSMS 界面形式如图 A-21 所示，图的上边窗格显示的是所写的 SQL 代码，下边窗格显示的是代码的执行结果。图 A-21 显示的执行结果是网格形式的结果，这也是 SSMS 默认的查询结果显示格式。单击工具栏上的"保存"按钮或者选择"文件"菜单下的"保存 SQLQuery1.sql"（SQLQuery1.sql 是用户没有给文件命名时系统自动给的文件名），都会弹出"另存文件为"窗口，在此窗口中可以指定文件的存储位置和文件名，单击"保存"按钮即可将所写的 SQL 代码保存下来。保存 SQL 代码的文件是一个纯文本文件，默认的文件扩展名为.sql。

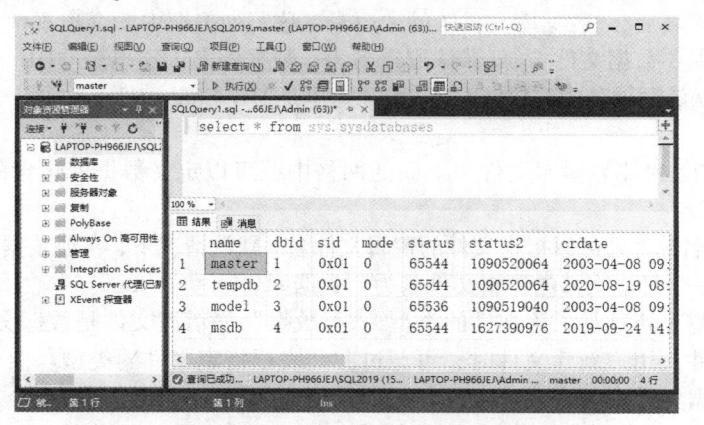

图 A-21 输入语句并执行后的 SSMS 工具界面

A.4 创建数据库

A.4.1 数据库的组成

SQL Server 数据库由一组文件组成。这些文件被划分为两类：数据文件和日志文件。

1. 数据文件

数据文件用于存放数据库数据。数据文件又分为主要数据文件和次要数据文件。

（1）主要数据文件：主要数据文件的推荐扩展名是.mdf，可存放系统数据和用户数据。每个数据库有且只有一个主要数据文件。主要数据文件是为数据库创建的第一个数据文件。

（2）次要数据文件：次要数据文件的推荐扩展名是.ndf，由用户定义并存储用户数据。一个数据库可以没有次要数据文件，也可以有多个次要数据文件。在主要数据文件之后建立的所有数据文件都是次要数据文件。

次要数据文件的使用和主要数据文件的使用对用户来说是没有区别的，而且对用户也是透明的。

2. 日志文件

日志文件的推荐扩展名为.ldf，用于存放恢复数据库的所有日志信息。每个数据库都至少有一个日志文件，也可以有多个日志文件。

3. 逻辑文件名和物理文件名

SQL Server 数据库文件有两种类型的文件名。

（1）逻辑文件名：逻辑文件名是在所有 Transact-SQL 语句中引用物理文件时所使用的名称。一个数据库中的逻辑文件名必须是唯一的。

（2）物理文件名：物理文件名是包括存储路径的物理文件的名称，它必须符合操作系统文件命名规则。

A.4.2　创建数据库

利用 SSMS 工具，可以通过图形化的方法创建数据库。具体步骤如下。

（1）打开 SSMS 的对象资源管理器，在"数据库"节点上右击鼠标，或者在某个用户数据库上右击鼠标，在弹出的快捷菜单中选择"新建数据库"命令，会弹出图 A-22 所示的新建数据库窗口。

（2）在图 A-22 所示窗口中，在"数据库名称"列表框中输入数据库名"DB_Student"。数据库名可以是中文名也可以是英文名。

输入完数据库名后，"数据库文件"的"逻辑名称"列表框中就会出现两个相应的名字，一个是数据文件（主要数据文件），其默认逻辑名为：数据库名（这里是"DB_Student"）；另一个是日志文件，其默认逻辑名为：数据库名_log（这里是 DB_Student_log）。用户也可以修改这些默认名。

（3）在图 A-22 的"数据库文件"下面的网格中，可以定义数据库包含的数据文件和日志文件。

① 在"逻辑名称"处可以指定文件的逻辑文件名。默认情况下，主要数据文件的逻辑文件名同数据库名，第一个日志文件的逻辑文件名为"数据库名" + "_log"。

② "文件类型"处显示了该文件的类型，"行数据"表示该文件是数据文件，"日志"表示该文件是日志文件。用户新建文件时，可通过此列表框指定文件的类型。由于一个数据库必须包含一个主要数据文件和一个日志文件，因此在创建数据库时，最开始两个文件的类型是不能修改的。

③ 在"初始大小"处可以指定文件创建后的初始大小，默认情况下，SQL Server 2019 的主要数据文件和日志文件的初始大小都是 8MB。用户也可以修改初始大小。

④ 单击"自动增长"部分的▥按钮可以指定文件的增长方式。默认情况下，文件每次都能增加 64MB，而且最大大小没有限制，如图 A-23 所示。

⑤ "路径"处显示了文件的物理存储位置，默认的存储位置是 SQL Server 2019 安装的位置：Microsoft SQL Server\MSSQL15.SQL2019\MSSQL\DATA\文件夹。单击此项后边对应的▥按钮，可以更改文件的存放位置。假设这里将主要数据文件和日志文件均放置在 D:\Data 文件夹下。

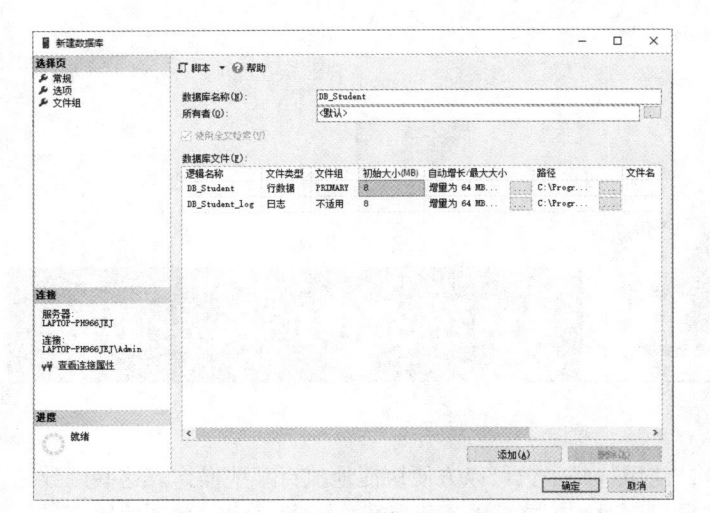

图 A-22 "新建数据库"窗口

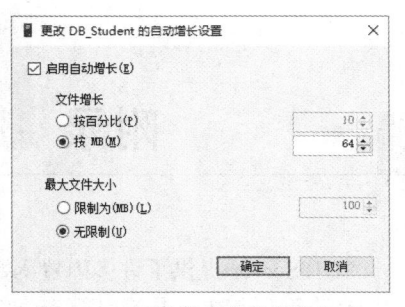

图 A-23 更改数据文件增长方式

⑥ 在"文件名"处可以指定文件的物理文件名，也可以不指定文件的物理文件名，而只采用系统自动赋予的文件名。系统自动赋予的物理文件名为"逻辑文件名+文件类型的扩展名"。比如，如果是主要数据文件且逻辑文件名为"DB_Student"，则其物理文件名为"DB_Student.mdf"；如果是次要数据文件且逻辑文件名为"DB_Student_Data1"，则其物理文件名为"DB_Student_Data1.ndf"。

（4）添加数据库文件。单击图 A-22 上的"添加"按钮，可以增加该数据库的次要数据文件和日志文件。图 A-24 所示为单击"添加"按钮后的情形。

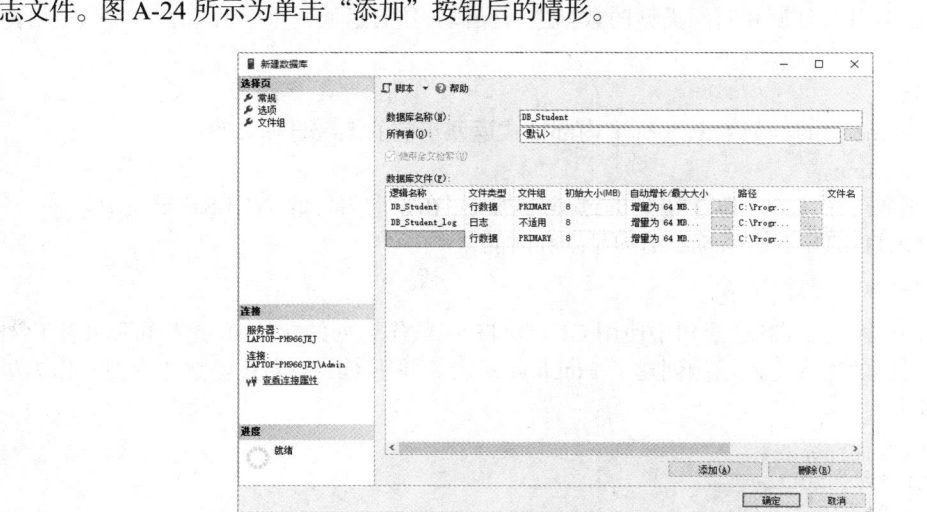

图 A-24 添加数据库文件的窗口

① 在"逻辑名称"处输入新添加的数据文件的逻辑名。
② 在"文件类型"处选择文件类型。
③ 其他设置同之前介绍的设置文件的属性。

（5）删除数据库文件。先选中要删除的文件，然后单击图 A-24 中的"删除"按钮，即可删除选中的文件。

（6）单击"确定"按钮，完成数据库的创建。创建成功后，在 SSMS 的对象资源管理器中可以看到新建立的数据库（如果没有显示出新创建的数据库，可先在"数据库"节点上右击鼠标，再在弹出的快捷菜单中选择"刷新"命令）。

附录 **B** 系统提供的常用函数

SQL Server 提供了许多内置函数，使用这些函数可以方便快捷地执行某些操作。这些函数通常用在查询语句中，用来计算查询结果或修改数据格式及查询条件。一般来说，允许使用变量、字段或表达式的地方都可以使用这些内置函数。本附录将介绍一些日期和时间函数、字符串函数、类型转换函数和逻辑函数。

B.1 日期和时间函数

日期和时间函数可对日期和时间类型的数据进行操作，然后返回一个字符串、数字值或日期和时间值。

1. GETDATE

作用：按 datetime 值的 SQL Server 标准内部格式返回当前的系统日期和时间。

返回类型：datetime。

说明：日期函数可用在 SELECT 语句的选择列表或用在查询语句的 WHERE 子句中。

例 B-1 用 GETDATE 返回系统当前的日期和时间。

```
SELECT GETDATE()
```

例 B-2 在 CREATE TABLE 语句中使用 GETDATE 函数作为列的默认值，这样可简化用户对业务发生日期和时间的输入。此示例创建了 Employees 表，并用 GETDATE 函数的返回值作为员工报到的默认时间。

```
CREATE TABLE Employees(
 eid char(11) NOT NULL,
 ename char(10) NOT NULL,
hire_date datetime DEFAULT GETDATE()
)
```

2. DATEADD

作用：对给定日期加上一段时间，返回新的 datetime 值。

语法：DATEADD(datepart, number, date)

说明：

（1）datepart 是与 number 相加的 date 部分。表 B-1 列出了有效的 datepart 参数。

（2）number 是一个整数或表达式，是与 date 的 datepart 相加的值。注意，该值不能超出 int 的范围。

表 B-1   有效的 datepart 参数

datepart	缩写	含义
year	yy, yyyy	年
quarter	qq, q	季度
month	mm, m	月份
dayofyear	dy, y	一年中的第几天
day	dd, d	日
week	wk, ww	一年中的第几周
weekday	dw, w	周几
hour	hh	小时
minute	mi, n	分钟
second	ss, s	秒
millisecond	ms	毫秒
microsecond	mcs	微妙
nanosecond	ns	纳秒

（3）date 可解析为下列值之一的表达式：

① date；

② datetime。

（4）datetimeoffset。

① datetime2；

② smalldatetime；

③ Time。

返回类型：返回值的数据类型取决于为 date 提供的参数。如果 date 的值是字符串文本日期，则返回日期/时间值；如果为 date 提供的是其他有效输入的数据类型，则返回相同的数据类型；如果字符串文本秒数的小数位超过 3 位（.nnn）或字符串文本包含时区偏移量部分，则会引发错误。

例 B-3   计算当前日期加上 100 天后的日期。

```
SELECT DATEADD(DAY,100,GETDATE())
```

例 B-4   查询 2020 年 10 月 1 日加上 100 天后的日期。

```
SELECT DATEADD( day,100, '2020/10/1' ) AS 新日期
```

3. DATEDIFF

作用：返回两个指定日期之间相差的日期。

语法：DATEDIFF(datepart, startdate, enddate)

返回类型：int

说明：返回结果是用结束日期（enddate）减去开始日期（startdate）。如果开始日期比结束日期晚，则会返回负值。

例 B-5   计算 2020 年 5 月 1 日到 2020 年 10 月 1 日之间的天数。

```
SELECT DATEDIFF(DAY,'2020/5/1', '2020/10/1')
```

4. DATEFROMPARTS

作用：返回映射到指定年、月、日值的 date 值。

语法：DATEFROMPARTS(year, month, day)

说明：

（1）Year 为指定年份的整数表达式。

（2）Month 为指定月份（1～12）的整数表达式。

（3）Day 为指定日期的整数表达式。

返回类型：date

例 B-6 将 2020、10 和 20 拼为一个日期类型的数据。

```
SELECT DATEFROMPARTS(2020, 10, 20) AS Result
```

执行结果为：2020-10-20。

5. DATEPART

作用：返回代表给定日期的指定日期部分的整数。

语法：DATEPART(datepart, date)

返回类型：int

例 B-7 得到 GETDATE 函数返回值中的年份。

```
SELECT DATEPART(year, GETDATE()) AS 'Current year'
```

6. DAY

作用：返回指定日期的日部分的整数。

语法：DAY(date)

返回类型：int

说明：此函数等价于 DATEPART(day, date)。

例 B-8 返回当前日期的日部分。

```
SELECT DAY(getdate()) AS 'Day Number'
```

7. MONTH

作用：返回指定日期的月份的整数。

语法：MONTH(date)

返回类型：int

说明：此函数等价于 DATEPART(month, date)。

8. YEAR

作用：返回指定日期中的年份的整数。

语法：YEAR(date)

返回类型：int

说明：此函数等价于 DATEPART(year, date)。

9. ISDATE

作用：判断数据是否是日期或日期/时间类型的。

语法：ISDATE(expression)

说明：expression 为字符串或者可以转换为字符串的表达式。表达式的长度不能超过 4000 个字符。不允许将日期和时间数据类型（datetime 和 smalldatetime 除外）作为 ISDATE 的参数。

返回类型：int。

如果表达式是有效的 date、time 或 datetime 值，就返回 1，否则返回 0。如果表达式为 datetime2 值，则返回 0。

例 B-9 使用 ISDATE 函数测试某一字符串是否是有效的 datetime 数据。

```
IF ISDATE('2020-05-12 10:19:41.177') = 1
   PRINT 'VALID'
```

```
ELSE
    PRINT 'INVALID';
```

执行结果为：VALID

B.2　字符串函数

字符串函数可对字符串进行操作，然后返回一个字符串或数字值。

1. LEFT

作用：返回从字符串左边开始指定个数的字符串。

语法：LEFT(character_expression , integer_expression)

说明：

（1）character_expression 为字符或二进制数据表达式，它可以是常量、变量或列。

（2）integer_expression 为正整数，指定 character_expression 将返回的字符数。如果 integer_expression 为负，则会返回错误。

返回类型：

（1）当 character_expression 为非 Unicode 字符类型时，返回 varchar。

（2）当 character_expression 为 Unicode 字符类型时，返回 nvarchar。

例 B-10　返回字符串"abcdefg"最左边的 2 个字符。

```
SELECT LEFT('abcdefg', 2)
```

执行结果为：ab。

例 B-11　对 Student 表，查询所有不同的姓氏（假设没有复姓）。

```
SELECT DISTINCT LEFT(Sname,1) AS 姓氏 FROM Student
```

2. RIGHT

作用：返回字符串从右边开始指定个数的字符串。

语法：RIGHT(character_expression, integer_expression)

说明：各参数含义及返回类型同 LEFT。

例 B-12　返回字符串"abcdefg"最右边的 2 个字符。

```
SELECT RIGHT ('abcdefg', 2)
```

执行结果为：fg。

3. LEN

作用：返回给定字符串中字符（不是字节）的个数，不包含尾随空格。

语法：LEN(string_expression)

返回类型：如果 string_expression 的类型为 varchar(max)、nvarchar(max)或 varbinary(max)，则为 bigint；否则为 int。

例 B-13　返回字符串"数据库系统基础"的字符个数。

```
SELECT LEN('数据库系统基础')
```

结果为：7。

例 B-14　对 Student 表，统计名字为 2 个汉字和 3 个汉字的学生人数。

```
SELECT LEN(Sname) AS 人名长度, COUNT(*) AS 人数
  FROM Student WHERE LEN(Sname) IN (2,3)
  GROUP BY LEN(Sname)
```

4. SUBSTRING

作用：返回字符串中的指定部分。

语法：SUBSTRING(value_expression, start_expression, length_expression)

说明：

（1）value_expression 是字符类型的表达式。

（2）start_expression 指定返回字符的起始位置的整数。如果 start_expression 小于 0，则会产生错误并终止语句。如果 start_expression 大于表达式中的字符数，则将返回一个零长度的表达式。

（3）length_expression 指定要返回的 value_expression 的字符个数。如果 length_expression 小于 0，则会产生错误并终止语句。如果 start_expression 与 length_expression 的总和大于 value_expression 中的字符个数，则返回整个值表达式。

返回类型：返回的字符串类型与指定表达式的类型相同。

例 B-15 返回名字的第 2 个字是"小"或"大"的学生姓名。

```
SELECT Sname FROM Student
WHERE SUBSTRING(Sname,2,1) IN ('小', '大')
```

5. LTRIM

作用：删除字符串左边的起始空格。

语法：LTRIM(character_expression)

返回类型：varchar 或 nvarchar。

6. RTRIM

作用：删除字符串右边的所有尾随空格。

语法：RTRIM(character_expression)

返回类型：varchar 或 nvarchar。

例 B-16 查询姓"王"且名字是 3 个字的学生姓名。

```
SELECT Sname FROM Student
WHERE Sname LIKE '王%' AND LEN(RTRIM(Sname)) = 3
```

7. TRIM

作用：删除字符串开头和结尾的空格字符或其他指定字符。

语法：TRIM([characters FROM] string)

说明：

（1）Characters，包含应删除的字符的任何非 LOB 字符类型（nvarchar、varchar、nchar 或 char）的文本、变量或函数调用。不能使用 nvarchar(max)和 varchar(max)类型。

（2）String，应删除字符的任何字符类型（nvarchar、varchar、nchar 或 char）的表达式。

返回类型：返回一个字符串参数类型的字符表达式，其中已从两侧删除了空格字符或其他指定字符。如果输入的字符串是 NULL，则会返回 NULL。

例 B-17 删除字符串两侧的空格字符。

```
SELECT TRIM( '   test   ') AS Result;
```

返回结果为：test

例 B-18 删除字符串两侧的指定字符。本示例删除了"#"前、"test"词后的尾随句点和空格。

```
SELECT TRIM( '.,! ' FROM '   #   test   .') AS Result;
```

返回结果为：#   test

8. REVERSE

作用：返回字符表串达式的逆向表达式。

语法：REVERSE(character_expression)

返回类型：varchar 或 nvarchar。

例 B-19 返回字符串'abcd'的逆向字符串。

```
SELECT REVERSE('abcd')
```

执行结果为：'dcba'。

9. CONCAT

作用：将若干个字符串连接成一个字符串。

语法：CONCAT(string_value1, string_value2 [, string_valueN])

说明：

string_value 是要与其他字符串联的字符串值。CONCAT 函数需要至少两个 string_value 字符串，并且最多不能超过 254 个。

返回类型：字符串。

例 8-19 连接若干个字符串。

```
SELECT CONCAT('Happy ', 'Birthday ', '11', '/', '25')
```

执行结果：Happy Birthday 11/25。

B.3 类型转换函数

类型转换函数可将某种数据类型的表达式显式转换为另一种数据类型。SQL Server 提供了两种类型的转换函数：CAST 和 CONVERT，这两个函数的功能相似。

CAST 函数的语法格式：

```
CAST(expression AS data_type[(length ) ])
```

CONVERT 函数的语法格式：

```
CONVERT(data_type[( length)], expression[, style ])
```

说明：

（1）Expression，任何有效的表达式。

（2）data_type，目标数据类型。不能使用别名数据类型。

（3）Length，指定目标数据类型长度的可选整数。

（4）Style，指定 CONVERT 函数如何转换成 expression 的整数表达式。如果 Style 为 NULL，则返回 NULL。

返回类型：返回转换为 data_type 的 expression。

> **注意** 如果 expression 为 date 或 time 数据类型，则 style 可以为表 A.2 中显示的值之一，其他值均作为 0 处理。

例 B-20 设有 Students 数据库中的 SC 表，计算每个学生的考试平均成绩，将平均成绩转换为小数点前 3 位，小数点后保留 2 位的定点小数。

```
SELECT Sno AS 学号,
CAST(AVG(CAST(Grade AS real)) AS numeric(5,2)) AS 平均成绩
  FROM SC GROUP BY Sno
```

默认情况下，AVG 函数返回结果的类型与进行统计的列的数据类型相同，由于 Grade 是 int 型的，因此，若不进行类型转换，则 AVG 函数返回的结果就是整型的。

例 B-21 使用包含 LIKE 子句的 CAST。本例将 int 转换为 char(10)，以便用在 LIKE 子句中。查询成绩 90～99 的学生姓名、所在系、课程名和成绩。

```
SELECT Sname,Dept,Cname,Grade
  FROM Student S JOIN SC ON S.Sno = SC.Sno
  JOIN Course C ON C.Cno = SC.Cno
  WHERE CAST(Grade AS char(10)) LIKE '9_'
```

B.4　逻辑函数

IIF

作用：根据布尔表达式计算为 true 还是 false，返回其中一个值。

语法：IIF(boolean_expression, true_value, false_value)

说明：

（1）boolean_expression，一个有效的布尔表达式。如果此参数不是布尔表达式，则会引发一个语法错误。

（2）true_value，boolean_expression 计算结果为 true 时要返回的值。

（3）false_value，boolean_expression 计算结果为 false 时要返回的值。

返回类型：从 true_value 和 false_value 的类型中返回优先级最高的数据类型。

IIF 是一种用于编写 CASE 表达式的快速方法。它将传递的布尔表达式计算为第一个参数，然后根据计算结果返回其他两个参数之一。即如果布尔表达式为 true，则返回 true_value；如果布尔表达式为 false 或未知，则返回 false_value。true_value 和 false_value 可以是任意数据类型。

例如：

```
DECLARE @a int = 45, @b int = 40;
SELECT IIF ( @a > @b, 'TRUE', 'FALSE' ) AS Result;
```

此语句执行结果为：TRUE。

C.1 第4章上机实验

下列实验均使用 SQL Server 的 SSMS 工具实现。

1. 用图形化方法创建符合如下条件的数据库（创建数据库的方法可参见附录 A）。

（1）数据库名为：学生数据库。

（2）主要数据文件的逻辑文件名为 Students_data，存放在 D:\Data 文件夹下（若 D:盘中无此文件夹，请先建立此文件夹，然后再创建数据库）。初始大小为 20MB，增长方式为自动增长，每次增加 10MB。

（3）日志文件的逻辑文件名字为 Students_log，也存放在 D:\Data 文件夹下，初始大小为 10MB，增长方式为自动增长，每次增加 20%。

2. 选用已建立的"学生数据库"，写出创建满足表 C-1～表 C-4 条件的表的 SQL 语句，并执行所写代码。（注："说明"部分不作为表定义的内容）

表 C-1   Student 表结构

列名	说明	数据类型	约束
Sno	学号	普通编码定长字符串，长度为 9	主键
Sname	姓名	统一编码不定长字符串，长度为 10	非空
Ssex	性别	普通编码定长字符串，长度为 2	取值范围：{男，女}
Sage	年龄	微整型（tinyint）	取值范围：15～45
Sdept	所在系	统一编码不定长字符串，长度为 20	默认值为"计算机系"
Sid	身份证号	普通编码定长字符串，长度为 18	取值不重复
Sdate	入学日期	日期	默认为系统当前日期

表 C-2   Course 表结构

列名	说明	数据类型	约束
Cno	课程号	普通编码定长字符串，长度为 10	主键
Cname	课程名	统一编码不定长字符串，长度为 20	非空
Credit	学时数	定点小数类型，整数部分 2 位，小数部分 1 位	取值大于 0
Semester	学分	小整型	

表 C-3　　　　　　　　　　　　　　　SC 表结构

列名	说明	数据类型	约束
Sno	学号	普通编码定长字符串，长度为 9	主键：引用 Student 的外键
Cno	课程号	普通编码定长字符串，长度为 10	主键：引用 Course 的外键
Grade	成绩	小整型	取值范围为 0～100

表 C-4　　　　　　　　　　　　　　　Teacher 表结构

列名	说明	数据类型	约束
Tno	教师号	普通编码定长字符串，长度为 8	非空
Tname	教师名	普通编码定长字符串，长度为 10	非空
Salary	工资	定点小数，小数点前 4 位，小数点后 2 位	

3．写出实现如下功能的 SQL 语句，执行所写代码，并查看执行结果。

（1）在 Teacher 表中添加一个职称列，列名为 Title，类型为 nchar(4)。

（2）为 Teacher 表中的 Title 列增加取值范围约束，取值范围为{教授，副教授，讲师}。

（3）将 Course 表中 Credit 列的类型改为 tinyint。

（4）删除 Student 表中的 Sid 和 Sdate 列。

（5）为 Teacher 表添加主键约束，其主键为 Tno。

C.2　第 5 章上机实验

本实验均在 SQL Server 的 SSMS 工具中实现。首先在已创建的"学生数据库"中创建表 5-1～表 5-3 所示的 Student、Course 和 SC 表，并插入表 5-4～表 5-6 所示的数据，然后编写实现如下操作的 SQL 语句，执行所写的语句，并查看执行结果。

1．查询 SC 表中的全部数据。

2．查询计算机系学生的姓名和年龄。

3．查询成绩在 70～80 分的学生学号、课程号和成绩。

4．查询计算机系年龄在 18～20 岁的男生姓名和年龄。

5．查询 C001 课程的最高分。

6．查询计算机系学生的最大年龄和最小年龄。

7．统计每个系的学生人数，列出系名和人数。

8．统计每门课程的选课人数和最高成绩，列出课程号、选课人数和最高成绩。

9．统计每个学生的选课门数和考试总成绩，并按选课门数升序显示结果。

10．列出总成绩超过 200 的学生学号和总成绩。

11．查询选修了 C002 课程的学生姓名和所在系。

12．查询考试成绩为 80 分以上的学生姓名、课程号和成绩，结果按成绩降序排列。

13．查询与 Java 在同一学期开设的课程的课程名和开课学期。

14．查询与李勇年龄相同的学生姓名、所在系和年龄。

15．查询没有学生选修的课程的课程号和课程名。

16. 查询每个学生的选课情况，包括未选课的学生，列出学生的学号、姓名、选修的课程号。

17. 查询计算机系没选课的学生姓名。

18. 查询计算机系年龄最大的 3 个学生的姓名和年龄。

19. 列出 Java 课程考试成绩最高的前 3 名学生的学号、姓名、所在系和 Java 成绩。

20. 查询选课门数最多的前 2 位学生，列出学号和选课门数。

21. 查询计算机系学生姓名、年龄及年龄情况。其中，年龄情况为：如果年龄小于 18，则显示"偏小"；如果年龄为 18～22，则显示"合适"；如果年龄大于 22，则显示"偏大"。

22. 统计每门课程的选课人数，包括有人选的课程和没人选的课程，列出课程号、选课人数及选课情况。其中选课情况为：如果此门课程的选课人数大于等于 60，则显示"人多"；如果选课人数为 30～59，则显示"一般"；如果选课人数为 1～29，则显示"人少"；如果此门课程没有人选，则显示"无人选"。

23. 查询计算机系选修了 Java 课程的学生姓名、所在系和考试成绩，并将结果保存到新表 Java_Grade 中。

24. 统计每个系的女生人数，并将结果保存到新表 Girls 中。

25. 用子查询实现如下查询。

（1）查询选修了"C001"课程的学生姓名和所在系。

（2）查询通信工程系成绩在 80 分以上的学生学号和姓名。

（3）查询计算机系考试成绩最高的学生姓名。

（4）查询年龄最大的男生的姓名、所在系和年龄。

26. 查询 C001 课程的考试成绩高于该课程平均成绩的学生的学号和该门课成绩。

27. 查询计算机系学生考试成绩高于计算机系学生平均成绩的学生的姓名、考试的课程名和考试成绩。

28. 查询 Java 课程考试成绩高于 Java 平均成绩的学生姓名和 Java 成绩。

29. 查询没选修 Java 的学生姓名和所在系。

30. 创建一个新表，表名为 test，其结构为（COL1,COL2,COL3），其中：

- COL1 为整型，允许空值；
- COL2 为普通编码定长字符型，长度为 10，不允许空值；
- COL3 为普通编码定长字符型，长度为 10，允许空值。

试写出按行插入表 C-5 中数据的语句（空白处表示是空值）。

表 C-5   创建新表

COL1	COL2	COL3
	B1	
1	B2	C2
2	B3	

31. 23 题中创建了一个 Java_Grade 表，将信息管理系选修了 Java 课程的学生姓名、所在系和 Java 成绩插入到 Java_Grade 表中。

32. 将 C001 课程的考试成绩加 10 分。

33. 将计算机系所有学生的"计算机文化学"的考试成绩加 10 分。

34. 修改"Java"课程的考试成绩。修改规则为：如果是通信工程系的学生，则增加 10 分；如果是信息管理系的学生则增加 5 分，其他系的学生不加分。

35. 删除考试成绩小于 50 分的学生的选课记录。

36. 删除计算机系 Java 考试成绩不及格学生的 Java 选课记录。
37. 删除"Java"考试成绩最低的学生的 Java 修课记录。
38. 删除没人选的课程的基本信息。

C.3　第 6 章上机实验

　　下列实验均使用 SQL Server 的 SSMS 工具实现。利用第 4 章上机实验创建的"学生数据库"中 Student、Course 和 SC 表，完成下列实验。
　　1. 写出实现下列操作的 SQL 语句，并执行所写代码。
　　（1）在 Student 表上为 Sname 列建立一个聚集索引，索引名为 IdxSname。（提示：若执行创建索引的代码，请先删除该表的主键约束。）
　　（2）在 Course 表上为 Cname 列建立一个非聚集索引，索引名为 IdxCname。
　　（3）在 SC 表上为 Sno 和 Cno 建立一个组合的聚集索引，索引名为 IdxSnoCno。（提示：若执行创建索引的代码，请先删除该表的主键约束。）
　　（4）删除 Sname 列上建立的 IdxSname 索引。
　　2. 写出创建满足下列要求的视图的 SQL 语句，并执行所写代码。
　　（1）查询学生的学号、姓名、所在系、课程号、课程名、课程学分。
　　（2）查询学生的学号、姓名、选修的课程名和考试成绩。
　　（3）统计每个学生的选课门数，列出学生学号和选课门数。
　　（4）统计每个学生的考试平均成绩，列出学生学号和平均成绩。
　　3. 利用第 2 题建立的视图，完成如下查询。
　　（1）查询考试成绩大于等于 90 分的学生姓名、课程名和成绩。
　　（2）查询选课门数超过 3 门的学生学号和选课门数。
　　（3）查询计算机系选课门数超过 3 门的学生姓名和选课门数。
　　（4）查询平均成绩大于等于 80 的学生学号、姓名、所在系和平均成绩。
　　（5）查询年龄大于等于 20 岁的学生中，平均成绩超过 80 的学生的姓名、所在系和平均成绩。
　　4. 修改第 3 题（4）中定义的视图，使其查询每个学生的学号、考试平均成绩和选课门数。

C.4　第 7 章上机实验

　　利用第 5 章建立的学生数据库以及 Student、Coures 和 SC 表，完成下列操作。
　　1. 创建满足如下要求的后触发型触发器。
　　（1）限制学生的考试成绩必须为 0～100。
　　（2）限制不能删除成绩不及格的选课记录。
　　（3）限制每个学期开设的课程总学分不能超过 20。
　　（4）限制每个学生每学期选修的课程不能超过 5 门。
　　2. 创建满足如下要求的存储过程。
　　（1）查询每个学生的修课总学分，列出学生学号及总学分。
　　（2）查询学生学号、姓名、修的课程号、课程名、课程学分，将学生所在系作为输入参数，执行此存储过程，并分别指定一些不同的输入参数值查看执行结果。

（3）查询指定系的男生人数，其中系为输入参数，人数为输出参数。

（4）删除指定学生的指定课程的修课记录，其中学号、课程号为输入参数。

（5）修改指定课程的开课学期。输入参数为课程号和修改后的开课学期。

C.5　第 11 章上机实验

利用第 4～5 章建立的学生数据库和其中的 Student、Course、SC 表，并利用 SSMS 工具完成下列操作。

1. 用 SSMS 工具建立 SQL Server 身份验证的登录名：log1、log2 和 log3。

2. 用 log1 建立一个新的数据库引擎查询，在"可用数据库"下拉列表框中是否能选中"学生数据库"？为什么？

3. 用系统管理员的身份建立一个新的数据库引擎查询，将 log1、log2 和 log3 映射为"学生数据库"中的用户，用户名同登录名。

4. 在 log1 建立的数据库引擎查询中，在"可用数据库"下拉列表框中是否能选中"学生数据库"？为什么？

5. 在 log1 建立的数据库引擎查询中，选中"学生数据库"后执行下列语句，能否成功？为什么？

```
SELECT * FROM Course
```

6. 在系统管理员的数据库引擎查询中执行合适的授权语句，授予 log1 具有对 Course 表的查询权，授予 log2 具有对 Course 表的插入权。

7. 用 log2 建立一个新的数据库引擎查询，并执行下列语句，能否成功？为什么？

```
INSERT INTO Course VALUES('C101', '机器学习', 4, 5)
```

再执行下列语句，能否成功？为什么？

```
SELECT * FROM Course
```

8. 在 log1 建立的数据库引擎查询中，再次执行下列语句：

```
SELECT * FROM Course
```

这次能否成功？如果执行下列语句：

```
INSERT INTO Course VALUES('C103', '软件工程', 4, 5)
```

能否成功？为什么？

9. 在 log3 建立一个新的数据库引擎查询，并执行下列语句，能否成功？为什么？

```
CREATE TABLE NewTable(
  C1 int,
  C2 char(4))
```

10. 授予 log3 在学生数据库中具有创建表的权限。

11. 在系统管理员的数据库引擎查询中，执行下列语句：

```
GRANT CREATE TABLE TO log3
GO
CREATE SCHEMA log3 AUTHORIZATION log3
```

```
GO
ALTER USER log3 WITH  DEFAULT_SCHEMA = log3
```

12. 在 log3 建立的数据库引擎查询中，再次执行第 9 题的建表语句，能否成功？为什么？
如果执行下列语句：

```
SELECT * NewTable
```

能否成功？为什么？